國防財務資源管理

劉立倫 著

序

6,108億的軍購特別預算案，雖已縮減到4,800億，但仍引發國人關切國防軍事在國際政治、區域安全與國內政經發展之間的角色問題；我們回顧國防部過去曾歷經的十餘次特別預算歷程，也從未有一次像此次的軍購案，這麼受到國人的重視！

事實上，過去行政、立法機關及學者，對於國防組織運作效能就一直非常重視，但常感到難以著力之苦。這種現象源於下列幾個原因：

其一是國防體制龐雜，使用2,500億以上的預算，約佔中央政府總預算六分之一，存在著外人不易瞭解的、複雜的財務資源調配問題。

其二軍事作戰有其專屬的技能，國防體系以外的人員非經過一段時間的探究與浸淫，通常不易瞭解其內部運作的情況。

其三是軍事武器對軍事科技的高度依賴，而高科技武器的購價通常「不便宜」；而市場的獨占性，加上政治因素的操作，常導致武器系統的訂價規則不易捉摸。

其四是軍事體系的任務特殊，其管理亦不同於民間機構；因而衍生許多軍民介面與軍事管理的問題。這些問題的浮現，加上國防資訊不透明，導致國人雖想配合「全民國防」的理念，深入瞭解國防體制發展與財務資源的運用，但仍多苦於所知有限，對國防體系運作仿如「霧裡看花」。

因此，本書撰寫的動機主要有三：

其一是對國防體制的剖析，以協助國防管理的軍官，瞭解軍事在國家體制中的定位，以及財務資源在軍事發展中的重要性。

其二是嘗試建立國防財務資源管理的體系架構，以協助國防體系在其特有的運作體系下，建立財務資源管理的全貌，及瞭解財務資源與長期軍事發展之間的關聯性。

其三是透過各國軍事發展與財務資源的比較，以協助推動軍事體制與財務資源的現代化。因此，本書旨在提供關心國防發展的學者專家，作爲瞭解國防體制運作的敲門磚，及後續探討國防財務資源體制發展的踏腳石。

個人過去曾歷經軍、公、教職等多次的跑道轉換後，故在本書撰寫過程中，腦中常會不經意的浮現許多曾經共識的面孔；包括許多值得敬佩的長官，如前行政院長唐飛院長（前國防部長），前國防部伍世文部長、國防部三位常次（孫常次、方常次、宋常次）、立法委員、前國防管理學院帥化民院長、前主計局朱照男局長……等；及許多勇於認事的同儕，如法制司劉國棟副司長（前法制司處長）、國防部會計室的夏志勇主任、前國防決策所所長劉興岳所長、陳勁甫所長、前法律系韓毓傑（系）主任（兼所長）、前國防後勤所陳珠龍所長、廖述賢老師、主計局淩力行上校、雷鵬翔上校、王明芳上校、蔡進滿中校……等。他們展現的人格特質、工作態度、敬業與執著，都讓我耳目一新、個人亦都深感欽佩。個人非常珍惜這一段與他們相處的經驗，也很榮幸曾有此機會與他們共事。

家庭的支持一直都是本書能夠順利完成的重要原因。本書撰寫期間，吾妻翁霓與家中四位小朋友（崴寧、崴瑀、崴瑒及崴菡）的幫助與支持，亦爲本書得以撰寫順利完成的主因。與他們的生活互動，讓我感受到生活中的許多樂趣；這種良性、溫馨的整體氣氛，讓我孕育了繼續撰寫本書的動機。

本書雖經多次校正，然由於個人才疏學淺，疏漏在所難免，故衷心希望先進賢達隨時指正，以俾日後修正。最後，我也希望能以此書記錄過去國防部、國防管理學院及國防部主計局曾經努力的歷程，並獻給那些曾經帶領我們穿過荊棘的長官與同儕。

劉立倫

謹識

中華民國94年5月5日

目　錄

序　i

第一部分　基礎篇　1

第一章　國防財務資源管理概述　3

第一節　總體環境變動　5
第二節　財務需求與資源排擠　23
第三節　本書目的　28
第四節　本書架構　29

第二章　國防體制現代化　41

第一節　憲政體制與軍制運作　42
第二節　文人統制理念與運作　50
第三節　我國軍事體制的發展　59
第四節　武器發展現代化——軍備體系　62

第三章 策略導向的資源管理制度 69

第一節 策略管理的基本概念 70
第二節 PPB制度——設計計畫預算制度 76
第三節 整合性的國防財務資源管理架構 91

第二部分 制度篇 103

第四章 長程國防財務規劃 105

第一節 戰略性財務資源需求估計 106
第二節 長期財務資源獲得預測 114
第三節 戰略性財務方案 117

第五章 中程計畫與財務管理 151

第一節 中程計畫解析 152
第二節 系統分析（國防經濟分析） 169
第三節 中程財務計畫管理 184

第六章 年度計畫與預算 189

第一節 總體國防財務資源架構 190
第二節 普通基金 193
第三節 作業基金 211
第四節 年度財務資源供需與調節 227

第七章　年度預算的管理控制　231

第一節　我國政府預算體制與財務分工　232
第二節　國防預算的管理控制　242
第三節　美軍財務體制與管理改革　264

第八章　政府預算理念與各國預算體制　279

第一節　政府預算理念與發展　280
第二節　各國預算體制運作之比較　294
第三節　美國聯邦政府的預算體制與財務改革　301

第三部分　進階篇　329

第九章　軍事成本管理　331

第一節　軍事成本管理的基本概念　332
第二節　軍事成本分攤與計算　341
第三節　軍事成本與經濟分析　346

第十章　國防內部稽核　357

第一節　內部稽核、內部控制與內部審核　358
第二節　效能性審計　369
第三節　國防效能——整合的制度觀點　374
第四節　國防體系的內部稽核　387

第十一章 財務風險與管理 393

第一節 PPB制度的風險 394
第二節 匯率風險與風險管理 400
第三節 軍品外購與匯率風險 412
第四節 軍購外匯風險與規避 418

第十二章 財務彈性 425

第一節 PPB制度的財務彈性 426
第二節 特別預算 429
第三節 資本租賃與特許營運 436
第四節 預算彈性 444

第四部分 展望篇 451

第十三章 跨國國防經費比較 453

第一節 各國國防經費比較 454
第二節 國防經費結構 468
第三節 中共的國防經費 479

第十四章 國防經費相關課題分析 489

第一節 兵力結構與國防經費 490
第二節 國民所得與國防經費 498

第三節　地緣威脅與國防預算　510
第四節　全募兵制的國防經費需求　524

第十五章　制度變革與再造　537

第一節　制度願景與架構　538
第二節　變革與再造策略　543
第三節　軍事能力重建　553

參考文獻　563

圖表目錄

壹、圖目錄

圖1-1：中國大陸GDP成長趨勢　7
圖1-2：80-89年度中央政府總預算與國防預算年增率比較圖　26
圖3-1：策略管理程序架構圖　72
圖3-2：組織資源、能力與特殊能耐圖　74
圖3-3：美國國家安全規劃流程　80
圖3-4：PPB制度架構圖　81
圖3-5：國軍計畫預算體系圖　85
圖3-6：Strategy-To-Task作戰目標體系展開圖　88
圖3-7：PPB制度的資源整合關係圖　91
圖3-8：PPB制度與財務資源關係圖　92
圖3-9：國防財務資源的整合架構與關聯圖　96
圖4-1：美軍國防財務供需調整方案圖　111
圖4-2：戰略性財務資源供需與財務方案圖　118
圖4-3：戰略規劃、財務規劃與中程財務計畫關係圖　128
圖4-4：移轉函數模型圖　147
圖4-5：移轉函數模式建構流程圖　149
圖5-1：投資機會表與加權平均邊際資金成本　154

圖5-2：六年國防計畫結構圖　165
圖5-3：計畫結構、責任中心、計畫要素及經費用途關係圖　167
圖5-4：資訊化財務資源管理制度流程圖　168
圖5-5：系統分析與PPB制度關係圖　171
圖5-6：無異曲線分析圖　176
圖5-7：計畫壽期成本比較圖　177
圖5-8：買、賣選擇權關係圖　181
圖5-9：中程財務計畫管理效能影響因素圖　185
圖6-1：年度總體財務資源構成圖　191
圖6-2：作業基金年度收支趨勢圖　192
圖6-3：國防預算與GDP歷年趨勢圖　195
圖6-4：1952-2002年中共國防經費趨勢圖　200
圖6-5：國防預算供需與互動機制圖　204
圖6-6：影響年度國防預算獲得因素圖　207
圖6-7：預算規模決定之理想模式　208
圖6-8：我國國防預算歷年趨勢圖　210
圖6-9：中央政府作業基金壽期管理流程圖　219
圖6-10：中央政府作業基金管理控制機制圖　222
圖6-11：作業基金支出佔國防預算歲出比率趨勢圖　225
圖6-12：作業基金與委製、生產單位運作關係圖　226
圖7-1：我國預算層級體系圖　233
圖7-2：人體生存機能之系統關係圖　245
圖7-3：現行主財體制關係示意圖　250
圖7-4：預算支用作業流程示意圖　258
圖7-5：風險水準與成本關係圖　264
圖9-1：主要活動與支援活動關係圖　333
圖9-2：國防計畫與軍事作戰關聯圖　336
圖9-3：作業基礎成本制下成本分攤階段圖　338

圖9-4：國防經費結構圖　342
圖9-5：各級業務經費成本歸戶關係圖　343
圖9-6：國防計畫與組織層級關係圖　344
圖9-7：武器系統、戰力與計畫要素關係圖　348
圖10-1：內部稽核人員的角色轉變　362
圖10-2：內部稽核、內部審核與內部控制關係圖　369
圖10-3：國防財務資源管理整體效能圖　375
圖10-4：名目國防預算與實質國防預算額度比較圖　379
圖10-5：名目國防預算與實質國防預算差距圖　380
圖11-1：78-87年度國軍對美元及其它外幣需求圖　418
圖13-1：民國40-93年（1951年-2002年）我國防經費成長趨勢圖　467
圖13-2：1952-2002年間中共國防預算成長趨勢圖　467
圖13-3：俸給佔歷年人員經費百分比　472
圖13-4：民國76年6月至民國84年6月間各月份發放人數變動趨勢　473
圖13-5：人員薪資成長趨勢圖　474
圖13-6：民國76-88年國軍人員、作業及投資經費結構圖　474
圖13-7：1952-2002年間中共國防經費趨勢圖　482
圖13-8：中共1952-2002年間GDP成長趨勢圖　482
圖14-1：民國70-90年間我國三軍作業經費與投資經費合計趨勢圖　496
圖14-2：民國70-90年間我國三軍投資經費趨勢圖　497

表14-7：不同所得水準下軍事指標均值比較表　506
表14-8：特定國家兩項軍事指標比較表——1991-1998年　508
表14-9：不同地緣威脅國家的軍事防衛指標比較　513
表14-10：1989-1998年世界主要武裝衝突統計表　517
表14-11：1994-2000年間世界及地區軍事支出比較表　518
表14-12：全球各洲基本資料比較表　519
表14-13：全球各洲基本資料變異係數比較表　521
表14-14：威脅來源、區域衝突強度與國防預算年增率比較表　523

表7-1：國防預算籌編作業日程表　253
表7-2：國防部預算業務計畫結構表　255
表7-3：國軍預算科目編碼欄位表　257
表7-4：國庫支付應用科目編碼欄位表　257
表8-1：預算層級結構比較表　295
表8-2：2001-2006年裁量性支出上限　306
表10-1：國防預算佔中央政府總預算及GDP百分比表　378
表10-2：名目國防預算與實質國防預算　378
表10-3：不同年度武器系統的成本比較　382
表12-1：各國預算執行彈性比較表　450
表13-1：1999年各國國防預算、軍事支出比較表　459
表13-2：2002-2003年各國軍事支出　460
表13-3：2002-2003年PPP比率換算之軍事支出　461
表13-4：各國1992-2003年間軍事支出及其佔GDP比率　462
表13-5：2001-2003年世界各洲國防支出比較表　466
表13-6：各國國防預算分類方式比較表　469
表13-7：81-90年度待遇調整比率及人員維持費佔國防預算比率表　472
表13-8：各國退役人員退休撫卹提撥經費編列方式　480
表13-9：中共中央軍委系統武器裝備外銷公司一覽表　486
表13-10：中共國務院系統裝備外銷公司一覽表　487
表13-11：國際間對中共國防預算的評估　488
表14-1：全球地區各項軍事指標均值比較表　491
表14-2：國防預算、武器系統與軍事指標相關表　492
表14-3：美國陸、海、空軍種人員單位成本表　495
表14-4：1991-1998年間樣本國家之所得分類　499
表14-5：世界各國所得分佈狀態及國民年均所得　500
表14-6：不同所得國家的基本統計量　502

表14-7：不同所得水準下軍事指標均值比較表　506
表14-8：特定國家兩項軍事指標比較表——1991-1998年　508
表14-9：不同地緣威脅國家的軍事防衛指標比較　513
表14-10：1989-1998年世界主要武裝衝突統計表　517
表14-11：1994-2000年間世界及地區軍事支出比較表　518
表14-12：全球各洲基本資料比較表　519
表14-13：全球各洲基本資料變異係數比較表　521
表14-14：威脅來源、區域衝突強度與國防預算年增率比較表　523

第一部分

基礎篇

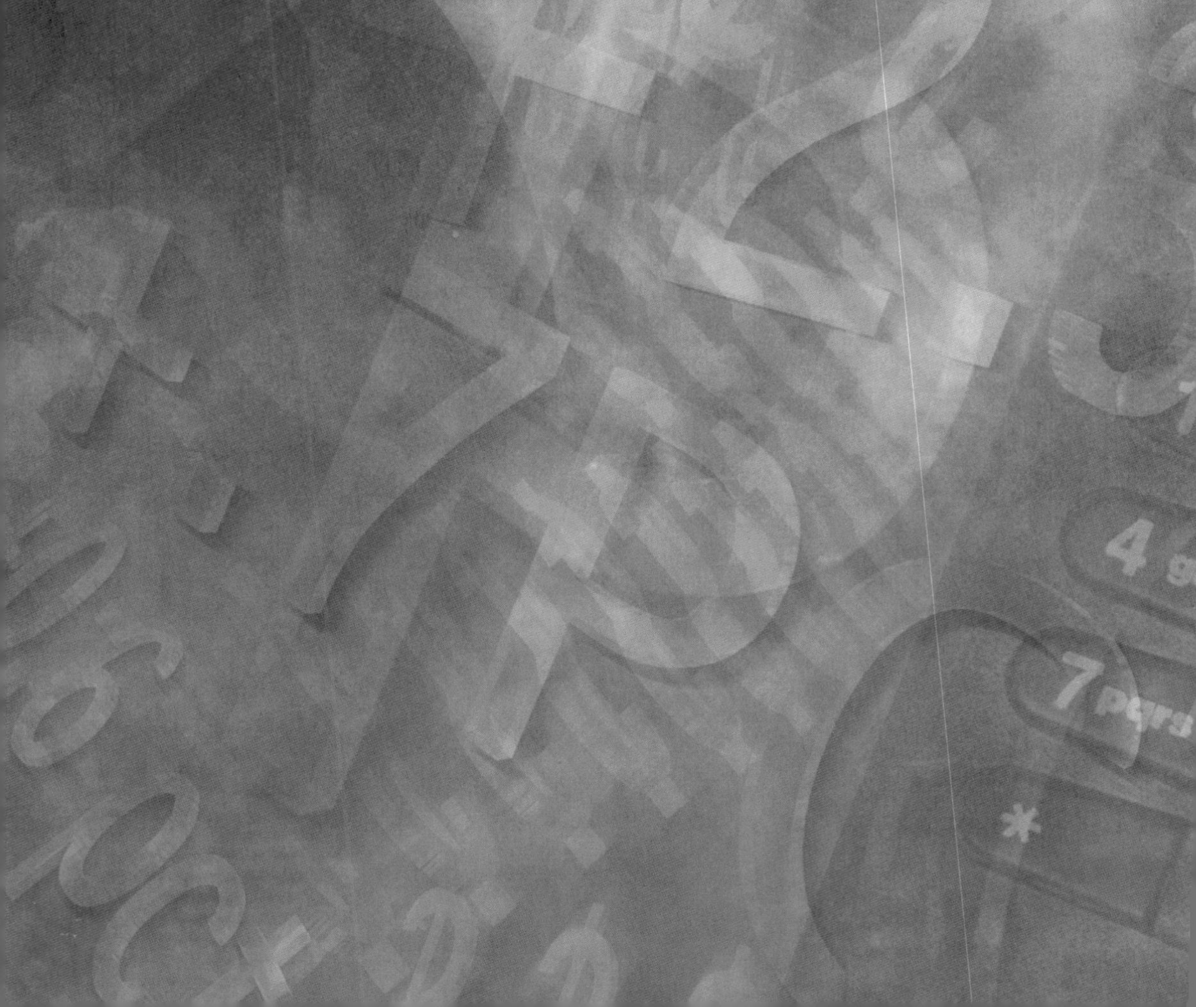

第一章 國防財務資源管理概述

第一節　總體環境變動

第二節　財務需求與資源排擠

第三節　本書目的

第四節　本書架構

國家在多元目標下，資源分配與使用的效能，對國家長期競爭力有相當重要的影響。過去國防組織的運作效能持續受到行政、立法機關及學者的重視，大致基於以下四個原因：

第一、國防部門自80年度起便使用了超過2,500億的預算數額，且目前仍佔中央政府總預算約六分之一左右的預算額度；加上過去十年間仍維持20%以上的機密預算（90年度以後低於20%），導致國防組織效能與管理仍保有許多神祕性。

第二、國防組織不僅體制龐雜、員額龐大（目前仍維持35萬人以上的預算員額），且兼具政策制定與執行的功能；故管理體系與制度運作的複雜性，遠非其它行政機關所能比擬。

第三、國內政經條件與社會環境的快速發展，許多先進理念陸續引進，如全民國防理念的提倡、軍備體系建構的呼籲，加上徵、募兵制度的討論；軍、文互動頻繁，導致國人對國防事務的瞭解日益增強，而國防軍事與社會經濟之間的界面管理也益形重要。

第四、面對國家主權定位爭議與中共強大的軍事威脅，如何兼顧國家發展、國民負擔，並建立有效、適當的防衛武力，確保國人生命財產安全，乃爲大眾關注的焦點。

這些因素的轉變與發展，反映國內過去十年間，軍、文兩股力量在國防事務之間影響力的逐次遞移；當國會與民眾日益關注國防事務，國防資源分配／運用的有效性，與國防組織的整體效能，就必須配合時代的發展而大幅提昇。

近年來總體環境丕變，不論是國際局勢、區域發展、兩岸發展、國內政經情勢，乃至於兩岸的軍事戰略，都出現劇烈的調整與變化；而總體環境的變化，必然會影響軍事的發展，並影響國防財務資源的管理。因此本章擬分爲四個部分：第一個部分將說明總體環境的變動；第二部分擬就財務需求與資源排擠提出說明；第三個部分爲本書撰寫的目的；第四部分爲本書的章節架構。茲分述如下：

第一節　總體環境變動

壹、國際局勢與區域發展

1980年代末期至1990年代初期，國際社會出現了劇烈的結構性變化，徹底改變了國際政治的權力體系，也宣告了後冷戰時期的正式到臨。這種發展最早可追溯至前蘇聯共黨總書記戈巴契夫（Mikhail Gorbachev）1985年上任開始。當時蘇聯雖仍爲世界的軍事強權，但國內的政治、經濟卻均已陷入困境；有鑒於此，戈巴契夫便於1986年提出改革與開放的新思維（New thinking），並希望透過對話，尋求衝突解決的基調，建構一個和平的國際環境，緩和軍事對立的壓力。其目的在爭取足夠的時間與資源，逐步改革蘇聯內部的經濟與社會問題。

稍後，戈巴契夫便提議與美國進行戰略武器裁減會議，也向歐洲國家提出「歐洲共同家園」（Common European Home）的理念，以緩和在歐洲的對立緊張情勢[1]。但此一政策的提出，卻促使各蘇聯的附庸國民主思潮高漲，導致1989年的柏林圍牆倒塌、1990年的東、西德統一，甚至造成1991年8月的蘇聯政變，導致蘇聯解體。而蘇聯解體的結果，致使全球兩極對抗的解構；而出現的權力眞空，正逐漸由中共及各區域安全組織填補。

[1] 參見張建邦策劃，**跨世紀國家安全戰略**，台北：麥田出版社，民國87年1月，頁52。

從地緣政治的觀點來看，歐亞大陸在未來仍將成爲全球最重要的競技場；而中共的野心與經濟實力，也必然會衝擊到美國在遠東的地位。事實上，亞洲是當前是全世界新興民族主義覺醒的集中區域，不僅大眾傳播助長了民族主義，經濟成長亦強化了社會期待的心理。然遺憾的是，亞洲各國雖已成爲世界經濟的重心，但在政治的發展上卻仍不夠穩定[2]；而經濟上的快速發展，卻也助長了貧富懸殊與社會不滿[3]。這種發展結果，無形之間便增高了亞洲地區的不穩定性。

而根據倫敦國際戰略研究所（IISS）及瑞典斯德哥爾摩國際和平研究所（SIPRI）的資料顯示，1990年至1999年間，亞洲地區的軍事支出是全世界成長最爲快速的地區（上升21%，全世界平均降低28.6%），而1995年單一年度亦爲全世界最大的武器進口地區。這種不穩定的區域政治結構，結合區域各國軍事能力的快速提昇，未來極有可能在領土爭議，或是經濟利益的衝突上，爆發危及區域安全的重大事件。台灣在這種區域發展的趨勢下，其角色與定位更應審愼思考、妥善拿捏；而軍事防衛的能力，亦可能成爲防範衝突的重要穩定因素。

再從大陸近年來的經濟發展來看，過去五十年間，中國大陸從封閉的經濟體系，逐次轉向開放的市場經濟體制。以1978年以後的改革開放來看，當經濟體制向市場經濟靠攏之後；在短短的二十年間，中國大陸的平均GDP從1978年的379元人民幣，快速躍升至1999年的6,534元，二十一年間的成長幅度高達17.24倍。相對的，在改革開放之前，1952年到1978年的平均GDP，僅由119元人民幣提昇至379元，

[2]當前亞洲有三個區域安全機構：「東南亞國協」、「亞洲區域論壇」、「亞太經合會議」，但其組織與區域合作網路，均不及歐洲的多邊合作架構，亞洲亦無類似歐洲聯盟或北大西洋公約組織的機構，以有效解決區域衝突與爭端。

[3]Zbigniew Brzezinski著，林添貴譯，**大棋盤**，台北：立緒文化事業有限公司，民國87年，頁201-254。

在二十六年間僅上升3.18倍左右[4]。在1952年中國大陸的GDP僅爲679億人民幣，1978年約爲3,624億人民幣；然於1990年中國大陸的GDP已達1兆8,548億人民幣，1999年更高達8兆1,911億人民幣（參見圖1-1）。

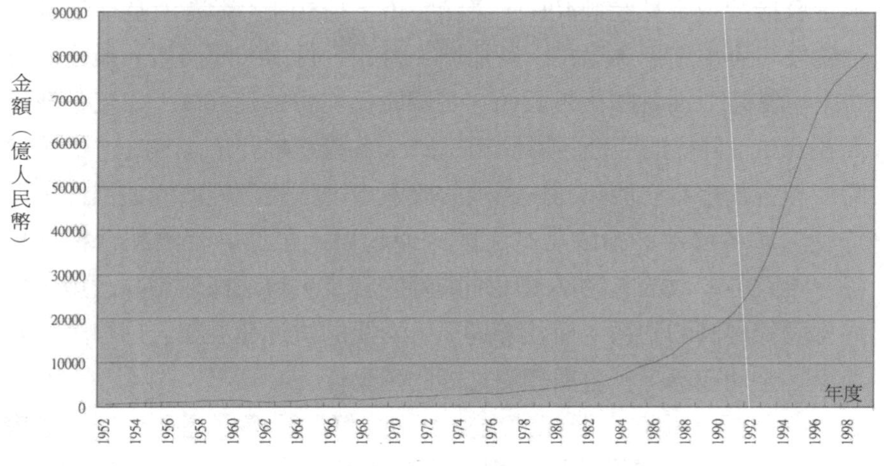

圖1-1　中國大陸GDP成長趨勢

在1979年至1999年二十一年間，中國大陸GDP的平均成長率亦高達16.29%；而於1997年間，大陸的GDP已佔全世界GDP的2.5%，雖仍落後於美、日、德、法、英、義六國，但已高居世界的第七位[5]，展現出不容忽視的國家經濟實力。而1997年香港及大陸在亞洲金融危機中的穩定表現，亦對中國大陸扮演的的區域角色與國際角色，產生

[4] 參見中國統計年鑑（2000），**中國國家統計局信息網**。
網址：http://www.stats.gov.cn/。

[5] 參見經濟部的主要國家經貿統計資料。
網址：http://www.moea.gov.tw/~meco/stat/four/a-9.htm。

正面積極的加分作用；這也顯示了中國大陸的經貿實力，已經足以支撐其軍事發展，並對兩岸的國家安全戰略與軍事戰略發展，產生相當重大的衝擊。

從國際金融與國際經濟的角度來看，國家主權能夠發揮的影響力其實已經大不如前。如1997年9月17日夏天的亞洲金融危機始於泰國，直接造成泰銖貶值40%，泰國股市下挫50%；影響所及從曼谷、可倫坡、雅加達、馬尼拉、新加坡、台北、首爾（即漢城）最後擴及香港。當時亞洲各國貨幣貶值，各國貶值均曾約達50%，印尼曾貶值高達80%；同樣的亞洲各國股市下跌，各國跌幅亦約達50%。雖然當時亞洲各國都希望能夠穩住國內的股匯市，但國際經濟的連鎖性，卻迫使區域各國都必須隨著其它國家而起舞。全球的經濟整合程度日深，導致各國政治人物必須跟隨國際的腳步，無法採取鎖國政策，自外於國際經濟的體系。而國際通訊、資訊的快速發展與人口移動，亦加深了全球政治、社會與經濟之間的連動性。

面對這種「牽一髮而動全身」的國際政經發展趨勢，使得國家安全戰略的選項將變得更有彈性；軍事防衛已非解決兩岸問題的「唯一」有效方法。國家經濟實力與國內政治和諧，雖是凝聚戰鬥意志、支撐軍事作戰持續性的要件；但國際政治手腕與經濟工具的靈活性，未來都將成為兩岸競爭發展的關鍵因素。

貳、兩岸關係發展

1991年5月終止動員戡亂時期後，我方便接受兩岸分裂分治的現實情境；承認中共為擁有大陸實際統治權的政治實體；並希望能在這個基礎上，擴展兩岸互動關係。同年間台灣也公佈「國家統一綱領」，提出近程（交流互惠階段）、中程（互信合作階段）、遠程（協商統一階段）的三階段國家統一規劃，強調兩岸應在理性、和平、對等、互惠的原則下，逐步完成中國的和平統一。

自1977年起，中共便以「統一台灣」取代了「解放台灣」的口號；其對台政策的最高指導原則，則始終秉持著鄧小平所提出的「一國兩制」。在1993年8月發表的「台灣問題與中國的統一」白皮書，中共明白宣示「台灣問題爲中國的內政問題，中共反對任何國際勢力介入此一純屬中國內政的主權問題，否則將被視爲干涉中國內政」[6]，此爲大陸方面發表「第一份」重要的對台政策文件。

而江澤民於1993年11月在參加美國西雅圖的亞太經合會議高峰會議時，更一改過去「台灣是中國的一部分」的說法，直接表示「中國只有一個，是中華人民共和國，台灣是中華人民共和國的一個省份」[7]。這雖然是中共爲避免台灣問題國際化的因應措施；但也顯示出大陸與台灣雙方在互動發展與定位上，仍存在許多基本的爭議。

在1995年初，江澤民在春節談話中提出對台政策的八點主張；同年四月我方亦由李登輝總統提出兩岸互動的六項原則以爲因應。但在1995年6月李登輝總統赴康乃爾大學發表演講後，中共認爲台灣有意挑戰中共的主權地位，便於同年7月起全面停止兩岸所有的事務性協商。而2000年台灣地區的總統選舉，中共爲遏止台獨思潮的擴展，更發表「一個中國的原則與台灣問題」白皮書，這也是中共繼1993年8月以來，「第二份」重要的對台政策文件。白皮書中列出中共對台動武的「三個如果」條件（如果「出現台灣以任何名義從中國分割出去的重大事變」；如果「出現外國侵佔台灣」；如果「台灣當局無限期地拒絕通過談判，和平解決兩岸統一問題」）[8]。「一個中國的原則與台灣問題」白皮書中展現的蠻橫與強硬態度，引發國際社會的高

[6] 宋國誠，「1993年中共對台政策與兩岸關係」，**問題與研究**，第37卷，第2期，1994年2月，頁51。

[7] **人民日報**（1993年11月20日），第一版。

[8] **聯合報**（民國89年2月22日），一版。標題爲「中共發表白皮書闡述對台政策」。

度關注。

在中國大陸的「一國兩制」架構下，無論兩岸關係如何發展，台灣都不會擁有更多的國際空間，且遲早都面臨兩岸統一的問題。然近年來台灣島內政治的發展，也意謂了兩岸未來的關係必將更加詭譎難測；如台灣在2004年總統大選中，陳水扁總統在競選期間提出的「2006年制定新憲」、「2008年實施新憲」訴求[9]，必然會激化兩岸在國家主權觀點上的歧異。中共爲因應台灣可能出現獨立建國訴求，也於2005年3月制訂了「反分裂法」（參見附錄一），授權中共國務院、中央軍委會自行決定採取「非和平方式」[10]解決台灣問題。面對這種日漸失焦的兩岸關係發展，軍事能力逐漸成爲台海雙方倚恃的重要因素；但反觀國內政經發展，軍事需求卻仍在資源排擠的陰影下，與教育、社會福利等資源需求糾纏不清。因此，未來國內的民主政治發展與國家軍事防衛之間，是否能夠激盪出正面、積極的綜效，將成爲台灣未來發展轉變過程中，極爲關鍵的重要因素。

事實上，台灣與大陸的政經關係相當錯綜複雜，從國際經濟發展的角度來看，自從大陸加入世貿組織，市場開放以後，全球各國對大陸出口依存度便加速提昇，在2002年台灣更以提高近5.7%居全球之冠（南韓僅提高2.3%）。根據經濟部統計資料顯示，2002年台灣1,300億美元的出口，有25.3%輸往大陸，對大陸出口依存度爲25.3%，遙遙領先南韓（14.4%）、日本（9.6%）、美國與歐盟（均約

---

[9] 根據2003年11月11日亞洲新聞網，陳水扁總統提出預計在2006年12月10日世界人權日行使公投催生台灣新憲法，但新憲在2008年5月20日第12任總統就職後實施。參見網址：http://www.cna.tv/stories/print/view/11568/1/b5/.html。

[10] 「反分裂法」草案第八條中，述及以「任何名義、任何方式，造成台灣從中國分裂出去的事實」，取代過去動武三原則中，所謂「台灣宣佈獨立」第一個條件；以「發生將會導致台灣從中國分裂出去的重大事變」，取代過去「外國勢力介入」的第二個動武原則；以「和平統一的條件完全喪失」，取代原本動武第三原則的「台灣無限期拖延談判」。

爲3.3%），亦爲全球對大陸市場依存度最高的國家。相對的，台灣對美國的出口依存度則由2001年的22.5%，降至2002年的20.5%；從台灣外貿市場分佈來看，近年來已明顯向大陸市場傾斜。重要的是，1992年台灣對大陸出口依存度僅11.9%，但在2002年卻已升至25.3%；十年之間台灣對大陸市場的依存度提高已提昇一倍。由於國際經濟的整合日趨密切，這種經濟上的高度依存現象，必然會牽動兩岸的政治發展與文化交流，導致兩岸問題的本質更趨複雜，解決它也更需要智慧。

參、國內政經發展

中央政府總預算的編製，必須考量國際局勢、國家政策及國家財政現況；政策方向的調整，必然影響資源調配的方向，並產生資源排擠的不利影響。

近年來國內民主開放的改革漸趨成熟，解嚴以後國內的政經情勢發展與變化尤爲快速；而公共政策取向與關注不同，必然會影響國家總資源的分配方向。70年度佔中央政府總預算的48.85%（1,242億元），在解嚴前夕的76年度預算，中央政府總預算約4,320億元，其中國防預算仍爲2,128億元，約佔中央政府總預算的50%；到80年度時佔中央政府總預算的比例則降低爲30.4%（2,510億元），到88年度佔中央政府的比例更降低到22.7%（2,844億元），89年度（換算後）降爲18.03%（2,760億元[11]），91年度降爲17.2%（2,610億元），92年度法定預算2,572億元，佔國家總預算的16.6%。這種逐年遞減的變化，反應出國家總資源分配的方向正逐漸調整。

[11] 依經建會的以往提出換算基礎，將4,029億國防預算除以1.4596換算，成爲2,760億。參見行政院經濟建設委員會，**我國財政現況、問題與對策**，民國88年5月，頁4。

在多元體系下，不僅社會團體對於政府的公共政策決策過程、立法院預算審議過程，投入更多的關注；大眾傳播媒體更是大量而詳實的報導立法院對預算審議的過程及其結果，學術團體亦主動扮演諮詢的角色，使得國家資源的分配出現根本性與結構性的變化。

從立法委員與媒體討論的焦點來看，也可發現公共政策的取向與調整方向，如民國77年度至82年度間立法委員質詢經濟支出的次數爲63次，質詢社會安全支出的次數爲111次，質詢國防支出的次數則爲107次[12]。而以77年至87年間，新聞媒體輿論對行政院各部會報導與討論的次數，則以經濟部的7,854次爲最多，其次爲外交部7,078次，之後則爲國防部6,700次[13]。又如第二屆立法委員於82年2月就任時，首度審查83年度中央政府總預算，在分組審查時即刪減401億9,000多萬元預算，刪幅達3.63%，創七年來最高紀錄；其中國防預算較82年度國防預算額度下滑1.03%，也首次出現負成長的現象[14]。

而國防體系的神秘性與崇高性，亦在社會發展的脈動中，逐漸改變。如國防預算在81年度前全爲「極機密」預算，在81年度才將其區分爲「公開」與「保密」兩個部分；其中保密預算（仍劃爲極機密）亦逐漸由81年度佔國防預算的56%，降至85年度的36%，至89年度更降至佔國防預算的22%左右，91年度首次低於20%，僅佔國防預算的17.67%，92年度再降低至16.01%。這種國防資訊日趨透明的發展趨勢，配合日益增強的外部監督力量，對國防財務資源使用效能的提昇，將可產生相當程度的助益。

[12] 林博文，「我國國防預算之研究（1987-1998）——政策制定面之分析」，台北：國立政治大學公共行政研究所博士論文，民國87年，頁5。

[13] 同前註。

[14] 參見國防部編，**中華民國八十二年—八十三年國際報告書**，台北：黎明文化事業股份有限公司，民國83年。亦有學者認爲，此一刪減與八十二年度開始實施的戰機特別預算有關。

肆、兩岸的軍事戰略

過去四十年來，我國防政策及戰略，由民國四、五十年代的反攻大陸「攻勢作戰」，逐漸轉變爲六、七十年代的「攻守一體」，並演變至當今之「守勢防衛」。隨著解嚴、開放兩岸交流探親、終止動員勘亂的各項措施陸續推動，我國的國防目標亦逐漸調整爲「確保台澎金馬安全」的守勢防禦。由於兩岸在統一的課題上仍面臨重大的歧見，因此在香港九七回歸中共之後，台海之間的軍事衝突仍未消弭。而當前我國的國防任務，便在於維護國家安全，並確保國家利益不受中共的威脅與侵犯。而在2004年國防報告書中，則明確指出兩岸軍事互信架構，是未來國防政策的新焦點；爲確保海峽穩定，報告書中除提出海峽行爲準則外，也希望透過近、中、遠程的互信措施，以期能終止敵對，達到確保兩岸和平的目標。這種軍事思考上轉變，除了反映整體國家安全環境的轉變外，與兩岸之間的軍事發展與消長，亦有相當重要的關係。

中共的國防戰略在過去數十年間，亦曾出現多次的調整；如中共早期的戰略佈署（1985年以前）是以成都爲中心，建立「西南防越、東南防台、北面防俄」三方配置的防禦態勢[15]。但隨著1991年波灣戰爭的發生及蘇聯解體的影響後，中共便於1993年召開軍委會擴大會議，並針對戰略形勢進行評估，調整軍事戰略方針；將軍事鬥爭的重點方向逐漸調整到東南沿海、南海水域及中印邊界。而兵力的建設亦將以海、空軍爲重點，並同時增強二砲（戰略導彈部隊，成立於1966年）威力[16]。

首先就海軍來看，中共曾於1991年全國海軍工作會議中，提出

[15]唐啓曙，「中共裁軍現況」，**中國大陸研究**，第28卷，第6期，1985年12月。
[16]參見**1996年中共年報**，台北：中共研究雜誌社，1996年。

於21世紀初建造一艘航空母艦，預計於2003年完成建造[17]，編入戰鬥序列，並於2001年自烏克蘭購入航空母艦「瓦雅格」號船體[18]；而在2050年時，中共計畫編組六個航空母艦戰鬥群[19]。此一建軍係基於「境外積極防禦」（offshore active defense）的戰略理論，中共海軍爲了達到「跨出第一島鏈[20]，突穿第二島鏈[21]，並活躍於太平洋海域」的目的，就必須在未來的十五年間取得海戰能力，有效的控制「第一道島嶼鏈之內的海域」（意指台灣海峽及南中國海）[22]。中共艦隊亦於2004年10月中旬，由青島姜哥莊基地出發，侵入日本領海，一路深入太平洋，直入關島，並繞行關島一周，之後再北上，於11月16日返回姜哥莊基地[23]。自1996年台海危機後，中共就積極蒐集第一島鏈

[17] 根據民國89年6月22日國防部伍世文部長在立法院的答詢顯示，中共的航空母艦目前仍在研發階段，開始建造最少需要十年的時間（亦即是在2010年左右），才能達成其遠洋作戰的戰略構想。而根據民國94年3月23日國防部在立法院國防委員會的報告顯示，中共海軍將於2008年具備建造航空母艦遠洋作戰能量，行母戰鬥群將於2015年成型。
內容參見網址：http://tw.news.yahoo.com/050323/43/1mfqs.html。

[18] 中國購自烏克蘭的航空母艦「瓦雅格」號已於2001年11月，分別通過土耳其博斯普魯斯海峽、馬爾馬拉海峽、達達尼爾海峽、愛琴海，返抵中國大陸；中共在兩年前向烏克蘭購得「瓦雅格」號，聲稱將做爲海上賭場及娛樂場用。然由於「瓦雅格」號是前蘇聯時期最先進的航艦，一般認爲，中共將船體結構完整的「瓦雅格」號拖回大陸，顯然與中國的航空母艦工程有密切關係。美國亦擔心中共取得該艘航空母艦後，將利用俄羅斯提供的技術，將該艦改裝成軍艦；故自中共購艦後，持續對土耳其施壓，不讓此艦通過土耳其海峽。

[19] 江畑鎌介，黃朝茂譯，**中共擁有航空母艦的時日**，台北：國防部史政編譯局，1994年12月，頁98-99。

[20] 意指由太平洋西部的阿留申群島、千島群島、日本列島、琉球群島、台灣、菲律賓群島至大巽他群島所形成的弧形線，形成了阻止中共東出太平洋的封鎖態勢。

[21] 包括千島群島、小笠原群島、硫磺群島、馬里亞納群島至特拉克群島等多個島嶼。

[22] Zbigniew Brzezinski著，**大棋盤**，頁209。

[23] 參見楊佩玲，「侵日共艦首度越過第二島鏈」，**中國時報**，民國93年12月8日，十三版。

與第二島鏈之間的海域資料，並進行潛艦的航行訓練；但這是中共首次越過第二島鏈，一般認為，此一訓練目的在阻止美軍介入台海緊張情勢，顯示中共海軍已經進入新一階段的作戰準備。

此一戰略方針的調整，突顯中共邁向海權國家的強烈企圖；而要實現此一戰略佈局，中共必須突破美國利用西太平洋第一島鏈，對中共所形成的包圍態勢，才能由內陸國家走向海權國家。台灣位處第一島鏈的中心，居於中共進出太平洋與南海的關鍵位置，為中共走向海權國家的阻礙；因此，解決台灣問題對中共的戰略發展，確有實質上的利益。而中共戰略方針的調整，必將對地緣政治產生劇烈的衝擊，除直接影響台灣的國家安全外，也為未來東亞的區域穩定投下新的變數。

由於中共解放軍的兵力投射能力正快速提昇，在2005年可能達到南沙群島，跨越第一島鏈的包圍態勢；面對這種發展，美國亦開始加強其在第二島鏈的軍事防禦，並在關島佈署B-2A隱形戰略轟炸機、AGM-86型空射巡弋飛彈（這是首次佈署在美國本土以外）、大型兩棲攻擊艦及核子攻擊潛艇等多項軍事佈署[24]。

其次就空軍來看，在1990年以前，中共的空軍在多數的演習中，都在陸軍的指導下，充當陸軍「配角」的角色。但1990年波灣戰爭結束後，解放軍赫然發現，在四十二天的波灣戰爭中（指「沙漠風暴」及「沙漠軍刀行動」，時間由1991年1月17日至1991年2月28日），居然有三十八天是由空軍擔任主角；因此便有如大夢初醒，開始積極調整空軍的作戰角色。自此之後，中共空軍的演訓，便由「固土防禦」的戰略改為「攻防兼備」的戰略思考，並在演訓中強化對陸

[24] **中國時報**（民國89年9月18日），十四版。標題為「美加強西太平洋第二島鏈軍事佈署」。

面攻擊，以及隨時準備成爲戰場主力的全程攻擊[25]。

當時的中共主席江澤民亦曾指示空軍要有當主角的心理準備，希望空軍能進行相對獨立的空中戰役，並朝向全程攻擊的方向發展。一時之間，「制空權」鞏固「制海權」與「制陸權」的言論甚囂塵上，儼然成爲軍事戰略發展的主流思考；而新戰機的購買與研發，亦成爲當前中共空軍的主要訴求。而在1994年與1996年3月中共兩次的聯合作戰演訓不難發現，中共空軍在兩次演習中，均強調快速癱瘓敵方的地面防空預警系統，迅速摧毀必要的陸地目標或海上目標，以奪取戰役制空權[26]。這種由戰場配角轉爲戰場主角的戰略改變，對台海兩岸的軍事發展，必然會增添許多無法預期的變數。近年來，仔細觀察中共在東山島的演習，空軍在攻擊角色上的積極發揮，也充分顯示了作戰觀念的轉變。

而根據中共總理溫家寶在北京人大會議中提出的報告顯示，中共2005年的國防預算預計爲2,455億人民幣，較2004年的2,117億人民幣成長16%[27]，維持連續十五年10%以上的成長趨勢。在1990年時，中共的國防支出尚不足300億人民幣，1996年已達702億人民幣，更在短短十五年之內就成長高達7倍，其漲幅每年均維持在12%至25%之間[28]。而相關媒體的訊息顯示[29]，中共中央與國務院曾於1999年9月同意增撥800億人民幣，以提昇中共三軍的防衛反擊系統，並爭奪朝

[25] **中國時報**（民國89年4月30日），十四版。標題爲「中共空軍戰略從固土防禦轉向攻防兼備」。

[26] 同前註。

[27] 根據大紀元e報，美國之音記者葉兵2005年3月7日華盛頓報導，中共國務院總理溫家寶在北京人大會議上提出國防預算將增加16%。
內容參見網址：http://www.epochtimes.com.tw/bt/5/3/8/n840930.htm。

[28] **中國時報**（民國89年3月3日），十四版。標題爲「中共國防預算首逾千億人民幣」。

[29] **中國時報**（民國88年9月14日），十四版。標題爲「香港媒體：中共增撥800億人民幣軍費」。

向海洋、空中及電磁波空間的控制權。而根據瑞典斯德哥爾摩國際和平研究所的年報資料顯示，在2002年、2003年按照當期匯率換算，中共的軍事支出排名全世界第五（次於美、日、英、法等國），但如果採用購買力評價（Purchasing Power Parity, PPP；參見本書第十三章）換算，中共在2002年、2003年的軍事支出則僅次於美國，排名全球第二。這種資源成長與調配的方式，都顯示中共的軍事企圖並不單純。

中共雖主張以「一國兩制」的方式，與台灣進行溝通與協商，藉意識型態之爭，來遂行其政治統展陰謀，但中共並未放棄以武力解決台灣問題；故此一這種軍事上的快速發展，無異是在已經緊繃的兩岸情勢上火上加油。由於中共的預算制度與民主國家不盡相同，實際的國防預算估算不易，但十年間所出現的高度成長趨勢，卻足以令世界各國捏一把冷汗。但由於中共的預算內涵與我國不同，因此一般認爲中共實際的國防支出數額，應遠遠超過其對外公佈的數額[30]。

相關的資料顯示，中共認爲目前並非犯台的時機，目前大陸的條件仍屬不足，解決兩岸問題的最佳時機，應該是在2010年左右[31]。而根據美國國防部在2000年6月23日提出的「中華人民共和國軍力報告」[32]亦顯示，近程階段（2000年至2005年）中共的海、空戰力仍無法超越台灣，且僅能對台進行有限度的聯合作戰（亦即僅具有戰術層次的聯合作戰能力）；中程階段（2005年至2010年）共軍攻台的聯合作戰能力將可望大幅提昇，但攻台軍事行動仍可能付出重大的代

---

[30] 如在「中華民國八十五年國防報告書」第37頁中，曾提出中共國防預算的實際數約爲公佈數的3倍。而在「中華民國八十九年國防報告書」第47頁，則根據國際間對中共國防數額估計的平均，認爲平均值應高達6倍左右。

[31] 張建邦，**跨世紀國家安全戰略**，頁114-116。

[32] **中國時報**（民國89年6月24日），三版、四版。標題爲「美國防部中共軍力評估報告——台海安全情勢摘要：五年內共軍海空戰力仍難超越台灣」。

價；長程階段（2010年至2020年）共軍在台海對峙的優勢將大幅增長，其武器系統、作戰經驗，乃至於電戰能力都將大幅提昇；台灣必須持續獲得先進武器裝備，積極進行武器系統的整合，獲得高技術人才，及維持有效的後勤系統，才能保持「質」的優勢。而根據美軍2002年提出的中共軍力報告，顯示兩岸軍力極可能在2005年失衡，並引發中共武力犯台的危機[33]。

伍、國防體制調整

在後資本主義的社會中，「知識」成為最關鍵的資源，因為它從根本上改變了社會的結構，並創造出新的社會動力、經濟動力以及新的政治體[34]。這也是一個建立在資訊科技基礎上的社會。資訊科技的發展，使得過去許多的戰爭行為與準備，出現了革命性的變革。這種由數月的準備時間，快速壓縮到幾天的應變作為時間[35]，必然會對未來的戰爭準備與戰爭型態，產生非常大的影響。波灣戰爭中（在全面作戰的「沙漠軍刀行動」階段），盟軍有效的運用資訊科技，在短短的100個小時內，就完全摧毀了伊拉克號稱世界大第三大的裝甲部隊。此一戰爭充分結合了軍事科技、後勤管理與戰場管理能力，並對現代化戰爭提出新的詮釋。

---

[33] 參見呂昭隆，「兩岸軍力失衡將比預期來得快」，**中國時報**，民國91年7月14日。

[34] Peter F. Prucker著，傅震焜譯，**後資本主義社會**，台北：時報文化出版企業股份有限公司，民國88年4月，頁53。

[35] 1990年的伊拉克入侵科威特，當時由於伊拉克懷疑美國防衛科威特及沙烏地阿拉伯的政治意志，加上美軍花費數週時間才完成佈署，故導致波灣戰爭不可避免；但1994年10月時，伊拉克意圖再次進軍科威特時，美軍則透過「前置裝備能量」及「兵力強化器」（強化的海、空運輸），在伊軍移往科威特邊界幾天之內便完成佈署，使得伊拉克不敢輕舉妄動，這改變了以往對戰爭準備時序的看法。

資訊科技不僅拓展了人們的視野與想像，也對武器發展產生了無與倫比的衝擊，形成了對數式時間壓縮的戰爭整備型態，使得戰略、戰術、戰法面臨嚴格的挑戰與重新思考，進而影響武器裝備的研發與需求及建軍的方向。而跳躍式的科技發展歷程，將使得武器系統發展落後的國家，永遠處於競爭的劣勢。因此如何整合國內軍事科技能力，提昇武器系統的效益，便成為未來海峽兩岸之間競爭與存亡的關鍵因素。

2003年3月至4月間的伊拉克戰爭，美軍雖以「斬首行動」為其戰爭的主要指導，但也同時展現了資訊、精準與空地一體在未來戰爭中的重要性。從戰爭歷程來看，美軍首先透過試探性的空中攻擊，在衛星及電子偵察下，探查伊拉克的雷達及防空體系；其次再以電子干擾、戰斧導彈及B-52飛機實施大規模空中攻擊，徹底摧毀伊拉克的空防系統與雷達導航系統，以取得制空權。

之後美軍再以空中武力摧毀伊拉克的指揮機構、地面裝甲部隊、武裝部隊隱藏區域及陸地（包括地下）防禦工事。在摧毀伊拉克的軍事武力後，美軍再以阿帕契直昇機摧毀殘餘的坦克與武裝力量，以小部隊牽制幾個城市，保護後勤運輸及關鍵道路，並掩護美軍第三機械化步兵師，以日行170公里的速度，一路直奔伊拉克的首都巴格達。

許多人認為在巴格達、巴士拉應該會爆發傳統戰爭的激烈巷戰，並令美英聯軍付出重大慘痛的代價；但實際的結果顯示，美英聯軍以坦克、裝甲車為突擊力量，對城市中任何有反抗的大樓，直接採取毀滅性的攻擊，以空中或坦克火力摧毀整棟建築。換句話說，在新型的高爆炸藥下，傳統的巷戰與鋼筋水泥的防禦堡壘，已經不足以構成遲滯軍事行動的障礙。

再從伊拉克戰爭中對空中武力的使用來看，不難發現空中攻擊的角色正在逐漸轉變；過去空中攻擊通常是地面攻擊的輔助力量，但在伊拉克戰爭中，空中攻擊已經成為摧毀敵軍地面部隊的主要戰力，致使地面作戰部隊幾乎沒有遭遇任何大規模的抵抗行動。這種戰爭思維與軍事發展對於台海防禦，當然有啓發性的時代意義。

面對快速變遷的軍事發展趨勢，國防部曾根據資訊社會發展的趨勢、國防環境的特性，及未來戰爭的挑戰，於民國88年6月再度提出「國防法」的立法與「國防部組織法」的修正草案陳報行政院[36]，並於同年8月31日函送立法院審議。由於行政與立法部門的積極配合，此一延宕多年、內容博雜、牽連甚廣的法案與國防改革工程，終能獲致初步進展。法案提出的目的，不僅在指陳未來國防體制的發展方向，亦希望藉此建構現代化的國防組織與軍事防衛武力。

根據民國89年1月29日華總一義字第8900026960號及8900026970號令公佈之「國防法」（參見附錄二）暨修正之「國防部組織法」（參見附錄三）精義，條文中顯示，未來國防體制的再造，須貫徹軍政軍令一元化的理念，將國防組織區分爲軍政、軍令、軍備三個體系，以建構專業化、現代化的防衛武力。其中軍政體系負責戰略規劃、資源籌措、擬定政策以支持軍令、軍備體系的運作；軍令體系負責兵力整備及作戰執行；軍備體系負責建構軍事整備能量，協助軍令體系發展出「以武器爲核心」的兵力結構與作戰部隊。雖然二法條文中仍有許多的討論空間[37]，但軍隊積極求變及向上提昇的發展企圖，則已昭然

[36]「國防法」的立法，最早可追溯至民國41年研擬之「國防組織法」草案，以及43年提出之「國防組織法」修正草案送請立法院審議開始；其中均因對統帥權應否獨立、國防會議之職權與行政院之職權重疊，及國防部部長與參謀總長之職權大小等問題，未能獲得共識，致使兩草案均擱置立法院。其間雖歷經多任部長（陳履安部長、孫震部長、蔣仲苓部長）再行研擬，但受制於軍制變革之的諸多因素影響，故始終未能完成立法程序。多年來鑑於國際客觀情勢變更，及國家憲政體制的變革，原法案立意已難符當前民主法制的精神，與現代化組織的運作需求，故須尋求根本性的修訂與實質之變革。

[37]如「國防法」第六條的「政治中立」（參見第二章討論）；「國防法」第七條及第九條有關「國家安全會議」究應屬決策機構，或是諮詢機構（依憲法增修條文及國家安全會議組織法設置）？「國防法」第八條總統行使統帥權指

若顯。

在「國防法」與「國防部組織法」修正條文中，可看出以下幾個重要的理念與方向[38]：

一、建立文人統制與一元化的國防體系

結合先進國家的發展趨勢與憲政精神，國防軍事事務必須在文人手中，得到適當的控制與管理；因此我們必須妥善的規劃國防體制，重整軍政、軍令與軍備系統的角色、功能，使其能滿足民主體制，亦能承受嚴峻戰爭威脅之考驗。

揮軍隊，…部長命令參謀總長指揮執行之（參謀總長由過去的幕僚長角色，現調整爲指揮官兼幕僚長的角色，參見本書第二章的內容）。「國防法」第十一條的「軍備」的定義與範疇？又「國防法」第十三條的「參謀總長」，身兼部長的軍事幕僚，又是作戰指揮官；依「國防部組織法」第六條設置的「參謀本部」，爲三軍聯合作戰指揮機構。然總統身爲三軍統帥（憲法賦予的職權），其軍事幕僚是否就是身兼聯合作戰指揮機構的參謀本部？總統如果沒有自己的軍事幕僚，他又如何判斷聯合作戰指揮官的建議是否允當？「國防法」第十四條的軍隊指揮事項，第一項的軍隊「人事管理」（通常管理包括規劃、執行及控制）與「國防部組織法」第四條國防「人力規劃」的區隔；第十四條第七項的「獲得…裝備及補給品之分配與運用」，與「國防部組織法」第七條的「軍事整備事項」，應該如何區隔？再者如「國防部組織法」條文第四條第十六項「國防教育」的管裡權責隸屬等等。這些都可以進一步的討論。

[38] 根據國防管理學院的「國防組織與法制研究群」於民國88年3月間向當時的國防部長唐飛提出的「國防組織與國防法之研究」簡報內容歸納；而「國防法」提出與「國防部組織法」的修正，亦結合此一精神。

二、建立現代化軍事整備[39]體系

面對高科技戰爭的來臨，我們必須建立現代化的武器系統研發、生產、採購、維修與補保體系；唯有結合民間與國防科技的能量，才能滿足未來戰爭所需。由於軍事戰略的規劃，必須配合現代化的武器裝備，才能籌建專業、效率與現代化的軍事作戰體系；故軍事戰略、武器發展與軍事作戰三者之間，有著不可割離的連結關係。

三、籌建快速反應作戰能量，以應付「對數式時間壓縮」的戰爭型態

爲避免敵人攻擊我指揮中樞，癱瘓我部隊指揮、管制的能力，而達到其趁亂襲取台灣的目的；軍事作戰體系應籌建快速反應的指揮機構與部隊，以積極的應變作戰，來回應中共可能採取的快速奇襲攻擊。

---

[39] 軍政、軍令用詞最早源於歐陸法系之君主立憲國家，日本與我國相繼採行；此二名詞之應用雖廣，但有關軍政與軍令之定義與分野，學者仍眾說紛紜，且各國實際在軍政、軍令事務上的運作，亦存在諸多衝突的現象。詳細內容，請參見李承訓，**憲政體制下國防組織與軍隊角色之研究**，台北：永然文化出版股份有限公司，民國82年7月，頁94-100。
而「國防部組織法」修正條文中，雖將原有的軍政與軍令架構，改爲軍政、軍令與軍備三區分的體制。但軍備體系究竟爲何？是否意指「武獲」(acquisition)？依照美軍內部指令5000.1及5000.61 (directive 5000.1 & 5000.61) 的定義，「武獲」的範圍，包括所有支援軍事任務之系統、裝備、設施、物資及服務等項目，所需之計畫、設計、研發、測試、合約、生產、後勤及報廢等各項作爲，這是一種壽期管理的觀點；它與法國軍備局的角色與性質不盡相同。因此，我們必須謹慎思考軍備體系在PPB制度中的運作。由於軍備本身的定位，會影響原有軍政、軍令之間的體制權責，故尤須謹慎，以免不當損及軍事作戰的效能。

四、建立高度專業與效率的軍令體制

軍事作戰體系的整合與調整，須藉由組織規模精簡及提昇組織扁平化，以建立專業化的軍事指揮系統。由於國防資源的有限，未來整個國防組織的結構與人員，都必須更爲精簡；唯有透過深度的流程再造及結構重整，才能建立分權化、扁平化、有效率的軍事組織體系。

五、重整聯合指揮與作戰的機制

必須建立聯合作戰指揮部、發揮聯合作戰機制、發展聯合作戰準則、執行聯合作戰的演訓，以大幅提昇國軍聯合戰力。亦唯有建立適當的快速反應部隊與軍事應變機制，才能抵銷敵人可能採取的奇襲威脅，並爭取初戰勝利之契機。如果敵人的奇襲初戰失利，不僅其後續的軍事能量與整備時序將會受到衝擊，甚至可有效遏阻共軍可能發動的大規模後續作戰，而達到「以戰止戰」的防衛目的。

從前述的環境變動因素討論，不難發現它指出了兩個相互矛盾的方向，一是「軍事威脅的強度正逐漸提昇」，二是「國防財務資源的獲得將日趨緊縮」。因此國防體系當前面臨的最重要課題，便是「如何在有限的國防財力資源前提下，建立一支符合國家安全需要的軍事防衛武力」，而這也是國防財力資源管理必須面對的嚴肅課題。

第二節　財務需求與資源排擠

戰略規劃必須結合國家環境的變動趨勢，與組織未來的資源以進行分析；因此合理的國防財力資源估測與分配，便成爲軍事戰略規劃，與新世代國防武力建構的重要依據。

從國防財務資源的供給與需求來看，國會透過財務供給的控

制，以促使國防組織提昇其效能。而在戰略環境變遷之際，這種資源供需的差距可能變得更爲明顯；如蘇聯解體後，歐美各國在缺乏明確的敵國威脅情境下，就經常面臨「軍費不足」的窘境。冷戰結束後，美國布希總統曾於1990年開始發展出「基礎兵力」（Base Force）[40]以應付地區的意外事件，並於1991年提出所謂的1989-1992年基礎兵力（Base Force 1989-1992）。依「基礎兵力」的規劃，美國的國防預算應由1993會計年度預計的2,844億美元，逐年增加到1997會計年度的3,006億美元（每年平均增加40億美元左右，不到2%）。而在柯林頓總統任內，國防部長亞斯平亦曾於1993年9月提出所謂的「通盤檢討」（Bottom-Up Review, BUR），提出三種不同的軍力展望，並認爲要使美國140萬現役部隊，維持在高戰備狀態，所需的國防經費約爲2,700億美元。

美國前後兩任不同政見的總統，分別提出兩次不同的軍力檢討，也都認爲國防預算在1997年「至少」要達到2,700億美元的水準，才能維繫美國的軍力水準。但由美國1993至1997會計年度的預算授權額度卻顯示，美國的國防預算正由1993年的2,743億，逐年降低到1997年的2,484億美元，每年平均遞減50億美元左右。所以美國的國防預算在1990年代以後，是處在一種匱乏、不敷所需的狀態下；這也顯示了國家在和平時期，經濟發展與國防支出之間(奶油與槍砲)的資源競用與排擠問題，一直都是國防部門揮之不去的困擾。

我國防部門的處境亦相當類似，解嚴之後，中央政府總預算在

[40]所謂「基礎兵力」是一種基於「強國」爲思考基礎的兵力設計；就是維持美國爲一世界強權下，鞏固國家安全所須的最基本兵力，而低於此限國家將陷於危險之中。此一觀點與1993年「通盤檢討」（Bottom-Up Review, BUR）下，強調美國要應付兩個波灣戰爭大小相若的區域衝突（威脅觀點），在兵力的設計並不相同。

社會安全支出（包括社會福利支出[41]、社區發展及環境保護支出、退休撫卹支出）與經濟發展支出的快速攀升下，限制了國防支出與國防預算的成長空間，致使其出現實質緊縮的現象。如中央政府總預算的社會安全支出，在民國七十年代（70-79年度）佔中央政府總預算的比例，平均爲16.8%（次於國防支出38.2%、經濟支出19.7%）；但在民國八十年代（80-89年度）佔中央政府總預算的比例，則快速躍升爲23.18%，並高居國家支出的首位（國防支出居於次，爲22.6%）[42]。在經濟發展支出方面，雖然在八十年代平均的經濟支出，佔中央政府總預算的比重降爲14.6%。在表1-1中顯示80-89年度政事別預算年增率的比較，表中不難發現國防支出的成長空間，已經受到相當程度的限制。而在90年度以後，國防經費獲得受到的限制更爲嚴重；更從90年度的2,667億元，減至92年度的2,572億元，三年之間減少了95億元。由於經濟發展向爲國人關切的重要課題，再加上新政府提出諸多的社會福利支出承諾；故未來國防財務資源的獲得與支出規模，都可能進一步受到限制與排擠。

表1-1　政事別預算年增率比較表

	不同政事別預算年增率			
	中央政府	社會安全	經濟發展	國防支出
80-88 年度平均成長率	9.9%	12.7%	9.7%	1.6%
89 年度約當成長率	27.4%	38.4%	31.1%	-8.2%

[41]所謂社會福利（social welfare）支出，依照經濟合作暨發展組織（OECD）的研究報告，係指教育、社會救濟及衛生保健三大項目的支出；參見劉其昌，**財政學**，台北：五南圖書出版股份有限公司，民國84年，頁583。

[42]行政院經濟建設委員會，**我國財政現況、問題與對策**，頁17。

過去國防預算在國家資源調配的過程中，已受到相當大的衝擊與影響。以國防預算額度的成長率來看可以發現，民國72年至89年十八年間，國防預算的年平均成長率爲6.62%，但80年度以後的平均成長率僅爲1.97%；而同期間中央政府總預算的額度，十八個年度仍維持10.95%的平均成長率，在80年度以後的平均成長率爲7.86%。這種不成比例的發展趨勢，說明了國防預算在國家財力資源分配的額度正逐漸縮減（參見圖1-2）。

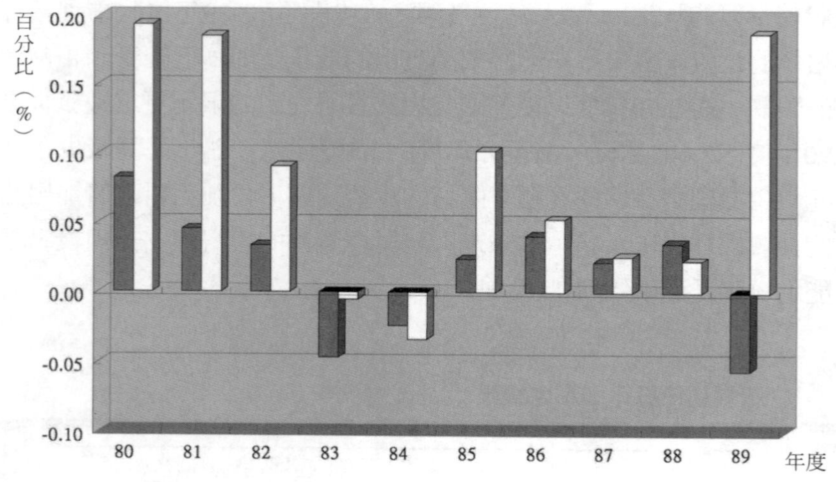

圖1-2　80-89年度中央政府總預算與國防預算年增率比較圖

說明：深色部分爲國防預算成長率；白色部分爲中央政府總預算成長率。

而由近十餘年國防預算與中央政府總預算成長率的變動趨勢來看，可以發現在76年度（含）前國防預算的成長幅度，遠超過中央政府總預算的成長幅度；但自77年度以後國防預算的成長幅度，則遠遠落後於中央政府總預算的成長幅度。由早期的優先滿足國防需求，到當前的優先滿足經濟發展與社會福利需求，這顯示了政府施政方針正逐漸調整，而國家財力資源的分配亦隨之改變。

而近年來國防體系對於財務資源長期的獲得不足，也感到憂心忡忡；歷任首長更在不同的場合大聲疾呼，國防預算必須適度提高，以符合最低的國防需求標準。如前行政院長蕭萬長[43]、前行政院長唐飛[44]、前國防部長伍世文[45]、國防部副部長蔡明憲[46]都分別主張國防預算應該到達GDP3%或3%以上的水準。

當然，在爭取預算獲得額度的呼籲中，過去也曾出現質疑國防預算運用效能的聲音[47]，並提出國防體系目前存在著人事腫脹（如將官過多、人事費過高）、組織疊床架屋、效率不彰（如後勤補給遲緩）等諸多問題；此時正是預算需要大力整頓，組織需要大力改造的時候。所以，國防部應在現有預算規模內運作，並加速汰除無效率的組織、裝備及人員；預算擴張使得內部的無效率將得以喘息，反而可能成爲改革的阻力，因此認爲國防預算不宜擴張。在6,108億元的軍購特別預算提出之際，民間也質疑軍購預算是否會拖垮財政、債留子孫，或是排擠教科文及社福預算。而回顧每一次國防預算大幅調整之際，往往都會出現兩種截然不同的聲音與觀點。

財務資源獲得與軍事需求滿足之間的平衡，是國防部門必須面對的課題，我們有必要採取正面、積極的角度來探索此一課題的解答。本書嘗試採用制度的觀點，來檢視整體長期財務資源的規劃與控制，及管理這種財務資源供給與需求之間的獲得差距（gap）。在這種

---

[43] **青年日報**（民國88年10月20日），一版。標題爲「蕭揆：國防預算偏低，有必要增加」。

[44] **台灣日報**（民國88年11月2日），六版。標題爲「唐飛：下年度國防預算增加400億」。

[45] **青年日報**（民國89年6月19日），三版。標題爲「人才培育，伍世文念茲在茲」。

[46] 參見Yahoo新聞（民國93年11月5日）。
網址：http://tw.news.yahoo.com/041015/46/12ht2.html。

[47] **聯合報**（民國88年9月18日），二版。標題爲「國防預算與軍備競賽只是一線之隔」。

觀點下，首先必須「務實」的預測未來國防財務資源可能獲得的額度，並以此作爲國防戰略規劃的投入變數；之後，再由軍事戰略的觀點來檢視建軍的財務需求。結合國防財力的供給與需求，便可預劃未來國防財務資源的狀態，並採取適當的財力管理因應措施。書中也透過國防財力管理的架構，經由財務來源的多元化，與年度間財務需求的平穩化，以協助達成管理國防財務資源的預期目的。

第三節　本書目的

國防財務資源管理是建構在軍事戰略與計畫管理的基礎上，與企業財務管理的領域範疇並不相同。企業的財務管理，約可區分爲「公司理財」、「投資學」、「金融市場」與「國際財務管理」四個部分，爲一門綜合會計、經濟及相關商業理論的學科，重視財務資源的獲得與運用效率。而國防財務資源管理（或稱國防財力管理）本身係遵循戰略方針，配合目標決策，預判財源獲得程度，結合任務需要，縝密規劃財力支援計畫，有效管制運用，以轉化爲達成任務的動力，實現國防整體目標[48]。因此國防財務資源管理必須建構在「制度架構」（PPB制度）、「組織」（財務資源的管理架構與制度）、「軍事決策」及「財務資源」四個基礎之上；它結合「財務資源」與「組織體制運作」，它是結合策略觀點的財務資源規劃與運用，而非純然強調財務資源本身的運用。

換言之，探討國防財務資源管理時，必須從軍事戰略與國防計畫切入，並在財務管理的基礎上，強調如何透過體制運作，以達到國防財務資源有效運用的預期目的。它透過國防體制架構的運作，將財

[48] 國防部印頒，**國防管理學**，民國75年6月，頁3之1。

務管理與會計的理念與工具，有效的運用在國防體系，並達成組織對財務資源使用的預期管理目的。

基於前述的觀點，因此本書的撰寫目的有四，分別是：

一、建立適切的國防財務資源規劃模式，以結合軍事戰略的需求；
二、面對日漸緊縮的國防預算，提出一些思考及運用資源的觀點與建議；
三、在國防體系中建構一套自我監督的機制，以提昇財務運作的效能；
四、釐清各界在國防事務上的一些迷思，協助建構一個更爲透明的國防環境。

第四節　本書架構

全書撰寫採用「由上而下」(top-down approach) 的方式。首先先就政府財力管理的體制，與軍事體制的角色進行探討，其次就國防財力管理制度的運作進行剖析，依長期財務資源的規劃，中程財務計畫及年度預算管理的順序逐次探討，之後再就作業基金、軍事成本管理、內部稽核、制度風險與財務彈性進行討論。最後並就各國國防支出與經費結構，地緣威脅、兵力結構與國防預算之間的關係進行探討，最後則觸及國防財務資源管理制度的變革與再造。

全書計分爲十五章，第一章爲「國防財務資源管理概述」，第二章爲「國防體制現代化」，第三章爲「策略導向的資源管理制度」。第四章爲「長程國防財務規劃」，第五章爲「中程計畫與財務管理」，第六章爲「年度計畫與預算」，第七章爲「年度預算的管理控制」，第八章爲「政府預算理念與各國預算體制」，第九章爲「軍事成本管理」，

第十章為「國防內部稽核」，第十一章為「財務風險與管理」，第十二章為「財務彈性」，第十三章為「跨國國防經費比較」，第十四章為「國防經費相關課題分析」，第十五章為「制度變革與再造」。

附錄一

大陸「反分裂國家法」條文全文

第 1 條	為了反對和遏制台獨分裂勢力分裂國家，促進祖國和平統一，維護台灣海峽地區和平穩定，維護國家主權和領土完整，維護中華民族的根本利益，根據憲法，制定本法。
第 2 條	世界上只有一個中國，大陸和台灣同屬一個中國，中國的主權和領土完整不容分割。維護國家主權和領土完整是包括台灣同胞在內的全中國人民的共同義務。台灣是中國的一部分。國家絕不允許台獨分裂勢力以任何名義、任何方式把台灣從中國分裂出去。
第 3 條	台灣問題是中國內戰的遺留問題。解決台灣問題，實現祖國統一，是中國的內部事務，不受任何外國勢力的干涉。
第 4 條	完成統一祖國的大業是包括台灣同胞在內的全中國人民的神聖職責。
第 5 條	堅持一個中國原則，是實現祖國和平統一的基礎。以和平方式實現祖國統一，最符合台灣海峽兩岸同胞的根本利益。國家以最大的誠意，盡最大的努力，實現和平統一。國家和平統一後，台灣可以實行不同於大陸的制度，高度自治。
第 6 條	國家採取下列措施，維護台灣海峽地區和平穩定，發展兩岸關係：(一)鼓勵和推動兩岸人員往來，增進瞭解，增強互信。(二)鼓勵和推動兩岸經濟交流與合作，直接通郵通航通商，密切兩岸經濟關係，互利互惠。（三）鼓勵和推動兩岸教育、科技、文化、衛生、體育交流，共同弘揚中華文化的優秀傳統。（四）鼓勵和推動兩岸共同打擊犯罪。（五）鼓勵和推動有利於維護台灣海峽地區和平穩定、發展兩岸關係的其他活動。國家依法保護台灣同胞的權利和利益。
第 7 條	國家主張通過台灣海峽兩岸平等的協商和談判，實現和平統一。協商和談判可以有步驟、分階段進行，方式可以靈活多樣。台灣海峽兩岸可以就下列事項進行協商和談判：（一）正式結束兩岸敵對狀態。（二）發展兩岸關係的規劃。（三）和平統一的步驟和安排。（四）台灣當局的政治地位。（五）台灣地區在國際上與其地位相適應的活動空間。（六）與實現和平統一有關的其他任何問題。
第 8 條	台獨分裂勢力以任何名義、任何方式造成台灣從中國分裂出去的事實，或者發生將會導致台灣從中國分裂出去的重大事變，或者和平統一的可能性完全喪失，國家得採取非和平方式及其他必要措施，捍衛國家主權和領土完整。依照前款規定採取非和平方式

	及其他必要措施，由國務院、中央軍事委員會決定和組織實施，並及時向全國人民代表大會常務委員會報告。
第 9 條	依照本法規定採取非和平方式及其他必要措施并組織實施時，國家盡最大可能保護台灣平民和在台灣的外國人的生命財產安全和其他正當權益，減少損失；同時，國家依法保護台灣同胞在中國其他地區的權利和利益。
第 10 條	本法自公佈之日起施行。

附錄二

國防法（民國92年01月08日修正）

第一章　總則	
第 1 條	本法依中華民國憲法第一百三十七條制定之。 本法未規定者，適用其他法律之規定。
第 2 條	中華民國之國防，以發揮整體國力，建立國防武力，達成保衛國家安全，維護世界和平之目的。
第 3 條	中華民國之國防，為全民國防，包含國防軍事、全民防衛及與國防有關之政治、經濟、心理、科技等直接、間接有助於達成國防目的之事務。
第 4 條	中華民國之國防軍事武力，包含陸軍、海軍、空軍組成之軍隊。 作戰時期國防部得因軍事需要，陳請行政院許可，將其他依法成立之武裝團隊，納入作戰序列運用之。
第 5 條	中華民國陸海空軍，應服膺憲法，效忠國家，愛護人民，克盡職責，以確保國家安全。
第 6 條	中華民國陸海空軍，應超出個人、地域及黨派關係，依法保持政治中立。 現役軍人，不得為下列行為： 一　擔任政黨、政治團體或公職候選人提供之職務。 二　迫使現役軍人加入政黨、政治團體或參與、協助政黨、政治團體或公職候選人舉辦之活動。 三　於軍事機關內部建立組織以推展黨務、宣傳政見或其他政治性活動。 現役軍人違反前項規定者，由國防部依法處理之。
第二章　國防體制及權責	
第 7 條	中華民國之國防體制，其架構如下： 一　總統。 二　國家安全會議。 三　行政院。 四　國防部。
第 8 條	總統統率全國陸海空軍，為三軍統帥，行使統帥權指揮軍隊，直接責成國防部部長，由部長命令參謀總長指揮執行之。
第 9 條	總統為決定國家安全有關之國防大政方針，或為因應國防重大緊急情勢，得召開國家安全會議。

第 10 條	行政院制定國防政策，統合整體國力，督導所屬各機關辦理國防有關事務。
第 11 條	國防部主管全國國防事務；應發揮軍政、軍令、軍備專業功能，本於國防之需要，提出國防政策之建議，並制定軍事戰略。
第 12 條	國防部部長爲文官職，掌理全國國防事務。
第 13 條	國防部設參謀本部，爲部長之軍令幕僚及三軍聯合作戰指揮機構，置參謀總長一人，承部長之命令負責軍令事項指揮軍隊。
第 14 條	軍隊指揮事項如下： 一　軍隊人事管理與勤務。 二　軍事情報之蒐集及研判。 三　作戰序列、作戰計畫之策定及執行。 四　軍隊之部署運用及訓練。 五　軍隊動員整備及執行。 六　軍事準則之制頒及作戰研究發展。 七　獲得人員、裝備與補給品之分配及運用。 八　通信、資訊與電子戰之策劃及執行。 九　政治作戰之執行。 十　戰術及技術督察。 十一　其他有關軍隊指揮事項。
第三章　軍人義務及權利	
第 15 條	現役軍人應接受嚴格訓練，恪遵軍中法令，嚴守紀律，服從命令，確保軍事機密，達成任務。
第 16 條	現役軍人之地位，應受尊重；其待遇、保險、撫卹、福利、獎懲及其他權利，以法律定之。
第 17 條	陸海空軍軍官、士官之教育、任官、服役、任職、考績，以法律定之。
第 18 條	現役軍人及其家屬、後備軍人之優待及應有之權益，以法律保障之。
第 19 條	軍人權利遭受違法或不當侵害時，依法救濟之。
第四章　國防整備	
第 20 條	國防部秉持全盤戰略構想及國防軍事政策之長期規劃，並依兵力整建目標及施政計畫，審慎編列預算。
第 21 條	國防兵力應以確保國家安全之需要而定，並依兵役法令獲得之。 爲維持後備力量，平時得依法召集後備軍人，施以教育訓練。

第 22 條	行政院所屬各機關應依國防政策，結合民間力量，發展國防科技工業，獲得武器裝備，以自製爲優先，向外採購時，應落實技術轉移，達成獨立自主之國防建設。 國防部得與國內、外之公、私法人團體合作或相互委託，實施國防科技工業相關之研發、產製、維修及銷售。 國防部爲發展國防科技工業及配合促進相關產業發展，得將所屬研發、生產、維修機構及其使用之財產設施，委託民間經營。 前二項有關合作或委託研發、產製、維修、銷售及經營管理辦法另定之。
第 23 條	行政院爲因應國防安全需要，得核准構建緊急性或機密性國防工程或設施，各級政府機關應配合辦理。 前項國防設施如影響人民生活者，立法院得經院會決議，要求行政院飭令國防部改善或改變；如因而致人民權益損失者，應依法補償之。
第五章　全民防衛	
第 24 條	總統爲因應國防需要，得依憲法發布緊急命令，規定動員事項，實施全國動員或局部動員。
第 25 條	行政院平時得依法指定相關主管機關規定物資儲備存量、擬訂動員準備計畫，並舉行演習；演習時得徵購、徵用人民之財物及操作該財物之人員；徵用並應給予相當之補償。 前項動員準備、物資儲備、演習、徵購、徵用及補償事宜，以法律定之。
第 26 條	行政院爲辦理動員及動員準備事項，應指定機關綜理之。
第 27 條	行政院及所屬各機關於戰事發生或將發生時，爲因應國防上緊急之需要，得依法徵購、徵用物資、設施或民力。
第 28 條	行政院爲落實全民國防，保護人民生命、財產之安全，平時防災救護，戰時有效支援軍事任務，得依法成立民防組織，實施民防訓練及演習。
第 29 條	中央及地方政府各機關應推廣國民之國防教育，增進國防知識及防衛國家之意識，並對國防所需人力、物力、財力及其他相關資源，依職權積極策劃辦理。
第六章　國防報告	
第 30 條	國防部應根據國家目標、國際一般情勢、軍事情勢、國防政策、國軍兵力整建、戰備整備、國防資源與運用、全民國防等，定期提出國防報告書。 但國防政策有重大改變時，應適時提出之。
第 31 條	國防部應定期向立法院提出軍事政策、建軍備戰及軍備整備等報告書。

	為提升國防預算之審查效率，國防部每年應編撰中共軍力報告書、中華民國五年兵力整建及施政計畫報告，與總預算書併同送交立法院。 前二項之報告，得區分為機密及公開兩種版本。
第七章附則	
第 32 條	國防機密應依法保護之。 國防機密應劃分等級；其等級之劃分及解密之時限，以法律定之。 從事及參與國防安全事務之人員，應經安全調查。 前項調查內容及程序之辦法，由國防部定之。
第 33 條	中華民國本獨立自主、相互尊重之原則，與友好國家締結軍事合作關係之條約或協定，共同維護世界和平。
第 34 條	友好國家派遣在中華民國領域內之軍隊或軍人，其權利義務及相關事宜，應以條約或協定定之。 外國人得經國防部及內政部之許可，於中華民國軍隊服勤。
第 35 條	本法施行日期，由行政院於本法公佈後三年內定之。

附錄三

國防部組織法（民國91年02月06日修正）

第 1 條	國防部主管全國國防事務。
第 2 條	國防部對於各地方最高級行政長官執行本部主管事務，有依法指示、監督之責。
第 3 條	國防部就主管事務，對於各地方最高級行政長官之命令或處分，認為有違背法令或逾越權限者，得提經行政院會議議決後停止或撤銷之。但有緊急情形者，得陳請行政院院長先行令飭停止該項命令或處分之執行。
第 4 條	國防部掌理下列事項： 一　關於國防政策之規劃、建議及執行事項。 二　關於軍事戰略之規劃、核議及執行事項。 三　關於國防預算之編列及執行事項。 四　關於軍隊之建立及發展事項。 五　關於國防科技與武器系統之研究及發展事項。 六　關於兵工生產與國防設施建造之規劃及執行事項。 七　關於國防人力之規劃及執行事項。 八　關於人員任免、遷調之審議及執行事項。 九　關於國防資源之規劃及執行事項。 十　關於國防法規之管理及執行事項。 十一　關於軍法業務之規劃及執行事項。 十二　關於政治作戰之規劃及執行事項。 十三　關於後備事務之規劃及執行事項。 十四　關於建軍整合及評估事項。 十五　關於國軍史政編譯業務之規劃及執行事項。 十六　關於國防教育之規劃、管理及執行事項。 十七　其他有關國防事務之規劃、執行及監督事項。
第 5 條	國防部本部設下列單位，分別掌理前條所列事項： 一　戰略規劃司。 二　人力司。 三　資源司。 四　法制司。 五　軍法司。 六　後備事務司。 七　部長辦公室。 八　史政編譯室。 九　督察室。 十　整合評估室。

第 6 條	國防部設參謀本部，為部長之軍令幕僚及三軍聯合作戰指揮機構，掌理提出建軍備戰需求、建議國防軍事資源分配、督導戰備整備、部隊訓練、律定作戰序列、策定並執行作戰計畫及其他有關軍隊指揮事項；其組織以法律定之。
第 7 條	國防部設軍備局，掌理軍備整備事項；其組織以法律定之。
第 8 條	國防部設總政治作戰局，掌理政治作戰事項；其組織以法律定之。 總政治作戰局在三年內改編為政治作戰局。必要時，得延長一年。
第 9 條	國防部設主計局，掌理國軍主計事項；其組織以法律定之。
第 9-1 條	國防部設軍醫局，掌理國軍醫務及衛生勤務事項；其組織以法律定之。
第 10 條	國防部設陸軍總司令部、海軍總司令部、空軍總司令部、聯合後勤司令部、後備司令部、憲兵司令部及其他軍事機關 ㊾；其組織以命令定之。 國防部得將前項軍事機關所屬與軍隊指揮有關之機關、作戰部隊，編配 ㊿參謀本部執行軍隊指揮。

㊾依行政院74.11.7（74）組一字第零八一號轉69.7.17（69）規定第八二四七號函，機關的構成要件有四：「依法設置」、「對外行文」、「獨立編制」及「獨立預算」。「國防部組織法」第六條（參謀本部）至第九條（主計局），組織須以法律定之的單位，均屬機關；第十條中所列舉的各軍總部（授權以命令定之，主要是這些軍事機關的性質特殊），亦為機關。此一界定方式與中央政府組織基準法草案精神結合。

㊿依「軍制學」（第五章，5之29頁至5之31頁）內容，定義摘示如下：

（一）建制：凡列於編裝表內，具有固定之指揮與隸屬關係者，稱為建制。

（二）編配：依命令將某一軍人或單位編組於一個指揮系統下，使其產生「完整」的指揮關係，稱為編配。

（三）配屬：非在同一編裝表內之部隊，因其需要，而以命令將某一軍人或單位置於另一單位或軍人「暫時」指揮之下，但其指揮關係並不完整，此一指揮關係稱為配屬。配屬有兩種型態：

（1）一般性配屬：配屬單位除了「人事升調」及「預財責任」兩項指揮責任，仍隸屬於原建制單位外，其餘的所有指揮責任，均隸屬於上級單位。

（2）特定之配屬：係將人員或單位配屬於另一單位，但其指揮關係僅限於該特定業務的執行。

（四）作戰管制：作戰管制中，上級對下級僅負有參二情報之全部及參三作戰（行動）部分之指揮責任，以及被管制單位「臨時」申請之事項；其他業務仍由原上級負責。

	陸軍總司令部、海軍總司令部、空軍總司令部，在三年內改編爲陸軍司令部、海軍司令部、空軍司令部。必要時，得延長一年。
第 11 條	國防部爲發展國防軍事科學，得設研究發展機構。
第 12 條	國防部爲促進對外軍事關係，得陳請行政院核准，設駐外軍事機構或置工作人員。
第 13 條	國防部置部長一人，特任；副部長二人，特任或上將。
第 14 條	國防部置常務次長二人，均爲簡任第十四職等或中將。
第 15 條	國防部置參事六人至九人，主任三人，司長六人，職務均列簡任第十二職等或中將；副主任、副司長十二人至十八人，處長、主任二十二人至三十人，職務均列簡任第十一職等或少將；專門委員十二人至三十人，職務列簡任第十職等至第十一職等或上校；副處長、副主任二十五人至三十五人，職務均列簡任第十職等或上校；科長十人至二十人，職務列薦任第九職等或上校；秘書十人至二十人，技正三人至八人，稽核二十七人至五十二人，編纂二十三人至四十八人，職務均列薦任第八職等至第九職等或中校，其中秘書十人，技正四人，稽核二十六人，編纂二十四人，職務得列簡任第十職等至第十一職等或上校；專員七人至十五人，職務列薦任第七職等至第九職等或中校、少校；編輯十一人至二十二人，書記官七人至十五人，職務均列薦任第六職等至第八職等或中校、少校；辦事員十二人至二十八人，職務列委任第三職等至第五職等或上尉、中尉、少尉；書記十人至二十人，職務列委任第一職等至第三職等；軍法官十人至二十人，職務列上校；參謀一百七十人至二百九十人，職務列中校或少校，其中五十七人至一百十三人，得列上校。 本法修正公布後三年，文職人員之任用，不得少於編制員額三分之一。但必要時，得延長一年。
第 16 條	國防部設人事室，置主任一人，職務列簡任第十職等至第十一職等或上校，依法辦理人事管理事項；所需工作人員，就本法所定員額內派充之。
第 17 條	國防部設會計室，置會計主任一人，職務列簡任第十職等至第十一職等或上校，依法辦理部本部歲計、會計及統計事項；所需工作人員，就本法所定員額內派充之。
第 18 條	國防部得聘請對國防軍事或其他科學有專門研究或經驗之人員爲顧問。
第 19 條	國防部爲處理訴願案件，設訴願審議委員會，其委員由參事、有關業務單位主管及部長遴聘之社會公正人士、學者、專家組成，掌理訴願業務；所需工作人員，就本法所定員額內調用之。

第 20 條	國防部因業務需要，得設各種委員會；所需工作人員，就本法所定員額內調用之。
第 21 條	第十四條至第十七條所定列有官等、職等之文職人員，其職務所適用之職系，依公務人員任用法第八條之規定，就有關職系選用之。
第 22 條	國防部辦事細則，由國防部定之。
第 23 條	本法自公佈日施行。 本法修正條文施行日期，由行政院於修正條文公佈後三年內定之。

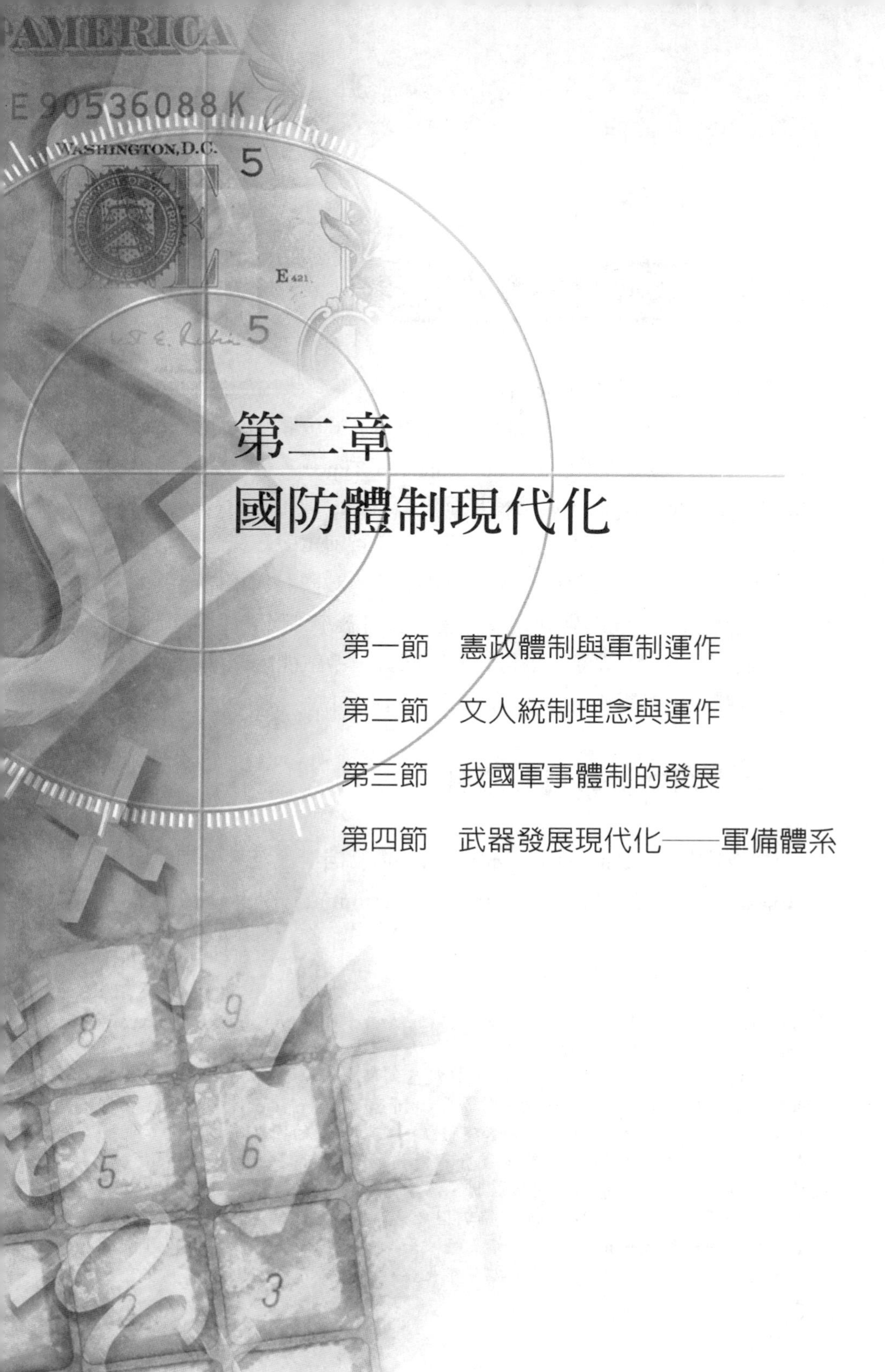

第二章 國防體制現代化

第一節　憲政體制與軍制運作

第二節　文人統制理念與運作

第三節　我國軍事體制的發展

第四節　武器發展現代化——軍備體系

第一節　憲政體制與軍制運作

憲政體制為國家的上層結構，憲政體制不同，國防體制的運作方式互異。過去杭廷頓（Samuel P. Huntington）曾將國防組織分為三種類型[1]，第一種是平衡型（The Balanced Type），第二種式協調型（The Coordinated Type），第三種是垂直型（The Vertical Type）。這三種國防體制的分別，主要在於文人部長在元首與軍隊組織之間扮演的角色不同所致，而此一角色必須結合國家的憲政體制與軍制發展的歷程。為說明二者之間的關聯，本節僅針對「總統制」、「內閣制」、「雙首長制」及「我國憲政體制」進行探討，希望能夠幫助讀者瞭解不同憲政體制下的軍制運作差異。茲簡述如下：

壹、「內閣制」的國防體制

內閣制政府（Cabinet Government）通常需要與議會密切結合，故又稱議會政府制（Parliamentary Government）；其特徵有三：

[1] Huntington, Samuel P., *The Soldier and the State*, Belknap Press of Harvard University Press, 1981, pp.186-189.
在平衡式的國防組織下，最高統帥下將設置國防部長，由部長負責管理軍事組織，並平衡「軍事」、「行政－財務」(administrative-fiscal)、及「政策－戰略」(policy-strategy) 三方的需求與利益。在協調式的國防組織下，軍事指揮權隸屬於最高統帥，國防部長僅負責對內的軍事行政，及對外的協調聯繫；此為軍政、軍令分離的國防體制，為求整體運作的順暢，行政體系與軍事體系必須適度的「協調」(此即協調型之意)，方能發揮其應有功能。至於垂直型的國防組織，則是將國防部長納入平時管理與戰時作戰的指揮體系。三種國防體制的運作方式不同，文人部長與軍事領導人的互動方式，亦有差異。

一、虛位元首❷；二、集體責任❸；三、與議會結合❹。在內閣體制下，軍事最高領導人應爲閣揆。例如英國首相，可以透過內閣會議制訂國防外交政策，交由國防大臣執行與監督。若遇緊急狀態，還可調動軍隊。然英國首相並非專業軍人，國防軍事本非其所長；故通常會組成「內閣防務委員會」，召集國防大臣、主管軍事部門的大臣、以及專業人士等，作爲首相有關國防軍事政策的智囊團。

英國國王對軍隊並無支配權力，而英國軍人均宣示向非政治性的國王效忠，故軍隊得以避開政黨派系的紛擾。各軍種的參謀長爲軍種最高的領導人（原陸、海、空軍曾設置文人部長，1981年英首相廢除各軍種部長職位，由部長統理三軍），由各軍種參謀長組成的參謀首長委員會（The Chief of Staff Committee），則負責向部長及國防委員會提出軍事戰略、軍事作戰與國防政策有關的建議。

貳、「總統制」的國防體制

在總統制下的總統，係由人民直接普選或間接（如美國透過選舉人團）選舉產生；故其無須對國會負責（唯總統推動政策時，須透過國會的預算與立法支持，故仍受國會監督），也不能解散國會，而

---

❷內閣制下的天皇、女王、國王、或總統，多數只是個虛位元首，他（她）公佈法令須有閣揆的副署；而且對於國會通過的法律，不得拒絕公佈，此爲內閣制的特徵。

❸內閣制下的閣揆，有權透過「內閣會議」制訂政策；在「內閣會議」中，各個閣員皆可表達意見，甚至展開辯論。唯決策一旦形成，所有閣員必須一致對外擁護政策，若有反對，唯有去職。故閣員除了需要向國會負責外，尚必須向閣揆負責，並須與閣揆同進退，共同爲政策的成敗負責。

❹內閣成員（包含閣揆和閣員）通常皆來自國會議員；如英國首相一般多爲下議院多數黨領袖，經議會同意後任命之；閣員則由首相自下議院本黨議員中遴選並報英王任命，此即所謂內閣與議會相結合。

國會也不能對總統或部會首長提出不信任案。

以美國爲例，美國總統綜攬國家元首與政府領袖大權。依照美國憲法第一至第三條的規定，立法權屬於國會，行政權屬於美國總統，司法權則屬於最高法院及下級法院。美國總統的權力雖有許多，憲法亦規定，美國總統爲三軍統帥；但由於國會掌握軍隊的軍需籌措及軍費籌措❺，故國防軍事權並非由總統獨享，仍須與國會分享。

在總統制下，軍事政策與軍隊指揮的權力，掌握在總統手中。而總統在研擬國家戰略、決定國防發展、和處理對外軍事事務時，通常須依賴「國家安全會議」（National Security Council）的規劃、建議及資料提供。「國家安全會議」係由總統主持，法定出席者包括副總統、國務卿、國防部長等；當有實際需要時，可邀集相關人員列席，例如參謀首長聯席會議主席❻、總統安全事務助理、中央情報局長、或財政部長等。總統透過這個會議聽取意見，並做出戰略性的重要決策，如戰略武器的發展、軍備裁減、或是核子能源的管制等。

美國三軍的管理與運作，主要仍是由軍職的各軍種參謀長與海軍陸戰隊司令負責；這些軍種的最高軍官所組成的參謀首長聯席會議，爲國防部長的軍事顧問機構。依照1986年的「國防重組法案」（P.L.99-433，又稱高華德－尼可斯法案，由亞利桑那州共和黨參議員Barry Goldwater，及阿拉斯加州民主黨參議員Bill Nichols共同提出）

---

❺依據美國憲法第一條第八項註明，國會有權：一、宣戰；二、招募陸軍並供給陸軍軍需；三、設立海軍並供給海軍軍需（註：空軍部依據1947年的國家安全法成立，故憲法條文中並未包括空軍）；四、制訂陸軍海軍組織之法規；五、規定召集國民兵，以執行美國之法律，鎮壓內亂，並抵禦外侮；六、規定國民兵之組織、武裝與訓練；七、國會有權徵稅、籌款、及撥付軍費（此爲國會監督與制約軍隊之獨享權力）。

❻依據1986年的「國防重組法案」（即高華德—尼可拉斯法案），參謀首長聯席會議主席爲總統、國家安全會議及國防部長的主要軍事顧問；故如有軍事上的問題，參謀首長聯席會議主席通常必須列席提出建議。

規定，參謀首長聯席會議的主席，須在國防部長與作戰部隊之間，扮演溝通的的界面與橋樑；且總統與國防部長「有權」將參謀首長聯席會議主席，置於作戰體系的指揮系統中[7]。

美國的參謀體制最早依據1903年美國總統所批准的一般參謀法案（The General Staff Bill）而成立，法案中撤銷了獨立的「陸軍總司令辦公室」，改設「總統陸軍參謀長」[8]。陸軍參謀長承總統或陸軍部長的指導，在44名陸軍軍官的輔佐下，同時督導軍隊及管理各特業參謀與補給部門。之後，更於1920年的國防法案奠定了參謀本部的原則，在美國陸軍中分別成立特業、技術與行政參謀[9]。

早期美國的中央軍事機關，係陸、海軍分立；各設部長及參謀長（海軍稱為軍令部長），兩部長均直屬總統。海軍部與陸軍部下，均設有空軍助理次長，戰時陸軍部甚至設有空軍總部專司其事。然鑑於陸、海、空三軍之間，普遍缺乏協調、各行其是；加上二次大戰期間（1941年底至1942年初）成立的參謀首長聯席組織（包括Joint Chiefs of Staff與Combined Chiefs of Staff），運作上亦出現許多缺失。故戰後美國便開始思考擬定統一陸、海、空三軍的國家安全法案。

在1947年的國家安全法案中，出現諸多的改革措施，如增設了空軍部；在陸、海、空軍部長之上，增設文人的「國防部長」；成立由各軍種的參謀長組成「參謀首長聯席會議」；設立了國家安全會議（當時的國家安全會議的當然委員，包括總統、副總統、國務卿、國

---

[7]總統與國防部長雖「有權」將參謀首長聯席會議主席，置於國防部長及作戰指揮官之間的指揮體系中；但參謀首長聯席會議主席發出的命令，「事前」須經部長核准。國防部發出的內部指令（directive）5100.1號（1987年9月25日發出），則明確的將參謀首長聯席會議主席，納入部長與作戰指揮官的聯繫與指揮系統中。

[8]施治，**中外軍制和指揮參謀體系的演進**，台北：中央文物供應社，民國70年9月，頁343。

[9]周林根，**國防與參謀本部**，台北：正中書局，民國56年7月，頁85-90。

防部長、陸、海、空軍三部長及國家安全資源委員會的主席）；及明定參謀首長聯席會議有責任「在各戰略地區建立統一部隊司令部（即聯合作戰司令部），藉以提昇美國在該地區的國家利益」。

在1986年提出的「國防重組法案」中，更大幅強化了參謀首長聯席會議主席的權力，將其視為總統、國家安全會議及國防部長的主要軍事顧問[10]。參謀首長聯席會議主席不僅在受到諮詢時才提出建議；在平時不受諮詢時，亦有權提出建議。依法案的規定，參謀首長聯席會議主席，必須提出歷任總統與國防部長所未見過的、統一的國家軍事戰略，而不只是提出各軍種戰略的概要與彙總[11]。鑑於在各軍種與聯合作戰指揮部的矩陣編組下，各軍種掌握作戰部隊的人事、預算、後勤補給，聯合作戰指揮部的相對權力不足；故在法案中不僅賦予聯合作戰指揮官在計畫、後勤、訓練及支援等方面有更多的權責，以確保任務之達成；法案中亦允許聯合作戰指揮官在軍種派任其下屬的作戰指揮官時，擁有同意權。

換句話說，軍事改革者為解決軍種之間的對立，追求整體軍事的效率，他們透過「高－尼法案」，建立了一個整合三軍的強大機制。由於這個整合的軍事機構，將更有影響力、也更有能力挑戰文人統制的精神；因此亦有論者認為「高－尼法案」的通過，其實是文人統制（civilian control）的一大退步[12]。

---

[10] 在以往整個參謀首長聯席會是總統的軍事幕僚，從「高－尼法案」後以後，總統只接受單一軍官的建議。如參謀首長聯席會議主席無法與各軍種參謀首長達成一致之見解時；則他在提供建議時，亦須一併將其它不同的意見提出

[11] 由於在1986年以前歷任的參謀首長只能提供以軍種為主的軍事建議，無法提供專業的、全面的國家軍事建議，國會對此感到厭煩，因此才希望參謀首長聯席會議扮演更積極的角色，主導國家軍事戰略的制定，而不是扮演委員會諮詢的角色

[12] Don M. Snider and Miranda A. Carlton-Carew著，高一平譯，**美國的文武關係：危機或轉機**？台北：國防部史政編譯局，民國89年1月，頁329-336。有關文人統制的內容與精義，參見本章第二節的討論。

參、「雙首長制」的國防體制

「雙首長制」係指「雙重行政首長」同時分權並存，既有實權的總統，又有實權的總理，法國就是一個典型的代表。

法國的「雙首長制」衍生自其失敗的「內閣制」[13]。其後，藉阿爾及利亞事件之便，著手修憲，於1958年10月5日公佈的「第五共和憲法」。憲法中增加總統戴高樂的權力，使其既能任命總理（部長的任免則依總理建議），也能解散國會；但仍維持「責任內閣制」的精神，總理須向國會負責。在1962年10月28日公民總投票，修改憲法第六條的間接選舉總統，總統改爲由人民直接投票選舉產生，權力便大幅擴張。

在「第五共和憲法」中，總統有任免內閣總理及閣員（無須經過國民議會同意），及解散國民議會的權力（只需徵詢內閣總理及兩院參議院及國民議會議長的意見即可），只有「部分」命令發布時，需要經過內閣總理及有關部長的副署[14]；但爲了獲得國會的支持，總統往往必須提名國會中多數黨的領袖爲總理，以維持政局的穩定。這種雙首長制，總統有實際的政治權力，且責任內閣的特徵（倒閣與解散國會）亦不復存；所以它比較偏向「總統制」，也是一種「總統有

[13] 第三共和（1870-1940）與第四共和（1944-1958）時，由於憲法因素，造成弱勢內閣與強勢國會。第三共和期間，在1873年至1940年（共67年）間，換過100屆內閣，每屆平均八個月壽命，其中有50屆內閣壽命均不及六個月。在第四共和時雖朝向內閣制發展，但國會仍爲多黨派，故經常出現弱勢、貌合神離的聯合內閣，缺乏統一的領導中心，導致政局動盪不安。資料來源參見馬起華著，**政治學精義（上）**，台北：帕米爾書店，民國74年，頁374-378。

[14] 在「第五共和憲法」的第八條（任免內閣總理及部長）、第十一條（法案與條約，提交人民複決）、第十二條（解散國民議會）、第五十六條（任命憲法委員會成員）、第五十四條及第十一條（提請審查法律或條約是否違憲）等無須副署，其餘的法令發佈均須副署。參見馬起華，**政治學精義（上）**，頁379-380。

權無責，總理則有權有責」的運作體制。

在「第五共和憲法」下，總統為三軍統帥，主持部長會議集國防委員會、擁有緊急處置權、國家文武官員（含將級軍官）任命權、簽署部長會議所決議之條例與命令、及核子武器使用權（1964年1月14日行政命令）。總理則代表政府，擁有國家政策的制定與執行權、及負責管理行政機構及軍隊，對國會負責。所以，總統雖貴為三軍統帥，主持「部長會議」及「國防委員會」，可以對國防決策、軍事政策、軍事戰略等發揮影響；但總理卻負責國防，行使國防領導與軍事指揮權，並裁決所有軍事部屬之籌畫與指揮。

平時國防部長扮演軍政軍令的樞紐，承上轉下，協調各部會的國防事務；即承總理之命，綜理國防事務，部長對總理負責，受國會監督；三軍總參謀長不僅為部長之軍事幕僚長，亦為總理之軍事顧問，負責掌理軍事戰略，並專注於作戰有關事務。在軍隊指揮上，戰時，由總統直接透過總參謀長指揮軍隊；平時，則由總統或總理循國防部長、三軍總參謀長、至陸、海、空軍參謀長，指揮軍隊。

肆、我國的憲政架構與國防體制

我國現代憲政體制的演變，最早可以追溯到1913年10月31日三讀通過，具有內閣制精神的「天壇憲草」。之後在歷經「袁世凱約法」、「曹錕憲法」、「五五憲草」及1947年元旦公佈，多次增修的「現行憲法」，最後終於形成了當前的政府體制。

在憲法原條文中，行政院長由總統提名，經立法院同意任命之（第五十五條），行政院對立法院負責（第五十七條）。總統公佈法律、發佈命令，須經行政院長副署（第三十七條）；行政院為國家最高行政機關（第五十三條），加上行政院向立法院負責（第五十七條）。這些皆可看出，我國原政府體制原傾向於「內閣制」。因此憲法第三十五條所述及的總統地位，與第三十六條所述及的總統統率三軍，應屬於象徵性的統帥權，為「虛位元首」的概念，而非有握有實權的總統。

嗣後，歷經六次修憲、總統直選後，在憲法中增修條文修改行政院長原有的副署權，行政院長亦改由總統提名、任命（不是任免），無須立法院同意（取消立法院的同意權），總統可解散立法院（而非行政院），這些措施都大幅降低內閣制的色彩。而根據憲法第五十五條規定，行政院爲最高行政機關，向立法院負責的，亦爲行政院長；故修憲的結果，已將中央政府的體制，推向「雙首長制」的發展方向。

在國防軍事的權責設計上，依我國憲法及其增修條文規定，總統已非虛位元首，故憲法中所述及的統帥權（負責統帥全國陸、海、空軍）、宣戰權（締結條約及宣戰、媾和）、文武百官任免權及緊急處置權（發佈緊急命令）均應爲實權。而行政院長的權力，憲法中僅提及「行政院爲國家最高行政機關，對立法院負責」；及院長得提名副院長、各部會首長請總統任命之。

在89年1月29日公佈之「國防法」第八條條文（總統統率全國陸海空軍，爲三軍統帥，行使統帥權指揮軍隊，直接責成國防部部長，由部長命令參謀總長指揮執行之）及第十條條文（行政院制定國防政策，統合整體國力，督導所屬各機關辦理國防有關事務），顯示總統指揮軍隊作戰時，並不須要經過行政院長。但行政院掌握國防政策（憲法第五十七條）與國家資源（預算編製及辦理決算，憲法第五十九條及六十條），卻是不爭的事實。因此行政院對建軍備戰、國力儲積有相當大的影響力。

這種總統與行政院雙軌並行的體制，雖然可以透過國家安全會議[15]，將總統與行政院長的軍事指揮及隸屬關係結合起來，但實隱含

[15] 依民國82年12月30日公佈之「國家安全會議組織法」第三條（總統爲國家安全會議的主席），及第四條（出席人員）第二項（行政院長…國防部長…參謀總長）顯示，國家安全的決策，應可結合在國家安全會議。

著平、戰分離的概念；也就是說，平時的建軍備戰（須要政策指導及動用資源）係委由行政院負責，但緊急情況的用兵作戰，則由總統直接責成國防部長，並將命令傳達給軍事指揮官（「國防法」第八條）。這種運作方式，都隱隱透出類似於法國「雙首長制」運作精神的體制設計。（有關「國防法」條文暨「國防部組織法」條文，請參閱第一章的附錄）

從前述的討論中不難發現，在總統制下或是在內閣制下，軍政軍令都是一元化的；但介於其間的雙首長制，則礙於政治的現實，必須面對二元化的國防體制運作。雙首長制其實是政治現實下折衷與妥協的產物，故其運作必須兼顧政黨之間的權力平衡。如果要觀察政治制度之間的關係，我們或可將總統制與內閣制視爲政治體制上的兩個端點，再根據總統與總理的相對權利進行區分，則不難發現，法國的雙首長制其實比較趨近於總統制，而我國的雙首長制則比較趨近於內閣制（如不能主持部長會議、須有閣揆的副署權及僅有閣揆的任命權等）。

第二節　文人統制理念與運作

壹、文人統制的意涵

所謂「文人統制」（civilian control，或稱文人領軍）係指政府文官經由一套制定的原則，進行對軍隊的控制；因此它的概念，主要是將軍事力量置於非軍事（政治的）文人首長領導之下[16]。界定「文人

[16] 李承訓，**憲政體制下國防組織與軍隊角色之研究**，頁41、58

統制」的主要依據，則來自於憲法；如美國憲法第二條第二款指出，美國總統爲美國陸軍、海軍及數個州民兵部隊的最高統帥（美國的空軍部於1947年的國家安全法案中成立）。我國的憲法第三十五條「總統爲國家元首，對外代表中華民國」，及第三十六條「總統統率全國陸海空軍」，亦顯示出類似的觀念。

在「文人統制」的理念下，專業軍人可於政策形成的過程中，表達不同於文人領袖的觀點；但當三軍統帥做成最後的決定之後，軍方便應該恪遵政策，並落實於執行的層面。因此，文人統制主要在確保文人的觀點，能夠主宰整個決策過程，軍隊的價值觀（不論它多麼有價值）都不應該淩駕在文人之上，此即一般人熟知的「文人價值的崇高性」（supremacy of civilian value）原則。

貳、文人統制的觀點

當前對文人統制的看法，主要有二種不同的觀點；第一種是源自於杭廷頓所提出的「客觀文人統制」，第二種則是源自於簡諾維茲（Morris Janowitz）所提出的「主觀文人統制」。茲分述如下：

一、客觀文人統制

政治學家杭廷頓認爲「社會因素」是文武關係的主要決定因素。按照克勞塞維茲的看法，軍隊爲戰爭法則的掌握者，因此，作戰爲軍隊的專屬領域。杭廷頓根據這種分工的觀念，提出了「客觀的文人統制」，並認爲這種統制方式，可以將軍事素養發揮到最高的程度。而發揮軍事素養的最佳方法是，軍隊不要插手政治，同樣的政治人物也不要插手軍事事務[17]。因此，軍隊應該「隔離」於社會，不應

[17] Huntington, Samuel P., *Soldier and the State：Theory and Politics of Civil-Military Relations*, Cambridge: Belknap Press of Harvard University Press, 1957, pp.83-85.

受到指揮體系以外的文人影響；對於軍隊的管理應透過法律、規定及正式的指揮體系，讓軍隊發揮應有的實際效用。但這種統制方式，可能導致軍隊逐漸孤立於社會，甚而產生軍、文之間的相互不信任。

二、主觀文人統制

社會學家簡諾維茲認爲「軍隊組織本身的組成結構」，才是影響文武關係型態的主要因素；因此他提出了「主觀的文人統制」[18]。他認爲只有當軍隊融入廣大的社會體制中，軍中成員多樣化，並廣泛的代表美國社會大眾後，才能有效實現文人統制的目標；因此，文人與軍人之間的界限是可以跨越的。軍人可以就讀於非軍事教育院校，而獲得任官；軍事人員可以住在民間社區（不一定要住在駐地宿舍內）；軍眷可以在民間學校就讀；也可以在民間診所就醫，無須受限於封閉的營區[19]。從社會學的觀點來看，文人是透過軍隊中的社會結構基礎，而實現其對軍人的統制；並透過「平民戰士」[20]（citizen soldier）的觀念，軍隊與社會得以有效的連結。

基於觀點取向上的歧異，所以杭廷頓偏好採用「專業軍隊」的方式組成軍隊，而簡諾維茲偏好採用「平民戰士」的方式組成軍隊。而美國一般的輿論，則較爲支持簡諾維茲所提出的社會學觀點；而軍人表達不同的政治立場並不違反簡諾維茲主張的文人統制

---

[18] Janowitz, Morris, *The Professional Soldier: A Social and Political Portrait*, Glencoe Ill. The Free Press, 1960.

[19] Martin, James A. & Orthner, Dennis K., "The 'Company Town' in Transition: Rebuilding Military Communities," in Gary A. Bowen and Dennis K. Ortner, eds., *The Organization Family: Work and Family Linkage in the U.S. Military*, New York: Praeger, 1989, pp.163-177.

[20] 此一名詞出自華盛頓對國會演講所說，具體表現在1795年的「國民兵法案」（Militia Act of 1795）；這是指達於某種年齡的男性公民需被徵召爲國民兵，國家將供其武器以捍衛國家。

精神[21]。相對於美國的實例，我國「國防法」第六條，要求軍人保持「政治中立」（不得參與政黨活動），而非「行政中立」（不得利用行政職權，動用資源，支持單一政黨）；則顯然採取較高的政治標準，並有可能將軍隊推向「客觀文人統制」的方向發展。

然我國過去的實際現象觀察，不難發現軍、文之間的界限，其實已經相當模糊；如軍隊參與許多的國內事務（如救災、救難），ROTC制度、徵兵制度與「全民國防」理念，都迫使軍事防衛必須結合國家總體資源與總體戰略。而在國家總體戰略下，軍事僅是國家安全戰略下的一環，且軍事、社會、總體經濟之間的關係密不可分。

近年來，國內的文人亦已逐漸開始培養其軍事的專業知識，逐漸有能力可以遂行建設性的軍事干預（如戰略部署及建軍方向的討論等）；加上近年來大家強調的軍備體系建構與軍事事務革命（Revolution in Military Affair, RMA），也模糊了許多重要軍事技能的本質，使得軍事事務與非軍事事務之間的分野更加困難。而這些因素都導致客觀文人統制的理念，受到日益嚴峻的挑戰。

參、軍／文關係的平衡

所謂「軍／文關係」指的是軍事領導人與文職領導人的職權運作與決策統屬關係。而文職領導人，在美國指的是總統、國防部長及各軍種部長；至於軍事領導人指的則是參謀首長聯席會議主席、各軍種參謀長及各聯合作戰指揮部的指揮官。在我國，所謂文職領導人指的是總統、行政院長（制定國防政策，「國防法」條文第十條）及國

[21] 1992年美國前參謀首長聯席會議主席威廉·克勞（William Crowe）上將，曾公開支持民主黨候選人柯林頓，並參與其競選活動；許多觀察家認爲這種有重大影響力的資深軍官，逐漸走向政治化道路發展趨勢，將來會導致軍、文之間的分際更加模糊。

防部長，而軍事領導人指的是參謀總長及各軍總司令[22]。

理想的軍／文關係發展，必須兼顧貫徹文人統制精神，與提昇軍事機構的運作效能，並在二者之間取得適當的平衡。如果我們過度強調「避免軍隊控制文人政治」的目標，就有可能不自覺的採取了一些削弱軍事能力的措施；同樣的當我們過於強調「軍事機構免於受到不當的干預」，就有可能將軍隊逐漸推離國家的體制，而任由其自行其是。因此Feaver（1995）認爲適當的軍／文關係，必須在三方面取得平衡[23]：

一、確保軍方不會藉由掌握政府或消耗社會資源，來控制文人政治；

二、確保軍事行動能夠服從國家政策；

三、保護軍事機構，使其免遭不當的干預，而影響其管理效能。

事實上，文人統制精神的彰顯，通常必須建立在三方面的基礎上，包括：

一、制度層面

即在制度設計上，軍／文的權責劃分是否明確？如軍、文之間的決策權責是否能夠截然區隔？文人的職權是否會干預軍事決策？是否允許軍人介入政治事務的運作？……等等。理想的文人統制，軍、文之間應有明確的權責劃分與統屬關係；然由於軍、文事務的日趨繁

---

[22] 依民國89年1月16日通過的「國防部組織法」第十修規定，各軍總部隸屬於國防部，各軍總部所屬之作戰部隊與機關則編配參謀本部。而文人部長與各軍總司令的權責統屬，便可構成軍／文關係討論的焦點。

[23] Don M. Snider and Miranda A. Carlton-Carew著，**美國的文武關係：危機或轉機？**，頁175。

雜，憲法的原始設計，往往無法明確的界定軍／文權責之間的分野[24]，加上憲法中亦未限縮總統的統帥權的行使範圍（如哪些決策範圍應屬總統？哪些決策範圍不應屬總統[25]？……等等）；因此從制度設計的層面來看，其實存在不少模糊的空間。

二、政策層面

亦即政策的實際運作與規範，與原有制度規範的內涵與精神是否吻合？從政策層面來看，軍事領導人應服膺文職領導人在國防軍事上的政策規範；因此，美國前參謀首長聯席會議主席鮑威爾曾公開反對柯林頓總統提出「同性戀進入軍中服役」的政策，一般人認為此為破壞文人統制精神的事例。

三、執行層面

可分為三方面來看，第一是從軍事決策制定來看，也就是軍事決策的遂行，須與原有的制度分工精神是否一致；如在波灣戰爭中，美國布希總統便授權讓軍方領導人以其認為適合的方式遂行戰爭，此舉不僅讓軍職領導者獲得充分授權，亦符合軍、文之間在制度設計上

[24] 如「對於總統是否有權，未經國會同意就對海外出兵」，由於美國憲法並未對此進行規範，故過去美國總統與國會經常爭奪海外的用兵權，而大法官會議認為海外用兵權的本質是政治事件，也一直未做成任何裁決性的解釋。直到1973年的「戰爭權力法案」通過後，才對總統海外用兵的權力，有了明確的約束，但這仍未消弭總統與國會之間的權力爭奪。

[25] 以作戰來看，由於所有的軍事行動與軍事武器，都可能具備戰略的意義，故可能導致文人直接干預作戰目標，或是作戰方式的選擇。如波灣戰爭時，美國國防部長錢尼在軍事作戰中扮演了積極的角色，它強迫海軍將航空母艦駛入波灣海域，擬定搜索飛毛腿飛彈的備用計畫，也直接督導攻擊目標選定的計畫。又如1958年美軍登陸貝魯特時，參謀首長們擔心蘇聯的反制行動，故核准了登岸的美軍部隊，可以佈署短程核子武器；但艾森豪總統否決了此一「軍事」決策，因為核子武器已將戰術升格為「大戰術」(grand tactics)，其意義相當接近於戰略。

的決策分工。第二是軍／文的互動過程中，即軍事領導人須積極的執行文人領袖提出的國防政策；而文職領導人與軍職領導人的相處亦應融洽，且相互之間的業務協調亦應和諧順暢。第三是由執行成果來看，即軍職領導人在執行文人領導人所制定的各種政策時，亦須在軍事機構內部的展現出相當良好的執行成效。此舉主要在顯示文人在政策執行歷程中，具有相當程度的影響力，亦握有相當的主控權。如軍中兩性人員的融合狀態日趨改善，則可顯示軍隊在執行兩性平權上，對文人政策有高度的配合意願。

過去麥克阿瑟將軍在韓戰中，曾公開違抗杜魯門總統的命令，將部隊開往鴨綠江，導致他被撤職，並遭強制退伍的命運[26]；但他回國之後，卻受到民眾夾道英雄似的歡迎，及國會熱烈的支持。麥克阿瑟將軍指稱，軍隊應該保衛國家及服從憲法，不應只是效忠「暫時在政府行政部門遂行權力的官員」（意指美國總統）；他也認爲他與美國總統的爭執，並未違反憲法的精神，行爲是可以接受的[27]。但許多人認爲麥克阿瑟將軍的說法，其實是有爭議的；因爲在三權分立的體制上，總統的行政命令，是否符合國家及憲法的最大利益，應該由司法體系（尤其是最高法院）來判定，而非由軍事領導人來判斷及評估。

這種服膺憲法精神或是服從總統命令之間的困擾，事實上也曾出現在陳水扁總統當選、新政府成立之後，由於我國的政體不同於美國的總統制，加上國內始終存在的族群融合與統獨定位問題；這種問題也變得更爲棘手，更難明確的區隔。

[26]杜魯門總統撤換麥克阿瑟將軍的決定，獲得參謀首長聯席會議的完全支持。參見Don M. Snider and Miranda A. Carlton-Carew著，**美國的文武關係：危機或轉機？**，頁269。

[27]Don M. Snider and Miranda A. Carlton-Carew著，**美國的文武關係：危機或轉機？**，頁193。

肆、軍隊角色的界定

在民主體制下，軍隊理應積極的防衛外來的軍事威脅，不應該在國內的政治事務扮演重要的角色。以美國爲例，前國防部長亞斯平曾多次提出，軍隊的主要任務在於保護社會，保護及強化國家利益[28]，使其免遭外來敵人的侵害，必要時並應採武力投射，以支持其外交政策。此一觀點也明確的反映在杭廷頓提出的「軍事領導人應負責的四個領域」[29]：

一、向政府說明國家安全利益，並提醒政治領導人注意國家安全的威脅；

二、向政治領導人說明對抗此一威脅所須的軍隊規模與組成；

三、使軍隊維持良好的戰備，俾隨時能夠執行國家政策；

四、擔負領導軍隊，執行國家政策的責任。

從現實的層面觀察，軍人與文人在國防事務的培養與發展歷程，確存在著資源的不對稱性；如軍人通常擁有良好的經歷發展模式，使得軍人得以循序漸進的改善其政治技巧及戰略敏銳度；而文人則要靠自修，其知識體系通常不像軍人那麼有系統。但文人熟悉政治

[28] 美國前國防部長亞斯平曾於多種場合演說中指出，美軍必須致力於保護及強化美國的三大利益，分別是美國的安全利益、經濟利益及民主價值，這對軍隊存在的基本價值，做了相當明確的說明。如1994年11月30日亞斯平參加美國和平協會（United States Institute of Peace）在華府舉辦的研討會「管理動亂：因應進入21世紀的國際衝突」（Managing Chaos：Coping with International Conflict into the 21st Century），亦曾提出類似的論點。

[29] 參見杭廷頓（Hungtinton）於1990年1月30日在科羅拉多美國空軍官校演講稿"The Role of Military in National Security"（p.5）。

的運作，控制著軍隊的預算，也掌握高階軍事人員的晉升與派任。所以軍人與文人循著各自的資源基礎發展；而文人所具備的最終控制手段，是否能夠彌補這種資源不對稱性所造成的缺陷，便成爲影響文人統制的重要因素。

由於軍／文培養歷程所存在的資源不對稱性，往往亦會導致軍人與文人在用兵作戰的態度，出現相當程度的歧異。如從美國過去在海外用兵作戰的實例可以發現，文人領袖通常主張有限度、彈性的作戰；而軍事領導人則傾向在一個明確授權、確定情境、大規模用兵的情境下作戰。這種態度上的差異，導致了1984年11月美國的國防部長溫伯格終於必須提出六項用兵的限制標準[30]，作爲保障美軍生命安全，及規範海外用兵的參考依據：

一、在美國國家利益或是盟邦重大利益受到威脅的情況下；
二、美國必須有意願「全心全意投入戰爭，並有打贏戰爭的明確意圖」，而不是追求有限度的目標；
三、美軍必須有明確的政治與軍事目標，並應投入決定性的兵力，以達成此一目標；
四、美軍必須經常檢討是否仍須持續作戰，檢討兵力運用的必要性與適當性；
五、美軍必須合理的確定美國國會與社會大眾會支持軍事行動；
六、動用兵力爲最後不得已的手段。

這六項用兵的標準，清楚的界定了軍隊介入國外事務的角色。而後冷戰時期的環境特性，導致美軍經常需要扮演警察（恢復秩序）與救援者的角色；這些和傳統軍事任務性質相違的新任務持續出現，

[30] Don M. Snider and Miranda A. Carlton-Carew著，**美國的文武關係：危機或轉機？**，頁198-199。

導致美國軍方最後必須重新界定軍隊的角色。之後美國國防部也提出：美國軍方原則上不介入「人道危機」，因爲這是政府機構的責任；美軍介入人道危機的必須具備以下四個條件：[31]

一、民間機構沒有能力去因應時；
二、時機急迫唯有採取軍事途徑才能解決；
三、只有軍方才擁有危機反應的資源時；
四、美軍的風險可以減至最低時。

過去1994 年夏天美軍曾人道介入盧安達，以阻止霍亂流行。當時盧安達每天罹患霍亂死亡的人數，高達5,000人之多，只有美軍有能力迅速遂行人道救援，之後美軍將清潔的飲水、食物及醫藥用品，送至因種族衝突而逃離盧安達的胡圖（Hutu）難民手中，以極小的代價及風險執行任務，並迅速撤離。

當國防環境改變，軍隊扮演的角色可能也會改變；在第三波的資訊社會下，軍隊此時應該審慎思考，除了傳統的軍事任務外，軍隊是否還須承擔其它的使命與任務？提早思考這些課題，往往可以爲軍隊爭取到一些準備的時間，可以把事情做的更好。

第三節　我國軍事體制的發展

我國軍制的發展曾歷經多次轉折，民國13年廣州成立的國民政府，政府的權力核心爲「中央執行委員政治會議」（負責政策制定），下設「軍事委員會」（仿俄制「革命軍事委員會」，爲執行機構）及

[31] 參見三軍大學譯印，**1996年美國國防報告書**，民國85年6月。

「國民政府會議」。同時亦仿俄制，建立軍中代表與政治機關制度；派任之軍中擔任連絡官之黨員，均有軍事命令的副署權，必要時亦得撤銷軍事指揮官之命令[32]。此時的國防體制是在黨官的控制下，充滿了濃厚的俄國氣息。

之後為達成北伐的目的，乃於民國15年7月7日成立國民革命軍總司令部，並劃分軍政、軍令的權責與隸屬。其中「軍事委員會」負責軍政，軍令則由總司令負責，而總司令亦同時兼任軍事委員會的主席。由於總司令大權獨攬，左派的武漢政府便於民國16年3月改組國防體制，重新制定「軍事委員會組織大綱」及「國民革命軍總司令部組織大綱」，將軍政、軍令權統歸「軍事委員會」掌理，軍令部分則授權由總司令行使，並對總司令執行軍令的程序進行限制[33]。

當時由於共黨人士透過政工體系散佈共黨教條，並影響軍事指揮體制；總司令便下令廢止北伐軍的「政治部」及軍中政工制度，並於民國16年4月於南京成立國民政府（即國共分裂）。國民政府成立後，此時軍事顧問改由德籍人士擔任，國防體制遂採軍政、軍令分離制度[34]，由軍事委員會負責軍政業務，軍令則交由國民革命軍總司令負責執行[35]。

北伐完成後，政府體制改組為五院制，國防組織亦採德國的軍政、軍令分離制度。軍令體系（包括參謀本部、各軍總司令部、軍事訓練總監部及首都衛戍司令部等）均直屬國民政府主席（不受立法監督），軍政體系的軍政部則隸屬於行政院（向立法院負責）[36]。之後為因應九一八事變，遂於民國21年3月再度恢復「軍事委員會」的設

[32] 李承訓，**憲政體制下國防組織與軍隊角色之研究**，頁59。
[33] 李承訓，**憲政體制下國防組織與軍隊角色之研究**，頁60-61。
[34] 軍政、軍令用詞源於歐陸法系之君主立憲國家；此二名詞之應用雖廣，但爭議仍多，學者亦眾說紛紜，各國實際的運作，亦存在諸多衝突的現象。
[35] 李承訓，**憲政體制下國防組織與軍隊角色之研究**，頁62。
[36] 李承訓，**憲政體制下國防組織與軍隊角色之研究**，頁65-66。

置，直屬於國民政府主席；綜理軍政、軍令事務，以結合當時政局的實際需要。然實際運作發現，「軍事委員會」下各軍事部門與作戰部隊間，缺乏橫向的協調聯繫機制，便於民國27年7月在軍事委員會與作戰體系間，設置「參謀總長辦公室」（此爲我國「參謀本部」之濫觴），爲實際運籌帷幄之執行機關，以收統合與協調之功能。

抗戰勝利後，爲貫徹文人統制的精神，國民政府便在中美人員的研究合作下，進行國防體系的改組；將原「軍事委員會」與原屬行政院之「軍政部」裁撤，改設「國防部」（隸屬於行政院）。國防部下設「參謀總長」一人，並著手完成「國防部組織法」草案。

草案中提出有關軍政事宜，係經國防部長呈行政院審議；而軍令事項則仍秉承國民政府主席的命令[37]。因此參謀總長一方面爲國民政府主席的軍令幕僚長，同時亦爲國防部長的軍政幕僚長。當時亦仿效美國的國防體制，設一般參謀六廳，特業參謀十二局[38]；但之後由於大陸淪陷，各廳局大爲縮減。

政府播遷來台後，國防部亦分別於民國41年及43年，擬具「國防部組織法」草案及「國防部組織法」修正草案，分別呈送行政院函請立法院審議，但其中存在統帥權應否獨立、國防會議與行政院之職權重疊、國防部長與參謀總長之職權等諸多問題，故兩草案均擱置於立法院。其間國防部亦曾於民國67年7月修正「國防部組織法」，同年7月17日制定公佈「國防部參謀本部組織法」。參酌當時參謀本部組織法第九條的內容即可發現[39]，此一軍政、軍令分立的國防體制，雖採

[37] 中華民國國家建設叢刊編輯委員會，**國家建設叢刊（四）國防軍事建設**，台北：正中書局，民國60年10月，頁208-211。

[38] 周林根，**國防與參謀本部**，頁11。

[39] 「國防部參謀本部組織法」第九條內容：「國防部參謀本部置參謀總長一人，一級上將，綜理參謀本部事務，指揮、監督所屬機關及部隊。參謀總長在統帥系統爲總統之幕僚長，總統行使統帥權，關於軍隊之指揮，直接由參謀總長下達軍隊。參謀總長在行政系統，爲部長之幕僚長。」

用美國的制度，但在統帥權的界定上，卻含有德國早期的二元運作精神[40]，亦隱含著法國雙首長制下，平、戰分離的軍事指揮與管制概念。

第四節　武器發展現代化——軍備體系

軍事現代化係由二個層面構成，其一是武器的現代化，其二是管理的現代化。其中武器的現代化，須透過軍備體系的能量籌建才能達成；而管理的現代化雖然經緯萬端，但可透過制度的現代化（PPBS，設計計劃預算制度），及企業改革的途徑（RBA）共同達成。此處僅就攸關武器的現代化的軍備體系[41]提出討論；制度發展及體制再造的課題，留待後續的章節進一步討論。

---

[40] 在德意志帝國的國防組織下，負責軍政的部長向首相負責，受國會監督；負責作戰的參謀本部與軍官團事務之德皇軍事內閣，均直接隸屬於德皇，不受立法的監督。也就是說，軍令體系是獨立於軍政體系之外。而歐美各國的參謀本部，實均起源於德國（普魯士在1789年就有參謀本部），法國在1874年成立的參謀本部，便是以普魯士的參謀本部爲藍本，在德法戰爭失敗後，更於1938年調整參謀本部，設參謀總長。英國的參謀本部於1905年成立；俄國的參謀本部發展，則源自於1813年普俄結盟，雙方進行祕密軍事外交後，俄國的軍制便沿襲普魯士的發展方式。

[41] 「軍備體系」一詞，意義上並不等於「國防部組織法」第七條所提出的「軍備局」，作者個人認爲，軍備局與中科院、聯勤總部均爲軍備體系下的一環，軍備局也不代表整個軍備體系。本節爲避免討論上可能產生的非必要誤解，故本節全文均採用「軍備體系」的概念，不使用「軍備局」一詞。有關軍政、軍令與軍備的三區分體制概念，於第一章註[39]已作明確的說明，故此處不對軍備體系的範疇進行定義，引用「軍備體系」一詞，僅在於概念引述。

壹、軍備體系的現況

軍備體系爲武器研發、產製、採購、補給與維修的體系；其目的在結合科技發展與作戰需求，整合國內外各種資源，以有效的方法來發展及獲得武器系統，佈署成軍，以提昇國軍戰力。從戰略規劃與執行的角度來看，軍政體系的戰略規劃與兵力結構，必須結合軍備體系的武器發展，才能籌建一支具備精實戰力的現代化部隊。因此軍備體系不僅扮演軍政體系與軍令體系之間的界面；更可透過前瞻性的軍備發展理念發展，協助軍事戰略規劃提昇其有效性。

國軍以往的軍備權責散處各地，運作上並未獲得良好的整合；其中「政策制定」屬於國防部物力司（改隸資源司）與參謀本部後勤次長室，「需求研究」由中科院及各軍種作需單位負責，「國防科技研發」由中科院、陸軍兵整中心（戰甲車研發）、海軍造船發展中心（船艦研發）負責，「武器生產製造」分由中科院、聯勤及公民營企業負責，「武器系統鑑測」由中科院負責，「軍品採購管理」由國防部採購局、三軍武獲室及其它採購單位負責，「武器佈署」由各軍種自行負責，「後勤保修」則由各軍種後勤司令部及聯勤總部負責，此外中科院及興華公司亦負責一部分「行銷」功能。

過去這些單位分屬軍政體系（如物力司、採購局、中科院）、軍令體系（如參謀本部、聯勤總部及各軍種）各自執行，功能難免重疊，導致整合效益根本無從發揮。加上國防工業轉移民間的政策，受到法令、市場、資金、民間投資意願不高等影響；致使國防工業與民間企業的整合，無法發揮整體最大經濟效益。

國人對於軍備體系的發展方向與規模，曾有許多不同的版本與看法；但在民國92年1月3日「國防部軍備局組織條例」立法院三讀通過後，爭議暫告停息。「軍備局組織條例」共計十五條，條例中明示軍備局的業務執掌，包括軍備整備、國防科技研發、國防採購政策、營產管理、整體後勤、工程督導等諸多範疇。然為確保軍備局能夠透過整體規劃與事權統合，達到國防自主的政策目的，國防部也規劃了五階段的推動計畫，包括規劃階段（民國91年3月至民國92年3月）、調整階段（民國92年4月至民國92年12月）、執行階段（民國93年1月至民國93年12月）、評估階段（民國94年1月至民國94年6月）及檢討階段（民國94年7月至民國94年12月）[42]。然由於軍備體制龐雜，事權整合難度較高；故未來仍須審慎思考軍備體系的發展策略，才能建構良好的軍備主體架構，將國防軍事發展導入正面、積極的發展。

貳、各國軍備體系的發展

綜觀先進國家的國防體系，均儲積了軍備發展的能量，以加速軍隊的現代化，唯其方式略有不同。

如就綜理軍備事權的機構來看，則可發現在法國國防部下設置了軍備局（Delegation Generale pour l'Armement, DGA；1961年成立），負責協調、整合國民營企業參與武器的產製與外銷；在南非的國防部下亦設置軍備局（ARMSCOR）負責軍事採購、國防科技研發及武器行銷。在德國的國防部長下設軍備次長，負責研擬軍備計畫、管理及執行；在英國國防大臣亦下設次長，主管武器研發、採購及後勤等軍備事宜。但其它如美國、澳洲、日本、南韓、以色列、瑞典、荷蘭、新加坡等國，則未於國防部內設置統理軍備事宜的機構。這些國家的軍備功能，雖分由不同的單位掌理之，但都能透過制度的運作，在國防體系中達到有效的整合。

---

[42] 鄭大誠，「軍備局之成立」，**國防政策評論**，第3卷，第3期，民國92年，頁24-47。網址：http://taiwanus.net/Taiwan_Future/national_defence/2002/03_03/03_03_03_01.htm。

其次，若由「國防工業的生產能量」來觀察，則可發現當前存在兩種不同的型態：

第一種是建立在政府國防工業的基礎上：如澳洲的武器系統研發，係由以工業、科學及人力部長主管的國防工業負責；南非的武器裝備產製，由隸屬於貿工部的丹尼爾（DENEL）國防工業集團負責；以色列的國防武器產製與銷售，均由國營事業負責。新加坡的國防工業原爲國防部控制的勝利（SHENG-LI）控股集團所有，在1983年後進行改組；目前國防工業著重在航空、軍械及船艦製造等方面，這些生產企業仍多屬國家所有。

第二種型態則是建立在民間國防工業的能量上。如南韓由部長下設之國防發展局與國防採購局共同負責，以民間工業能量（85家製造商）生產製造國防武器；日本的防衛廳雖設武器研發及採購等部門，但國防武器產製則仍由民間工業執行。英國的軍備主要負責武器研發、採購及後勤，國防武器的產製能量亦建立在民間工業能量的基礎上。瑞典的武器研發、生產、製造及行銷，則由不屬於國防部的國防工業體系（公、民營企業）負責。荷蘭的國防武器產製、行銷，由經濟部的工業總局（下設軍事生產暨危機管理處）負責；國防部主要負責軍品採購，有關軍事裝備與技術的研發，則由隸屬於國家的全國自然科學研究中心負責（除國防部編列預算支持外，國防部與經濟部亦提供聯合貸款，以支持武器系統發展）。法國的國防工業體系多達數千家廠商（1993年時，其主要製造商暨中小企業高達5,000家以上），分由國營事業（主要隸屬於經濟部）、控股企業及民營企業共同構成，軍備局目前仍下轄造艦局的海軍造船廠，但營運績效不彰，仍亟待整頓。

美國的軍備體系龐雜，其國防武器的研發、產製，均由民間的國防工業體係負責。國防部科技專案由工業界、非營利組織、學術界及國防實驗室負責；國防部直屬機構（如國防核子署、先進研究計劃署、彈道飛彈防禦組織）亦可執行部分專案。至於各軍種、參謀首長聯席會議與國防部間權責劃分則爲：國防部確定武器獲得政策及程序，並監督各軍種武器獲得之執行；參謀首長聯席會議則提出武器獲得需求；各軍種實際執行武器獲得。惟對重大武器之獲得，國防部仍因其具備之資源，因而掌握主動及主導的角色；國防部相關軍備採購與獲得事務，是由主管武器獲得及技術事務次長主導。另陸、海、空三個軍令部亦有專司研究、發展及武器獲得之助理部長，負責有關軍備採購或獲得事宜。美國的軍制發展與工業基礎均不同於我國，故軍備體制不可全盤照抄。

較值得一提的是以色列的軍備體系。由於以色列特有的政治經濟情勢，及其基於「以色列無法承擔任何一場戰爭的失敗」的戰略思考下；故該國不僅須維持十分強大的國防力量，亦須積極採購高科技武器。以色列的軍備系統相當龐雜，其中國防軍負責提出作戰需求；國防部之採購與生產局（PPD）、國防研究與發展局、建築工程處、國防銷售處等負責居中協調。國防部下轄有以色列軍事工業集團（IMI）、Rafael公司、以色列航空工業公司（IAI）、及貝特．薛邁許引擎有限公司（BSE）等。而這些機構都是在國防部統一指導下，與國防系統的軍事機構（國防軍）密切配合；並以滿足國防軍的需求爲第一要務，各自扮演不同的角色。

參、發展省思

由前述的事例歸納，不難發現各國軍備體系的發展，實與其國家所處之環境、外在威脅的強度、工業與科技發展的能量、及國防工業的政策息息相關。世界各國的發展先例顯示，整合軍備體系事權及築基於民間工業生產的能量，已爲軍備發展成敗的關鍵因素；因此，我們必須審愼思考我國軍備體系未來的走向。

一個體制功能完整的軍備體系，理應具備策略規劃、系統分析、資源分配、專案管理、科技研發、生產製造與測評，整體後勤、市場行銷、產業發展與國際合作等完整軍備功能。它不僅可提供三軍所需之武器裝備與保修支援；並可提昇國防資源使用效益，達成全民國防及國防自主之目標。然國內整體科技及民間工業水準未臻完備，過去武器獲得係以向國外採購爲主（佔98%），自立研發爲輔（佔2%）[43]；加上研發技術與民間產業的關聯性亦低，若無法突破外銷障礙下，量少型多，成本必然居高不下，不符生產的規模經濟。爲達到國防自主的發展目標，國防部須審愼思考軍備體系的發展策略，才能在諸多不利的環境限制下，找到軍備體系發展的活水源頭。

因此，國防部除須同步整合現有的研發與生產能量（包括中科院、聯勤生產工廠、陸軍兵整中心、海軍海發中心等相關單位），調整後勤、保修、採購體系外；亦須建立軍、民科技發展的界面，推動國防工業發展，推動軍品外銷，才能逐次建立軍備體系下各單位的權責與主體架構。鑑於軍備分工綿密、專業龐雜，故須建立人才培、儲、訓、用的專責機構（如美國的國防武獲大學，DAU），以引導軍備體系朝向專業的方向發展。

波灣戰爭與伊拉克戰爭都顯示高科技戰爭的時代已經來臨，而科技研發能力與武器系統發展相對落後的國家，必然是處於競爭的劣勢。面對近年來中國大陸經濟能力與軍事發展大幅躍升的潛在威脅，我們必須整合國內軍事科技的能力，未來才能在海峽兩岸互動的歷程中，爭取到主動及迴旋的空間。

[43] 同前註。

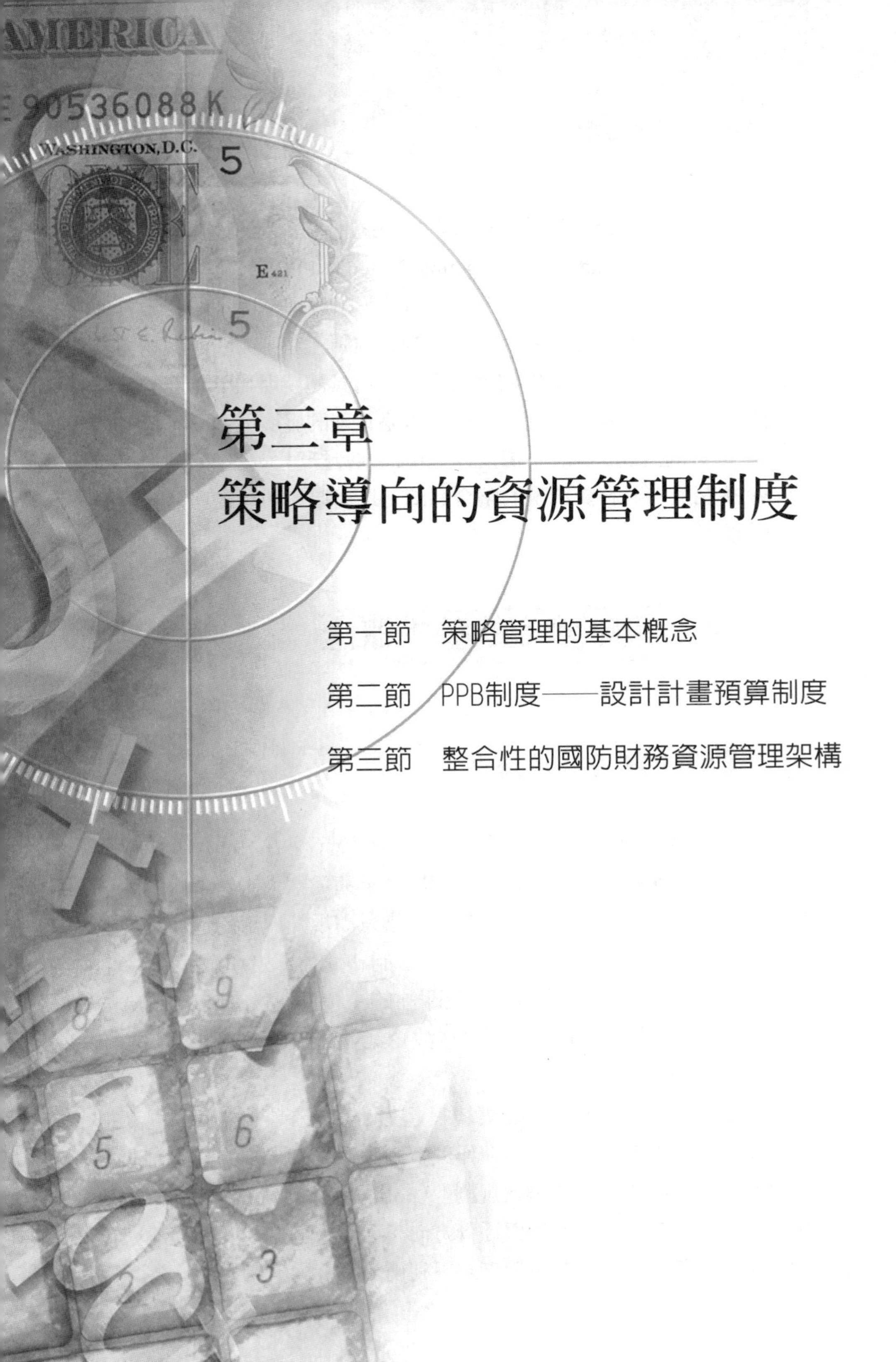

第三章
策略導向的資源管理制度

第一節　策略管理的基本概念

第二節　PPB制度——設計計畫預算制度

第三節　整合性的國防財務資源管理架構

我國國防部整體的資源管理制度，是建構在「設計計畫預算制度」(Planning-Programming-Budgeting System，PPBS，簡稱PPB制度）的基礎上。明確的說，PPB制度是建構在策略管理基礎下的資源管理制度，它不僅可是用於財務資源的規劃與控制，在人力資源與物力資源上，PPB制度亦有其重要的軍事價值。爲具體說明PPB制度的策略本質與整合性，本章第一節首將簡述策略管理的發展與內涵，第二節中再就國軍的PPB制度的架構及運作精神進行探討；第三節則進一步闡述PPB制度在財務資源上的整合意涵，以銜接國防計畫與財務資源之間的關係。

第一節　策略管理的基本概念

壹、策略管理的發展歷程

策略管理的發展，大致可分爲幾個階段，早在1920-1930年代間，大型的工業組織剛開始建立，市場需求甚爲龐大，產業內的競爭並不激烈，環境變動較爲單純；企業通常只需規範內部的運作，便能有效因應環境的變動（需求大於供給的市場），故「政策制定」(policy-making）便成爲當時企業關注的主流觀點。由於當時處於「需求」大於「供給」的市場環境，故企業關注的重點，主要在於年度經營與管理。

1930年至1940年間，因環境日趨複雜，產業內的競爭逐漸加強，組織必須整合組織內部的運作與資源，並思考未來的發展方向，於是產業間開始出現「政策與規劃」(policy and planning）的概念。希望一方面協調內部的資源與經營方向；另一方面則以長期規劃與預測的手段，避免環境變動所帶來的不利衝擊。

在1960年以後，因爲環境的複雜度昇高，加上長期發展的概念日趨重要，於是策略形成（strategy formulation）的概念便成爲企業關注的焦點；而結合長、短期發展與年度經營的策略管理（strategy management）概念發展，則出現於1970年代以後❶。

策略管理包括的範疇很廣，通常包括使命（mission）、願景（vision）、目的（objectives）、策略發展（strategies）、政策制定（policies）、中程計畫（programs）、預算（budgets）、作業規程（procedures）及績效評估（performance）。前五者稱爲「策略形成」，也是策略規劃主要的思考範疇；中間三者稱爲「策略執行」（strategy implementation），包括了中程計畫及年度計畫與預算，而最後一項則稱爲「評估及控制」❷（evaluation and control）。「策略形成」、「策略執行」與「評估及控制」三者構成了策略管理的全貌；三者關係可顯示如圖3-1。由於策略管理分析的重點是「策略」❸，它涵蓋了組織目標、計畫發展、資源運用及作業流程點，故一般多將其應用在能夠擬定發展目標、制訂政策、擬訂計畫及掌控資源的策略事業單位（strategic business unit, SBU），或是SBU以上的組織層級。

---

❶ Hofer, Charles W. etal., *Strategy Management-A casebook in policy and planning,* 2nd, West Publishing Co., Minnesota, U.S.A., 1980, pp.1-5。

❷ Wheelen, Thomas L. & Hunger, David J., *Strategic Management and Business Policy*, 4th, Addison -Wesley Publishing Inc., U.S.A., 1992, pp.11-15。

❸「策略」一詞在軍語稱爲「戰略」，美國參謀首長聯席會議（Joint Chief of Staff, JCS）出版之「軍語辭典」將軍事戰略定義爲：「憑藉武力或以武力要脅達成國家政策目標，而使用國家武裝部隊的藝術和科學」（JCS Pub.1: Dictionary of Military and Associated Terms, Washington D.C.: U.S. Department of Defense, June 1, 1987, p.232）。無論是策略或戰略，究其本質均爲「透過系統性的分析與運用資源，藉以達成組織目標的手段與方法」。策略分析的組織層次與目的不同，分析內容與策略涵蓋範圍亦將不同；如軍種戰略與野戰戰略討論的內容不同，而國防軍事戰略與國家安全戰略涵蓋的範圍亦有不同。

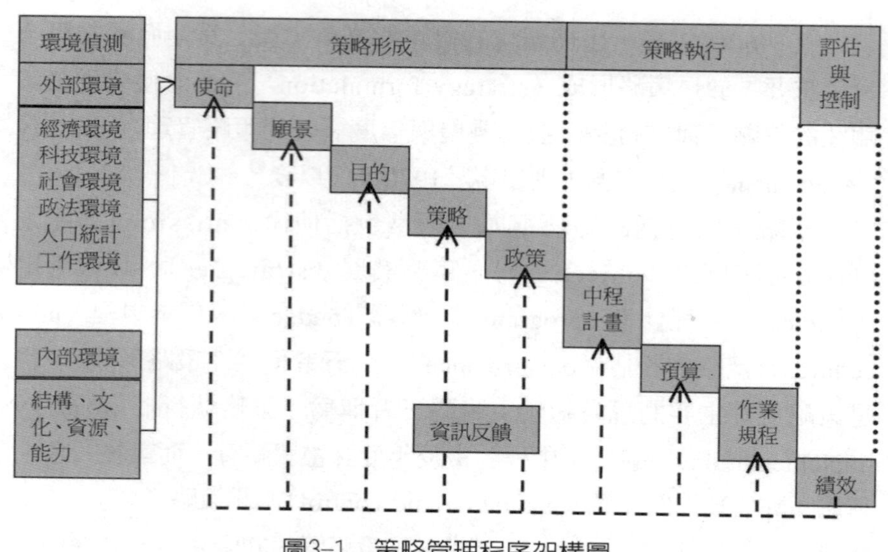

圖3-1　策略管理程序架構圖

貳、基本的策略矩陣

如圖3-1所示，策略規劃是策略形成過程的具體產物；而要形成有效的組織策略，就必須透過環境分析與組織分析，一則分析外部環境的機會與威脅，二則組織內部的強勢與弱勢，以找出達成目標組織的有效方法。在環境分析中，組織必須分析經濟環境、科技環境、社會環境、政（治）法（律）環境、人口統計與工作環境各方面的變化；環境變化有些是對組織有利的趨勢（稱之爲機會），有些是對環

表3-1　SWOT策略矩陣

內部因素／環境因素	強勢 Strengths	弱勢 Weaknesses
機會 Opportunities	SO策略 利用優勢以掌握環境的機會	WO策略 改善劣勢以掌握環境的機會
威脅 Threats	ST策略 運用優勢以避開環境的威脅	WT策略 縮減劣勢以避開環境的威脅

境不利的趨勢（稱之為威脅）。組織是否能夠有效因應環境趨勢的變化，則必須分析現有的組織結構、組織文化、組織資源與組織現有能力，才能以多方面的瞭解組織因應環境的能力。

從機會／威脅／強勢／弱勢的關係，組織可以發展出四個基本策略，如表3-1中所示的策略矩陣：第一是SO策略，即運用組織現有的優勢以掌握環境趨勢提供的機會；第二是ST策略，即運用組織現有的優勢，以避開環境不利的衝擊。第三是WO策略，即改善組織不利的條件，以掌握環境趨勢提供的機會；第四是WT策略，即改善運用組織不利的條件，以避開環境不利的衝擊。而這四個基本策略亦可組合成為更為複雜的混合策略。

由於組織是透過各種資源與多種能力，以因應環境的各種挑戰；故應用前述四個基本的策略矩陣時，必須將其逐次展開成為更複雜的分析。

參、組織分析與競爭優勢

組織發展策略時必須進行環境分析與組織分析，而組織分析在找出組織的特殊能耐（distinctive competencies）、資源狀態（resources）以及組織能力（capabilities）；透過組織的特殊能耐，以建立相對的競爭優勢（competitive advantage）。

所謂「特殊能耐」，指的是組織獨特的長處（strength），藉以讓組織能夠保有較佳的競爭優勢；而特殊能耐係由組織的資源與能力共同構成，所以它不全然是資源，也不全然是能力，而是掌握及運用「特殊」資源的能力，或是運用普通資源的「特殊」能力。

所謂「資源」包括有形資源（tangible resources，如土地、建物、廠房、設備等）與無形資源（intangible resources，如品牌、信譽、專利、技術訣竅與行銷訣竅know-how等）；要創造特殊能耐，組織必須掌握獨特、有價值的資源。如過去Polaroid公司曾發展出

「立即顯像」技術，在專利的保障下，逐退了許多競爭者。

至於「能力」，則是組織協調資源投入生產性活動的技能；這些技能必須透過日常作業程序（Standard Operation Procedure, S.O.P.）才能付諸實現，它是組織結構與控制系統的產物。如美國小型軋鋼廠Nucor公司，它是全美最有效率的鋼鐵製造商，就是以高度有生產力的方式（組織結構、控制系統與組織文化）管理組織的資源，而打破了鋼鐵產業的規模神話（有效率的「小」規模鋼鐵公司）。

組織透過制度與結構，運用資源以發展組織的能力；組織資源與能力的結合，不僅可組成組織的特殊能耐，亦可建立組織的相對競爭優勢。策略與競爭優勢是一種動態的觀點，通常組織依賴現有的資源與能力，透過策略建立競爭優勢；策略執行的結果將協助組織建立新的資源與能力，以發展下一階段的策略與競爭優勢，其關係如圖3-2所示。圖3-2顯示的雖然是策略、資源、能力與特殊能耐的動態關係，但它其實也就是組織轉型的過程（從原有策略轉型到新策略的過程），故其與組織再造有相當密切的關係。在本書的後面章節，亦將提出組織再造與軍事流程再造的實例，以協助讀者瞭解策略發展與流程再造之間的關係。

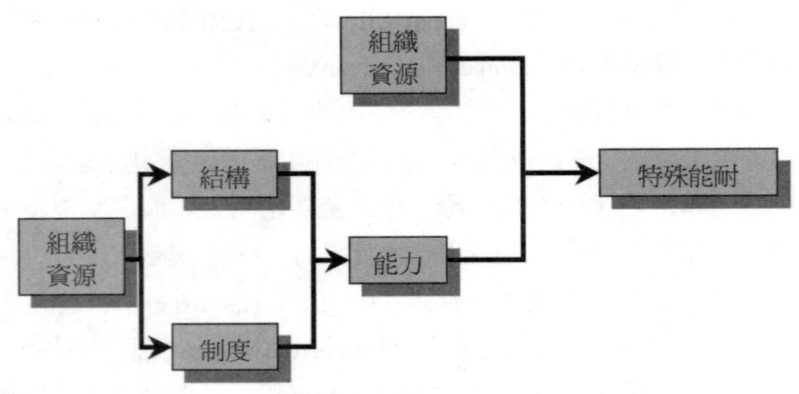

圖3-2　組織資源、能力與特殊能耐圖

圖3-2的運作，必須結合組織的策略執行；通常組織策略執行在完成以下四件事：

一、設計適當的組織結構（ Structure），以有效的執行組織策略；

二、設計適當的控制系統（System），以確保組織各項計畫能夠依序完成；

三、尋求策略、結構與控制系統的配適（Fit），此為持續的組織調整過程；

四、建立策略轉型的推動策略（Implementing Strategy），以確保策略轉型能夠順利、依序執行。

最後，組織必須重視資訊反饋（feedback），資訊反饋不僅可強化或修正原有的決策預期，組織的控制系統也必須依賴執行過程的資訊反饋。環境隨時都會變動，組織通常會根據環境變動的程度，選擇以下兩種環境因應的方式：一、對於環境的重大變化，通常以重大變數（essential variables）來因應（如採取策略變化、資源重分配、產能調整等）；二、對於環境的微幅變動，則以日常營運的決策變數（decision variables）來因應（透過日常的決策的彈性）。重大變數通常需要策略性的資訊回饋，才能有效監控策略因應的成效；而決策變數則需要作業性的資訊回饋，才能有效監控營運因應的成效。

或許有人認為策略管理與軍事管理並不相同，但前美國陸軍參謀長蘇利文（Gordon R. Sullivan）將軍認為二者之間有許多的共通性❹：第一、都必須透過人員完成任務，且高階領導者必須勾勒藍圖，制

❹整理自Sullivan, Gordon R. & Harper, Michael V., *Hope is not a Method*, Broadway Books, New York, 1996, pp.XVI - XXII.

定策略，必須透過溝通以傳達組織願景；第二、軍隊雖然沒有獲利壓力，但在預算控制下，亦須降低成本、增進組織效率與效果；第三、軍隊亦須重視「顧客」與「競爭」，故須滿足納稅義務人的國家安全需求，亦須有效率的擊潰競爭對手（即潛在敵人）。所以，源自於商業競爭思考邏輯與運作的策略管理，與軍事管理並不衝突，二者是相輔相成、並行不悖的。

第二節　PPB制度——設計計畫預算制度

壹、制度起源

「設計計畫預算制度」源起於美國蘭德公司（Rand Corporation）爲空軍研究武器系統分析計畫預算時所形成，該制度原爲企業所運用。1960年代間，武器系統的價格已開始快速攀升，美國國防部在「財務預算」與「國防計畫」上，係各自作業且相互獨立；國防計畫之長程預劃與每年的人力、裝備需求預算無法契合，而造成極大之落差。加上計畫所需經費，往往高出國會核撥之年度預算；因之常造成削減計畫以爲因應，影響國防整體效能的達成。

麥納瑪拉（Robert S. McNamara，原福特公司總經理）於1961年就任美國國防部長時（任期自1961年1月21日至1969年2月29日，共85個月），任用希區[5]（Charles J. Hitch）爲主計助理部長[6]，引進蘭

[5] 希區爲蘭德公司首席經濟學者，曾於1960年與Roland N. McKean 合著「核子時代的國防經濟」（The Economics of Defense in the Nuclear Age）一書；由於當時國防預算正逐漸攀升，武器系統亦變得相當昂貴，國會對於經費撥款與軍事效用之間的關聯性亦有質疑，故此書一出隨即引起民主黨人士的注意。

德公司之財務管理制度，配合各軍種之努力，而推行了PPB制度。1965年時，安東尼（Robert N. Anthony）繼任國防部主計助理部長，對計畫、預算及會計制度進行改革，推動資源管理制度[7]；並於1968年推動PRIME計畫（Project PRIME, PRIority Management Efforts），此一計畫旨在將管理資訊系統及政府會計作業與PPB制度相結合，使之更爲完備。在PRIME計畫實施後，PPB制度便可將中程國防計畫、武器壽期成本、聯邦政府計畫、年度預算、軍事成本與資訊反饋，結合在電腦運作的基礎上，此時的PPB制度對量化分析的依賴程度更深。當時美國的詹森總統（Lyndon B. Johnson），對國防部採用「量化」的基礎來管理國防事務甚感滿意；乃訓令美國聯邦政府其它二十一部會，最遲於1965年8月25日必須全面推行。

我國國防部的財務資源管理制度，主要是建立在「設計計畫預算制度」（PPB制度）的架構下。國防部於民國57年，參酌美國國防部之PPB制度的規劃理念，訂頒「國軍計畫預算制度發展構想」，並組成「國軍計畫預算制度研究發展委員會」，負責制度的研究與試行。之後國防部於民國64年起正式推行，訂名爲「國軍企劃預算制度」，並於民國68年改名爲「國軍計畫預算制度」施行迄今。而後行政院亦於民國68年起推行該制度，並將其更名爲「計畫預算制度」；

---

[6] 1947年的「國家安全法案」雖然將美國陸、海、空三軍納入「國家軍事機構」（The National Military Establishment）的統一管理，但三軍的實際財務運作，卻仍無法達到有效的管制目的。故1949年再次修訂國家安全法（此時亦將「國家軍事機構」改稱爲「國防部」；The Department of Defense），增列第四章，成立國防部主計助理部長（comptroller），以統一整個國防部所屬的預算及財務程序。首任的主計助理部長爲W. H. McNeil，任期自1949年至1959年，達十年之久。

[7] 所謂資源指的是人力、營產、武器、裝備、及物資；對於整個資源的管理制度應自規劃開始，採全壽期管理的觀點（含汰除），進行有系統的規劃、執行、報告與資訊反饋。

惟因我國在配合及執行上之困難，幾經修訂後，其內涵與PPB制度之本質已漸行漸遠。而我國國防部則仍採行以PPB制度爲主軸之預算制度。

貳、PPB制度的特色與功能

PPB制度的特色，可由美國詹森總統1965年8月通令聯邦政府各機關，實施PPB制度之文告中得知[8]：

一、確立明確與持續性之國家目標。
二、由這些目標中選擇最急迫達成的目標。
三、尋求達成目標最經濟有效的計畫方案。
四、從各計畫方案中預測未來各年度所需之概略費用。
五、衡量各項計畫方案的實施成效，確保每一塊錢支出均可獲致其應有的代價。

其次，而Alain C. Enthoven 博士（系統分析的倡導與推動者）則認爲PPB制度有以下六個重要的、基本的概念[9]：

一、將國防計畫問題納入更廣泛的系絡，並衡量國家需求與需求的適切性；
二、同時考慮軍事需求與成本；
三、高層決策明確的考慮各種可行方案；

[8] 林得樑，**企劃預算與資源管理**，台北：三民書局，民國61年11月，頁9。
[9] Trask, Roger R. & Goldberg, Alfred, *The Department of Defense 1947-1997：Organization and Leaders*, Historical Office, Office of the Secretary of Defense, Washington, D. C., 1997, p.80.

四、政策制定階層積極的運用分析幕僚；

五、一個同時結合兵力與成本的計畫，此一計畫旨在將目前的決策，投射到可預見的未來；

六、是一種公開及明確的分析，每一個分析的前提假設、資料、計算過程、步驟及結果，都可以讓大家檢視。

根據前述的說明，我們大致可以歸納出PPB制度的功能與特色如下：

一、建構短、中、長程密切連結的整體目標體系

結合遠程目標的長期性計畫，是國家綜合規劃及統籌推行最高決策之作爲。以往傳統預算，僅注重一年或短期之規劃所產生的問題（如各年度間對於客觀環境的假設無法銜接，或以往年度執行之業務無法延續等），將因爲中、長程目標體系的建立，而得以全盤掌控；並促使國家重大長期目標，形成接前導後之伸展。各項施政作爲則透過首長的決策，付諸預算執行，而達成計劃目標。

國防軍事目標必須結合國家安全政策，透過建軍備戰與兵力計畫的發展，才能建構軍事防禦的武力。以美軍爲例，美國的國家安全係由國家安全會議（NSC）、聯合作戰規劃系統（JSPS）、PPB制度及聯合作戰指揮執行系統（JOPES）共同構成。因此，PPB的資源規劃，必須向上承接國家安全會議與聯合戰略規劃的指導，並結合九個聯合作戰指揮部的聯合作戰執行系統。四者的關係顯示如圖3-3：

二、重視決策分析的理性

PPB制度之精神在於結合計畫與預算，建立了一套完整的系統概念，並強調由上而下的資源分配程序；透過資源配置與長期計畫結合，使有限資源作最適的分配。制度中加強業務計畫的分析估計，結合決策的備選方案，供決策者選擇，符合當時之管理要求。而PPB制

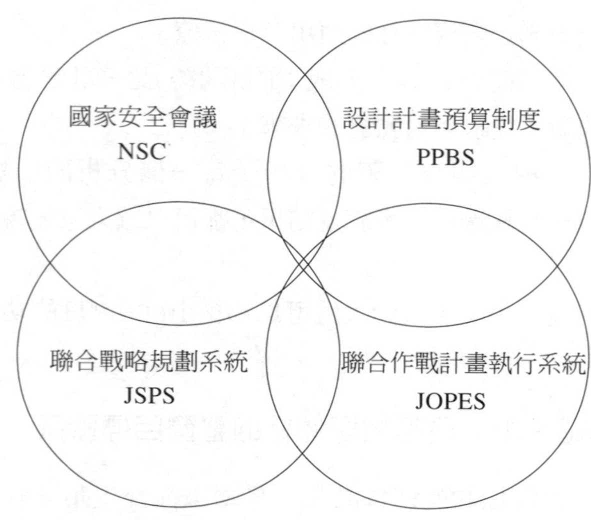

圖3-3 美國國家安全規劃流程

資料來源：Joint Pub 1, *Joint Warfare of the Armed Forces of the United Stated*, Joint Chiefs of Staff, 2000, pp.1-3.

度中最明顯的改變，在於運用不同方法所產生替代方案，進行輕重緩急的排序（即系統分析，system analysis；有關系統分析的詳細內容，請參見第五章第二節）。在計畫形成之前，以成本效益來評估方案，因此，決策者及規劃者得以在合理的範圍之內，以尋求較佳計畫方案。

三、提昇財務資源的運用效能

由於PPB制度靈活運用成本效益分析爲工具，對成本流入（歲入估計）、費用分配（預算規劃）、數量控制（杜絕浪費）及產出績效（施政品質）進行整體的控制。配合中、長程規劃、計畫成果評估、投資個案的評估、各類會計報告，可提供管理者未來的發展方向，使執行中之作業不致中斷；而參與者及決策者皆能掌握進度、避免浪費，達到提昇財務管理效能的目的。故PPB制度係將資源、人力、技術、經費之投入，轉化於決策方案的規劃與執行上，其目的在提昇政府財務資源使用的效能。

參、制度解析

圖3-4中可以發現，PPB制度共區分爲三個階段，其中「戰略規劃」（Planning）階段，主要是在建立國防部長程發展所需的戰略規劃，以及達成戰略構想所需的兵力結構；因此，戰略規劃在本質上是一種逆向的（Backward）目標導向思考，也就是根據爲未來的威脅，決定國防軍事防衛的目標，之後再決定資源的投入，與達成目標的手段與方法。軍事戰略是達成國防軍事目標的手段，也是執行國家安全戰略的重要環節。

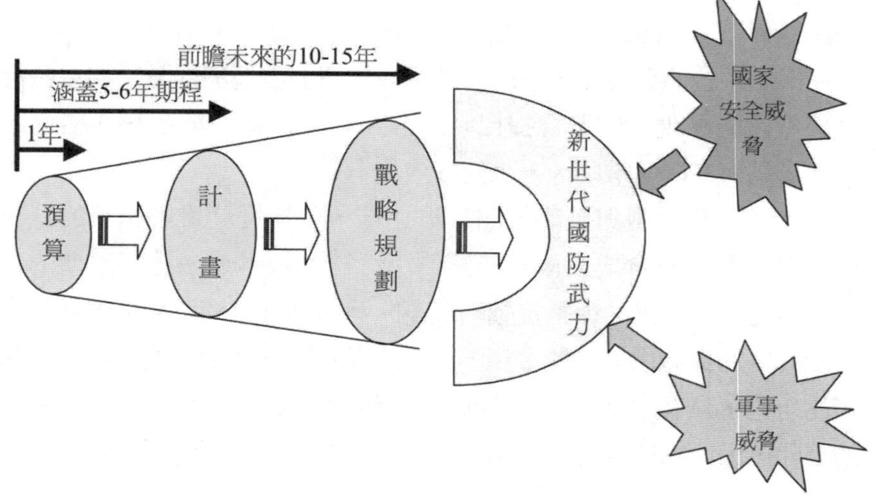

圖3-4　PPB制度架構圖

中程計畫（FYDP）[10]包括三個部分，分別是兵力結構（美軍爲八年期程，是五年的中程計畫外加三年期程，我國則爲五年期程）、人力（涵括五年期程）及成本（即軍事的財務需求，亦爲五年期程）。它雖爲長程戰略規劃的階段性目標，但它的思考邏輯則與長程戰略規劃不相同，它是以「現況爲基礎」的向後推展；也就是在既有的（或可預見的）科技、設備基礎上，進行對未來發展的延伸性推估（projection）。

因此，PPB制度中其實潛藏著一個思考的衝突，也就是年度計畫、中程計畫與戰略規劃之間如何連結的問題。因爲「年度計畫」與「中程計畫」的思考是由現在往前看（Forward directing），是以「可預見的將來」爲基礎，它重視達成目標的手段（所以在武器系統的思考上，通常只考慮已發展完成、佈署服役且穩定性高的武器系統）。而戰略規劃的思考則是由目標往回看（Backward directing），是以「未來預想的狀態」爲基礎；根據未來的需要，決定目前應該發展什麼武器，以及部隊應該如何調整與編成，它重視戰略規劃的目標（因此在武器系統的思考上，不受限於現有的研發技術與能量；如星戰計畫與戰區防禦飛彈的概念提出時，許多防禦武器系統都只是概念階段，或是尚在研發階段，未來的成效未卜）。

如果中程計畫與戰略規劃失去連結，則年度計畫與預算的執行與戰略規劃，將會成爲兩條無關的平行線，根本無法達成預期的目標。因此中程計畫必須整合戰略規劃、兵力結構與資源分配，並經由年度計畫的實施求其具體實現。所以中程計畫在PPB制度中扮演著樞紐的角色，具有承上轉下、接前導後的關鍵意義。由於預算爲FYDP的展開，因此它結合了兵力結構、人力與成本，它不僅是計畫導向，

[10]原稱“Five Year Defense Program”，後配合1986年「國防重組法案」要求國防部提供的兩年度國防預算，便改稱爲“Future Year Defense program”；而計畫涵括的時間，亦由原有的五年延至六年。

也是任務導向的。

戰略規劃涵蓋的期程較長（十至十五年），需透過中程計畫，結合必要的財務資源，才能逐步實現戰略構想。而美軍所採取的PPB制度，就是透過長期目標、戰略規劃、多年度計畫與預算需求，以建立「戰略規劃」、「國防計畫」與「財務資源」之間的密切連結。這種思考邏輯與戰略分析強調的威脅確認、戰略制定、兵力結構、預算的思考邏輯完全吻合。在PPB制度下認爲，戰略規劃與執行係在達成長期的國防軍事目標，因此必須結合長期的財務資源，才能確保國防建軍的方向無誤。

PPB制度本身有一個重要的邏輯思考假設，即透過「戰略規劃－中程計畫－預算」、「由上而下」的順向思考邏輯；也就是由長至短、以長期指導短期的觀念架構。長期資源與戰略執行有密切的關連，追求的是長期、未來目標的達成；短期（年度）資源則在執行年度計畫，以達成年度的施政目標。由於長短期資源間存在著換抵的關係，因此如果沒有建立長期資源的預測，沒有長期的觀念架構的指引，PPB制度很容易受到年度預算的牽引，而逐漸偏離其應有的方向與目標。爲使這種思考假設能夠順利運作，行政機關就必須在長、短期資源之間求取平衡；而這種當前需求與未來需求之間的平衡，正是PPB制度賴以存在的基本前提。

鑑於作業執行的效率，影響PPB制度的成效甚鉅；故美國國防部於2003年5月亦將原有的PPB制度，加上執行（Execution）層面，而形成PPBE制度[11]。由於「策略規劃－策略執行－績效評估－資訊反饋」爲策略管理必具的四個要件，因此是否有必要在制度上加上Execution，對PPB制度的運作並無影響。

---

[11] 參見美國國防部資料。
網址：http://www.defenselink.mil/news/May2003/b05222003_bt353-03.html。

鑑於年度預算無法有效反映長期施政目標與重大的跨年度施政計畫的前瞻性，因此長期財務資源與施政目標、政策結合的觀念，便逐漸受到各國重視，如澳洲、美國、紐西蘭、經濟合作暨發展組織（OECD）體系各國、我國的政府預算體系中，都隱含著長期財務資源與施政目標結合的概念[12]。

換言之，如果戰略規劃不能結合長期的財務資源規劃，則PPB制度可能會出現兩個問題，其一是沒有長期資源的指引，會使得行政機關過度重視短期資源（年度預算）的獲得，並隨著短期年度預算的鬆緊搖擺，忽略了長、短期之間的財務資源換抵（trade-off）關係。其二是當國會大幅刪減國防預算時，將可能迫使國防部門必須回頭去調整中程計畫；並甚至重新調整其戰略規劃，導致預算影響計畫、影響戰略的邏輯倒置結果。因此沒有戰略規劃，國防建軍將失去方向；而戰略規劃若無法結合財務資源的規劃與控制，國防建軍將沒有持續性。

而過去我們過於重視年度預算的獲得，而忽略了結合戰略觀點的長期財務資源調配，導致軍事發展搖擺不定，組織效能亦無從發揮。所以合理的國防財務資源的估測與模式建構，以及財力管理的觀念架構，是提昇戰略規劃效能的前提。從另一個觀點來看，年度預算的執行在達成短期的施政目標，中程計畫的執行在達成階段性的建軍目標，長程戰略規劃的執行，則在達成長程的戰略目標與國防組織願景。三者之間具有目標的關聯性，並形成「長短銜接」、「短中有

[12] 澳洲政府於1980年便開始實施多年度的財政政策；美國聯邦政府對於特定資本支出採取多年度撥款；紐西蘭政府於1994年訂定的「財務責任法」要求財政部必須提供當年度及未來兩個年度的財務預測；經濟合作暨發展組織（OECD）體系各國已全面採行多年度預算制度；我國政府則於民國90年訂定「中央政府中程計畫預算編製辦法」。參見徐仁輝，「多年度預算制度的作法與利弊分析」，網址：http://cc.shu.edu.tw/~ppm/file/t_hsu_015.doc。

長」、「長中帶短」、「長短兼備」的完整觀點。

所以我們也可以根據各年度的階段性目標，訂出階段性的人員維持、作業維持及軍事投資比率，作爲戰略規劃期間各年度的財務控制基準，因此這也包括各階段年度間人員維持、作業維持與軍事投資的財務目標，以及無效人力浪費、作業浪費及投資浪費的控制。在這個架構下，長、短期的財務規劃與控制，便可與戰略規劃、中程計畫與年度預算，而緊密的結合在一起，而達成「財務支援建軍備戰」的基本目標。執行PPB制度時，如果不能瞭解這種長、短期之間財務資源的關係，國防建軍將會逐步偏離其應有的方向。

肆、PPB制度的作業週期

國軍目前實施的PPB制度，分爲三個階段（參見圖3-5），其中「設計」階段在建立國防部長程發展所需的戰略規劃，以及達成戰略

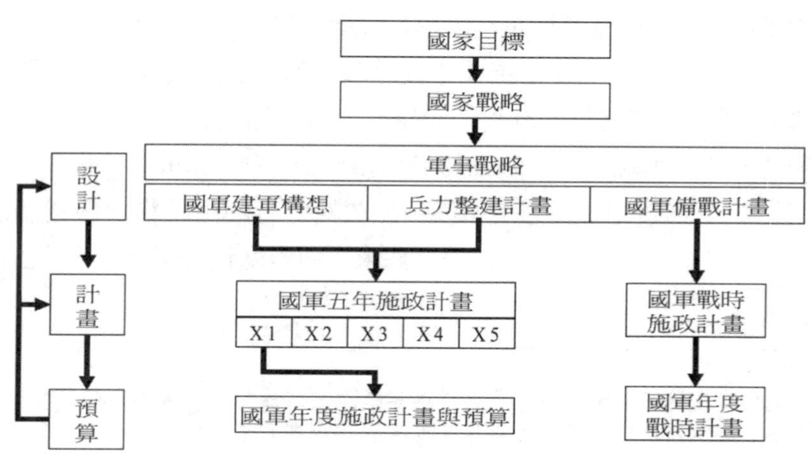

圖3-5　國軍計畫預算體系圖

資料來源：國防部編，**中華民國八十五年國防報告書**，台北：黎明文化事業股份有限公司，民國85年5月。

構想所需的兵力結構。故需依據「國家目標」、「國防政策」、任務、敵情威脅等環境因素，以及人力、物力、科技等相關資源條件，以形成國防戰略。此一階段的產出（output）主要有三，分別是：「建軍構想」（內容架構參見附錄一）、「兵力整建計畫」（內容架構參見附錄二）與「備戰計畫」（內容架構參見附錄三）；而「兵力整建計畫」之兵力結構與武器裝備需求，可規劃出五年施政所須之維持與投資概算，指導年度施政計畫的編製。

在軍事投資的管理上，軍事作戰的體系會針對國防部門所需之武器裝備，循建案作業過程，先「確定武器裝備需求」，完成「系統分析」。之後再呈報「投資綱要計畫」與「總工作計畫」；在經過聯參單位聯合審查、確立需求及完成建案之後，便可產生五年施政計畫中軍事投資部分的內容。「國軍戰時施政計畫」亦可依照「國軍軍事戰略計畫」之「國軍備戰計畫」之設計同時產生。因此，從性質上觀之，「計畫階段」主要是建立國防部門戰略發展所需的關鍵性武力或軍事能力，而國防部亦可透過中程計畫，建立戰略規劃的中程、階段性衡量目標，以有效掌握長程的建軍發展方向。

至於「預算」主要是指「年度施政計畫與預算」及「年度戰時預算」。其中「年度施政計畫」須結合「五年施政計畫」中目標年度之國防概算，再經由立法院三讀通過預算審定[13]，完成立法程序，並咨請總統公佈後形成「法定預算」。在執行時經由組織層級逐級分配，並依計畫執行，以達成任務之需求。而年度戰時預算，則是依據

[13] 以往在七月制下，國防預算的編制與審議作業期程如下：國軍各預算編制單位每年7至8月依據國軍財力指導及五年施政計畫需求，編制各單位概算呈報國防部。國防部每年10月中旬需向行政院提出次年度之國防概算，行政院則根據全國總資源供需狀況於元月中旬核定國防預算額度。國軍各級預算編制單位收到確定之額度後，及調整各單位之概算，並列印相關預算書表呈報國防部經各業管聯參綜審無誤後，由主計局彙編為「國防部主管」之各類預算書表，依限於3月10日前呈報立法院及行政院。

戰時施政計畫的內容而編製。

圖3-4中存在一個值得進一步探討的課題，在PPB制度架構上，第一個P原指的是長期規劃，涵蓋約為十年的時間；而圖3-5中將「建軍規劃」與「備戰計畫」結合在第一個P下（採用橫切的角度來看），可能會讓讀者產生誤解「備戰計畫」的涵蓋期程。建軍是常態規劃下的產物，而軍事作戰是國家安全危機管理下的產物，二者性質並不相同，故決策思考的時間長度也就不同。

要深刻瞭解圖3-5的內涵，讀者應該採取縱切的方式，看清設計階段其實是由兩種不同性質的內容構成，其一是與「兵力結構」有關的建軍規劃，其二則是與「作戰」有關的備戰計畫。前者是根據國家賦予的國防軍事目標，結合軍事資源與軍事能力，以建構未來所需的兵力結構，故其主導權應該在軍事作戰的體系。而後者係屬應變的作戰計畫，總統既為三軍統帥，為契合文人統制的精神，軍事目標與戰略計畫的取決，理應由文人總統負責；軍職領導人通常僅就軍事專業提出建議，最終決定權應屬於總統，而非軍事作戰的體系。二者的性質與內容不同，故不可等同視之。

如果我們從蘭德公司（RAND）1993年提出的S-T-T架構（Strategy-To-Task framework）來看，建軍與備戰的關聯就更為明確。S-T-T是藉由宏觀的國家目標、軍事戰略，透過戰役目標與作戰任務，而連結到的戰術接戰的作戰兵力單位。在這個系統下，將戰略目標、戰役目標、作戰目標、作戰任務及兵力單位，形成一個完整的層級體系。對照圖3-6的「Strategy-To-Task作戰目標體系展開圖」與圖3-5的「國軍計畫預算體系圖」不難發現，建軍與備戰之間的關聯性是建立在作戰部隊的共同基礎之上；故財務資源的分配必須聚焦在作戰部隊，才能發揮PPB制度的預期效能。

由於設計階段包括兩個不同性質的內涵，因此它也隱含著另一個重要的概念——「平衡」；軍隊一方面既要建構足以應付未來威脅的兵力結構，但同時又要應付敵人的可能攻擊。美軍「通盤檢討」

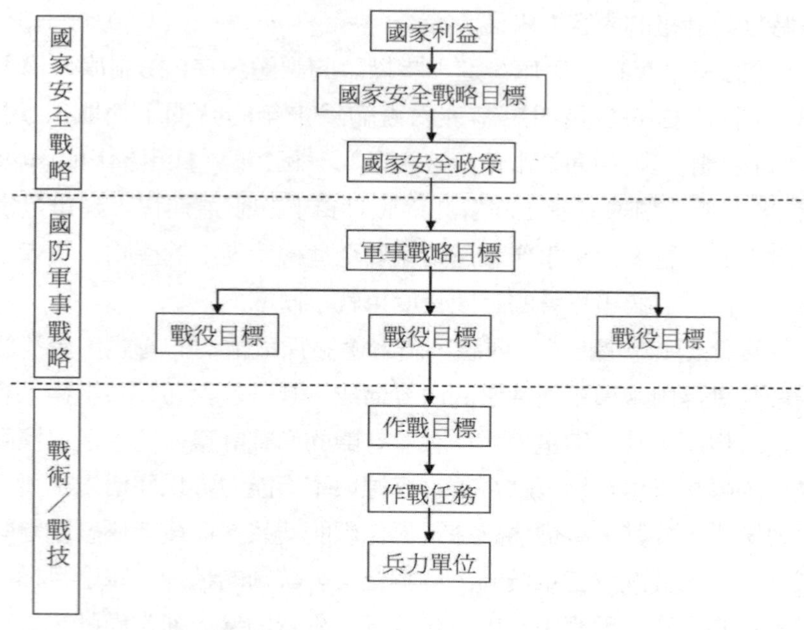

圖3-6 Strategy-To-Task作戰目標體系展開圖

資料來源：修改自王佑五，「國軍軍事戰略與國防計畫鏈結之研究」，台北縣：國防大學國防決策科學研究所碩士論文，民國93年5月，頁21。

（BUR）的實例顯示，部隊結構在調整時，各級指揮官及作戰部隊可能都無心訓練，導致部隊的戰力可能不足。因此如何能夠在軍隊結構調整的過程中，保持軍隊戰力的平衡；以因應敵人可能的攻擊，便成爲高階管理者必須專注的課題。此即前美國陸軍參謀長蘇利文將軍在"*Hope is not a Method*"一書中，所強調的「平衡」概念；這也就是組織再造過程中，轉型策略所以重要的原因。

我國的PPB制度的決策週期，其作業期程共須一年九個月；制度中大致區分為五個重要的區塊[14]：

一、國軍遠程戰略情報研究，及各相關單位的意見，形成遠程戰略研究；

二、中程情報判斷、遠程戰略研究、及各軍種戰略意見，形成國軍「中程戰略目標計畫」第一冊的戰略設計，供總長決策；

三、根據國軍「中程戰略目標計畫」第一冊的戰略設計、各軍種單位兵力建議及部長財力指導，形成國軍「中程戰略目標計畫」第二冊的兵力設計，並由總長核定頒發；

四、各軍種單位編製中程施政計畫，由各聯參彙審，聯五（計畫次長室）綜審彙總，並由部（總）長核定；

五、主計局根據核定後的五年施政計畫，編列軍費概算，並根據行政院的預算指導，進行預算修正（各軍種單位之年度預算，則由各聯參分審）；最後由主計局綜審彙總國軍年度預算，奉部長核定後，咨送立法院審查。

相對的，美國國防部的戰略體系完備，且各軍種亦具有相當程度的影響力，其PPB制度的作業週期約須兩年，計包括以下十三個重要步驟（參見表3-2）：

本章附錄四亦提供美國國防部1984年5月22日發出的內部指令7045.14號（directive No.7045.14），指令中對PPB制度的權責，有非常明確的界定與內部分工說明，讀者有興趣可自行參閱。

---

[14]國防部印頒，**國軍企劃預算制度專輯**，民國65年1月，頁14。

表3-2　美國國防部PPB制度下規範的作業期程表

步　　　驟	年	月
1．國家安全戰略（NSS）	T-2年	3月至5月
2．聯戰評估（JSR）	T-2年	5月至7月
3．國家軍事戰略（NDS）	T-2年	7月至8月
4．主席計畫建議（CPR）	T-2年	9月至10月
5．國防規劃指導（DPG）	T-2年	12月
6．陸軍計畫目標備忘錄（POM）	T-1年	2月至3月
海軍計畫目標備忘錄（POM）	T-1年	2月至3月
空軍計畫目標備忘錄（POM）	T-1年	2月至3月
國防計畫決策備忘錄（POM）	T-1年	2月至3月
7．主席計畫評估（CPA）	T-1年	6月中至8月中
8．部長辦公室（OSD）評估	T-1年	6月至8月
9．計畫決策備忘錄（PDM）	T-1年	9月
10．未來國防計畫（FYDP）	T-1年	8月至9月
11．陸軍概算（BES）	T-1年	10月至11月
海軍概算（BES）	T-1年	10月至11月
空軍概算（BES）	T-1年	10月至11月
國防機構概算（BES）	T-1年	10月至11月
12．部長辦公室（OSD）計畫預算決策（PBD）	T-1年	12月至T年1月
13．國防預算（DB）	T年	1月至2月

說明：Program Objective Memorandum（POM）、Office of Secretary of Defense（OSD）、National Security Strategy（NSS）、Joint Strategy Review（JSR）、Chairman's Program Recommendation（CPR）、Defense Planning Guidance（DPG）、Chairman's Program Assessment（CPA）、Program Decision Memorandum（PDM）、Future Year Defense Program（FYDP）、Army Budget Estimate Submit（BES）、Program Budget Decision（PBD）、Defense Budget（DB）。

資料來源：Davis, Thomas M., *Managing Defense After the Cold War*, Center for Strategic and Budgetary Assessments, June, 1997, p.3.

第三節　整合性的國防財務資源管理架構[15]

壹、財務資源與PPB制度

PPB制度是整合的制度，它透過「規劃／計畫」整合「組織資源」，以達成組織預期的目標；每一個階段的計畫都是整合性的計畫，都必須整合人力、財力及物力資源，以達成國防組織的目標（如圖3-7）。換句話說，如果我們希望PPB制度能夠運作的更有效能，就必須強化國防體制的整合性；否則國防資源、組織與國防目標必將各行其是，制度效益必然無從發揮。

從財務資源的角度來看，PPB制度其實是由兩個重要的支柱構成，第一是計畫的支柱，第二則是財務資源的支柱。在計畫的部分包括戰略規劃、中程計畫與年度計畫，三種不同時間長度的計畫；至於

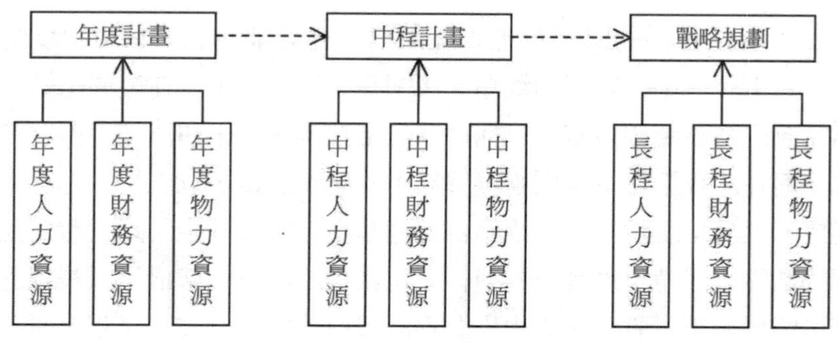

圖3-7　PPB制度的資源整合關係圖

[15] Integrated Defense Financial Resource Management Framework, IFRMF.

在財務的部分，則分由長程的財務規劃、中程的財務計畫與年度的財務資源共同構成。由於「年度預算」結合了「年度施政計畫」與「年度財務資源」，因此這兩個重要的支柱，緊密的結合在短期的年度預算中（如圖3-8）。

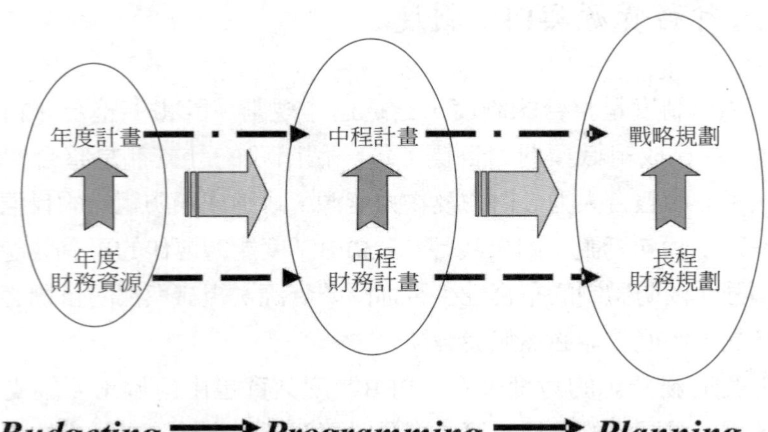

圖3-8　PPB制度與財務資源關係圖

一個整合性的財務資源管理架構，應該能夠結合PPB制度的精髓，具備長、中、短程的觀點。所謂長程觀點，主要在發展出結合戰略規劃的財務資源規劃，包括財務供給預測、需求預測及發展財務方案。而在中程觀點下，則應發展出中程財務計畫，以支持中程計畫的達成。至於年度預算，則應結合普通基金與特種基金，以總體財務資源的觀點來思考年度計畫的執行。也就是說，整個架構是以長程的財務策略對應軍事戰略，以中程財務計畫對應中程計畫，以年度財務資源對應年度計畫。

從PPB制度的精神來看，一個明確的、有效的國防財務資源管理架構，應該具備以下幾項要件：

一、長程財務規劃機制：主要在支持軍事戰略的規劃；

二、中程財務計畫的管理機制：主要在建立計畫導向的管理思考，及尋求多年財務需求平穩化的規劃途徑；

三、年度財務資源的管理機制：主要在建立總體財務資源發展的規劃理念，及建立財務風險規避的管理機制（主要是外購武器的匯兌風險）；

四、財務彈性的能量建構；

五、完備的財務分工與整合；

六、財務效能稽核與評估機制。

這些重要觀點，在本書的後續章節中，將會進一步逐一討論。

貳、財務資源主導的基本邏輯

1986年美國的「高－尼法案」，希望將軍事的通能整合起來，以提昇軍事體制的運作效能；所以美軍的軍事戰略規劃，是由參謀首長聯席會議提出。軍事功能既然整合的如此強大，那麼文人部長又如何能夠掌控軍隊，以落實文人統制的理念呢？主要是透過「政治的手段」及「財務資源控制」。其中政治手段的部分，於第二章第二節中已經說明，此處不加詳述；而財務資源的部分，則須由組織發展與資源動用的歷程來說明。

組織通常是以兩種方式因應環境的變動，並進行必要的調整與改變[16]：其一是採用例行性的調整與變動；其二是採用重大體制的調整與變動。其中例行性的調整與變動，是組織發展歷程中，不斷的運

---

[16] Williamson, Oliver E., *Corporate Control and Business Behavior*, Englewood Cliffs, N.J.: Prentice-Hall, 1970, pp.43-45.

用資源、進行各種業務活動，以達成組織目標的過程，它是一個連續性的過程。而重大的調整與變動則是一種間斷性的過程，目的是爲引導企業資源迎向未來的方向。它通常透過以下兩種方式達成：一是組織規劃的程序，一是組織投資的程序；前者主要在決定組織廣泛的目標，與達成目標的方法；而後者則在引導內部資源的投入，以達成既定的組織目標。

通常大型組織的管理當局在管理下屬機構的發展方向時，不僅要面對策略發展與競爭環境的嚴肅課題；同時也要兼顧組織內部財務資源分配的議題。這二種程序之間必須密切配合，才能達成其預定的策略目標；因此策略規劃與財務資源的管理程序，是組織運作並行不悖的雙軌，共同引導組織長期發展的方向。由於策略變動通常必須透過動用資源才能達成，因此大型組織便可透過審核大型財務資源的需求，來管理下級單位未來的發展策略。

動用大型財務資源的管理程序，通常是一理性決策的選擇過程，而組織在引導財務資源投入策略方向時，通常會具有以下三個特性[17]：

一、在決策的前提下，產生認知、分析與選擇的活動；

二、透過組織結構、衡量與分配的系統與獎懲制度，執行組織既定的政策時，所出現的社會化過程；

三、當組織的資源改變或環境改變時，組織政策持續修訂的動態性過程。

由於大型組織各下屬機構均有其各自的發展策略；這些策略的

[17] Bower, Joseph L., *Managing the Resource Allocation Process*, Richard D. Irwin, Inc., Homewood, Illinois, 1972, pp.7-8.

採行，都需要組織資源的投入。傳統財務的觀點認為，各下屬機構的發展，與組織長期的發展之間，應該沒有利益上的衝突；但在實際的現象中，卻好像並非如此。因此，高階管理者應該關心的一件事便是：如何經由「管理」各下屬機構的資源運用，以管理下屬機構的發展策略，使其能夠與組織整體的發展方向結合。所以國防體系的高階管理者只須要擁有「目標賦予、政策規範、資源分配、人事任免」四項工具，便可有效掌控軍事機構的發展與運作，此即文人統制的要義。所以財務資源管理的重要性與複雜性，不可等閒視之；它和一般管理（general management）有相當密切的關聯。因此，我們未來必須積極培養財務與軍事之間的界面人才；否則這兩種專業將各自發展，財務支援軍事發展的理想，亦將永遠無法達成。

參、國防財務資源的整合架構

在PPB制度的架構下，財務資源的必須支持長、中、短程的計畫。而財務資源的來源主要有三，分別是普通基金、特種基金及其它財務資源。國防部的普通基金，主要指的是兩個單位預算（國防部與國防部所屬），也是年度國防預算審議的重心；國防部的特種基金，指的是四個作業基金（90年度以後），它屬於附屬單位預算的範疇，其重要性正日漸增強中。而其它財務資源則為年度預算以外的財務來源，通常與「財務彈性」有不可分割的關係；它包括了追加預算、統籌分配款、第二預備金及特別預算等。

圖3-9中顯示財務資源的三個構成要素，在計畫體系中的運作關係。其中實線箭頭的部分，顯示普通基金、特種基金及其它資源，應在財務計畫構面下的長期的財務規劃、中程財務計畫及年度財務計畫指導下，各自形成資源規劃與發展的體系；而虛線箭頭的部分，則在說明這三種財務資源要素，必須在長、中、短期的不同時點，形成財務資源整合與互補的關係。所以，財務計畫構面的長程財務規劃、中

程財務計畫及年度財務計畫，本質上都是整合性的計畫；它必須有效的整合不同時點（長、中、短程）與不同性質（普通基金、特種基金及其它資源）的財務資源，才能發揮財務資源整體運作的效能。

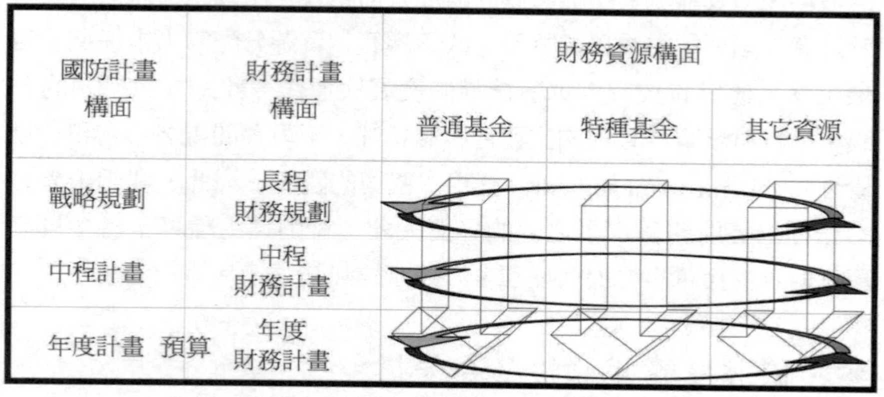

圖3-9　國防財務資源的整合架構與關聯圖

附録一

建軍構想内容架構

壹、國軍使命
貳、現階段軍事政策
參、世局分析
　一、政治
　二、經濟
　三、軍事
　四、科技
　五、世局對我影響
肆、中共情勢分析
　一、政治
　二、經濟
　三、心理
　四、軍事
　五、科技
　六、中共情勢對我之影響
伍、國力發展分析
　一、資源
　二、科技
　三、國力發展對建軍影響
陸、國軍全般戰略概念
　一、未來戰爭型態
　二、國軍戰略概念
柒、建軍構想
　一、精神思想部隊
　二、武裝部隊建設
　　（一）兵力結構發展
　　（二）武器裝備需求
　　（三）國防科技建設
　　（四）整體後勤支援
　　（五）基地發展建設
附件：
一、精神戰力判斷
二、人力判斷
三、財力判斷
四、整體後勤支援
五、通（資）訊電子判斷
六、國防科技發展判斷
七、敵我戰略戰術研判
八、後勤動員判斷

資料來源：參見莊明憲，**國軍計畫預算制度**，台北縣：國防大學國防管理學院，民國92年。

附錄二

兵力整建計畫內容架構

壹、國軍使命
貳、現階段軍事政策
參、戰略情勢研判
　一、世界局勢
　　（一）基本局勢
　　（二）國際變局
　二、中共情勢
　　（一）政治
　　（二）經濟
　　（三）心理
　　（四）軍事
肆、國力分析
　一、國防資源
　二、作戰能力
伍、國軍戰略構想
陸、國軍整建政策
柒、國軍兵力目標
捌、國軍整建目標
　一、陸軍
　二、海軍
　三、空軍
　四、聯合後勤
　五、後備
　六、憲兵
玖、國軍 ×× -- ×× 年度兵力整建綱要
　一、兵力結構
　二、主要投資

資料來源：參見莊明憲，**國軍計畫預算制度**，民國92年。

附錄三

國軍備戰計畫內容架構

壹、國軍使命
貳、立案假定
參、戰略情報研判
肆、國軍現有戰略能力分析
　一、無形戰力
　二、人力
　三、部隊戰力
　四、動員戰力
　五、後備戰力
　六、通信電子資訊能力
　七、後勤支援能力
　八、預算支援能力
伍、戰略指導
　一、全般概念
　二、戰略指導
　三、現階段戰力整備完成前之戰略指導
　四、國軍作戰指導（制空、制海、反登陸、外島防衛作戰）
　五、國軍作戰指導
陸、各軍種任務與行動指導
柒、動員指導
捌、後備治安指導
玖、戰備整備要項：
　精神動員　兵力整備　後勤整備　戰時研發指導
附件

一、情報	二、人力	三、政治作戰
四、作戰	五、動員	六、後備
七、通信電子	八、軍醫	九、後勤
十、預算		

資料來源：參見莊明憲，**國軍計畫預算制度**，民國92年。

附錄四

美國國防部內部指令7045.14
（directive No. 7045.14，1984年5月22日發出）

指令中指出，PPB制度包括：

一、規劃（或稱設計，Planning）

考量國家安全目標的前提下，評估美國政府與國防部在全球環境下的軍事角色與姿態，並有效的管理國防資源。規劃的主要目標有四：

（一）界定一個足以維持國家安全，及支持二至七年外交政策的國家軍事戰略；
（二）規劃一個足以達成前述戰略，兼具整合（integrated）與平衡（balanced）的軍事武力；
（三）建構一個能夠在國家資源限制下，有效達成國防任務的資源管理結構；
（四）在形成國家安全政策與其他類似的決策中，能夠協助部長評估國防的角色，提供抉擇供部長參考。

此一階段應公佈國防規劃指導（Defense Planning Guidance，亦即DPG），作爲計畫階段的依據。

二、計畫（Programming）

根據國防指導發展計畫，這些計畫應有系統的對任務與目標進行分析，評估不同的替代方案，以及有效的進行資源分配。參謀首長聯席會議（JCS）應對各種計畫進行分析，並應基於軍事戰略的前提，對不同計畫間聯合武力（composite force）的軍事能力水準，及相關的支援計畫，提出一份風險的評估報告。計畫評估的結果，會顯示在計畫決策備忘錄（Program Decision Memoranda, PDMs）中。

此一階段應發佈計畫目標備忘錄（Program Objective Memoranda, POM）、POM國防計畫（正式名稱爲FYDP）文件、計畫評估草案（Program Review Proposals）、計畫決策備忘錄及其他相關的文件。

三、預算（Budgeting）

係依據計畫階段所核准的計畫，提出預算年度的詳細預算估計，預算檢討的結果會顯示在計畫預算決策（Program Budget Decisions, PBDs）。此一階段主要公佈計畫預算決策、國防管理報告決策（Defense Management Report Decisions）、預算檢討報告（經由自動預算檢討系統〔Automated Budget Review System〕，產出之報告，此一系統亦簡稱BRS）、國防概算及相關文件。

四、五年國防計畫（Five Year Defense Program, FYDP；現已改為Future Year Defense Program）

前述的三個階段主要是透過五年國防計畫連結在一起（由於美國國防部目前採用兩年度的預算，因此在計畫的階段已改爲六年度的國防計畫）。依國防部內部指令5000.1的規定，主要武器系統的獲得程序，係交由透過國防系統獲得檢討委員會（Defense Systems Acquisition Review Council, DSARC）及國防資源委員會（Defense Resources Board, DRB）負責，這些委員會必須發展出主要武器系統的獲得策略，並擔任國防系統獲得評估與PPB制度的界面。

五、分工與責任

部長：負責主要的政策決定、界定規劃目標及進行資源配置。

各單位主官（管）：發展及執行計畫，並依據計畫進行資源的管理，以達成國家安全目標（亦為PPB制度所界定的目標）。

國防資源委員會（Defense Resources Board）及委員會成員：負責PPB制度的全面程序。

國防資源委員會的執行長：負責PPB制度的全程協調。

國防部：負責政策的助理部長（USD），在負責協調規劃階段。

國防部負責研究發展及工程的助理部長（USD）：負責擔任獲得（acquisition）與PPB制度界面的協調。

「計畫分析評估局」的局長：負責協調各單位年度計畫評估的工作。

國防部負責主計的助理部長（USD）：負責協調單位年度預算的檢討。

第二部分

制度篇

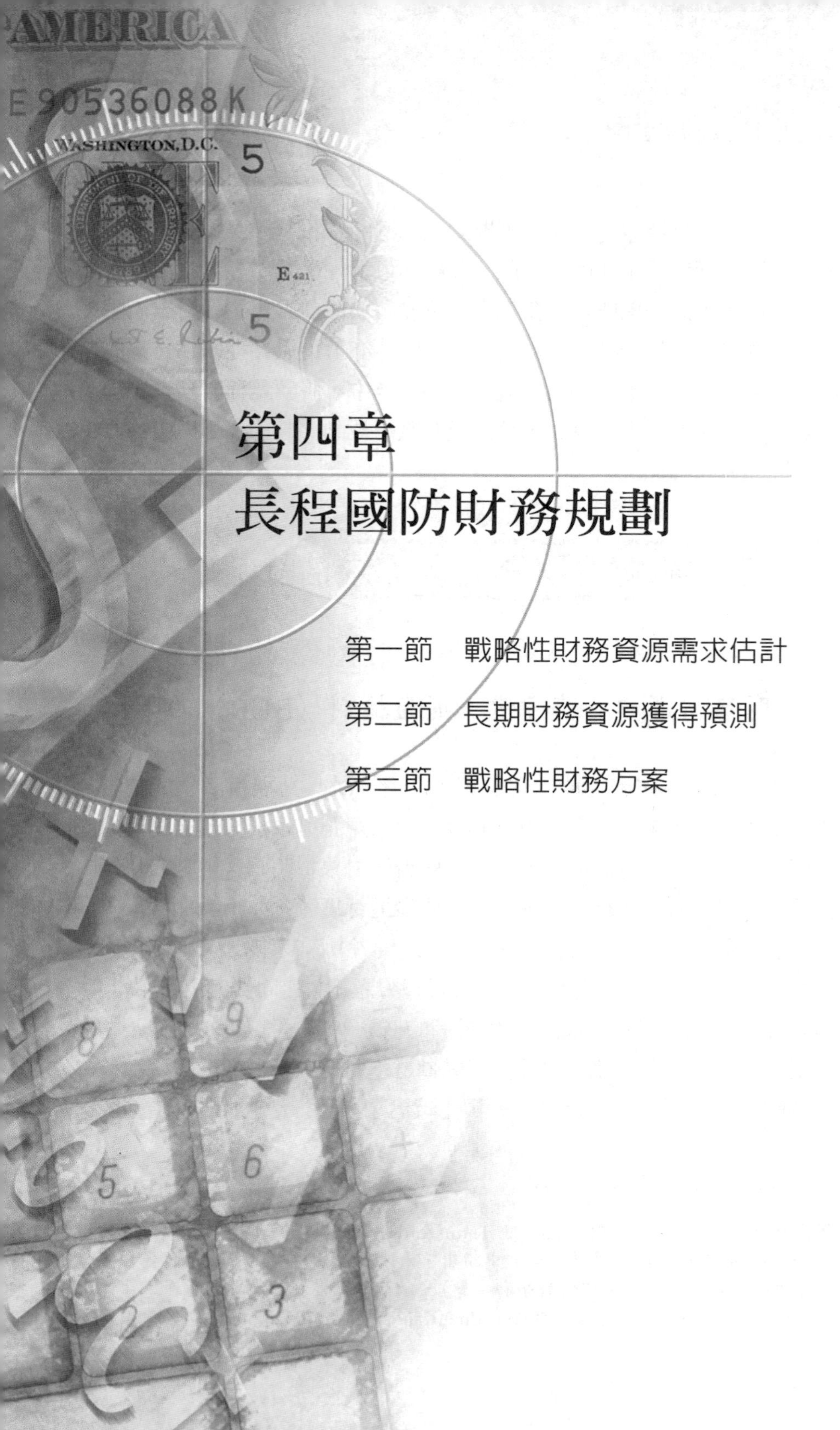

第四章
長程國防財務規劃

第一節　戰略性財務資源需求估計

第二節　長期財務資源獲得預測

第三節　戰略性財務方案

戰略規劃是整合性的長期規劃，必須有效的結合國家安全環境、國防資源與軍事能耐；因此，財務的可行性是戰略規劃不可或缺的要件。有效的長期國防財務規劃，不僅有助於提昇規劃者對未來戰略環境透晰度，降低戰略規劃的不確定性；亦可透過各種財務方案的發展，協助國防軍事戰略的有效達成。本章中，將就長程財務資源規劃及財務方案發展進行探討，藉以說明戰略規劃、財務資源與財務方案之間的邏輯關係。

第一節　戰略性財務資源需求估計

壹、財務需求與財務方案：通盤檢討（BUR）的事例

軍事防衛在防範可能出現的軍事威脅，故兵力規模必須能夠對應威脅強度。當敵對威脅的對象明確，戰略規劃可以根據敵國的兵力規模、作戰部署進行研擬；但如敵對威脅的對象不明確，則戰略規劃與兵力思考，就必須從更基本的作戰要素進行思考。如冷戰期間，美國主要以蘇聯作為戰略規劃的思考依據；當冷戰結束後，美國則提出「兩個戰場」（中東及朝鮮半島）的戰略規劃（其間雖有「基礎兵力」，但許多專家批評它沒有「威脅」的概念）。當伊拉克、北韓不構成威脅，威脅美國國家利益最大的威脅是不對稱威脅型態——包括核子作戰、化學、生物、資訊、另類作戰構想與恐怖活動時[1]；這種全

---

[1] 美國國防部長倫斯斐（Donald H. Rumsfeld）曾於2002年1月31日就美國的「軍事戰略調整」與「軍隊改革」中指出，未來關注的課題是如何應付各種不可預知的新威脅（不明確的對手和威脅），以及如何遏制敵人發動戰爭。參見網址：http://www.huaxia.com/Huaxia ZhouKan/Yi/ GBK/70523.html。

方位的威脅概念，也導致戰略規劃的思考主軸必須隨之調整。

2001年9月30日，美國公佈「四年國防總檢」（Quadrennial Defense Review, QDR），這是在美國布希總統上台以來，遭逢九一一恐怖主義攻擊後的首度國防戰略報告書。報告書中顯示，由於戰爭形式與威脅的多元化，使得建軍基礎必須由長久以來的「威脅導向」（明確敵對的國家關係）演變為「能力導向」（Capability Based）；而「能力導向」正是一種重點放在敵人的作戰方式（how），而非誰是敵人（who）及戰爭會在何處爆發（where）的戰略視野。從兵力規劃的角度來看，威脅導向的兵力需求與能力導向的兵力需求並不相同，前者重在軍事想定，而後者必須強調一支足以應付各種威脅的「多能部隊」。而戰略思考導向不同，對兵力規劃的影響可參見表4-1。因此，戰略導向調整不僅會對美軍的戰略、使命、武器裝備進行全面性的檢查和評估外，也會對美國的軍事戰略與武裝部隊，造成重大的調整和改革，而這些調整也會影響作戰部隊發展、武器計畫與國防財務需求。

表4-1　戰略思考導向及兵力規劃關聯表

戰略思考導向	兵力規劃目的	通往戰爭途徑	兵力決定因素	整體兵力需求
威脅導向	打敗敵人	想定（對所可能發生的緊急狀況作單點判斷）	兵棋推演（靜態與動態模型）	所設定的兵力規模能在所望數量的緊急狀況中獲勝
能力導向：以資源為焦點	以經費為考量基礎建立一支最完善的兵力	多面向且不確定性的威脅	軍事判斷（重點在於投入）	適切且有能力負擔的能力組合
任務導向	達成所望軍事目標	一般性軍事任務	軍事判斷（重點在於結果）	所設定的兵力規模只在遂行任務

資料來源：整理自Joseph R. Cerami and James F. Holcomb, Jr.編，高一中譯，**美國陸軍戰爭學院戰略指南**，台北：國防部史政編譯局，民國90年，頁302。

要描述戰略性國防財務資源的需求估計與財務方案發展之間的關係，過去在「通盤檢討」（Bottom-Up Review, BUR）、1997年「四年國防總檢」、「聯戰願景2010年」(Joint Vision 2010) 等提供了一個非常明確的邏輯說明。以下我們就以這個發展脈絡，來說明戰略規劃、財務資源與財務方案之間的關聯性。

「通盤檢討」在後冷戰時期，是一個非常重要的里程碑；它清楚的反映了「威脅—戰略規劃—兵力結構—財務需求」之間的關聯。事實上，在「通盤檢討」之前，前美國參謀聯席會議主席鮑威爾將軍雖曾也提出的「基礎兵力」(Base Force, BF) 的規劃，但它反映的只是一個世界強國應有的兵力水準，與軍事威脅之間缺乏明確的關聯。而1997年美國國防部提出的「四年國防總檢」，以及參謀首長聯席會議所提出的「聯戰願景2010年」，都是建構在「通盤檢討」的基礎之上，故其重要性可以想見(有關「通盤檢討」、「四年國防總檢」及「聯戰願景2010年」的內容摘述，請參見本章附錄一、附錄二及附錄三)。以下我們就以「通盤檢討」的事例來說明美軍的戰略規劃、兵力結構與財務需求之間的關係。

「通盤檢討」是美國國防部歷經七個月的時間，逐一發展重要假設、廣泛原則、及一般目標；最後才並據此擬定戰略、兵力結構及發展出國防資源運用的計畫。「通盤檢討」的重要步驟，包括以下五項❷：

一、評估美國在後冷戰時期的需求，包括環境可能出現的新危機與轉機；

二、設計國防戰略，以保護美國在後冷戰時期的利益；

三、設計兵力架構部隊，以執行戰略；

四、考量兵力架構之部隊編成，提供兵力結構之備選方案；

五、藉武器獲得計畫完成兵力結構，以達成部隊之現代化。

---

❷參見三軍大學譯印，**1994年美國國防報告書**，民國83年6月。

1993年9月時，美國國防部長亞斯平[3]（Leslie Aspin）提出了「通盤檢討」，規劃中結合了國家安全威脅與克服威脅所需之戰力，假設兩個可能出現的主要區域衝突（波斯灣戰爭及韓戰）中採雙贏（Win-Win）的戰略，作爲美軍兵力規劃的基礎。在「通盤檢討」的規劃下，整體的兵力結構出現明顯的調整：陸軍由「基礎兵力」原有的12個師減少爲10個師；海軍由「基礎兵力」原有的13個航母艦隊，減少至12個（其中一個爲訓練用）；空軍由「基礎兵力」原有的15.75個聯隊，縮減爲13個；陸戰隊則由「基礎兵力」原有的2又1/3個師，減少爲2個。

「通盤檢討」中有一個重要的假設，就是透過兵力強化器（force enhancers，如先置裝備與額外增加的海、空運等），就可以快速的將作戰武力投射到衝突地區，迅速達到增強戰力的目的。在採用兵力強化器的假設下，美國國防部的官員認爲，陸軍只要4至5個師，便足以應付兩個主要區域性戰爭中的任何一場戰爭。因此國防計畫便在三方面（新式空運機、海運艦隊、及在可能發生大規模威脅區域，預置更多的重裝備及補給品），進行了龐大的投資。

國會預算局（CBO）認爲「通盤檢討」的兵力設計下，在波斯灣地區的衝突，預計可在事件發生後的前三個月內，將雙方的兵力比（force ratio）[4]達到2.6:1；而在韓國戰場，可在兩個月內將雙方的火力比提昇至2.5:1。Dellums（1994）認爲，「通盤檢討」所設計的兵

[3] 亞斯平是少數幾個任期較短國防部部長，自1993年1月20日至1994年2月3日，共計十三個月。在1993年12月間（「通盤檢討」公佈後不到兩個月），柯林頓總統免除了亞斯平的國防部長職務；一般認爲有兩個原因，其一是他拙於處理美軍在索馬利亞的行動，其二是亞斯平與聯邦管理及預算辦公室（OMB）就額外的國防預算上交鋒失利後，他終於失去了總統的信任。

[4] 所謂「火力比」是應用火力指數（firepower index），將不同的作戰武器，依其個別的火力分數（firepower score）轉換爲火力指數，計算出一個作戰單位整體的指標值，火力指數有許多不同的計算指標與方式。而火力比則是攻擊者（A）與防禦者（D）之間的火力指數比較（A/D）；而美軍在火力指數的

力結構在兩個戰場上，其兵力比其實約爲2.8:1及2.6:1。因此，這個兵力結構足以支持雙贏的戰略構想。根據「通盤檢討」的兵力規劃，維持140萬現役部隊，在高戰備狀態下，約須2,700億美元。

然由於柯林頓政府實際提供的國防經費低於2,700億（僅2,500億左右）；國防部爲節約財務資源，就需要對軍事基礎設施與後勤加以檢討；因此國防部就採取併編（消除不必要的設施與能量）、私有化（設施交由民間經營）、及改善作業（運用民間的管理程序、組織結構與技術）等途徑。而爲貫徹兵力管理與縮編，國防部更成立一個國防機構檢討小組，以檢討各國防機構的存廢問題。

這也導致「四年國防總檢」出現了兩項重要的變革：一、提出多層次戰備（tiered readiness）的構想：降低部分部隊的戰備程度，以節約國防預算；也就是處理衝突與危機的部隊，平常可處於低度戰備狀態，在受命派遣後，才提昇其戰備程度。此舉的目的在減少各種訓練、演習的經費，並樽節備件之儲藏與兵員配備；二、各軍種裁減規模及現員：而「民營化」亦成爲當前美軍內部的主流觀點。

戰略考量是兵力架構的基礎，也是塑造預算的依據；但當國防計畫人員企圖在威脅與能力之間取得平衡時，卻經常要應付政治與預算的限制。所以，我們必須謹慎處理預算與戰略的關係，應以「戰略帶動預算」，而不是以「預算帶動戰略」。

使用經驗，早已超過四十年以上的時間。作戰分析中有許多指標，除採用「火力比」之外，亦可採用「兵力比」或是「戰力比」。詳細內容請參見Taylor, James G. *Force-to-force: Attrition Model*, Naval Postgraduate School, Monterey, California, Jan. 1980, pp.5-14, 84-91。

貳、財務需求估計的邏輯

圖4-1中明確的顯示美國「戰略規劃、兵力結構、財務資源需求與調整方案」之間的邏輯關係；圖中不難發現在財務需求的部分，其實包兩個重要的區塊，第一個區塊是威脅、戰略規劃與兵力結構的區塊，也就是什麼樣的兵力結構與作戰方法才能抵禦威脅，達成國家安全的目標？而第二個區塊則是由兵力結構與財務需求構成，也就是這樣的部隊組成與作戰方式，需要多少的成本？事實上，這兩個區塊都各有一個核心的概念，在第一個區塊的核心概念是戰力（combat power），而第二個區塊的核心概念是計畫要素（program element，計畫要素的討論，參見第五章第一節）。現代化的軍隊，戰力與計畫要素都建立在客觀、量化的衡量基礎上；唯有如此，政策制定與高階決策時，才能得到量化分析技術的支持。

從PPB制度的架構來看，兵力結構的設計是遵循「由上至下導向」（top-down approach）的思考邏輯；也是以國家目標為考量依據，決策者先界定所要達到的國家目標，繼而擬定戰略，最後依照戰略設計

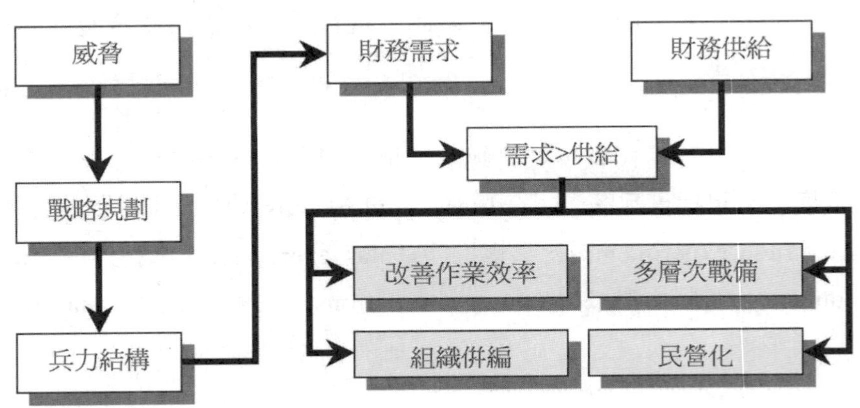

圖4-1　美軍國防財務供需調整方案圖

所需要的兵力。然從實務運作來看，兵力結構還有其它七種不同的設計方式，如[5]：

一、由下至上導向（bottom-up approach）：強調國家現有軍事能力與武器系統，所以設計出的兵力規模足以應付當前戰場所需；
二、想定導向（scenario approach）：預設敵我雙方交戰地點、時間與方式，再針對此特定狀況設計兵力；
三、威脅導向（threat approach）：重視敵我雙方的兵力淨值比較，以敵我雙方各武器相對數值的比較作爲兵力設計基礎；
四、任務導向（mission approach）：由戰時可能的任務著手，透過分析這些不同性質的任務來決定所需要的兵力；
五、避險導向（hedging approach）：針對敵方之不確定性，進行未雨綢繆的準備，強調要能夠因應、並降低重大軍事風險的兵力設計；
六、科技導向（technology approach）：以高科技武器爲標準裝備之部隊現代化爲兵力結構規劃的依據；
七、財政導向（financial approach）：以財政限制作爲兵力設計的先決條件，在預算限制下進行兵力結構與武器裝備的規劃。

戰力計算是作戰專業的範疇，可透過各種作戰模型獲得。而作戰模型又包括實兵演習（military field exercises）、作戰實驗（military field experiments）、兵棋推演（map exercises）、電腦兵棋（war games）、電腦模擬（computer simulations）及解析模型（analytical

[5] Barlett, Henry C. Holman, G. Paul & Somes, Timothy E., "The Art of Strategy and Force Planning," *Naval War College Review*, Vol. 48, No.2 (Spring, 1995), pp.114-126.

models）等各種型態[6]；不同型態的作戰模型，其作戰實境（operational realism）、抽象程度（degree of abstraction）及便利可及性（convenience and accessibility）並不相同。由於戰力指標計算與計畫要素的關聯性甚高；計畫要素不僅涉及資源管理，本身也是兵力結構的一環。故只要掌握了計畫要素的財務需求，就掌握了整體兵力結構的財務需求。

雖然所有的計畫要素都包括人員、作業及武器需求三個部分的成本，或許有人認爲可以透過成本各自的發展趨勢，估計未來的財務需求；也就是分別推估「人員維持費」、「作業維持費」及「軍事投資費」的未來需求，將其加總而成爲未來的國防財務需求。但這種思考與推估，結果可能並不正確；主要原因有二：

第一、人員維持、作業維持與軍事投資三者，是根據年度業務計畫歸納而得到的結果，而這種歸納並非年年相同；只要業務計畫的內涵調整，就可能導致不同的結果，如79年度退撫經費移出人員維持費，或是92年度曾將主副食移至作業維持費項下，都可能導致經費的趨勢改變。

第二、在PPB制度下，國防預算在建構防衛武力，故財務需求的估計，都必須從兵力結構與武器計畫開始。唯有從兵力結構與武器計畫著手，才能清楚的展現戰略規劃與財務需求之間的邏輯關係。換言之，戰略規劃的可行性，建立在「合理的威脅評估」、「軍事科技可行性」及「財務可行性」三個基礎上。在PPB制度下，計畫要素與財務需求之間的關係，一直是非常明確的；只要我們掌握了計畫要素的軍事成本，透過計畫之間的從屬關係，便可掌握未來的國防財務需求。

---

[6] Taylor, James G., *Force to force: Attrition Model* (1980), p.7.

第二節　長期財務資源獲得預測

壹、預測程序

通常預測的程序包括以下五個步驟：

一、決定預測的目的及預測的時機；
二、確定預測涵蓋的時間幅度；
三、選擇適當的預測技術；
四、進行預測；
五、預測的控制。

因此完整、有效的預測本質上就是一個技術選擇（時機、時間幅度及技術）、預測及持續修正的歷程；此一歷程與行政三聯制的「計畫—執行—考核」（含回饋與修正）的循環結合，故其可作為提昇行政效能的有效工具。

貳、預測方法比較

一般而言，預測技術可以區分為兩大類，分別是一、主觀質化的預測；二、客觀量化的預測；前者主要依賴預測者的經驗判斷，而後者則依賴歷史的量化資料，配合適切的預測模型，進行未來趨勢的預測。

表4-2中列舉的方法，顯示這些方法各有其優缺點與適用條件；然近年來各種預測技術的發展，及電腦程式的快速發展，使得模式精

表4-2　各種預測技術的比較與評估

預測方法	預測正確性			對於轉捩點的預測	相對成本
	短期	中期	長期		
主觀質化技術					
德菲法	尚可—優良	尚可—優良	尚可—優良	尚可—佳	中等—高
市場調查	優良	佳	尚可	尚可—佳	高
生命週期類比法	劣	尚可—佳	尚可—佳	劣—尚可	中等
經驗判斷法	劣—尚可	劣—尚可	劣—尚可	劣—尚可	低
客觀量化技術					
迴歸模式	佳—優良	佳—優良	劣	優良	中等
計量經濟模式	優良—極優	優良	佳	極優	高
投入產出模式	無	佳—優良	佳—優良	尚可	極高
模擬模式	優良	佳—優良	佳	佳	高
移動平均模式	劣—尚可	劣	極劣	劣	低
指數平滑模式	佳—優良	劣—優良	極劣	劣	低
數學模式	優良	尚可—佳	極劣	劣	低
Box-Jenkins時間數列模式	優良—極優	尚可—佳	極劣	劣	中等—高

資料來源：Chambers, J. C., Mullick, Sationderk & Smith, Donald D., "How to Choose the Right Forecasting Technique," *Harvard Business Review*, July-August, 1971, pp.55-57.

確度與資料處理成本（蒐集成本仍然存在）已大幅降低。鑑於預測模式本身有其先天上的限制（如蒐集成本、資料可獲性、精確程度等），故必須根據資料與變項的型態，愼選預測的模式。由表中各種預測技術的比較中，可以發現顯示因果關係的計量經濟模型與投入產出模式，較具理論性與精確性，時間數列模型在短期預測較爲有效，而專家預測法則具有中、長期預測的優勢。

事實上過去在國防財務資源獲得的預測中，普遍面臨以下兩個問題：

一、資料不完整的問題：因爲可以獲致的分析資料有限，往往導致模式的參數建構不夠合理，也缺乏應有的穩定度，而影響了預測的效能。

二、資料的結構不一致：如業務計畫的調整，導致經費內涵出現變化；或如79年度時退撫經費移編至退輔會，導致國防預算資料的內涵不一致，亦使得許多線性模式的應用受到限制。

除此之外，再加上國防預算的獲得，本身易受到許多非量化的因素影響（包括供給、需求及政治運作等多個層面），使得我們較難採用複雜的計量模型進行長期預測。

由於戰略規劃本身具備承受十年至十五年不確定性的能力，因此長期財務預測的目的，旨在協助戰略規劃降低未來的不確定性。故長期財務預測，只要能夠達到80%的清晰度，對戰略規劃來說便已經有用，足供作爲兵力結構發展的參考依據，剩下的20%模糊空間，則可透過財務管理措施及資源調配手段因應。長期預測本身就具有某種程度的不確定性，但這種不確定性會隨著時間的經過，資訊的不斷產生，而逐漸釐清；因此相關資訊的回饋，在長期預測中非常重要。長期預測的目的在預視將來，爭取足夠的反應時間，以擬定應變計畫，或是發展適切的財務方案。

因此在實務應用上，我們對短期預測的精確程度比較重視，對中長期的預測，則能容忍較大的不確定性。所以，如果我們能夠能夠採取幾種不同的方法，進行預測結果的比較，可能具有較高的實務用途。著者認爲，或許我們可以在預測上結合「定錨策略」（anchoring strategy）及想定分析（scenario analysis）[7]，將「時間數列」、「情

---

[7] 參見劉立倫、潘俊興，「2014年我國國力分析——國防財務資源獲得預測」，國軍2003年軍事論壇，民國92年2月。

境想定」及「專家預測」結合到國防財務資源的獲得預測上。

在此一方法下，首先我們採取時間數列方法進行國防財務資源獲得的預測；其次，在透過「情境想定」，假設未來一、兩年間預測變數可能出現出現的三種狀態，包括「最佳狀態」、「可能狀態」及「最差狀態」，再根據時間數列分析推估幾種不同的預測趨勢，藉以瞭解最好的可能結果與最壞的可能結果。最後，再根據財政能力、威脅強度等相關內涵，進行質化的專家意見調整，或採德菲法，或採分析層級程序法（AHP），以彌補時間數列分析在中、長期預測上的不足。

過去劉立倫、潘俊興（民87、民92）、簡伸根（民87）等人均曾採用時間數列移轉函數進行預測，已證實此一方法在短期預測上具備相當不錯的準確性（時間數列移轉函數的預測程序，參見附錄四）。因此，在預測上可採取兩階段的展開，第一階段是採用「定錨策略」，先以「時間數列」預測做爲基點，再輔以專家意見法進行調整，透過逐年長期需求與年度需求滾動式（rolling-over）的預測調整。第二階段是透過「想定分析」，先建立幾種可能的預測情境，瞭解國防預算可能出現的變化範圍；之後再透過國防政策及財務方案作爲調整備案，以建立國防財務資源的執行彈性。這種兩階段的調整作法，應能兼顧長、中、短期的預測需要，並具實務應用的可行性。

第三節　戰略性財務方案

在戰略層次的思考，涵蓋的期間較長、層面較廣，故財務因應方案的產生，通常是「制度或政策」的調整，作爲思考主軸，以探討制度或政策運作上的長期效應。

圖4-2中顯示了國防財務供需與財務方案之間的關聯。如果長期的財務供給與財務需求能夠平衡（D=S），則戰略規劃與兵力結構自

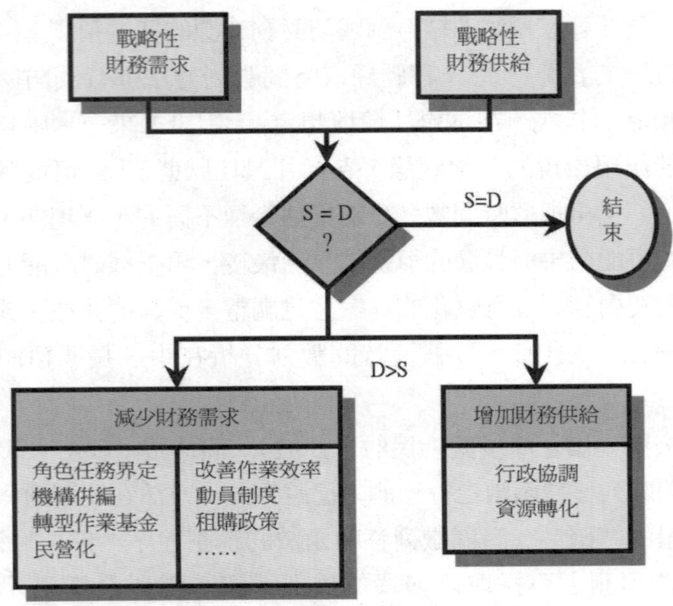

圖4-2　戰略性財務資源供需與財務方案圖

可依序執行；但如果國防體系必須面對長期財務資源供給不足的困境時（D > S），目前可以思考的措施，則可分為兩類：

一、推動增加財務供給的措施：這包括強化體制內的行政協調能力，及建構國防體制內的資源轉化機制等措施；

二、縮減財務需求的措施：包括明確界定軍隊的角色與任務、加速組織機構併編、支援性活動轉型為作業基金、非必要作業活動推動民營化、改善組織的作業效率、調整人力動員體制與方式，及武器系統的租購政策等措施。

政策與制度的調整措施，當然不限於這些內容；但此處僅就這些政策（制度）方案的操作，簡述如下：

壹、擴增長期財務供給

一、強化行政協調能力

所謂強化行政協調能力，即增強體制內的溝通與協調機制，及強化軍隊的角色與重要性，以向行政院爭取所需的財務資源。擴增國防財務資源的方式有二，其一是逐年調增國防財務資源的獲得額度，其二則是爭取特別預算以滿足國防財務的重大需求。然長期行政協調的有效性，必須建立在兩個基礎上，其一是理性的威脅評估、戰略規劃與兵力結構規劃，有助於增強長期財務需求的說服力。其二是強化軍隊的角色與重要性，以提昇國防事務在國家發展策略的重要性。

在和平時期如果要強化軍隊的角色與重要性，則軍隊往往須在國內事務扮演更積極的角色（如救災、救難、恢復秩序等等），才能獲得民眾廣泛的認同與支持。由於此舉涉及軍隊的角色與定位，亦須評估其對軍隊戰力的影響，故其影響深遠，並非僅是財務單一層面的簡單思考。

二、建立資源轉化機制

也就是建立一種長、短期之間的資源轉化功能。長期資源的概念，其實與會計上固定資產的概念相近，它包括了土地、設施、設備等各種物力資源；與財務資源的高流動性概念並不相同。所謂物力資源與財務資源之間的轉換，並不是消極的「賣地求現」；而是將資源調配的作爲結合軍事戰略的構想，以提昇國防資源的使用效益。

此一概念的產生主要是因爲現有的軍事設施與用地，泰半源自於早期四十年代、五十年代「攻勢戰略」下的軍事需求與規劃；然近年來戰略構想改變，加上人口移動、都市的快速發展，導致軍事基地與軍事機關，經常受到地方發展的排擠，而面臨存廢的爭議。從軍事長遠發展的觀點來看，國防部不僅須持續的根據戰略構想，選擇戰略要地，構建軍事設施，達成戰略守勢的目的；亦須持續的處分不符戰略效益的軍事用地與設施，將其轉化爲財務資源，用以購置合於未來戰略需要的軍事用地，構建安全性高的軍事設施。

由於依「過去」戰略取得的軍事設施與用地，「現在」通常位處開發程度高、人口密集地區；而未來戰略所考慮的軍事用地與設施，通常可能是位於低度開發或是尚未開發的地區。因此，此一變現與重置的過程中，軍隊不僅可在軍事戰略的指導下，逐次、主動取得必要的戰略要地，亦可在資源轉化過程中增加財務上的流動性。

此一長、短期資源轉化機制的有效運作，必須建立在三個前提，其一是建立統籌規劃與管理長、短期資源的機制；其二是必須推動法規修訂，以增進軍隊在資源轉化上的自主性；其三是建立一個具備運作彈性的作業能量與機制。這三個條件缺一不可，而這種資源轉化能力的培養，未來將是一個非常有挑戰性的領域。

貳、縮減長期財務需求

一、角色與任務的重新界定

軍隊的角色複雜化，介入過多的社會性任務，可能會導致軍隊耗用過多的財務資源在非戰備的事務上。因此在面對國防預算緊縮的情況下，我們有必要對國防任務、角色功能、業務計畫與工作項目的重要性，進行徹底的檢討；唯有在各個層面都建立了清晰的判斷準則，我們才會知道「這件事該不該我們做？」、「這件事要做到什麼程度？」、「如果財務資源不夠，那些事可以放棄不做？」等等諸多問題的答案。

如前所述，美國國防部曾提出：美國軍方原則上不介入「人道危機」，因爲它是政府機構的責任；如果需要美軍介入人道危機，必須具備以下四個條件，缺一不可[8]：

（一）民間機構沒有能力去因應時；
（二）時機急迫，唯有採取軍事途徑才能解決；
（三）只有軍方才擁有危機反應的資源時；
（四）美軍的風險可以減至最低時。

國內也常發現軍隊涉入許多國內的事務，如參與山林救火、救災、救難、清除油污、撲滅病死豬、災區重建等等；這些非戰備的任務，都可能動用有限的國防財務資源。當長期的財務資源獲得可能出現不足的現象時，軍隊就必須清楚的界定軍隊的使命與任務；以嚴肅的態度，建立明確的判斷準則，並將有限的財務資源用在重要任務的執行與戰備訓練上。

二、組織與兵力結構調整

組織調整必須建立在長期的戰略發展與政策指導下，這種帶有積極目的的組織調整，與消極性的軍事機構減併目的不同。雖然組織調整通常可以達到人員需求減少，縮減作業經費的目的；但消極性的機構減併與積極性的功能調整，意義並不相同。通常消極、被動的軍事機構減併，主要在因應兵力規模與預算的壓力；而積極性的組織調整，必須基於前瞻性的戰略思考觀點，建立開創性的功能架構，並消除不必要的設施與能量。

在PPB制度的思考架構下，組織調整必須建立在戰略規劃的基礎上。因此當戰略構想調整，則作戰部隊、後勤組織及行政支援機構都將一併調整。唯有透過中程計畫之間的功能檢討，從基本的「計畫要

[8] 參見三軍大學譯印，**1996年美國國防報告書**，民國85年6月。

素」開始思考；組織調整才能結合戰略、兵力結構與財務需求，並達到功能完備、減輕財務負擔的預期意義。如若不然，則組織減併雖可達到減輕財務負擔的目的，但也可能產生重創軍隊戰力的不利結果。

三、轉型作業基金

國防體系現存有許多功能或任務特性不同的單位，如作戰部隊（如陸軍聯兵旅、海軍艦隊、空軍聯隊）、後勤功能（如聯勤、後勤廠庫……）、行政管理（如人力司、法制司……）、研究發展功能（如中科院、陸軍兵整中心、海發中心……）、生產功能（如系製中心、各生產工廠）、教育訓練功能（如各軍官學校、兵科學校、訓練中心）及其它（如國軍各級醫院、軍人監獄等）。對於這麼龐大的體系，我們如要獲得一個明確的概念，就必須透過適當的思考邏輯將其概念化；而波特（Michael Porter, 1985）所提出的價值鏈（value chain）觀念，就是一個很好的概念化工具。

依波特的看法，認為所有的組織活動均可分為「主要活動」（primary activity）與「支援活動」（supporting activity）。所謂「主要活動」就是組織生產主要產品，或是提供主要服務所需要的關鍵作業活動；通常在企業中則包括產品生產過程中的原料取得、倉儲、生產、銷售等各項活動，這些活動是組織賴以生存的依據。至於「支援活動」就是協助主要活動順利進行的各項輔助性活動，如財務、人事、教育訓練（主要指的是離職訓練）、管理行政等等。「主要活動」是一個組織賴以生存與競爭的重要依據，也是創造組織價值的根本性活動，而「支援活動」則是在協助主要活動的次要活動。國防組織主要在提供國防安全的服務，這種安全服務與國防戰力有相當密切的關係。

因此與軍事防衛「直接」相關的各項活動，便可視為國防組織的主要活動；而與軍事防衛「間接」發生關聯的活動，則應視為支援性活動。所以「軍事作戰」才是國防組織的思考的重心所在。波特也認為，所有組織的整體活動往往是由幾個重要的活動階段構成；而每個階段對最終產品（服務）都有許多的貢獻，這些重要活動即構成組織的價值鏈。

在此一觀念架構下，組織可經由主要活動、支援活動之間相互依存的關係，掌握有價值的作業活動，減少無價值的活動，進而提昇組織運作效率。但由於主要活動是所有組織不可或缺、賴以生存的基本功能；因此如果要減少無價值的活動，就必須從支援性活動的「必要性」與「市場可獲得性」檢討起。

所謂「必要性」指的是「此一機構與功能，是不是非要不可？有沒有其它替代的功能？」；而「市場可獲得性」則在問「既然要有，是不是非要由軍方來做？平民能不能做（要符合軍方的標準）？以及平民肯不肯做？」。唯有建立各項支援性活動的重要性排序之後，面臨資源短缺時，我們才會知道哪些業務活動，重要性較低，可以放手不管。

事實上，PPB制度的精神，原就具備這種「主要活動」與「支援活動」的觀念。主要活動是軍隊的主要結構（即作戰部隊），而支援活動則為協助的功能（即後勤與管理機構）；前者為主（美軍稱其為牙；teeth），後者為輔（美軍稱其為尾；tail）。當國防預算獲得不足時，軍隊往往必須「棄尾保牙」，才能在預算與兵力結構之間取得平衡。

基於這種觀念，所以軍隊對於各種支援性的活動，可以採取一種較公務預算更有彈性的運作方式，以提昇軍隊在預算困境的因應能力。然由於支援活動對主要活動仍有相當程度的重要性，故軍隊為保有其對支援活動的控制權，仍會採取適當的控制措施。在林志忠、劉立倫（民85）的研究中，亦曾依軍事機構的功能屬性進行區分，並建議對執行支援活動的機構，採取較有彈性的預算處理方式。而轉型作業基金，在運作上不僅更有彈性；在經費上，也不至於出現排擠國防財務資源的困擾。

四、民營化

如外包、或將設施委由民間經營，採用公有民營的型態，或是直接移轉民間經營等等。然無論委商或由私人承包業務，均須建立在軍事功能的明確界定上。所以國防部還是要回到PPB制度的計畫體系，還是要從計畫要素開始思考，才不至於將軍隊的重要功能切割的支離破碎。

五、改善作業效率

所謂改善作業效率，就是運用民間的管理程序、組織結構與技術，來提昇軍事體系的運作效率。如美國陸軍在沙漠風暴（desert storm）[9]中，發現其現有的後勤系統，根本無法監控物資運送的過程；而後勤管理的不當，亦直接衝擊其資源配置的效能。波灣戰後，美國陸軍便走訪民間機構並進行研究，最後決定採用條碼系統及聯邦快遞公司（Federal Express）的追蹤系統。這個系統不僅可以隨時查詢到申請者、運送者，甚至可以知道每一個貨櫃運送的途程，及貨櫃中所裝的東西[10]。

事實上，在美國國防部1997年提出的「四年國防總檢」中也顯示，已開始結合企業改革（RBA）手段，希望能夠徹底改造國防軍事的基礎設施及支援行動業務；其作法包括（一）減少軍事基礎設施

---

[9]波灣戰爭其實包括三個階段，沙漠風暴僅爲其中之一。在雙方防禦對峙時，稱爲沙漠盾牌計畫，時間由1990年8月2日至1991年1月17日；在空襲、反空襲時，稱爲沙漠風暴，時間由1991年1月17日至1991年2月24日；在進行全面作戰時，稱爲沙漠軍刀行動，時間由1991年2月24日至1991年2月28日。資料參見童兆陽，「波灣戰爭（對我國防科技）的啓示」，**國防科技政策與管理講座演講論文集**，台北：國立台灣大學管理學院與工學院，民國82年10月，頁290。

[10]Sullivan & Harper (1996), p.180.

之費用並提高效率；（二）重新建立有利的採購流程；（三）委商或由私人承包各項支援性業務；（四）利用商用技術、軍民兩用科技及開放系統；（五）減少不必要的標準及規格；（六）利用整合性流程及產品研發；（七）增加與友邦的合作性研發計畫。然由於這些改革措施涉及軍、民之間的角色分工與介面；因此必須在軍事戰略規劃與軍隊角色功能的界定上，進行徹底的檢討與定位。

六、人力動員體制調整

動員（mobilization）一詞，原係將完成軍事訓練的人員，迅速投入戰場；唯第一次世界大戰以後，動員的範圍便逐漸擴及工業動員、經濟動員及國家總動員等範疇[11]。由於軍事作戰的持續性，須建立在國家資源能量的基礎上，因此動員體制必須考慮國家的資源存量，故有其運作上的限制。以二次世界大戰爲例，同盟國（中、美、英、蘇）的軍隊總數爲6,116萬人，勞動生產總人口爲4億2,080萬人，也就是6.88個勞動生產力支持一個軍事作戰人力；軸心國（德、日）的軍隊總數爲2,450萬人，勞動生產總人口爲5,062萬人，也就是2.07個勞動生產力支持一個軍事作戰人力。因此軸心國受限於資源的條件，最後終於面臨後方勞動力不足與國力枯竭，而拖垮整個軍事作戰[12]。

由於動員體制的主要目的，在培養、儲積國家應戰的潛力；因此人力動員體制的有效運用，便可發揮廣儲後備兵員的目的。透過人力動員體制的設計，往往可以達到以較小的代價，達到最大運作效能的目的。如日本的陸上自衛隊在1997年引進了即應（立即應召）預備

[11] 侯玉祥，「台澎防衛作戰人力動員能量之研究」，台北縣：國防管理學院資源管理研究所碩士論文，民國87年5月，頁1。
[12] 侯玉祥，「台澎防衛作戰人力動員能量之研究」，頁34-35。

自衛官的制度，建立了一個近似現役部隊功能的第一線預備部隊[13]。在日本陸上自衛隊中，即應預備自衛官與常備自衛官均爲第一線部隊成員，其訓練與快速反應性均較一般預備自衛隊員爲高。這些即應自衛隊員係由退職自衛官中考選志願者，每一任期三年；這些自衛官平時從事各種職業，每年須接受三十天期的個人訓練及部隊訓練，而這些訓練分爲數個梯次實施。

以往日本的陸上自衛隊，在師團下設四個普通科聯隊，所有的普通科聯隊均由常備自衛官構成，但平時均採不足額的編組方式；而改制後的師團，其中一個普通科聯隊由20%的常備自衛官及80%的即應自衛官構成。以即應自衛官爲主體之部隊，戰時主要負責守備作戰區的後方陣地及擔任前線部隊的預備隊。必要時亦可擔任維持治安及救災、救難的任務。這種即應預備自衛官的設計與運作方式，主要在確保部隊運作的效能，並兼顧軍隊因應各種事件的彈性；而這些即應自衛官只有在應召接受任務或接受訓練時，才支領津貼。

由於各國的動員體制不同[14]，必須配合國情與資源條件，動員體制才能有效運作。日本陸上的即應自衛官，提供我們一個不同的思考事例。事實上，當國防財務資源日漸縮減、軍隊的角色日趨多樣化後，如何以較低的成本需求，達到較高的戰備效能，無疑的將是高階管理者必須面臨的一大考驗。

---

[13] 有關即應預備自衛官的事例引述，請參見國防部史政編譯局譯印，**1998年日本防衛白皮書**，民國88年2月，頁118-120、250-251。

[14] 我國的動員制度，最早源起於國民政府依據民國28年訂頒的「國民精神總動員綱領」，於中央政府設立「國家總動員會議」，各級政府設置「總動員推行委員會」開始。民國31年曾頒佈「國家總動員法」，以推行國家總動員工作；之後爲阻止共黨叛亂，更於民國36年7月政府頒佈「厲行全國總動員令」。政府遷台後，於民國43年成立「國防計畫局」，統籌國防計畫與總動員事宜；民國56年成立「國家安全會議」，並將行政院轄下的「經濟動員計畫委員會」與「國防計畫局」合併爲「國家總動員委員會」，負責國家總動員事宜。民國61年7月，「國家安全會議」裁撤轄下的「戰地政務委員會」與「國家總動員委

七、武器裝備租購政策

也就是運用「所有權」與「使用權」分離的概念，建立更有彈性的財務運作模式。事實上，過去許多國防事務，我們都曾採用營業租賃的方式運作，如車輛租用、影印機租用等等；而在武器裝備的獲得上，更可運用融資租賃（financial lease）的手段，建立一種類似分期付款的財務運作機制。融資租賃與分年編列預算不同的是，分年編列預算是逐次購置，而融資租賃則是支付相近的代價，但一次取得全部的武器裝備，二者之間所能產生的軍事效益截然不同（詳細內容參見第十三章）。

這種以分期支付款項，但立即獲得全部武器裝備的購置方式，本質上是一種高財務槓桿的操作方式；從成本效益的觀點來看，具有非常大的軍事效益值。然由於多數的武器裝備購置，仍須遷就於操作的技術人力與後勤能量；如果人員訓練與後勤支援能夠掌控，融資租賃的武器裝備購置政策，無疑的將是一種非常有效的財務運作。

參、縱向財務思考分類

前述的各種政策與制度的調整措施，是從國防財務供給與軍事

員會」，由行政院授權國防部成立「總動員綜合作業室」的任務編組，負責國家總動員事務。民國73年10月，根據行政院頒佈的「台澎地區總動員協調會報實施規定」，總動員業務委由警備總部執行（民國81年警備總部裁撤，改稱軍管區兼海巡部；在海巡業務移交海巡署後，現由軍管區負責總動員業務的執行）。總動員協調會報本質上為一任務編組，戰時將轉為「動員協調中心」，以執行支援軍事作戰所須之動員協調與聯繫事項。前述資料請參見陳駿銘，「動員後管業務概況介紹」，**役政特刊**，第5期，民國84年，頁168-177。在民國89年通過的「國防法」第十四條中，將「軍隊動員整備及執行」視為軍隊指揮事項；並在「國防部組織法」修正條文第五條中，則將「後備事務的規劃與執行事項」，交由「後備事務司」負責。

需求的角度，來剖析國防體系可以採取的作法。爲便於理解這些措施的歸屬範疇，我們可以從時間長短及其相互關係，來探究軍事戰略與中、長程財務資源的相互影響關係（如圖4-3），進行另一種角度的思考與討論。

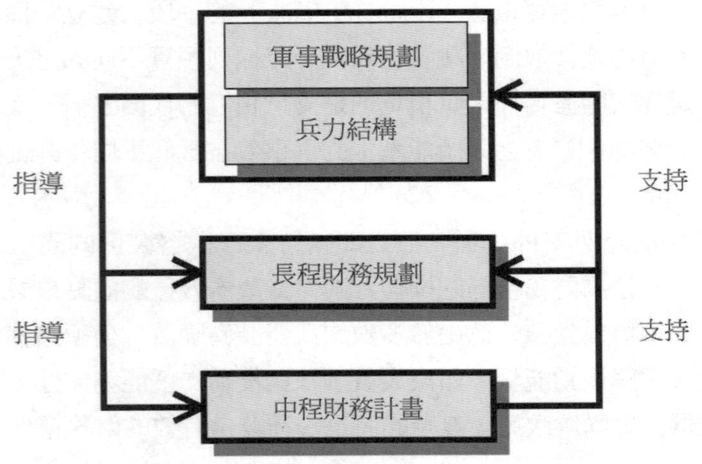

圖4-3　戰略規劃、財務規劃與中程財務計畫關係圖

由圖4-3顯示的關係不難發現，長程財務規劃的上游是戰略規劃與兵力結構，下游則是中程財務計畫，上、中、下游各自有指導與支持的關係。如果長程財務規劃與長程建軍需求之間出現差距，便只能透過影響戰略規劃及調整中程財務計畫，才能達到縮小供需差距的目的。

而從戰略規劃與兵力結構的角度來看，可以檢討的措施包括：「界定軍事的角色與任務」、「調整戰略」、「調整兵力結構」。其中「界定軍事的角色與任務」與軍隊的願景（vision）有關，是戰略規劃的重要前提。「調整戰略」則重在改變戰略的思考，如“Win-Hold-Win”強調一個半戰爭的概念，“Win-Win”強調兩個戰爭的概念，而2001年的「四年國防總檢」，則放棄兩個戰爭的思考，三種不同的戰略思考，所需的兵力結構並不相同[15]。至於「調整兵力結構」，則重在以改變兵力組成與作戰方式的思考；如「通盤檢討」中提出的兵力強化器（force enhancer）概念，目的就在以較小的兵力架構，透過兵力強化器的作用，以應付較大的威脅。而日本陸上自衛隊所採用的「即應預備自衛官」制度，也改變了部隊兵力的組成方式與功能屬性。

至於從中程財務計畫的角度來看，可以採取的措施包括：「建立計畫執行的優先排序」、「建立資源轉化的機制」、「轉型作業基金」、「民營化」、「制定武器裝備的租購政策」及「強化行政協調機制」等措施。

其中「建立計畫執行的優先順序」，係根據作戰部隊與後勤部隊的相對重要性，擬定計畫執行與刪減的判斷準則，以因應財務資源不足的困境；而「建立資源轉化的機制」則重在強化國防體系內部長、短期資源間的轉化。「轉型作業基金」係依據軍事機構的角色與功能界定，將內部次要的支援功能，逐次轉型為作業基金的型態；而「民營化」或「外包」等措施，亦須建立在軍事功能必要性的界定上。「制定武器裝備的租購政策」重在應用「所有權」與「使用權」的分離概念，讓國防財務的操作更靈活、更有彈性；而「強化行政協調機制」則透過國防軍事的角色與重要性，逐次建立體制內龐大的協商與談判籌碼，以爭取必要的財務資源。

---

[15]「兩場戰爭」是認為蘇聯解體和冷戰結束後，美國可能面臨同時在中東和朝鮮半島發生與美國有關的軍事衝突，故須建構足以同時打贏兩場戰爭的武裝部隊。然於1991年波灣戰爭及1999年的科索沃戰爭中，卻發現上述的武裝部隊，不僅維持費用偏高，在區域衝突中所能發揮的作用有限，又無法因應2000年以後的戰略環境與威脅。故於2001年9月30日的「四年國防總檢」便著手調整戰略思考；為求有效遏制敵對勢力，美國仍將保持在歐洲和亞太關鍵地區的軍事投入，並保持140萬現役部隊和130萬預備役部隊的規模。

附錄一

通盤檢討（Bottom-Up Review, BUR）

壹、背景描述

美國柯林頓總統於1993年春，任命亞斯平（Leslie Aspin）爲國防部長；亞斯平在1990年時爲眾議院軍事委員會主席，並主張美軍應積極的裁員[16]。亞斯平認爲基礎兵力的構想，從戰略到兵力計畫都是由上而下，充其量只是一個較小版本的冷戰兵力架構，手段與目的之間的關係並不明確。

亞斯平早期倡導的是“Win-Hold-Win”戰略，並提出兵力結構的四個方案（A、B、C、D方案）；而鮑威爾將軍則偏好“Win-Win”戰略[17]。最後亞斯平雖然採取了鮑威爾將軍的“Win-Win”戰略，但兵力計畫的規劃，卻仍朝向亞斯平所主張的C方案發展。在歷經七個月的檢討時間，美國國防部逐一發展重要假設、廣泛原則及一般目標，並據此擬定戰略、兵力結構及運用國防資源計畫的基礎。

---

[16] 亞斯平曾於1992年2月發表一份白皮書，建議四個規模相當小的兵力架構，作爲基礎兵力的替代方案，並鼓吹能同時遂行兩場相當於沙漠風暴部隊的C方案。C方案建議陸軍現役的十二個師裁減爲九個，另外再裁減陸軍現役人員21萬7,000人，據其估計可節省1993年預算需求600億美元，甚爲符合柯林頓總統的企圖。但國防部長錢尼及參謀首長聯席會議主席鮑威爾將軍則相當堅持，並強烈捍衛「基礎兵力」的兵力結構。

[17] “Win-Hold-Win”是將主力投注於一個區域衝突，並於另一個區域實施持久戰，待主力獲勝後，在轉移至另一個區域衝突，此即所謂的一個半的區域衝突；至於“Win-Win”則認爲投注於兩個區域衝突的兵力無主從之分，皆需獨立作戰並致勝，故其所須戰力較大，此即雙贏戰略。而當時在雙贏戰略的兵力結構設計，主要考量三個因素：一、可能出現多處區域衝突的危機感；二、在無同盟國支援的狀態下，美軍可能必須單獨戰鬥；以及三、不能使用核武。

貳、通盤檢討

1993年9月，亞斯平提出「通盤檢討」（Bottom-Up Review），規劃中結合了國家安全威脅與克服威脅所需之戰力，假設兩個可能出現的主要區域衝突（波斯灣戰爭及韓戰），作為美軍兵力規劃的基礎。而在後冷戰時代，「通盤檢討」亦明確指出美軍的四大任務，分別是：戰略嚇阻、前進佈署、危機反應及兵力重組[18]。在「通盤檢討」的規劃下，陸軍與海軍被犧牲了，空軍受到的影響較小，而陸戰隊則因結合反恐作戰的需要，而獲得成長。（參見表4-3）

在「通盤檢討」中有一個樂觀的假設，認為可從兵力強化器（force enhancers，如先置裝備與額外增加的海、空運等）達到增強戰

表4-3　兵力結構比較表

現役總員額	基礎兵力（BF）	C 方案	通盤檢討（BUR）
陸軍			
師	12	9	10
總員額	535,000	495,000	
海軍			
航空母艦	13	12	11+1 訓練用航空母艦
總員額	509,000	394,000	
空軍			
戰鬥機聯隊	15.75	10	13
總員額	429,000	390,000	
陸戰隊			
師	2 1/3	2	2
總員額	159,000	174,000	

[18] 參見Aspin, *The Bottom-Up Review: Force for A New Era*, Sep., 1993, p.17 。

力的目的。在採用兵力強化器的情形下，國防部的官員認爲，陸軍只要四至五個師，便足以應付兩個主要區域性戰爭中的任何一場戰爭。這也導致了國防計畫在以下三方面，進行了龐大的投資：[19]

一、新式空運機；

二、海運艦隊；

三、在可能發生大規模威脅區域，預置更多的重裝備及補給品。

參、問題與討論

「通盤檢討」除了觸及「兩個主要的區域性戰爭的目標是否恰當？」問題之外，還面臨了以下二方面的問題：

一、在“Win-Win”的戰略下，規劃的兵力結構是否足以達成戰略目標？

二、行政資源是否足以支應「通盤檢討」的兵力結構？

就第一個問題來看，根據資料顯示，此一兵力結構確實足以支持雙贏的戰略；但國會擔心的是，這個兵力結構是否會過於龐大？如國會預算局（CBO）認爲可再裁減兩個空軍戰術機聯隊、兩艘核子航空母艦、三個陸軍輕裝步兵師；因爲在「通盤檢討」的設計下，機動部隊幾乎仍可同時運送所需的兵力，到達突發事件的地區。在「通盤檢討」的設計下，在波斯灣地區，預計可在事件發生後的前三個月內，將雙方的兵力比達到2.6:1，而在韓國戰場，可在兩個月內將雙方的兵力比提昇至2.5:1。CBO認爲裁減前述的部隊可以在以後的數年間，節省約230億美元的支出。也有學者Dellums認爲，「通盤檢討」所設計的兵力結構在兩個戰場上，其兵力比其實約爲2.8:1及2.6:1。

---

[19] 參見三軍大學譯印，**1994年美國國防報告書**，民國83年6月。

而在第二個問題上，則顯得較不樂觀。根據「通盤檢討」的兵力規劃，維持140萬現役部隊，約須2,700億美元（參見表4-4）；但根據柯林頓政府過去六年（1993年至1998年）的預算授權額度不難發現（參見表4-5），1993年以後的國防預算大概就維持在2,500億左右，也就是處在經費不足的狀態下。事實上，在「通盤檢討」完成時，國防部其實就已經發現檢討的結果，將遠超出了FYDP總統核准的支出水準約130億美元之多[20]。事實上，未來的國防支出，還需要

表4-4　通盤檢討的兵力方案與財務需求

方案	兵力水準	預算（美元）	戰備狀態
通盤檢討（經費充裕之最佳方案）	140 萬現役部隊	2,700 億	高戰備狀態
通盤檢討（經費不足之最可能方案）	130-140 萬現役部隊	2,400-2,500 億	大部分爲空架子部隊
通盤檢討（經費短缺之最差方案）	120-140 萬現役部隊	2,000-2,250 億	全部爲空架子部隊

表4-5　1993-1998年度之國防預算（金額單位：十億美元）

	1993 年	1994 年	1995 年	1996 年	1997 年	1998 年
預算授權	274.3	263.7	262.8	253.8	248.4	254.2
實際支出	294.3	277.7	272.6	264.9	249.1	252.7

[20] 亞斯平曾要求國防科學委員會（Defense Science Board），對1994年至1999年未來的國防計畫進行檢討，之後並提出一份奧丁報告（The Odeen Report）。報告的結論是布希的五年國防計畫中，至少有120-150億美元的經費無從支應，但此一數字應屬低估；許多人認爲如果加上各種可能的支出，五年計畫預計約短缺1,000億美元。

面臨兩個嚴酷的挑戰，其一是人員的調薪案，其二是通貨膨脹率也遠較預估爲高。

戰略考量是兵力架構的主要依據，也是塑造預算的依據；但當國防計畫人員企圖在威脅與能力之間取得平衡時，卻經常要應付政治與預算的限制。前國防部長錢尼亦曾提出，在現實的社會裡，經常是預算帶動戰略，而不是戰略帶動預算。

所以，國防部爲節約財務資源，在「通盤檢討」中便一併對軍事基礎設施與後勤加以檢討，並採取併編（消除不必要的設施與能量）、私有化（設施交由民間經營）、及改善作業（運用民間的管理程序、組織結構與技術）等三種方式。而爲貫徹兵力管理與縮編，國防部更成立一個國防機構檢討小組，以檢討各國防機構的存廢問題。

附錄二

1997年四年國防總檢
（Quadrennial Defense Review 1997, QDR）

壹、背景描述

根據1996年美國國會通過的「軍隊兵力結構審查法案」（Military Forces Structure Review Act），要求新政府上台後，需向國會提交國防總檢，並由國防部統籌規劃1997-2015年的國防需求。故國防部於1996年11月開始進行總檢。在1996年12月12日的記者會中，美國國防部長裴利與副部長說明美國為何需要進行國防檢討[21]，之後並於1997年5月15日向國會提出國防總檢結果的報告書。

「四年國防總檢」是採用「由下而上」及「由上而下」的全面檢討方法；所謂「由下而上」是指國防總檢將蒐集全國防部的專業知識與意見，也同時接受國防部以外的意見與支持。「由上而下」是指國防部長與參謀首長聯席會議主席將指導檢討的過程，以確保所有的決策方案符合國防戰略的需求。

國防總檢分為三個層次，第一個層次由七個審查小組構成，分別是戰略、兵力結構、戰備、現代化、基礎設施、人力資源及資訊作戰，第二個層次是整合群（integration group），負責綜合整理各審查小組的檢討結果，並配合戰略而擬出整討選擇方案。第三個層次是由國防部副部長及參謀聯席會議主席共同主持的首長指導群（Senior

[21] 冷戰結束後，美國國防部曾進行四次的全面檢討，分別是1991年的「基礎兵力評估」（Base Force Review）、1993年的「通盤檢討」（Bottom-Up Review, BUR）、1995年的「武裝部隊角色與任務」（Commission on Role and Missions of Armed Forces, CORM）及1997年的「四年國防總檢」（QDR）。

Steering Group），監督整個過程，並向國防部長提出建言。

1997年的「四年國防總檢」乃是依循威脅、策略規劃、策略執行及資源的脈絡進行。總檢中假定美軍必須具備足以同時因應，在六星期內相繼發生的，兩起重大區域衝突的能力。但民間學者認爲北韓的重要性已逐漸減低，已不足以構成一個重大區域衝突的條件；故在記者會時裴利亦暗示有可能重新檢討「通盤檢討」中所採取的兩個區域衝突、雙贏（"Win-Win"）的戰略[22]。基本上，「四年國防總檢」仍遵循國防部長亞斯平的「通盤檢討」模式，檢討其對美軍各軍種之影響。

貳、「四年國防總檢」的三項概念

「四年國防總檢」有三個重要的創舉：[23]

一、採取「塑造—回應—準備」的模式，認爲美國必須具備投入兩場同時爆發的主要區域戰爭，並贏取勝利。國防部爲求「塑造」[24]國際安全環境，亦須擁有回應各種小規模突發事件與不對稱的威脅，及維持海外駐軍的必要性。「四年國防總檢」中強調的是爲未來預作準備，使部隊朝向「聯戰願景2010年」轉型；且國防部亦須擷取商業改革的優點，重新建構美軍的基礎設施，簡化支援體系，將焦點投

[22] 空軍參謀長與陸軍參謀長對雙贏戰略的態度並不相同，其中支持修正兩區域雙贏戰略的爲空軍參謀長傅格曼上將，提出一個半區域衝突的戰略（一個主要區域及一個次要區域）；而陸軍參謀長雷默上將則認爲應維持原有的兩區域雙贏的戰略，認爲西南亞的伊拉克及東北亞的北韓爲美國最憂心的兩個區域。

[23] 參見國防部史政編譯局譯印，**美國四年期國防總檢**，民國86年。

[24] 「塑造」的觀念其實是預防性國防的延伸，在1996年國防報告中曾提出，美國處置後冷戰危機的作法有三：預防（預防威脅出現）、嚇阻（嚇阻已經出現

注在未來，而不是現在。

二、美軍未來的部隊角色將有所不同，國防部推展的計畫在開發資訊科技的能力，使作戰方式產生變革，而新的作戰構想與組織模式，將使得美國的軍種聯合作戰，產生更具水準的作戰效能，並擁有主導戰場的決定性優勢地位。

三、結合戰略規劃、兵力結構與財務規劃，強調提昇計畫的穩定性、解決軍種預算不足的問題，以符合現代化的目標。以往均由於忽略財務狀況，因而導致戰略規劃與國防計畫根本無法執行，甚至出現現代化經費被挪用到其它的用途，或是戰備經費被挪用到後勤部門等等的問題，影響建軍備戰。

「四年國防總檢」中也提出了全盤概念（conceptual umbrella），以供各軍種與國防部其他單位擬定長程計畫之用。但部分軍事觀察家認爲「四年國防總檢」基本弱點，在於它是一種逆向操作式的檢討，也就是先考慮資源（也就是經費額度），然後在此額度內發展戰略，而不是檢討國家的防衛需求。

的威脅）及擊敗（動用軍事力量擊敗威脅）。「預防」現爲國防的第一防線，過去美國因無法有效預防衝突的發生，故一直致力於第二道的嚇阻防線，而從過去兩強對抗的歷史觀察，過去的四十年間，嚇阻確實也產生了相當的功效。嚇阻」及「戰力」現爲美國後冷戰時期的戰略重心，但卻非建構國家安全環境及處置威脅的唯一方法；而嚇阻武力係由傳統武力與核子武力共同構成。「擊敗」威脅的最高指導原則，就是美國參戰、且以最少傷亡、迅速贏得決定性的勝利。而此一最低傷亡的觀點，是美國在越戰之後就逐漸形成的國內共識。

參、「塑造—回應—準備」

一、塑造

美國在「塑造」國際環境上，是與外交密切配合，主要從事以下的活動：

（一）促進區域安定：積極建構雙邊及多邊的合作關係，促進軍事的透明化及互信。

（二）預防及降低衝突與威脅：主要是採用海外駐軍其與他國簽署合約，以降低核生化武力、禁止核子擴散、預防恐怖主義，亦包括阻止毒品進入美國等。

（三）嚇阻侵略與威脅：採用傳統武力的海外駐軍、強勢的戰略性核武部隊。

二、回應

「回應」各種危機的處理方式：

（一）嚇阻

即將駐軍調往危機發生的地區。

（二）小規模應變作戰（smaller-scale contingency operations）

根據情報顯示未來十五至二十年內，對小規模的應變作戰仍有其高度需求。這些作戰包括：兵力展示、軍事干預、有限打擊、非戰鬥人員撤離作業、禁航區之強制實施、和平推動、海上制裁、反恐怖主義、和平維持及人道救援等。一旦發生區域性戰爭，美軍必須立即撤出小規模之應變作戰，重新整編部隊並在時限內完成佈署；故每一支美軍部隊都必須具備兵力轉換的能力，在「平時作業」與「戰鬥」兩個角色之間轉換。

美國政府過去曾多次派兵投入小規模的戰爭，如1958年黎巴嫩、1965年多明尼加共和國、1983年格瑞納達、1983-1984年黎巴嫩、1986年利比亞、1987-1989年兩伊戰爭及1989年巴拿馬。但許多的因素顯示，美國不願意捲入小規模的戰爭；這些因素包括：圍堵時代已告結束、美國民眾要求政府採取孤立主義的呼聲日高、美國國會與總統之間的關係逐漸調整，以及美國人對他國人民傷亡或美國軍人傷亡漸趨敏感。而1984年自黎巴嫩撤軍及1994年自索馬利亞撤軍的事例，都反映出戰爭不受當地民眾支持，導致美軍傷亡，而引發美國人民的反對。

（三）主要戰區作戰（Major Theater War, MTW）

當危機擴大爲區域戰爭，美國就必須打贏此一戰爭。爲贏得主要戰區戰爭，美軍必須具備三種能力：

第一、在敵軍尚未有斬獲之前，迅速打擊其在兩個戰場幾乎同時展開的侵略行動。

第二、必須有能力對付使用核生化武器（生化武器，CBW）、資訊戰、恐怖主義或任何不對稱手段對付美國的敵人。

第三、美軍必須能夠從全球參與態勢，轉移兵力到從事主要戰區作戰；也就是從承平時期海外廣泛參與、應付多起小規模應變戰爭，轉移到主要戰區的作戰能力。

因此美軍將建立一支通用軍隊，以主宰戰爭的一切領域，包括人道介入、各種和平作業、種族戰爭與內戰、戰區傳統戰爭、乃至於到多戰區的戰爭。

（四）區域強權（Regional Great Power）

在2010-2015年間是否會出現區域強權，美國並無法確定。

在1997年美國的「國家軍事戰略」中指出，美國必須在兩個不同的戰區，在敵人尚未獲得初期戰果前，將其迅速擊潰；如果無法迅速阻止敵人入侵，後續的軍事驅離行動將更爲困難。Blank（1998）認爲採取這回應的方式，是因其受到三個重要因素的影響：第一、美國拒絕打長期的戰爭；第二、遂行長期戰爭無法獲得國內民眾支持，故應儘速求勝；第三、盟國組成的聯軍有其脆弱性。

三、準備

國防部必須檢討兵力結構與財務資源的結合，爲未來的不確定做「準備」，則包括四個部分：

（一）追求現代化，更換老舊系統加入新科技。

（二）採用軍事改革（RMA）以改善美國迎接未來挑戰之軍事能力：RMA的重點建立在資訊優勢（information superiority），重視C^4ISR的發展及強化聯合任務所需的管制能力。

（三）運用企業改革（RBA），徹底改造國防部軍事基礎設施及支援行動之業務。作法包括：

1.減少軍事基礎設施之費用並提高效率；
2.重新建立有利的採購流程；
3.委商或由私人承包各項支援性業務；
4.利用商用技術、軍民兩用科技及開放系統；
5.減少不必要的標準及規格；
6.利用整合性流程及產品研發；
7.增加與友邦的合作性研發計畫。

（四）做好預防以克服機率微小，但可能是極爲嚴重的威脅：主要是透過科技研發（自主或合作研發）或是與盟國合作，以預防危機（如國家飛彈防禦計畫，NMD）。

肆、途徑與方案

整體而言，1997年「四年國防總檢」中提出兵力思考的三種不同途徑，各自符合三種不同的狀態：

Path 1：重視近期的需要：認爲未來的威脅尙遠，美軍也有足夠的時間來因應；故強調應當重視如何解決當前的危機。因此兵力結構應維持現狀。故2003年前仍維持140萬現役部隊、90萬後備單位人員及70萬文職人員；軍事投資將小幅提昇增至850億美元，其中500億將作爲新品採購，各項國防計畫無任何更動。

Path 2：重視未來的威脅：認爲應將焦點放在未來可能出現的、更嚴重的威脅，包括可能崛起的區域強權；故應裁減現有的兵力，投入更爲豐碩的資源以整建未來的兵力。採用較小型、更靈活的部隊來主導戰場戰略的需求，故需裁減10至12萬的現役軍人、11至11.5萬的備役部隊及9至10萬的文職人員；投資經費將增加到1,000億美元，其中650億美元將作爲軍備採購。

Path 3：在現在與未來之間取得平衡，認爲美軍一方面應保留足夠的兵力結構，以鞏固美國全球領導的地位，與當前各軍事層面的需求；另一方面也應採用軍事改革中所提出的聚焦式現代化計畫（Focused modernization plan），對未來的兵力進行投資，以正確的速度引進新式的武器系統與科技，發展資訊系統、打擊系統、機動部隊及飛彈防禦系統等。因此資源必須從新分配。

所謂「平衡」的國防計畫，是在許多競爭中與多個有價值的國防需求中尋找到一個平衡點。這些平衡包括軍種之間的平衡、目前需求與未來投資之間、常備役與預備役部隊之間、及各種能夠有效增強戰力的事務間取得平衡。在「四年國防總檢」的規劃下，「塑造—回應—準備」（Shape-Respond-Prepare）下的美軍各有三種方案，故可形成3×3的矩陣，也就是九個方案，而各個方案下的兵力結構並不相同。

伍、財務衝擊與影響

一、經費裁減

「四年國防總檢」肇始於1996年12月，完成於1997年4月，其間經歷五個階段。在「四年國防總檢」的規劃下美國預計要裁軍36%，美國本土的設施亦將裁減21%。「四年國防總檢」的目標在開啓企業革命，以平衡經常被論及新科技運用於未來戰場的軍事革命；其重點在將部分軍中產能民營化，把軍中的勤務外包給民間合約商，及強調以創新的方法來執行目前的工作。故減少經常性支出及關閉更多的軍事基地，已經是箭在弦上，必須賡續進行。

爲結合「塑造」、「回應」及「準備」的能力，國防部將大幅裁減後勤支援的武力（tail），及適度裁減戰鬥部隊的武力（teeth）。預計裁減6萬名現役軍人、5.5萬人的備役部隊及8萬人文職人員。未來的投資預算約爲900-950億美元，其中約600億美元可用於軍備採購。

二、軍種影響

國防總檢對美軍各軍種之影響有二，分別是：

（一）出現多層次戰備（tiered readiness）的構想：降低部分部隊的戰備程度，以節約國防預算。於危機發生時可立即馳赴現場的部隊，平常可處於低度戰備狀態，受命派遣後，才提昇其戰備程度。其目的在減少各種訓練、演習的經費，並樽節備件之儲藏與兵員配備。

（二）各軍種裁減規模及現員：民營化成爲美軍內部的主流觀點。

陸、「四年國防總檢」後續發展——2001年國防總檢

2001年的「四年國防總檢」不僅明確的提出美國的三大國家利益：確保美國的安全以及行動自由、信守國際承諾、以及有助經濟福祉；也確認美國國家利益最大的威脅是不對稱威脅型態——包括核子作戰、化學、生物、資訊、另類作戰構想與恐怖活動。

由於戰爭形式與威脅的多元化，使得建軍的基礎必須由長久以來的「威脅導向」（明確敵對的國家關係）調整為「能力導向」（Capability Based）。為確保美國在歐洲和亞太關鍵地區的軍事投入，有效遏制敵對勢力，故美國必須保持140萬現役部隊和130萬預備役部隊的規模。

國防部根據其所提出的「四年國防總檢」和「核武態勢評估」（Nuclear Posture Review, NPR）報告，展開一系列戰略調整與軍事改革計畫；包括建立「國家飛彈防禦計畫」（NMD）、退出反導彈條約（Anti-Ballistic Missile Treaty, ABM）、建立多層次嚇阻（layered deterrence）、調整同時進行兩場區域戰爭的戰略、加強快速反應部隊、減少海外基地的駐軍以及強化遠距離打擊能力等措施。在九一一事件爆發後，反恐與本土安全成為美國政府國家安全的首要目標；而美國建構的國際反恐行動，必定會藉由軍事行動完成，因此對於不確定的敵人，極可能透過先制打擊以防患未然，這對國際安全情勢將會產生較大的衝擊。

2001年「四年國防總檢」中將東北亞、以及東亞沿海等地區，視為不容他國進行「敵對性支配」的重要地區；並將東亞沿海地區視為「特別具有挑戰性的區域」。而面對1990年代以後，中共軍事力量的崛起，美國為確保其對亞洲國家的軍事承諾，及其在亞太地區的國家安全利益，故採取多方面的措施。包括一方面要確保亞洲的力量不致於過度向中共傾斜；二方面積極尋求與中共建立關係，掌握解放軍的發展動態；三方面則同時警告俄羅斯、歐洲各國、以色列等國，限制其對中共的軍售。

附錄三

聯戰願景2010年（Joint Vision 2010）

「聯戰願景2010年」（Joint Vision 2010），是參謀聯席會議主席爲未來軍事行動所研擬的計畫，也是美國掌握科技取得軍事優勢地位的指導方針。「聯戰願景2010年」強調四種新的作戰觀念，以取得戰場全般的主導地位，這四種觀念爲：

一、優勢的機動力（dominant maneuver）：瞭解戰場情勢、擁有先進的機動載台及靈活的組織，能夠縱橫戰場，直接攻擊敵人的弱點。

二、精準的接戰（precision engagement）：在正確的時間、地點，對任何目標發揮令人滿意的攻擊效果；此一能力必須建立在即時的目標資訊、迅捷的指揮與管制能力，及接戰的彈性能力，才能以較低的損害，摧毀敵軍作戰系統的關鍵環節。

三、全方位的防護（full-dimensional protection）：對人員及設備提供多重防護，使得美軍在佈署、機動及交戰期間，能夠保有行動的自由。如美國佈署的多層域的戰區防禦飛彈，小範圍防衛（低層由PAC-3廣域愛國者防禦飛彈及海軍的區域防禦飛彈提供），到民眾及較大規模部隊集結之大區域防衛（上層以神盾爲基礎的海軍戰區廣域系統（Aegis-based Navy Theater-Wide System），及陸軍的戰區高高層區域防衛系統（Theater High Altitude Area Defense, THAAD）。而空軍的「空用雷射」（airborne laser）則可透過增層的攔截能力，大幅改善分層防衛飛彈的能力。

四、聚焦後勤（focused logistics）：由資訊科技、後勤與運輸科技，使得美軍有能力在適當的時機，將所需的物資運送至正確的地點。

「聯戰願景2010年」規劃架構下的關鍵成功因素，是必須發展一套能夠整合各武器系統的系統，增強美軍在戰場的透析度。美國國防部目前正在推動2020年及2020年以後的軍事研究；如陸軍進行了優勢機動兵棋推演及研習（army's dominant maneuver wargames and workshops）探討未來三十年有關的作戰構想與軍事改革之後的部隊特色。

附錄四

時間數列移轉函數預測[25]

時間數列分析方法理論自1920年Undy Yule和Slutsky學者建立時間數列（ARIMA）模型以來，直到1970年初始由Box與Jenkins兩位學者大力研究及推廣，而完成自我迴歸移動平均整合模式（Autoregressive Integrated-Moving Average Models，簡稱ARIMA模式）建構法。

近年來時間數列模型，已廣泛的運用於經濟、教育、工程及自然等各種領域。如張鈿富、吳柏林（民81）運用時間數列模式對中央教育經費進行研究；陳敦基（民83）對台灣地區城際客運需求進行研究；徐守德、李鎭旗（民83）對台電供應量進行研究；吳柏林、廖敏治（民80）對台灣地區人口成長進行研究；張培臣（民84）針對氣象進行研究。研究結果顯示，時間數列模型的短期預測結果與準確度皆相當令人滿意，且在模式的運用上有其便利性與準確性，可作爲管理上的控制機制。

時間數列模型的建構程序爲一種試誤遞迴的過程（Try and Error Iterative Process），其建構步驟依次爲：鑑定（Identification）、估計（Estimation）、診斷及檢定（Diagnostic and Checking）、預測（Forecasting）。在理論依據上，當二個時間數列X與Y之間，彼此具有高度相關時，則可利用動態模式（Dynamic Model）來解釋操縱變數（Manipulate Variable）Y之間的關係。此一動態模型說明當自變數X產生變化時，其影響應變數程度爲何，此即說明X與Y之間的移轉

[25]時間數列方法說明，主要引自潘俊興，「我國國防預算估測可行性探討——時間數列模型之應用」，台北縣：國防管理學院資源管理研究所碩士論文，民國87年5月。

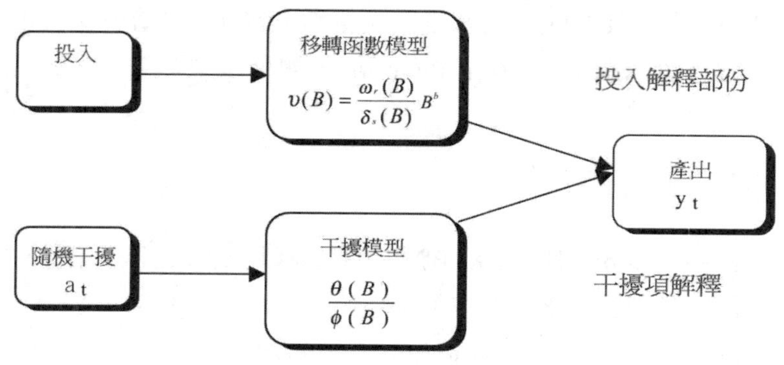

圖4-4　移轉函數模型圖

函數關係。移轉關係中，將X視爲投入變數（Input Variable），而Y視爲產出變數（Output Variable），兩者之間的關係顯示如圖4-4所示：

一、 模式建構

本研究對移轉函數模式之建構，先以Statistica統計軟體進行單變量適合模式之選取；之後再應用SAS之移轉函數功能，撰寫程式執行投入變數與產出變數之移轉，最後建立移轉函數之預測模式。其模式建構步驟及細部流程圖別說明如下：

（一）移轉函數模式建構步驟

1.將變數數列平穩化（Sationary）；

2.投入數列Xt預白化（Prewhitened），將其殘差項以下式轉換；

即：

$$\alpha(t)=\frac{\phi_x(B)}{\theta_x(B)}B^bX_t$$

3.過濾化（Filtered）產出數列Yt，以預白化後Xt之相同移轉形式，將Yt數列進行轉換；

即：

$$\beta(t)=\frac{\phi_x(B)}{\theta_x(B)}B^bY_t$$

4.由α（t）及β（t） 計算衝反應權數ν（B），並繪製交叉相關函數（Cross-Correlation Function，簡稱CCF）圖，判斷最適的（s,r,b）值。

即：

$$\nu(B) = \frac{\omega_r(B)}{\delta_s(B)} B^b$$

其中，s,r,b分別表示$X_t B^b$與Y_t間的移轉函數之分子階數、分母階數及影響之落後期數；

即：$\omega_r(B) = \omega_0 - \omega_1 B - \ldots - \omega_r B^r$

$\delta_s(B) = 1 - \delta_1 B - \ldots - \delta_s B^s$

5.依據（s,r,b）估計之移轉函數$\frac{\omega_r(B)}{\delta_s(B)} B^b$，以得出干擾項

$\eta_t = y_t - \nu(B) X_t$（原投入數列與估計數列之殘差），再運用單變量模式建構法，判斷干擾項之（p,d,q）值，決定其時間數列ARIMA模式；

即：

$$\eta(t) = C + \frac{\theta(B)}{\phi(B)} \alpha_t$$

當數列有季節性存在時，

$$\eta(t) = C + \frac{\theta(B)\,\Theta(B)}{\phi(B)\,\Phi(B)} \alpha_t$$

6.將所得出投入模式與干擾模式帶入Yt中，進行鑑定與估計以決定最適模型，並進行預測。

（二）移轉函數實證細部流程

圖4-5顯示移轉函數模式建構之細部流程。虛線以上係以Statistica軟體快速建構為單變量時間數列模式，以利SAS程式執行移轉；虛線以下為SAS程式撰寫執行之過程。在得出之移轉函數之干擾項後，再以單變量模式鑑定方法，確定其模式型態及最後之移轉函數

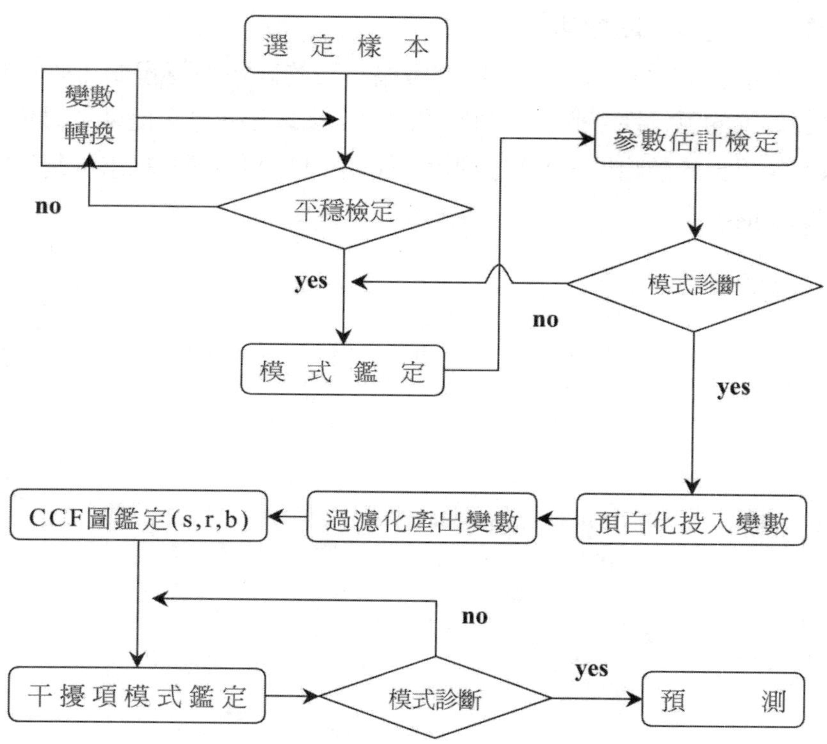

圖4-5　移轉函數模式建構流程圖

模式，繼而進行預測。

二、 小結

在劉立倫、潘俊興（民87、民92）的研究中，顯示單變量時間數列與移轉函數模式，雖然都能達到相當不錯的預測效果。但在單變量模式中，國防預算的預測主要受到近期資料的影響比較大；而在移轉函數模式下，國防預算的預測還受到另一個變數（GDP）的影響。因此，面對國防預算日漸縮減的趨勢，單變量時間數列預測的結果，通常比較悲觀；而同時兼採國防預算與GDP的移轉函數模式，長期預測的結果通常比較樂觀。

相關的研究結果顯示，結合戰略觀點的國防預算預測，確具實務運作上的可行性。此一預測模式的策略涵義，在於它提供了國防體系三年以上的前瞻性，使得我們可以採用更長的期間觀點來規劃長期的國防財力資源。

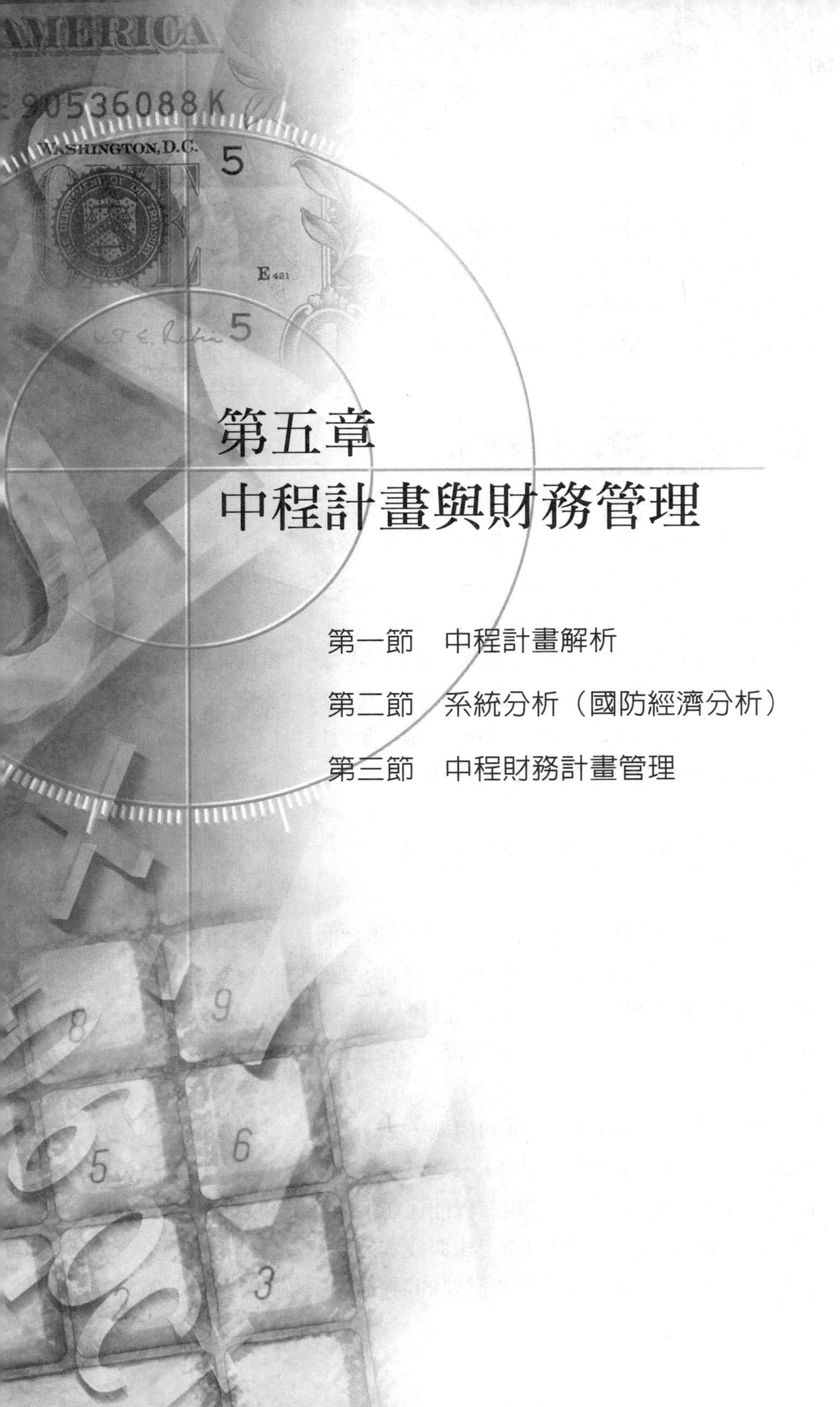

第五章
中程計畫與財務管理

第一節　中程計畫解析

第二節　系統分析（國防經濟分析）

第三節　中程財務計畫管理

部分中程計畫爲整個PPB制度運作的樞紐，而中程財務計畫主要在支持中程計畫的遂行；因此在討論中程財務計畫時，有必要瞭解中程計畫的運作精神與機制。本章將分別就中程計畫、系統分析及中程財務計畫管理等重要課題進行探討。

第一節　中程計畫解析

中程計畫的內容包括三個重要部分，分別是兵力結構（force structure）計畫、人力（manpower）計畫及財務計畫（或爲成本需求，cost）；其中兵力結構計畫至少涵蓋五年的期程（在我國係涵蓋五年，在美軍則涵蓋八年），而人力計畫與財務計畫則涵蓋五年的期程。兵力結構、人力與財務三者必須結合在中程計畫之下，故其爲一整合性的計畫，亦爲達成長程戰略規劃的階段性目標。以下分別說明中程計畫的財務需求概念與實質內涵。

壹、維持性vs.競爭性財務需求

組織財務資源的運用大致分爲兩個重要範疇，其一是維持現有的功能機制，其二是追求組織長遠的發展，國防財務資源的運用也不例外。PPB制度的貫徹，是以中程計畫爲樞紐；而中程計畫的財務分析與成本效益則建立在「增量分析」（incremental analysis）的基礎上。

換句話說，採取PPB制度的組織，必須區分兩種不同性質的財務需求，一是維持性的財務需求，一是競爭性的財務需求。所謂維持性的財務需求，是指維持組織現有機能運作下所需要的財務資源；而競爭性的財務需求則是根據組織目標與成本效益，引導組織機構進行內部競爭，追求組織長遠發展所需要的財務資源。過去國防部區分的

「人員維持經費」、「作業維持經費」都屬於維持性需求的範疇；而「軍事投資經費」則屬於競爭性需求的範疇。雖然競爭性財務需求的提出，是採用「增量分析」的基礎；然於計畫核准實施以後，後續年度的財務需求就必須納入維持性財務資源需求的範疇。

組織的資源有限，爲有效分配資源，必須建構一套資源分配的機制。在企業經營的領域中，投資計畫必須根據計畫投入的資源與產生的效益，進行成本效益的評估。常見的評估方法包括收回期限法（payback period）、會計報酬率法（accounting rate of return）、淨現值法（net present value, NPV）、內部報酬率法（internal rate of return, IRR）、現值指數法（profitability index）等各種方法；這些方法的計算與優劣比較，在成本會計、管理會計及財務管理的書籍中，已有相當詳細的討論，此處不加贅述[1]。此處要強調的是，投資計畫的提出，雖然都在提昇企業的市場競爭力，但企業仍須根據適當的決策準繩，進行投資計畫的篩選，以提昇企業整體的市場競爭力。

首先就企業投資的財務決策進行說明，從市場經濟的觀點來看，企業財務資源取得必須支付代價；風險程度不同的資金，市場要求的報酬率亦不相同。而企業在最適資本結構的前提下，也會根據資金成本高低，逐次舉借不同風險的資金，這些不同資金來源所付出的成本，構成了企業加權平均的資金成本（weighted average cost of capital, WACC）。當一筆低成本的資金耗盡，必須使用另一筆較高成本的資金時，便形成了經濟學上所說的「邊際」（marginal）概念；

---

[1] 五種方法中，理論上以淨現值法（NPV）爲較佳（現值指數法與淨現值法屬同一類的方法），內部報酬率法（IRR）次之（因其可能出現多重解及互斥計畫現值交叉crossover的現象），收回期限法及會計報酬率法較差；但由於內部報酬率法的比率觀念較淨現值法的現值數額觀念爲佳，故實務上以內部報酬率法應用較爲廣泛。參見Ross, Westerfield & Jordan, *Fundamentals of Corporate Finance*, 6th eds., McGraw-Hill Companies, Chap.9, 2003, pp.273-300。

而此一加權平均的邊際資金成本（weighted marginal cost of capital ,WMCC），便可有效的描述企業各種財務資源的取得途徑及其對應的加權平均資金成本。由於此一加權平均邊際資金成本是市場經濟下的產物，已經反映了市場的風險態度，故可作爲投資計畫篩選的決策依據（即折現率）。

從企業整體資源的分配上來看，決策者可根據各投資計畫的內部報酬率依序排列，建構階梯狀的投資機會表（investment opportunity schedule, IOS），配合不同成本的資金組成與額度，建構階梯狀的加權平均的邊際資金成本率（如圖5-1），並運用投資機會表與加權平均邊際資金成本進行投資計畫的篩選。

在圖5-1中，顯示投資計畫會按照內部報酬率的高低降序排列，A計畫、B計畫、C計畫、D計畫、E計畫與F計畫的排列方式，不僅可顯示出各計畫的內部報酬率高低，它們也同時顯示相同折現率下，各計畫的淨現值高低程度。這些不同、間斷性的投資計畫，加上計畫之間的虛線，便可連結成爲投資機會表；同樣的，不同來源的資金組合計算得出的加權平均邊際資金成本，亦可透過虛線連結而成。雖然這

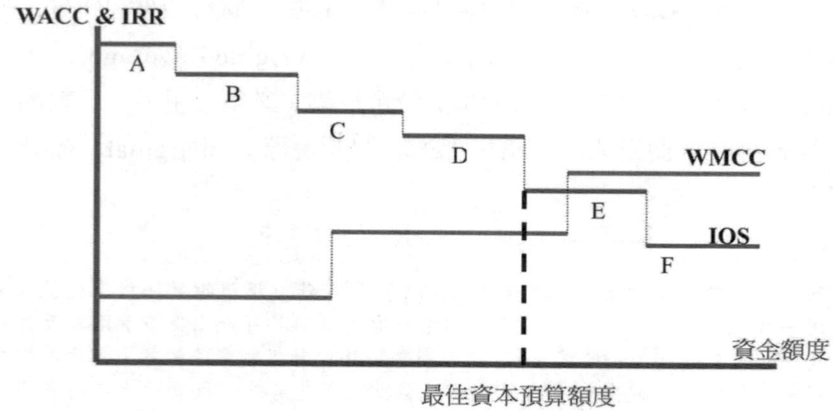

圖5-1　投資機會表與加權平均邊際資金成本

些計畫與資金都是不連續的，但爲透過虛線連結，決策者可透過兩條「近似」連續的階梯狀圖形，進行投資計畫的選擇。

在圖5-1中，A、B、C、D四個計畫的內部報酬率都高於加權平均的邊際資金成本率，故計畫效益顯然高於計畫投入成本，這些投資計畫的NPV爲正值，故可接受。至於E、F兩個計畫則因邊際的資金成本率高於計畫的內部報酬率（NPV=0的報酬率），投資計畫的NPV爲負，不符投資計畫的成本效益，故應拒絕。根據「接受」的投資計畫所需要的投資金額加總，即可得出企業最佳的資本預算總額。

但這種量化分析與經濟性的成本效益分析工具，如何應用在公務機關及國防部呢？國防預算不僅無資金成本的概念，亦無貨幣性的產出效益指標；故在應用時，我們必須導入成本效益觀念，在成本部分可採用投入成本或機會成本，至於產出則可採用武器效益（殺傷力、防禦力等）或部隊效益（火力、戰力等）。所謂機會成本是以「資源排擠下必須放棄的計畫效益」作爲衡量的指標，此即計畫成本的概念；而武器系統／作戰部隊的產出，就是採取中程計畫所得到的計畫效益。只要中程計畫的「機會成本」與「產出效益」，採用相同的衡量基礎上；之後，再根據財務資源取得的難度，設定要求的成本效益值，我們就可以應用圖5-1的概念，讓軍事決策者清楚的瞭解中程計畫的成本效益狀態。

貳、中程計畫分類

美軍的國防計畫（FYDP），目前分爲十一個主要計畫，分別是❷：

---

❷Armed Forces Staff College編著，錢武南等人譯，**1991年聯合參謀軍官手冊**，台北：國防部，民國83年5月，頁114。

第一計畫：戰略部隊（Strategic forces）：包括戰略攻勢、戰略守勢及民防等各主要司令部及所屬部隊（如戰略轟炸機中隊、攜帶飛彈之核子潛艇等）。

第二計畫：通用部隊（General Purpose Forces）：即第一計畫以外，已經確定兵員的各作戰及支援單位；包括各司令部及所屬部隊（如裝甲師、步兵師、驅逐艦、戰鬥機中隊等），及建制內的後勤與補給單位。

第三計畫：指、管、通及太空部隊（Command, Control, Communication, & Space）：係指與國家各項主要資源，及直接針對國防之情報與安全，能夠獨立運作的各戰鬥部隊，如氣象勤務、情報機構、科技情報、衛星通信、太空部隊（含搜救）等。

第四計畫：空運與海運（Airlift & Sealift）：由空運、海運及其它運輸機構組成；如空運中隊、運油艦、港站作業等。

第五計畫：國民兵與後備部隊（Guard and Reserve Forces）：為使國民兵及後備部隊能於服現役時，與其他部隊產生連結，故設置此一計畫；如空軍國民兵攔截機中隊、陸軍後備師、海軍後備艦等。

第六計畫：研究發展（Research & Development）：如核子武器研究、飛彈發展、小型武器計畫等。

第七計畫：集中補給與保修（Central Supply and Maintenance）：包括不屬於其他各計畫要素建制內之補給與維護，如補給站庫、存量管制中心、廠庫修護作業等。

第八計畫：訓練、醫療及其他（Training & Medical Services）：如三軍官校、新兵訓練、醫院、新兵徵募等。

第九計畫：行政管理（Administration & Associated Activities）：如國防部本部、參謀首長聯席會議、陸、海、空軍各部、主要的行政司令部、工程支援機構、及其它計畫未包括的基層指揮部與行政機構等。

第十計畫：援外事務（Support of Other Nations）：包括軍事援助、軍事顧問團及軍售事項；如援助越南、寮國、泰國、各種軍援計畫、援助北約組織，及軍售計畫等等。

第十一計畫：特種作戰（Special Operations Forces）[3]。

這十一個計畫中，第一計畫至第六計畫、第十計畫與第十一計畫爲獨立計畫，而第七計畫至第九計畫，則爲非獨立的附屬計畫[4]。這十一個計畫本質上爲彙整性的計畫，也就是彙整三軍的主要計畫，而形成國防部的計畫。如早期在十個主要計畫的架構下時，陸、海、空軍下亦各自設置十個完全相同的主要計畫[5]；國防部彙整三軍的計畫，便形成國防部的十個主要計畫。因此美國國防部在管理這十一個主要計畫時，必須借助「軍種單位」的分類帳戶，才能有效的管理中程計畫。而從中程計畫中作戰部隊、後勤部隊及行政管理的相互關係與支援屬性，也清楚的界定了軍事成本計算與分攤的邏輯關係，此一部分留待第九章軍事成本的部分再談。

同樣的，國軍的施政計畫結構亦爲計畫預算制度之核心，也是按照兵力結構與業務系統，區分爲十個主要計畫：

---

[3] 第十一個計畫「特種作戰部隊」是在1986年「國防重組法案」法案（亦稱高華德—尼可拉斯法案）通過後而加入的新計畫；原美國國防部的兵力計畫只有十個。

[4] 「獨立計畫」是可依威脅程度與兵力需要進行預測的計畫，而「非獨立性計畫」則隨著獨立計畫的性質而變動；通常獨立計畫與兵力結構有關，而非獨立性計畫則與支援有關。此一概念亦與物料需求規劃（MRPI）中所採用的「獨立需求」與「相依需求」界定的從屬概念相當接近。

[5] 參見林得樑，**企劃預算與資源管理**，頁131、167、210。

第一計畫：作戰部隊（係指作戰時統一運用之各軍種戰鬥部隊、戰鬥支援部隊、勤務支援部隊、其他指揮單位）。

第二計畫：預備及後備部隊（係指三軍的預備及後備部隊）。

第三計畫：後勤支援（係指國防部及各總部所屬之修護補給、生產、運輸、醫療、設施工程等後方勤務及其指揮單位，與綜合支援計畫）。

第四計畫：政治作戰（係指國防部及各總部階層之政戰單位及政戰工作計畫）。

第五計畫：情報與通信（分爲兩部分，其中情報指的是軍事情報、駐外情報工作有關之等工作計畫；通信則包括國防部及各總部直屬之通信電子單位，與有關綜合支援計畫）。

第六計畫：動員與後管（係指軍官區司令部所轄之各師（團）管區司令部，執行動員業務及有關綜合支援計畫）。

第七計畫：教育訓練（係指國防部及各軍種所屬教育訓練單位與訓練計畫）。

第八計畫：研究發展（係指國防科技、軍品、作戰訓練、其他等研究發展單位及研究發展計畫）。

第九計畫：軍事行政管理（係指國防部、各總部之幕僚單位與直屬勤務單位及部外支援單位）。

第十計畫：其他人事支援（係指保險、軍眷維持、官兵撫卹、儲蓄等工作計畫）。

國軍的計畫結構採取九個代碼，並區分爲五級。其中第一級是主要計畫（第1碼），由1至0分別顯示十個主要計畫；第二級是計畫要素（第2、3碼），爲兵力計畫的次級分類。第三級是主管單位（第4碼），以英文字母表示主管單位的代碼；第四級（第5、6、7碼）是具備施政計畫編製與預算執行能力的單位，第五級（第8、9碼）爲第四級的下屬基層單位[6]。由於第四級編號與第五級編號，可合併為「國軍單位統一編號」；故亦可將計畫結構視為「主要計畫－計畫要素－主管單位－國軍單位統一編號」四級的結構。通常計畫分類遵循統計學的互斥與周延的分類原則，配合國軍編制之組織層級體系，分別賦予其結構編號，而形成一套完整的管理體系。

國軍的計畫要素分為兩類[7]，第一類是「單位性計畫要素」，指的是主要部隊或單位，如陸軍師、海軍艦隊、空軍聯隊等，此一計畫內容通常包括人力、物力及財力等項目之計畫概算。第二類是「勤務性計畫要素」，指的是支援性的計畫，如補給品採購、軍事情報、各種支援計畫等；此類計畫要素所需之資源，係以財力需求之方式表達。這種計畫要素又可細分為兩類，其一是經常性的勤務支援計畫，如「三軍勤務綜合支援」；其二是專案性勤務計畫要素，如「裝備製造」、「科技發展計畫」等。從國軍中程計畫之間的關聯性來看，不難發現其與美軍的計畫邏輯相當神似，二者之間並無太大的差異。

然就中程計畫與年度計畫的實際運作來看，不難發現國防部過去的數十年間，年度業務計畫與中程計畫，其實是循著各自的軌跡自行運作（各有主管機構），彼此之間並未發揮連結與整合的功能（參見表5-1）。這也導致計畫執行過程缺乏回饋資訊，難以進行計畫執行效益的評估。

「年度業務計畫」與「主要部隊計畫」是經費使用的兩個構面，二者之間必須透過年度預算的執行資訊反饋，才能將「年度業務計畫」與「主要部隊計畫」連結在一起。如果二者之間失去連結，將導致PPB制度運作逐漸偏離軌道；結果不僅影響軍事能力的建構，亦導致財務資源的使用效能根本無從評估。故未來在中程計畫與年度預算之

[6] 參見莊明憲，**國軍計畫預算制度**，台北縣：國防大學國防管理學院，民國92年。

[7] 參見國防部編印，**國軍施政計畫結構**，民國82年7月。

表5-1　年度業務計畫演進表

年度	類別	業務計畫	備考
55年度	9	軍事人員費、留守業務、業務維持、作戰臨時業務、軍事工程、後備兵員、軍協計畫、研究發展、軍事教育	55年度開始區分經常門與資本門。
60年度	11	軍事人員費、行政管理、軍事設施、生產製造、後備兵員、軍事教育、科學教育、政治作戰、情報、作戰訓練、補給及勤務	58年度採政事別區分。 59年度採業務計畫之結構爲任務區分。
65年度	18	軍事人員費、行政管理、軍事設施、動員、政治作戰、情報工作、作戰訓練、補給修護、工程及設備、科學研究、科學研究設備、官兵退除役、軍眷維持、人力支援、裝備、第一預備金、非營業基金（購宅）、投資支出（投資中華文化事業公司）	62年度開始編列第一預備金。 65年度首次出現非營業基金。 62年度提出特別預算（包括兩項業務計畫）。
70年度	18	軍事人員費、行政管理、軍事設施、動員、政治作戰、情報工作、作戰訓練、補給修護、工程及設備、科學研究、科學研究設備、官兵退除役、軍眷維持、人力支援、裝備、第一預備金、非營業基金、投資支出	69年度提出特別預算（包括兩項業務計畫）。
75年度	21	軍事人員費、行政管理、軍事設施、動員、政治作戰、情報工作、作戰訓練、補給修護、工程及設備、科學研究、科學研究設備、退休撫卹及保險、軍眷維持、裝備、第一預備金、非營業基金、國防工業發展基金撥助、軍事教育、軍事教育設施、勤務支援、投資支出（暫不編列）	72年度警備總部預算移出國防部。

（續）表5-1　年度業務計畫演進表

80 年度	20	軍事人員費、軍事行政、軍事設施、動員、政治作戰、情報工作、作戰訓練、補給修護、工程及設備、科學研究、科學研究設備、保險及撫卹、軍眷維持、裝備、第一預備金、非營業基金、國防工業發展基金撥助、軍事教育、軍事教育設施、勤務支援	
85 年度	27	一般軍事人員、特業軍事人員、政戰業務、政治作戰、動員業務、通信業務、軍事行政、保險、撫卹、軍事設施、情報業務、醫療保險、一般補給修護、軍事補給修護、一般裝備、武器裝備、一般工程及設備、作戰訓練業務、教育訓練業務、軍事工程及設備、科學研究、科學研究設備、軍眷維持、第一預備金、勤務支援業務、非營業基金、營業基金	82 年度區分公開與保密計畫。84 年度及 85 年度設置營業基金，為辦理漢翔航空民營化所需。

資料來源：整理自過去歷年的中央政府總預算案中，歲出機關別預算表內國防預算的業務計畫。

間，需借重資訊技術，掌握經費特性與構面，才能達到軍事需求與財務結合的預期目的。

參、計畫要素

PPB制度是一種可以結合量化分析的制度，但中程計畫本身卻非量化分析的對象；所以各計畫必須按照資源使用的概念，按照組織實體單位進行分類，選擇一個資源分析的基本元素，這就是中程計畫的核心概念——「計畫要素」（program element）。每一個計畫要素都是一個實體單位，也是一組武器、裝備、人員、主要作業及支援成本的組合；它既是達成某一特定任務的組織單位，也必須記錄完成此一任務所分配的資源，故其顯示的是「執行某一特定功能、任務單位所耗用的資源」（此爲經濟分析的基礎，概念類似於社會科學的「分析單位」，unit of analysis）。

舉例來說[8]（以1970年代爲例），美軍的戰略部隊下分爲攻擊、防禦及民防部隊三類，攻擊部隊下又區分爲轟炸機、搜索機、加油機部隊、飛彈部隊及艦隊彈道系統，各部隊再區分爲各型中隊，包括B-47、B-52、B-1轟炸機中隊等。或如通用部隊下分爲統一司令部、陸、海、空軍三軍部隊；陸軍部隊又分爲戰鬥部隊、戰鬥支援部隊及戰鬥勤務支援部隊；各部隊又視其任務與資源之不同，而進一步區分師、旅、群、團、營等單位。

以美軍爲例，計畫要素透過十位數字編碼，便可連結到主要計畫與隸屬單位；透過計畫要素編碼與財務資源的連結，便可清晰掌握計畫要素的成本。如以美軍戰略B-52轟炸機中隊爲例，其編碼方式顯示如表5-2：

當軍事戰略改變，作戰部隊、後勤部隊、行政管理機構的兵力組成必然將隨之改變，主要計畫的計畫要素亦將進行調整；如1970年

表5-2　計畫要素代碼——美軍B-52轟炸機中隊

主要計畫碼		特殊碼		計畫單元			權責單位		
0	1	0	1	1	1	3	F		

說明：主要計畫碼01爲戰略部隊；

特殊碼01爲攻勢部隊；

計畫單元113爲B-52轟炸機中隊；

權責單位F爲空軍。

資料來源：王佑五，「國軍軍事戰略與國防計畫鏈結之研究」，台北縣：國防大學國防決策科學研究所碩士論文，民國93年6月，頁39。

[8] 參見國防部編印，**國軍施政計畫結構**，民國82年7月。

代美國配合軍事援外的政策，陸軍部隊進行了兵力結構的調整，計畫要素則調整如表5-3與表5-4：

計畫要素本身既是軍事能力的基本衡量單位，也包括必要的成本衡量；當我們將這些計畫要素組合成為某一計畫時，該計畫的取得成本、維持成本與支援成本便可輕易得知，也可以結合壽期成本的概念，進行武器系統的軍事成本管理。

在每一個主要計畫中，所有的計畫要素不僅可以相加，以顯示某一計畫使用的總資源；也可以按照武器系統及支援系統進行分類；更可以顯示某一特定資源的使用狀態（如作業成本、人員成本等）。因此，計畫要素不僅可供計畫歸納使用，亦可加總作為預算審查之用，更可做為管理分析及控制使用。

表5-3　主要計畫與計畫要素表——調整前

主要計畫	計畫要素						
	陸軍	海軍	陸戰隊	空軍	共同單位	國防部其他單位	合計
戰略部隊	5	10	0	28	12	14	79
通用部隊	80	122	34	35	11	0	282
情報與通信	3	3	0	10	28	8	52
空運與海運	0	12	0	15	28	0	55
國民兵與後備部隊	38	30	9	50	0	0	127
研究與發展	121	158	8	152	0	14	453
中央補給與維護	2	5	0	0	39	1	47
訓練、醫療及其他	24	0	0	2	25	0	27
行政管理	0	0	0	0	18	0	18
援外事務	0	0	0	0	0	0	0
合　計	249	340	51	302	161	37	1140

資料來源：林得樑，**企劃預算與資源管理**，頁85-86。

表5-4　主要計畫與計畫要素表——調整後

主要計畫	計畫要素						
	陸軍	海軍	陸戰隊	空軍	共同單位	國防部其他單位	合計
戰略部隊	11	10	0	28	12	14	85
通用部隊	88	122	34	35	11	0	290
情報與通信	24	3	0	10	28	8	73
空運與海運	10	12	0	15	28	0	65
國民兵與後備部隊	37	30	9	50	0	0	126
研究與發展	122	158	8	152	0	14	454
中央補給與維護	36	5	0	0	39	1	81
訓練、醫療及其他	24	0	0	2	25	0	51
行政管理	18	0	0	0	18	0	36
援外事務	6	0	0	0	0	0	6
合計	376	340	51	302	161	37	1267

資料來源：Peter T. Sadow著，彭宗嶽譯，**美國國防部計畫作爲、方案擬訂、預算編列**，桃園：三軍大學，民國61年11月，頁70。

肆、經費特性

由於所有的計畫都必須展開成爲預算需求，加上計畫要素結合了實體單位與財務責任中心（參見本節之伍、計畫預算的特色），因此計畫必須具備多種面向（dimension）。事實上，這些中程計畫還包括另外兩個大家熟知的構面，分別是單位（如陸、海、空軍、參謀首長聯席會議、軍事情報局、部長辦公室等）與經費性質（如軍事人員、作業及維持、研究發展、採購與軍事工程等），三者結合使得國防經費的支用，得以展現出多重結構的特性[9]（參見圖5-2）。

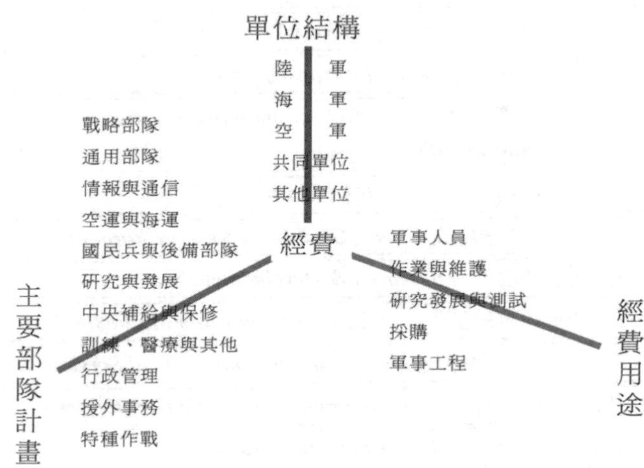

圖5-2　六年國防計畫結構圖

表5-5中採用兩種構面（單位及部隊計畫）來顯示過去美國國防經費的分配狀態，表中可以看出國防經費主要分配在第二計畫的通用部隊（佔35.6%）、第八計畫的訓練、醫療及其他（佔17.3%）及第三計畫指、管、通及太空部隊（佔12.3%）。如以軍種區分，則以海軍（包括陸戰隊司令部）的經費額度最高，佔31.5%；其次爲空軍，佔國防經費的30.1%；陸軍使用的經費，則維持在23%左右的水準。

[9]參見國防部編印，**國軍施政計畫結構**，民82年7月。

表5-5　FYDP的國防經費分配表

	陸　軍	海　軍	空　軍	國防機構	合　計
第一計畫	戰略部隊（***Strategic forces***）				**2.9%**
第二計畫	通用部隊（***General Purpose Forces***）				**35.6%**
第三計畫	指、管、通及太空部隊（***Command, Control, Communication, & Space***）				**12.3%**
第四計畫	空運與海運（***Airlift & Sealift***）				**3.8%**
第五計畫	國民兵與後備部隊（***Guard and Reserve Forces***）				**7.4%**
第六計畫	研究發展（***Research & Development***）				**9.4%**
第七計畫	集中補給與保修（***Central Supply and Maintenance***）				**6.5%**
第八計畫	訓練、醫療及其他（***Training and Medical Services***）				**17.3%**
第九計畫	行政管理（***Administration & Associated Activities***）				**2.9%**
第十計畫	援外事務（***Support of Other Nations***）				**0.4%**
第十一計畫	特種作戰（***Special Operations Forces***）				**1.3%**
合　計	**23.6%**	**31.5%**	**30.1%**	**14.6%**	**100%**

資料來源：引自Davis, Thomas M., *Managing Defense After the Cold War*, Center for Strategic and Budgetary Assessments, June, 1997, p.21.

伍、計畫預算的特色

計畫導向的預算具備以下六個特色：

一、明確的計畫從屬關聯性：計畫區分爲獨立計畫與相依計畫，建立計畫之間的從屬關係。此一觀念不僅與物料需求規劃（MRP I）中的「獨立需求」與「相依需求」觀念類似，亦與波特（1980）所提出的的主要活動（primary activity）與支援活動（supporting activity）的概念相近。

二、結合會計結構與中程計畫的管理架構：亦即是建立陸、海、空軍及國防部呈報費用的共同架構。因此PPB制度一方面在「主要計畫」的架構下，建立了「功能別」（functional category）的分類架構，供各業務管理人員管理之用；另一方面又在「功能別」下建立了「費用要素」（element of expense），作爲會計制度運作的基本單位。其中「功能別」的分類項目，可作爲「計畫要素」成本匯集之用；而在「費用要素」下，亦得設置輔助分類帳，以協助各「計畫要素」進行成本的管理。

三、「計畫要素」與「財務責任中心」合一：「計畫要素」既爲「設計」與「計畫」的基本單位，亦爲實際作業執行的「財務責任中心」（financial responsibility center）。「計畫要素」結合「財務責任」，才能建立「規劃－執行－考核－回饋」的管理循環（參見圖5-3）。

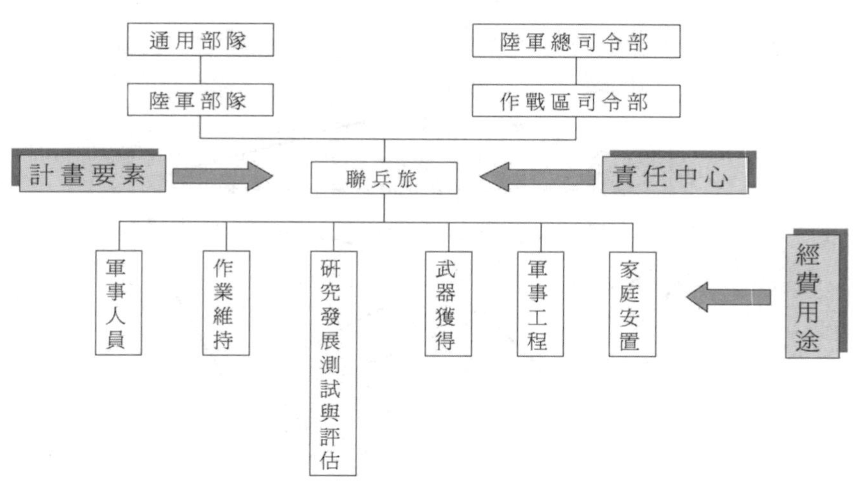

圖5-3　計畫結構、責任中心、計畫要素及經費用途關係圖

四、以責任基礎的作業預算與財務報告：爲建立計畫與管理系統的共同架構，PPB制度主要透過以下兩方面的措施：

（一）建立計畫、預算、會計制度與財務報告結合的管理體系：此時計畫、預算、會計制度與財務報告的關係，顯示如圖5-4。而透過作業成本的概念，在資訊科技的協助下，有效的結合這些要件；並可依任務屬性匯集成本，可滿足國防管理者與國會的要求。圖中實線箭頭的部分，顯示了作業流程的思維邏輯；虛線箭頭的部分顯示了作業執行的回饋資訊。

（二）以責任中心作爲記錄及衡量費用的基點：爲達到此一目的，責任中心首先必須進行「成本歸戶」，尤其是軍事人員的成本必須計入各責任中心；其次是透過「作業基金」的運作[10]，以解決責任中心之間產品與勞務移轉（僅包括消耗性的項目）時，所產生的「轉撥計價」問題。（有關「作

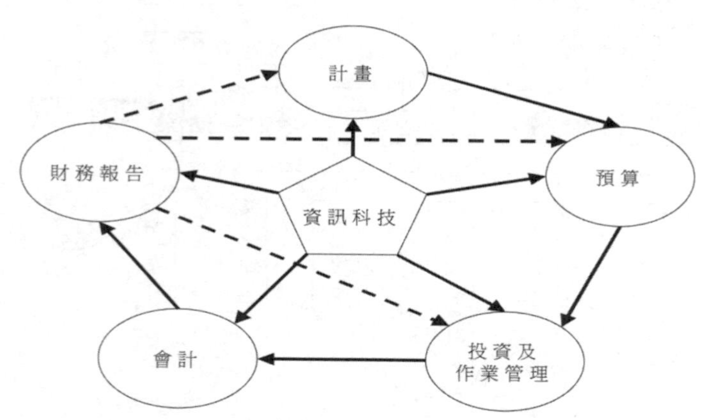

圖5-4　資訊化財務資源管理制度流程圖

[10] 早期是透過「庫儲基金」（Stock Fund）與工業基金（Industrial Fund），1990年代以後二者合併爲「國防事業作業基金」（Defense Business Operation Fund, DBOF）。

業基金」的運作方式，請參閱本書第六章第三節的內容）

五、理性的經濟分析工具：應用作業研究及成本效益分析，系統化的進行各備選方案的成本效益比較，以提昇財務資源的使用效能。

六、以電腦爲核心的管理基礎：透過快速的資料處理，將各項成本的資料，依複雜的決策需求精確計算，以協助各管理階層迅速掌握實況，發揮綜合計畫與管制的效能，並據亦建構決策所須的管理資訊系統。

第二節　系統分析（國防經濟分析）

壹、產生背景

國防經濟概念產生的背景，係肇因於韓戰爆發及美蘇競相發展核子武器，導致武器系統的成本大幅攀升。爲維持一種有效的嚇阻力量，美國必須在各種新型、昂貴的武器系統間進行抉擇；而技術的快速發展，不僅快速改變了武器的型態，也更加速高價武器發展的可能性。面對蘇聯的核子威脅，導致龐大的國防支出持續攀升，學者專家開始懷疑，國防體系是否存在管理不善及浪費的情事。於是民間學者乃開始關注軍事事務，並與軍方共同研究，探討結合軍事任務、計畫預算及軍事成本的系統化途徑。然由於武器備選方案的倍數成長，但國防資源有限，導致武器系統選擇的問題複雜性增大。

爲達到有效解決武器系統選擇的複雜問題，美國國防部主計長希區（Charles Hitch）於1961年4月指派其蘭德公司的同儕Alain C. Enthoven主持其辦公室內的「系統分析小組」；1962年秋，Enthoven

便升任「系統分析」的副助理部長，1965年9月晉升爲「系統分析」助理部長。系統分析雖於1960年以後引進美國國防部，但由於當時對「系統分析」一詞缺乏完整的定義，導致大家對系統分析的任務與效益，產生許多不同的解釋[11]。

系統分析是一種處理基本經濟問題的方法，目的在促使國家資源能做最有效的運用[12]；它在回答國家安全的基本問題，透過戰略、武器系統及國防資源的結合，在電腦複雜運算的配合下，達到以科學方法「選擇」[13]軍事戰略及武器系統的目的。這種「選擇」必須綜合多種學術，包括物理學、工程學、數學、經濟學、以及國際關係等各種學科；因此Enthoven 博士認爲系統分析本身是一種藝術——「它像醫學一樣，須以科學方法爲基礎，並將科學方法做廣泛的應用」[14]。以本質而言，系統分析指的就是「國防經濟分析」，它是採用經濟分析的概念，以系統化的方式，進行成本估計及效益評估，發展各種備選方案，以供決策選擇之用。

---

[11] 如Enthoven在1968年6月7日對美國預算人員協會發表的演講詞中提出，「我們在蘭德公司採用的分析方式稱爲系統分析……它牽涉到估計成本與預期效益，並比較各種備選方案……」，這種說法將系統分析與決策程序結合。亦有人認爲系統分析的內涵爲成本效益分析；或是認爲其爲應用經濟分析（甚至有人稱爲國防經濟分析），再加上系統分析的前身與作業研究的關連甚爲密切，故亦有人認爲它僅是作業研究方法的延伸，這導致各方對系統分析的認知與內涵，經常出現差異。我國防部於民國65年1月印頒的「國軍企劃預算制度專輯」，頁36中則認爲「系統分析乃是一種決策工具」。

[12] 參見林得樑，**企劃預算與資源管理**，頁234。

[13] Enthoven博士認爲選擇戰略與武器系統固然要考慮許多因素，但本質上是一個經濟問題；它是一種運用有限金錢與資源，以獲得最大效益的選擇問題。參見林得樑，**企劃預算與資源管理**，頁237。

[14] 林得樑，**企劃預算與資源管理**，頁235。在國防部於民國65年1月印頒的「國軍企劃預算制度專輯」，頁37中也曾提及「系統分析是一種綜合性的科學方法，需要運用各方面科學知識，如數理統計、經濟學、工程經濟、系統工程、作業研究及邏輯學、心理學等。軍中問題則涉及相關之軍事科學」。

貳、系統分析的角色

如圖5-5所示，「系統分析」在PPB制度的運作流程中，一直扮演者非常重要的角色；它不僅可支援中程計畫的量化分析，同時也在戰略分析與選擇的過程中，扮演著相當重要的角色。而系統分析亦須扮演計畫評估的角色，故與報告之間有著非常密切的關聯。圖中實線箭頭的部分，顯示的是作業流程的思維邏輯，虛線箭頭的部分顯示的是作業執行的回饋資訊，而實線雙箭頭的部分，則顯示了二者之間的相互依存關係。

在麥納瑪拉（McNamara）擔任國防部長的時期，常用系統分析作爲解決武器系統發展爭議的有效工具。如在麥納瑪拉任內，他運用系統分析的工具，終止了B-70戰略轟炸機的生產計畫（B-70轟炸機生產計畫開始於艾森豪時代，主要在取代B-52轟炸機）；並明確的指出，生產這種載人的戰略轟炸機，與洲際的彈道飛彈相較，顯然不符成本效益。因爲後者的速度更快、成本更低、且不會受到攻擊而造成

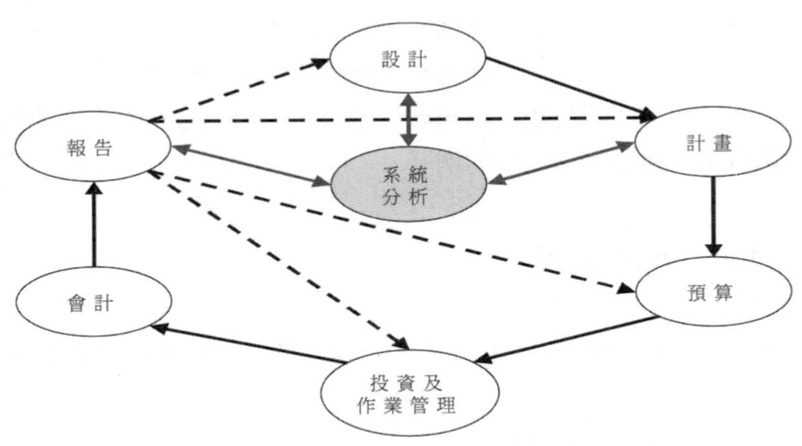

圖5-5　系統分析與PPB制度關係圖

人員的傷亡。

同樣的，麥納瑪拉在1962年底也運用系統分析，終止了1959年開始的天箭計畫（Skybolt project）。天箭計畫原在發展出一種由B-52轟炸機發射，射程爲1,000海浬的彈道飛彈；而麥納瑪拉認爲此一計畫的成本太高、精準度不夠加上發展期程恐無法控制，故終止此一計畫。在麥納瑪拉任期屆滿之前，他甚至也認爲反彈道飛彈（ABM）的成本過高，且蘇聯會持續改善其防衛能力，而使得現有的反彈道飛彈無法發揮預期的效能。

雖然系統分析可作爲備選方案比較的依據，但他並不能保證計畫必然成功。如麥納瑪拉任內亦曾運用系統分析，主張發展TFX的機型（後來的F-111）；他認爲這是一種符合海、空軍共同需要的戰術攻擊機。當時海軍與空軍都希望由波音公司生產各自須要的新機型，但麥納瑪拉最後卻將TFX的合約交給了General Dynamics。然此一機型在海軍測試的結果，卻非常不理想，導致海軍在1968年放棄了此一計畫；而相反的，F-111在空軍卻服役長達二十年之久[15]。

面對武器系統的成本快速攀升的情境，系統分析建立的量化比較，對決策者的經驗與直覺，確可產生相當大的輔助作用。然由於系統分析本身的工具性特質，故決策選擇與決策結果的良窳，仍須透過決策者的經驗與直覺。如果經驗與直覺無法補足量化分析過程，所欠缺的非量化因素；那麼縱然有再好的分析，恐怕仍是無濟於事，TFX的發展計畫，就是一個典型的例子。

參、經濟概念應用

經濟在系統分析中佔了相當重要的份量，但經濟的概念是源自

[15] 所舉出的三個事例，內容參見Trask, Roger R. & Goldberg, Alfred (1997), pp.80-81。

於市場價格的競爭概念；在沒有價格與利潤的架構下，國防體系如何應用經濟分析的概念？這就必須建立在「軍事價值」的概念上。軍事價值的衡量，必須與軍事目標達成的程度發生關連。基本上，沒有一個國家安全計畫（或軍事計畫）是絕對必須執行的；所有的計畫都可以透過「相對成本」與「軍事價值」的比較進行選擇，達到提昇國防資源使用效能的目的。

在系統分析中常用的幾個經濟概念，包括：

一、相對價值（relative value）概念

所謂相對價值，指的就是相對的軍事價值。此一價值與「決策目的」息息相關，如決策者在評估戰略部隊與通用部隊的相對價值時，就必須從軍事威脅的本質進行探討，如果威脅的可能性來自於洲際彈道飛彈，那麼「戰略部隊」的軍事價值便高於通用部隊，如果主要的威脅型態來自於小規模的區域衝突，那麼「通用部隊」的軍事價值便可能高於戰略部隊。

或者我們也可以從工具性的觀點來分析，如「戰略部隊」計畫下分爲攻擊部隊、防禦部隊及民防三個計畫。在攻擊部隊的分計畫下，又分爲長程戰轟機部隊、陸基飛彈部隊、海基飛彈部隊及其它單位。決策者可以評估，在當前的軍事對峙與佈署狀態下，何種的攻擊部隊可以摧毀最多的重要軍事目標？如果海基飛彈部隊較能夠有效的摧毀敵方軍事目標，達到保護國家利益的目的，那麼海基飛彈部隊的軍事價值將會超過陸基飛彈部隊；這是從作戰部隊的工具性觀點進行思考。

從前述的說明不難發現，相對軍事價值的決定，會受到威脅型態、戰略思考及決策前提的影響，在不同時點展現不同的重要性。而系統分析旨在提出了一套程序，讓國防決策者能夠同時對各種達成國防任務的軍事計畫進行評估，以提昇國防財務資源的使用效能。

二、機會成本（opportunity cost）概念

即放棄某一武器系統（或軍事能力），改採另一行動方案，所損失的軍事價值。由於國防體系缺乏獨立的價格機制，因此有關軍事價值與軍事成本的估計，往往必須依賴系統分析人員個人的經驗判斷[16]。

舉例來說，當國防部決定要新增一個步兵師，它所面臨的第一個問題就是，陸軍師必須投入相當的軍事成本，包括薪給、糧秣、彈藥、車輛（含油料）、槍械等各種直接成本，以及各種管理分攤的間接成本；而這些資源一旦投注在新成立的陸軍師之後，就有可能就會影響軍事研發的費用，或是影響戰鬥直升機的購置。這也是典型的資源排擠問題。

其次第二個問題是，如果敵方正在研發一種殺傷力極強新型的坦克，而我們將研發反坦克武器的經費，挪以成立新的步兵師，則我們在決策過程中放棄的軍事價值甚高，除非步兵師的成立有極高的軍事價值，否則無法吸納我方在決策過程中所隱含的「機會成本」。

三、邊際分析（marginal analysis）概念

邊際效用遞減是經濟學上一項重要的法則，它指的是當武器或支援部隊獲得的單位數愈多，到達某一個點之後，軍事價值便會產生遞減的現象。如以飛彈摧毀某一既定目標，飛彈的命中狀態與相對成本假設如表5-6。

如果目前已有200枚飛彈，足以摧毀72個軍事目標；決策者面臨的是，要不要增加100枚飛彈的預算（1億美元），以增加摧毀28個軍

---

[16] 在沒有市場機制下，一種「尚未發展」的武器系統，其軍事價值的估計，往往必須依賴複雜的程序與分析人員的經驗；而武器系統的經濟成本的估計，往往必須結合「折現」（discount）的觀念；但沒有市場與價格機制下，折現率的取捨，往往也依賴系統分析人員的經驗判斷。

表5-6　飛彈命中與邊際利益表

發射數量	摧毀目標數（軍事利益）	邊際利益（摧毀目標數）	總成本（萬美元）	邊際成本（萬美元）	平均利益（每100顆飛彈）
0	0	0	0	0	0
100	40	40	10,000	10,000	40
200	72	32	20,000	10,000	36
300	90	28	30,000	10,000	30
400	100	10	40,000	10,000	25

事目標的能力？這個問題可以繼續延伸，到第800枚飛彈時，再增加100枚飛彈可能只能多摧毀8個軍事目標（此爲假設狀態），以1億美元的飛彈來換取這8個軍事目標，是否值得的問題？如果將此1億美元投注在提昇戰略轟炸機的攻擊性能，所產生的軍事效益是否超過新增100枚的飛彈？當然，我們也可以採用增額分析法（incremental analysis）的方式，以邊際軍事價值（ΔV）除以邊際成本（ΔC）進行分析，以瞭解計畫成本與增強效益之間的關係。

四、無異曲線（indifference curve）概念

所謂無異曲線，係指一條用以表示消費者主觀上對兩種或兩種以上財貨，在各種不同的數量組合下，均能夠產生相同滿足程度（或效用）的曲線。在相同的國防支出下，尋求兩種武器系統（或武力）的最佳組合。如在國防經費的限制下，使用「戰略轟炸機」與「戰略飛彈」部隊，都能達到摧毀軍事目標的目的；由於兩種武器系統可以形成多種的組合方式，透過軍事效益無異曲線的分析，及國防經費的限制條件，便可以找到武器系統（或軍事力量）的最佳組合點A（如圖5-6）。

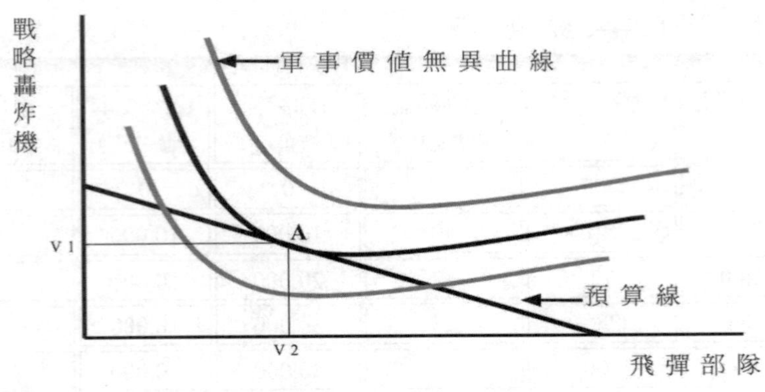

圖5-6　無異曲線分析圖

五、總壽期成本（total life-cycle cost）概念

通常計畫成本可分為三類：研究發展成本、初期投資成本及年度作業成本[17]。其中「研究發展成本」指的是對於軍事裝備進行創新或是改良，使其達於可供作戰使用的狀態，所花費的成本。「初期投資成本」指的是採購軍事裝備，將其納入作戰應用的範疇，所花費的成本；至於「年度作業成本」則是執行及維持軍事此一能力，所投注的經費。而總壽期成本指的就是研發成本、採購成本與系統壽期的作業成本。這是一種從武器系統經濟壽期的思考觀點，對軍事能力、作戰部隊與武器系統的抉擇，有相當大的幫助。

舉例來說，三軍可能提出研發兩種武器系統的構想，而這兩種系統初期的研發成本相去不遠，此時國防決策者便很難用這兩種系統的研發成本進行「抉擇」，必須改採總壽期成本的概念，以評估二種系統在服役其間，長期佔用的財務資源，與其所創造的軍事價值。再者，兩種系統雖然在研發成本與取得成本（初期投資成本）上並不相

[17] Peter T. Sadow著，彭宗嶽譯，**美國國防部計畫作為、方案擬訂、預算編列**，桃園：三軍大學，民國61年11月，頁69。

同，但折現之後的總壽期成本可能近乎相等（如圖5-7所示），因此二個計畫在成本層面上並無差異。如果決策者未採用壽期成本的觀念進行分析，就可能作成錯誤的決策。

總壽期成本也隱含了另一個重要概念，那就是「時間」的概念，也就是它具備多個年度的概念。而多個年度的概念可與長程財務資源規劃、中程財務計畫管理結合，讓軍隊逐漸發展成爲一個以「武器爲核心」的戰力結構。

六、約當年度成本（Equivalent Annual Cost）概念

「約當年度成本」分析是將不同壽期的武器系統，根據年金現值因子進行換算，藉以從投入成本的觀點，比較不同武器系統的年度維持成本。採用「約當年度成本」比較時，必須應用「年金」[18]與「折現」[19]的觀念，將不同壽期的武器系統，未來的現金「流出」進行轉換，以瞭解不同武器系統的成本負荷。不同期間等額的現金流量可換

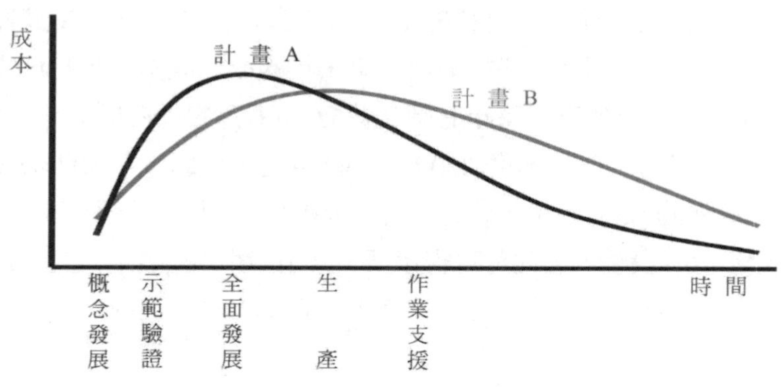

圖5-7　計畫壽期成本比較圖

[18] 年金（annuity）即爲「在一個特定期間內，定期支付的等額現金流量」。

[19] 折現（discounting）係指將未來的現金流量轉換爲「現值」的過程；而現值與未來價值之間的交換率，即爲折現率（discount rate）。

算成為年金現值，亦可換算成年金終值，端視決策者的比較目的而定。年金現值與年金終值的計算公式，簡示如下：

$$PV = C\left[\frac{1-\frac{1}{(1+r)^t}}{r}\right]$$

$$FV = C\left[\frac{(1+r)^t-1}{r}\right]$$

式中C為等額的現金流量，r為折現率，t為期間；PV為年金現值，FV為年金終值，現值與終值為時間線上兩個不同對應時點的價值。約當年度成本就是以武器系統的「成本現值」除以「年金現值因子」，所得到的年度成本；而「年金現值因子」則可直接由商用數學、會計學、財務管理書籍附錄的年金現值表中，根據利率與期間對照查得。

舉例來說，軍隊面對兩種不同的武器計畫，假定武器系統的產出效益相當接近，唯一不同的是A武器的有效壽期為四年，B武器的有效壽期為三年。其中A武器系統的第一年的取得成本與維持成本為1億5,000萬元，後續三年每年必須花費5,000萬元的維持成本；而B武器系統第一年的取得成本與維持成本為1億元，後續二年每年必須花費6,000萬元的維持成本。年度的資金成本率，假設按照銀行一年期的定存利率6%設算，因此可以得出表5-7的數字：

三年、6%的年金現值因子，查表可得為2.67，而2年、6%的年

表5-7　兩種武器系統約當年度成本比較表（金額單位：千萬元）

武器系統	初期取得成本	年度操作及維持成本			6%折現值	約當年度成本（EAC）
		第一年	第二年	第三年		
A	15	5	5	5	28.37	10.61
B	10	6	6		21	11.45

金現值因子，查表可得爲1.83；而A武器系統服役壽期的成本現值爲2億8,370萬元，B武器系統服役壽期的成本現值爲2億1,000萬元；乍看之下，似乎顯示B武器系統的成本現值較低。然由於A武器系統可使用三年，B武器系統只能用兩年，三年基礎的成本現值與二年基礎的成本現值無法比較，故須轉換爲約當年度成本（成本現值除以年金現值因子）。在轉換爲約當年度成本後，不難發現A武器系統的約當年度成本爲1億610萬元（28.37／2.67），B武器系統的約當年度成本爲1億1,450萬元（21／1.83），顯然A武器系統的年度約當成本較低。

約當年度成本的觀念，不僅可作爲不同武器系統的成本比較，亦可作爲新舊武器系統汰換的成本比較。舉例來說，國防部目前正在考慮「是否要進行武器汰換」的計畫；雖然該武器性能並未出現重大的躍升，然武器持續使用，系統本身的物理衰退，必然造成原有武器的維持成本持續攀升。而新型武器在性能調整、通貨膨脹與原料價格的推昇下，取得成本必然高於原有的舊武器。

現假設國防部有一舊型武器系統，此一武器系統因持續使用的結果，導致年度的維持成本逐漸攀高，每年需花費8,000萬元的軍事成本，而此一系統如繼續使用，估計仍可使用三年。現在作戰部隊提出一個新武器系統的購置計畫，這個計畫初期的購置成本要花1億5,000萬元，新武器每年只須耗用5,000萬元的維持成本；根據作戰部門及軍事研發機構的估計，新的武器系統大概只有三年的有效壽期，三年以後新型系統出現後，此一武器系統無法在戰場上和敵人競爭，就必須面臨汰換的命運。假設新型武器系統與原有武器系統的作戰效益相近，新型武器的取得與維持成本可計算如下：

表5-8　武器汰換約當年度成本比較表（金額單位：千萬元）

武器系統	初期取得成本	年度操作及維持成本			6%折現值	約當年度成本（EAC）
		第一年	第二年	第三年		
X	15	5	5	5	28.37	10.61

表5-8中顯示新武器的約當年度成本等於成本現值2億8,370萬元除以三期年金因子，而2億8,370萬元除以2.67等於1億610萬元；這顯示如果我們將新型武器的取得成本與維持成本計入，每年約當的年度成本現值爲1億610萬元。既然武器的作戰效益接近，現有武器系統的維持成本爲8,000萬元，而新武器系統的年度成本現值爲1億610萬元，故現有武器系統的成本較低，無須汰換。唯有當舊武器系統的操作與維持成本超過1億610萬元時，國防部才考慮武器系統的汰換問題。

七、實體選擇權（real option）概念

在系統分析的原有架構中，並未包括選擇權（option）的評估；然由於金融創新的推動，導致我們必須考慮武器系統選擇的選擇權問題。「選擇權」是一種有價值的選擇權利，也是未來發展的彈性；舉例來說，武器系統研發計畫中，不投入第一代的技術研發，未來可能就沒有第二代技術出現；因此爲了第二代技術及以後的發展，必須投入第一代技術的武器系統研發。雖然從成本效益來看，目前投入第一代武器系統研發，成本效益遠低於「武器外購」；但投入此方面的研發，有潛在取得後續技術發展的機會，而這種機會是有價值的。實體資產與技術研發的投資計畫，常常隱含著選擇權的概念。

當國防部投入第一代技術的研發，就同時也取得第二代技術發展的機會；而國防部未來可以繼續投入第二代技術的研發，也可以放棄第二代技術的研發。換句話說，武器系統研發除了計畫本身的成本效益外，常常還隱含著「實體選擇權」（real option）的概念；故發展武器計畫時，亦須同步考慮未來軍事科技發展的可能前景，才能有效的評估武器計畫的產出效益。

由於實體選擇權是由選擇權的概念中引伸出來的，要解釋「實體選擇權」的意涵之前，我們必須先說明「選擇權」的概念與內涵。「選擇權」是一種衍生性的金融商品，也是一種風險不對稱的金融商

品，投資者可以運用選擇權，保留他「想要」的風險（漲價或升值的部分），並規避「不想要」的風險（跌價或貶值的部分）。選擇權分為兩類，一是買進選擇權（call option，簡稱買權），此為在特定的履約價格下，在某一履約日期前「買進」資產的權利。二是賣出選擇權（put option，簡稱賣權），此為在特定的履約價格下，在某一履約日期前「賣出」資產的權利。

選擇權對買方來說是一項權利，買方付出權利金之後，有權依市場狀況、獲利情況，來決定要不要履約。此一「權利金」與期貨的「保證金」並不相同；「權利金」是買方付出以取得買權或賣權，而「保證金」是期貨買賣雙方皆要存入戶頭以保證履約並且逐日結算。期貨未來即使履約，仍可取回「保證金」（如果仍有盈餘）；但「權利金」則是選擇權賣方的報酬，日後為賣方所有。而為保證選擇權賣方能履約，選擇權賣方亦需先付出一筆保證金，並且比照期貨保證金逐日計算損益。以股票為例，買、賣選擇權與買方、賣方的權利義務關係，可顯示如圖5-8。

選擇權契約在訂立時，有明文約定是在某一期間內可用約定價格來要求履約。其中因為兩個變數——「履約時間」及「履約價格」，而有「歐式選擇權」、「美式選擇權」及「亞洲式選擇權」三種分別。

		收取買方的權利金
	買　方	賣　方
買權	擁有以既定價格購入標的物的權利	必須以既定價格售出標的物的權利
賣權	擁有以既定價格售出標的物的權利	必須以既定價格買進標的物的權利

圖5-8　買、賣選擇權關係圖

「歐式選擇權」與「美式選擇權」間的差異在於買方選擇執行權利的時點不同。所謂「歐式」是指買方買入選擇權後，不管是買權或賣權，必須在契約屆期當日才能要求賣方履約；而「美式」則是選擇權的買方可在到期日前的任一時點要求行使權利。對買方而言，「美式選擇權」較「歐式選擇權」有利於判斷一個最好的履約時機，但也因此而不利於賣方。故「美式選擇權」要付出的權利金較高，「歐式選擇權」的權利金則次之。

「亞洲式選擇權」則是市場上推陳出新的產品，其履約時點與前兩者並無不同；但在於履約價格計算方式上，則是採用契約存續期間內數個時點的即期價格予以平均後，作爲「平均即期價格」。如此一來，價格波動必然再降低，故「亞洲式選擇權」的權利金又要比「歐式選擇權」來得低。

實體選擇權反映了組織的「管理彈性」，也就是決策者會隨著經營環境的改變，而調整原有的投資計畫；而「實體選擇權」的價值，就等於「有選擇權NPV」減去「沒有選擇權的NPV」的差額。一般而言，「實體選擇權」有四種型態，分別是（一）繼續進行投資的選擇權；（二）放棄投資計畫的選擇權；（三）等待——稍後再投資的選擇權；及（四）改變公司產出或生產方式的選擇權[20]。四種型態的選擇權價值構成，簡述如下：

（一）繼續投資的選擇權

假設某企業正在考慮是否要設廠生產第一代的電子產品，此一投資的估計經濟年限爲六年；根據產業技術的發展，預計三年後就可以進一步擴廠，並發展出第二代技術。根據公司目前的投資現金流量

[20] Brealey, Richard A. & Myers, Steward C., *Principles of Corporate Finance*, 6th eds., McGraw-Hill Co., 2000, pp.620-629.

分析，第一代技術的淨現值爲負值。然第二代技術必須建立在第一代生產技術的基礎上；故此第一代技術的設廠投資，其實也是在「買進」一個未來可以繼續發展的機會。故此一投資計畫的產出效益等於設廠投資加上買進一個買權：其價值由兩個部分構成，一是第一代技術投資的淨現值，其二是買權價值。

（二）放棄的選擇權

假設公司正在考慮兩種不同生產技術的投資，技術 A 使用電腦控制的生產機具，具有生產量大、成本低的特性，但沒有轉賣的價值；而技術 B 使用的是傳統的標準生產機具，勞工成本較高，但這些機具二年之後可以轉售，售價約等於原投資額的60%。萬一市場銷售不如預期，轉售價值就相當重要。從轉售的觀點來看，技術 B 的淨現金流量包括兩個部分，一是投資、生產與銷售的淨現金流量；二是擁有一個兩年後可以賣出的賣權。所以技術B的現金流量，應等於投資的折現現金流量（DCF），加上買進一個賣權的價值。

（三）等待的選擇權

假設產業剛開發出一種新的技術，某公司正在考慮是否要立即投資設廠；由於此一技術剛開發，故可能出現技術不穩定、市場需求不如預期等諸多問題。公司現面臨兩種抉擇，一是現在立即投資，因爲競爭者可能會投資，導致市場競爭的版圖改變，這可能是"now-or-never"的問題；二是等待技術更爲成熟、市場資訊更完整時再投資，而公司估計一年以後這些條件都能夠成熟，故也可以等待一年再做決定。這種決策就像買進一個買權（一年後投資的權利）；而決策問題也就變成「比較」現在投資的淨現值，與選擇權價值（一年後投資的現值）的差別。

（四）生產彈性的選擇權

生產彈性包括原物料使用彈性（如生產電源可採燃燒瓦斯、電力或燃煤）、製程彈性（如彈性製造系統，FMS）等。如航空公司從飛機訂購至交機時間需達數年（二至三年）；故現在訂購，飛機製造公司生產線上在製的飛機，均爲數年前的訂單。假設一家公司認爲三年後航空運輸市場可能會景氣復甦，此時公司可有三種不同的抉擇：1.立即訂購飛機（不可取消）；2.購入買權（設計一套契約，保留將來可以執行的彈性，且如果市場不如預期，我方只須付出小額賠償，即可放棄訂購）；3.三年後再訂購（市場運量較爲確定，但交機時間將延後至第五年）。以購入買權的抉擇來看，「小額賠償」即爲購入買權必須付出的價格，但它可以避免更大的損失（當市場不如預期，可以不必損失飛機的價款）。

由於各國對於軍備工業都提供相當程度的保障，故以軍備工業而言，故無論是軍機、飛彈或是潛艦的生產技術，都存有實體選擇權的概念。如我國發展軍機的設計與生產技術，未來不僅可作爲發展先進戰機的參考，亦可作爲對外購機的談判籌碼，降低購機成本，必要時亦可從事技術轉售，獲取必要的報酬。潛艦與飛彈的研發與生產技術，亦具有類似的實體選擇權效益。或如生產工廠與軍民通用科技，亦多具有繼續發展與放棄生產（轉型民營化）的實體選擇權價值。

第三節　中程財務計畫管理

在前章中提出的PPB制度與財務規劃架構關係圖中，可以發現中程財務計畫的功能，是在長程財務規劃的指導下，支援中程計畫的有效達成。如前所述，長程財務規劃操作的變數是政策與制度，並須評估相關政策與制度對軍事成本的衝擊程度；因此在實際的財務供給無法滿足中程計畫預劃的財務需求時，中程財務管理，便可依實際的需要，在適當時機啓動適切的制度與政策，以彌補財務資源供需差距的缺口。但這種啓動制度的機制，必須建立在財務資源的監督（monitor）能力上，也就是察覺、預見未來財務供需出現差距的能力（參見圖5-9）。

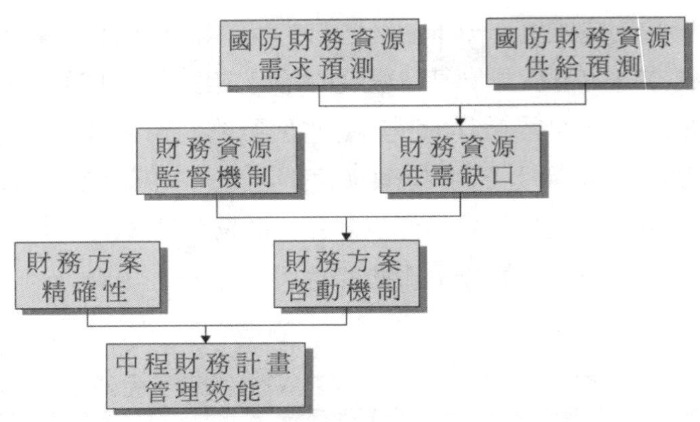

圖5-9　中程財務計畫管理效能影響因素圖

從圖5-9中可以發現，影響中程財務計畫管理效能的因素，主要來自於四方面，分別是財務預測的層面、財務需求管理的層面、財務資源監督的層面及財務方案預估的精確性。其中財務方案預估的精確性，係長程財務規劃可以操作的重要變數；如其財務估算不精確，不僅將直接衝擊中程財務管理、長程財務規劃的效能，亦將影響戰略規劃的可行性，其重要性自不待言。以下分就財務預測、財務需求管理、財務資源監督三個層面簡要說明：

一、財務預測層面

財務預測主要包括財務供給預測與財務需求預測。中程財務供給的預測，通常是建立在長程財務預測的基礎上；也就是從長程財務獲得預測的觀點，來看中程國防財務獲得的可能額度。而國防財務需求的預測，通常包括人員成本需求預測、作業成本需求預測及武器裝備成本需求預測。其中人員成本與作業成本的變動預測通常較爲單純，較爲複雜的則是武器裝備的成本需求預測。

武器裝備成本需求的管理，目前普遍採用的是壽期成本的管理觀點；由於這種觀點涵蓋了武器裝備發展、服役及汰除的整個期程，在缺乏參數的情況下，成本估計通常不易精確。因此中程計畫所提出的成本需求，本身就具備某種程度的不確定性，往往需要透過中程財務管理的手段，來舒緩其對長期建軍備戰的衝擊。表5-9中顯示了美軍過去在計畫採購與武器系統實際完成之成本比較；從表中的數字比較，武器系統的成本誤差最低爲23%，最高可高達64%；因此要精確估計成本，其實並非想像中那麼容易。

表5-9　計畫採購與武器系統實際完成之成本比較表（金額單位：百萬美元）

項目	計畫(a)			實際			變動百分比		
	數量	經費(b)	單位成本	數量	經費	單位成本	數量	經費	單位成本
M1 戰車	3,891	6,332	1.63	3,804	8,966	2.36	-2%	42%	45%
M2/3 戰鬥車	3,720	3,591	0.97	2,855	4,522	1.58	-23%	26%	64%
AH-64 攻擊直升機	284	2,615	9.20	315	3,955	12.56	11%	51%	36%
F/A-18 戰機	656	13,692	20.90	375	12,387	33	-43%	-10%	58%
F-15 戰機	90	2,764	30.70	195	7,379	37.80	117%	167%	23%
F-16 戰機	660	8,717	13.20	714	11,713	16.40	8%	34%	24%

(a)：包含於1981會計年度及五年計畫內之項目。

(b)：以1985年幣值爲準。

資料來源：Jacques S. Gansler著，廖埔生譯，**國防負擔**，台北：國防部史政編譯局，民國83年9月，頁134。

二、財務需求管理方面

財務需求的管理，必須兼顧二個方面，其一是計畫的優先排序，其二則是財務需求平穩化。所謂計畫的優先排序，主要是在建立中程計畫本身的調整能力，以作爲應付預算刪減的籌碼；而這種調整能力的建立，一則需要建立明確的評估指標，二則需要依賴計畫執行的資訊回饋。至於財務需求平穩化，則是配合國防財務資源獲得的狀況，在年度間進行調配，保持平穩的財務需求，以協助國防事務與建軍備戰的持續推動。這種長、短期之間國防經費的需求平衡，必須根據軍事財務需求的型態，在長期財務與短期預算需求之間進行調配，以降低長期財務需求的變異性。

而將尖峰經費需求（如武器系統汰換，導致重置的財務需求）或是臨時變動（如軍購匯率變動，導致外購預算不足），透過制度的運作使其變動縮減、平穩化，必然有助於提昇國防財務的規劃與控制能力。在財務需求平穩化的前提下，我們一則必須採用全壽期成本（Life cycle）的觀念，分析武器裝備後續所需的維持費用，二則必須分散武器投資的期程，以避免未來可能出現的財務需求尖峰，而形成財務資源管理上的困境。

或許有人認爲只要將計畫的執行期程延長，就可以適度紓緩年度間的財務壓力；就像一筆借款由八年償還期限，延長爲十年期償還，似乎可以減輕財務壓力。但武器裝備的購置卻非如此單純，因爲武器裝備的成本可能會快速攀升，而完全出乎國防採購者的原有預期。表5-10中顯示的就是，延長武器裝備的發展計畫，反而陷入武器成本大幅攀升的困境。

事實上，美軍過去的武器採購與後勤維持，亦經常受到年度預算影響，而波及裝備武器採購，導致國防計畫中經常出現「船尾浪花」（Stern Wave）或「船首浪花」（Bow Wave）的現象[21]；這兩種波段性建軍的現象，對國防建軍與持續的戰力維繫，都會產生非常不利的影響。如果我們不能在長、短期財務資源間進行平衡，降低各年度間財務需求的變異性，恐怕就無法避免這種兩種現象對國軍戰力的衝擊。

[21] 所謂「船尾浪花」是指在國防計畫中的經費需求初期出現暫時縮減，但在以後幾個年度又提昇上來的現象，而「船首浪花」則是指經費需求在開始的幾個年度就急遽增加，之後才出現縮減的現象。而「船首浪花」通常是因爲以前年度沒有投資，故必須在國防計畫開始的時候大量採購。

表5-10 計畫延長與成本增加之綜合性影響（以一年為例）

項　　目	會計年度	數量	單價（萬美元）	單位成本增（%）
M1 戰車	1987	800	230	13%
	1988	600	260	
黑鷹直升機	1987	82	520	25%
	1988	61	650	
AV-8B 海獵鷹垂直起降噴射機	1987	42	1,600	25%
	1988	32	2,000	
EA-6B 電戰機	1987	12	3,600	64%
	1988	6	5,960	
E-2C 鷹眼預警機	1987	10	4,400	50%
	1988	6	6,600	
響尾蛇空對空飛彈	1987	627	5.7	163%
	1988	288	15	

資料來源：Jacques S. Gansler著，**國防負擔**，頁127。

三、財務資源監督層面

在財務資源監督的層面，主要在建立監督財務資源供需狀態的能量與機制。因此我們一方面要持續的進行財務供給預測，及進行差異分析，以掌握中程財務供給的狀態；另一方面我們必須持續的監督計畫的執行狀態，以瞭解國防財務需求的狀態。

當跡象顯示國防財務供給持續出現不足的現象，則可能顯示現有的預測模型，無法有效掌握國防財務供給的發展趨勢；因此有必要考慮進行預測模式調整，或是進行預測變數增刪。至於在計畫執行的控制上，亦須建立適當的效能評估指標及相關的預警指標；並透過各種資訊的回饋，有系統的評估各項計畫的執行。如果評估結果始終未如預期，則不妨考慮終止這種軍事效益不大的計畫（如同麥納瑪拉過去所終止了B-70戰略轟炸機計畫及天箭計畫）。

第六章
年度計畫與預算

第一節　總體國防財務資源架構

第二節　普通基金

第三節　作業基金

第四節　年度財務資源供需與調節

PPB制度的第三個環節，就是年度計畫與預算。在政黨政治的民主體系下，國會主要是透過財務資源的審議與調撥，來調整政府的施政方向；因此年度預算不僅要反映行政部門的施政目標與預期績效，亦往往成爲政黨角力的工具。年度計畫與預算的重要性，主要是建立在它的執行與反饋；因爲沒有執行，PPB制度將無從落實，而沒有反饋資訊，制度就沒有調整及因應環境變遷的能力。本章預計分爲四個部分，分別探討總體國防財務資源架構、普通基金❶（單位預算）、特種基金（作業基金）及財務資源調節等各項課題。

第一節　總體國防財務資源架構

年度總體的國防財務資源，主要由三個部分構成（參見圖6-1），第一是普通基金的單位預算，第二是特種基金的附屬單位預算❷，第三則是備用的財務彈性。國防部主管的單位預算有二，其一是國防部本部的單位預算，其二是國防部所屬的單位預算，此二者亦爲

❶美國全國政府會計理事會（National Council on Governmental Accounting）於1979年3月發佈第一號公報「政府會計與財務報導原則」中，將基金定義爲：「稱基金者，謂依特別法令、約定或限制，爲執行特定業務或達行一定目標，分別設置一套自行平衡之帳户，記載現金與其他財力資源，連同一切有關的負債與賸餘權益或餘額，及其變動，而爲一財務與會計個體。」我國政府將基金分爲普通基金與特種基金兩類；前者係指歲入之供一般用途者，而後者則爲歲入之供特殊用途者（「預算法」第四條）。

❷我國的預算體制採用「基金」與「預算」併行的制度，因此對於預算的分類方式有二，其一是採用基金的分類方式（「普通基金」與「特種基金」二種分類，「預算法」第四條），其二是採預算隸屬結構的分類方式（如「總預算」、「單位預算」、「單位預算之分預算」、「附屬單位預算」及「附屬單位預算之分預算」五種分類，「預算法」第十六條）。國防部目前僅設置「單位預算」及「附屬單位預算」，未設置其它的預算類型。爲避免表達上的產生不周延的現象；因此，本書採用二分類、以基金爲主軸的表達方式。

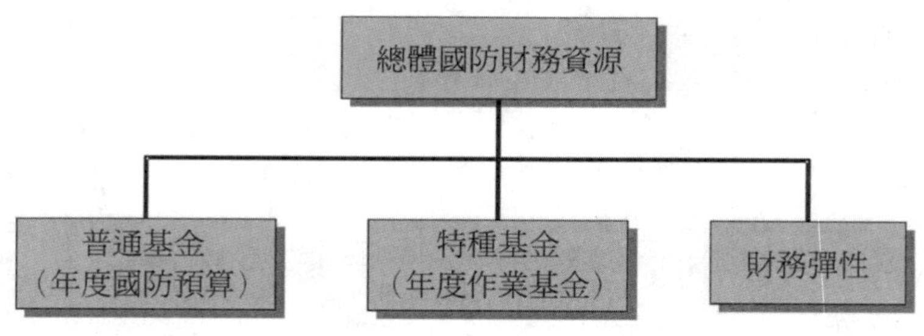

圖6-1　年度總體財務資源構成圖

一般人認知的國防預算❸；國防部主管的附屬單位預算有五，主要是各種不同型態的作業基金（舊稱「非營業基金」）；至於年度的財務彈性，主要包括追加預算、第二預備金、統籌分配款及特別預算等。

從過去的發展來看，年度普通基金向爲國防財務資源來源的大宗，其重要性自不待言。作業基金過去在中央政府總預算的比重較低，在國家財務資源的調配上未能扮演重要的角色；但此一現象正隨著作業基金的作業收支額度日趨成長（參見圖6-2，圖中實線部分爲作業收入，虛線部分爲作業支出），而逐漸改觀。由於作業基金採自給自足方式運作，產品（服務）定價在反映成本（產品成本與管理支

❸依「預算法」第十九條，附屬單位預算是以歲入、歲出的一部編入總預算，而單位預算是將全部的歲出、歲入編入總預算（「預算法」第十八條）。而在「中央政府特種基金管理準則」第四條第二項則明確指出，以歲入、歲出的一部編入總預算之附屬單位預算爲留本基金；所謂「一部」指的是「盈餘或賸餘之應解庫額，及虧損或短絀之由庫撥補額，與基金由庫增撥或收回額」。一般在附屬單位預算成立時，國庫撥付的資本額度通常不高，未達基金設置的限額，故各附屬單位預算普遍不會出現撥解國庫，及國庫撥補的現象，因此在各機關主管預算的年度歲出與歲入需求中，通常不包括附屬單位預算的年度需求，國防部亦不例外。再者加上過去國防部主管的作業基金，79年度以前收支額度都不大，因此一般人在討論國防預算時，通常指的僅是普通基金的單位預算，並不包括特種基金的附屬單位預算。

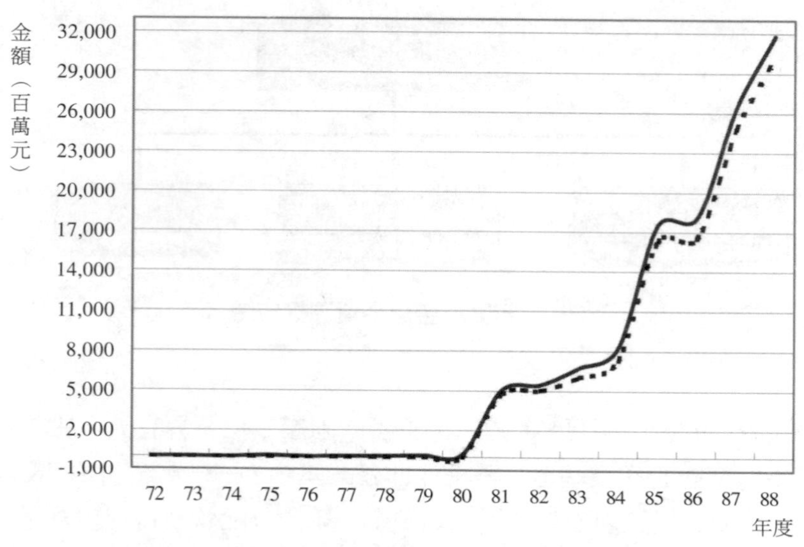

圖6-2　作業基金年度收支趨勢圖

資料來源：陳致文，「中央政府作業基金財務績效預測及預測誤差之研究」，台北縣：國防管理學院資源管理研究所碩士論文，民國87年6月，頁2。

出)，故收支額度差距不大。國防部所屬的作業基金，雖早自72年度便開始運作（72年度設置「國軍官兵購置住宅貸款基金」)，然過去由於額度較低，故較不受重視；但近年來，由於佔年度普通基金的額度快速攀升（參見本章第三節內容)，預期未來在國防財務資源的運作中，將會愈形重要。

至於財務彈性（主要是特別預算）過去在軍事武器獲得的歷程中，始終扮演著救火的角色重要。在本章中僅對年度國防預算及作業基金進行探討；有關財務彈性的部分將留待第十二章一併討論。

第二節　普通基金

壹、普通基金的各種觀點

歸納過去學者專家對於國防預算的探討，可以發現在界定討論範疇時，常會出現兩種值得留意的現象：第一是將國防預算視爲「普通基金」，忽略了附屬單位預算的影響與作用。這種「不當等同」的現象，在以往作業基金的收支額度較低時，影響的層面可能不大；但當作業基金的收支額度日趨攀高時，忽略作業基金的重要性，可能就會造成引證上的錯誤。第二是將「國防支出」的概念視同國防預算[4]（亦視同「普通基金」），將兩種不同的分類結果混爲一談，而「分類混淆」的現象，往往導致概念的定義不夠精確，討論時無法聚焦。

根據相關論述可以發現，過去學者專家在論及「國防預算」一詞時，多數意指「普通基金」。雖然「普通基金」與「國防預算」二者，意義並不相同；然爲便於探討不同觀點的發展脈絡，本章亦遵循過去學者對「國防預算」的思考主軸（不另稱「普通基金」），進行各種討論觀點的整理，以反映出財務供需層面及政治運作層面的不同角度。至於有關特種基金的「作業基金」部分，則置於本章第三節中詳細討論。以往有關國防預算的討論觀點包括：經濟能力觀點（或國民負擔論）、軍事威脅觀點、政治分配觀點、整體理性觀點及組織程序

---

[4] 「國防預算」與「國防支出」的內涵並不相同，但國防預算通常爲國防支出中的主要項目（佔90%以上）。以88年度爲例，國防部主管的預算中，計包括6種不同的支出（含國防支出）；28個業務計畫中，其中20個主要的業務計畫屬於國防支出，另外8個業務計畫分屬五種不同的支出類別。

觀點等各種不同的角度。茲分述如下：

一、經濟能力的觀點

在經濟能力論的觀點下，認爲國防預算編列的額度，與國民的經濟能力有關。因此國民經濟能力愈強者，國家的經濟基礎較爲龐大，國防預算編列的額度亦相對較高；反之，如果一個國民經濟能力有限的國家，卻編列了高額度的國防預算（或國防支出），顯然就不是一種恰當的行爲。所以過去許多論述，均探究經濟成長率或國民生產毛額（GNP；或國內生產毛額，GDP）[5]與我國防預算之間的關係。過去的研究，如孫克難（民74）、張清興（民77）、韋端（民78）與廖國鋒（民79）的研究中，曾探討到國防支出與經濟支出之間的影響關係；而立法院與報章經常討論的國防預算佔GDP（或GNP）的百分比，也都屬於這個層面的課題。由圖6-3的內容觀察，在取對數（log）之後，顯示GDP（上端淺色線）與國防預算（下端深色線）之間的關連確實有跡可尋。

國民負擔通常可從二個不同的層面進行探討，第一個層面是觀察國家的財政能力，藉以判斷國防預算可能獲得的額度。我們可以從民國83年至92年這十年來中央政府的預算赤字與債務餘額來觀察（參見表6-1），從表中可以發現過去十年之間的收支餘額不足數，年平均

[5] GNP（gross national product）與GDP（gross domestic product）均常被引用作爲衡量生產毛額的依據；但GNP是以國民的產出爲衡量基礎（國民不論其在國內或是國外，均納入計算；外國人的產出則不納入計算），而GDP則以國家所在地區的產出爲衡量基礎（國民如身處國外則其產出不納入計算，但外國人在國內的產出則納入計算）。由於地球村概念逐漸發達，人員在國際之間流動頻繁、使用GDP來計算生產毛額，可能更能反映初一個地區的經濟活動狀況。在我國由於GDP與GNP目前的差異不大，故交互使用並不會產生太大的問題。詳細內容請參見高希均、林祖嘉合著，**經濟學的世界：下篇——總體經濟理論導引**，台北：天下文化出版股份有限公司，民國87年2月，頁23-27。

超過3,500億元，而債務餘額由民國83年的7,813億元，快速升高到民國91年的2兆940億元水準，平均每年以1,500億元左右的幅度向上攀

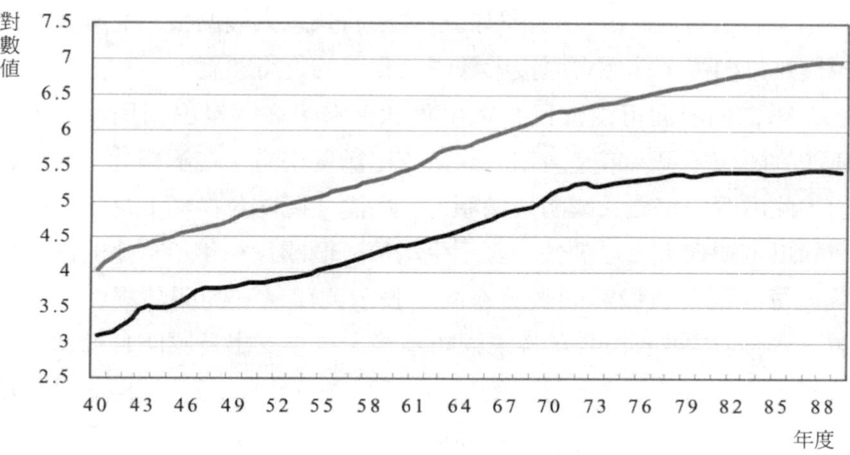

圖6-3　國防預算與GDP歷年趨勢圖

表6-1　中央政府收支餘絀、債務餘額與國防預算比率（金額單位：億元）

年度	收支餘額	債務餘額	國防預算佔中央政府總預算（%）
83	-2,375	7,813	24.28%
84	-3,134	9,443	24.51%
85	-3,950	10,280	22.76%
86	-3,198	11,443	22.51%
87	-3,025	10,931	22.43%
88	-4,349	10,400	22.70%
89	-6,351	13,779	18.03%
90	-4,206	17,181	16.93%
91	-3,931	20,940	17.19%
92	-3,931	n.a.	16.59%

資料來源：整理自行政院主計處資料。

說明：n.a.—資料不全。

升。這種負債快速攀升的趨勢，加上「公共債務法」第四條規定的「各級政府每年舉債額度不得超過各該政府總預算及特別預算之百分之十五」❻，使得中央政府不易以舉債方式來增加歲出；如果中央政府如果無法另闢財源，總預算的規模必將難以大幅擴張。而總預算的規模難以擴張，必然會直接影響國防預算的獲得額度。

第二個層面可由國民的軍事負擔來看，也就是由國民每人平均負擔的國防預算、或是負擔的國防支出額度來看。在解釋此一層面之前，此處擬先定義「國防負擔額」；所謂「國防負擔額」是指國防經費除以全國總人口之數值，表示平均每一個國民每年所負擔的國防經費，每人國民負擔額的數值愈高，表示國民承受的國防經費負擔愈重。表6-2中顯示1999年各國國防預算、軍事支出及國防負擔額的比較表。表中有幾個值得注意的地方，第一是資料比較的問題，表中第二欄的國防預算（引自1999-2000年的「軍力平衡」數字）與第三欄

---

❻依據民國87年6月10日修正公佈之「公共債務法」第四條規定：「各級政府在其總預算及特別預算內，所舉借之公共債務未償餘額預算數，合計不得超過行政院主計處預估之前三年度名目國民生產毛額平均數的百分之四十八；其分配如下：

一、中央爲百分之二八・八。

二、省爲百分之十二・六。

三、直轄市爲百分之四・八，其中台北市爲百分之三・六，高雄市爲百分之一・二。

四、縣（市）爲百分之一・二。

五、鄉（鎮、市）爲百分之〇・六。

省、台北市及高雄市之公共債務未償餘額預算數，占各該政府總預算及特別預算歲出總額之比例，各不得超過百分之一百八十、百分之一百三十五及百分之一百三十五。

縣（市）及鄉（鎮、市）之公共債務未償餘額預算數，占各該政府總預算及特別預算歲出總額之比例，各不得超過百分之十八及百分之二十五。

各級政府每年舉債額度不得超過各該政府總預算及特別預算之百分之十五。

省（市）、縣（市）、鄉（鎮、市）之公共債務未償餘額預算數，占各該政府總預算及特別預算歲出總額之比例，不得超過第一項分配之額度。」

表6-2　1999年各國國防負擔比較表——國防預算

國　　家	國防預算[a]（1999，億美元）	人口總數（1999，萬人）	年均國民所得[c]（1999，美元）	國民負擔額[d]	所得負擔率[e]
美　　國	2,762	27,313	31,910	1,011	3.17%
英　　國	346	5,876	23,590	589	2.50%
法　　國	295	5,917	24,170	499	2.06%
德　　國	247	8,206	25,620	301	1.17%
義 大 利	162	5,792	20,170	280	1.39%
澳　　洲	72	1,908	20,950	377	1.80%
瑞　　典	32	480	38,380	667	1.74%
韓　　國	116	4,700	8,595	247	2.87%
日　　本	411	12,651	32,030	325	1.01%
以 色 列	67	601	16,310	1,115	6.84%
中華民國[f]	109	2,180	13,177	500	3.79%
新 加 坡	42	320	24,150	1,313	5.43%

說明：

a：摘自倫敦國際戰略研究所（IISS）出版之1999-2000年的「軍力平衡」，1999年預算數；單位：億美元。

b：選自瑞典斯德哥爾摩國際和平研究所（SIPRI）軍事支出資料，1999年軍事支出數；單位：億美元。

c：國民所得資料取自世界銀行資料，1999年各國國民所得均值採用官方匯率換算爲美元。

d：年度國防預算（或軍事支出）除以人口總數，以美元計算國民每人的國防預算（或軍事支出）負擔數。

e：國民平均負擔數除以1999年的國民所得數，計算國民的所得負擔率。

f：我國預算已包括當年度的特別預算數。

表6-2（續）　1999年各國國防負擔比較表——軍事預算

國　　家	軍事支出[b]（1999，億美元）	人口總數（1999，萬人）	年均國民所得[c]（1999，美元）	國民負擔額[d]	所得負擔率[e]
美　　國	2,599	27,313	31,910	952	2.98%
英　　國	318	5,876	23,590	541	2.29%
法　　國	468	5,917	24,170	791	3.27%
德　　國	395	8,206	25,620	481	1.88%
義 大 利	235	5,792	20,170	406	2.01%
澳　　洲	83	1,908	20,950	435	2.08%
瑞　　典	57	480	38,380	1,188	3.09%
韓　　國	150	4,700	8,595	319	3.71%
日　　本	512	12,651	32,030	405	1.26%
以 色 列	84	601	16,310	1,398	8.57%
中華民國[f]	93	2,180	13,177	427	3.24%
新 加 坡	50	320	24,150	1,563	6.47%

的軍事支出（引自瑞典斯德哥爾摩國際和平研究所〔SIPRI〕資料庫的軍事支出數字），雖均來自於國際知名的軍事資料庫；但由於國防預算、國防支出與軍事支出的計算基礎的不同，故誤用時便可能出現40%以上的差異（如法國、德國、義大利、瑞典、韓國），因此在資料引用時必須謹愼。

表中顯示依國防預算計算1999年每人的國民負擔額，其中額度最高的是美國（每人每年負擔866美元）、其次是英國（每人每年負擔147美元）、之後是美國（每人每年負擔1,011美元），我國每人每年的國民負擔額爲500美元，較日本（325美元）、澳洲（377美元）、德國（301美元）爲高，與法國的國民負擔額（499美元）相近。

如以軍事支出爲計算基礎，最高仍爲新加坡（每人每年負擔1,563美元），其次爲以色列（每人每年負擔1,398美元），之後是瑞典（每人每年負擔1,188美元）。美國的國民負擔額每人每年爲952美元，日本每人每年的國民負擔額爲405美元，我國每人每年的國民負擔額則爲427美元。

如以「國防預算」計算的國民負擔額與「國民所得」進行比較，則可發現1999年「所得負擔率」（國民負擔額除以國民所得）最高的國家為以色列（6.84%），其次為新加坡（5.43%），之後則為我國（3.79%）；我國的所得負擔率與韓國（2.87%）相較，則相對較高。如以「軍事支出」計算的所得負擔率進行比較，則可發現1999年所得負擔率最高的國家為以色列（8.57%），其次為新加坡（6.47%），之後則為韓國（3.71%）；我國的所得負擔率為3.24%，與法國（3.27%）相近，但較瑞典（3.09%）為高。

從表中可以發現，國家較小、人口較少的國家（如以色列、韓國、中華民國、新加坡），國民經濟能力計算的基礎較小，通常國防預算或軍事支出的計算比率會比較高；然由表中國民負擔的各種比較數字來看，我國的國防預算（或是軍事支出）也具體反映出國家所承受的軍事威脅強度。

由於軍事功能的存在，是為了應付國家的威脅；如果我們純由國防預算（或軍事支出）數字，來探討國防預算的適切程度，可能會導致我們忽略軍事威脅的嚴重性，並可能引導出錯誤的決策結果。

二、軍事威脅的觀點

在軍事威脅論的觀點下，認為國防預算的編列與國家的敵情威脅有關；而國家面臨的軍事威脅程度愈高者，其國防預算的編列額度愈高。因此當敵國對我國的敵意愈深、其武器系統愈先進、或其國防預算的額度愈高，則我國的國防預算的額度就應該相對提高。過去在美蘇冷戰時期，兩強對峙、武器競賽[7]的情境下，軍事威脅是一種經

[7] 所謂「武器競賽」就是兩個或兩個以上的實體，對敵方過去、現在與可預期的未來之武力增加，所做的一種相對的反應。參見潘俊興，「我國國防預算可行性探討——時間數列模型之應用」，頁27。潘君在檢視Huntington（1958）、Burns（1959）、Nicholson（1970）、Gray（1971）及Smith（1980）所提武器競賽之定義後，認為「反射」為一個武器競賽過程的重要特徵，故採取上述的定義。

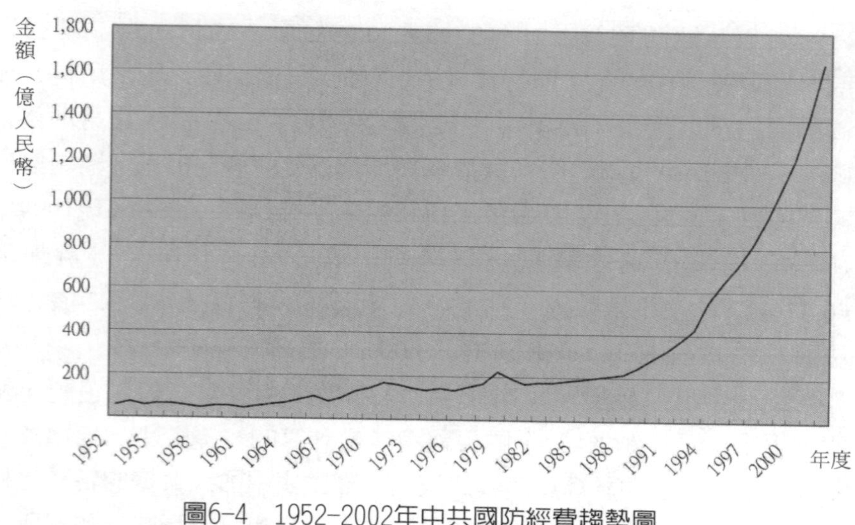

圖6-4　1952-2002年中共國防經費趨勢圖

常被引用的觀點。學者的研究如闞興韶（民76）、汪學太（民80）、梁蜀東（民80）、李蕭傳（民82）、馬君梅、葉金成（民84）、林志忠、劉立倫（民85），劉立倫、汪進揚、葉恆菁（民92）、劉立倫、汪進揚、陳章仁（民93）都曾討論到這種觀點（或採用這種觀點進行實證），來說明軍事威脅對國防預算的可能影響。

圖6-4中顯示1952年至1998年這四十年間，中共對外公佈國防經費的變動趨勢。圖中可以發現，近十年是大陸國防經費成長最爲快速的階段，成長約400%；根據SIPRI年報資料顯示，在2002年、2003年按照當期匯率換算，中共的軍事支出排名全世界第五（次於美、日、英、法等國）；但如果採用購買力評價（Purchasing Power Parity, PPP）換算，中共在2002年、2003年的軍事支出則僅次於美國，排名全球第二。美國也認爲中共現代化速度相當快，其兵力投射能力，預期可在2005年就可以突破第一島鏈；所以也在第二島鏈的「關島」增加了四項戰略性的軍事佈署。由於威脅強度是軍事能力及敵對態度的函數；如果我們不能改善中共對我們的敵對態度，那麼中共軍事支出的快速成長，就明確顯示我國面對的軍事威脅強度，正在快速增強中。

而採用軍事威脅的觀點進行我國防預算估測時，可能面臨以下兩個難題：（一）中共的預算制度與我國不同，且其隱藏的預算高於公開的預算，所以其公佈的國防經費數字並不可信[8]；（二）蘇聯解體之後，中共儼然成為世界第二軍事強權，故其戰略觀點是以全球為著眼，與我國的戰略觀點不同；因此中共的國防經費改變，並不全然是針對我國所進行的戰略調整。所以我們對於中共國防經費數字的實用性，亦抱持著相當保留的態度。

三、政治分配的觀點

在政治分配論的觀點下，認為國防預算的額度是國家總資源分配下政治運作的結果；由於民主國家是以民意為依歸，故當國防政策愈受到民意的重視，則國防預算的編列額度愈高，這是源自於中間投票者理論的觀點[9]。由政治分配論引申出的另一種議題，就是一般經常討論的資源排擠現象。在達成國家多元目標的過程中，必然會涉及總體財力資源的分配與使用；因此，無可避免的必須正視目標優先性的課題，與可能出現的資源競用與排擠現象，過去在葉金成、張寶光（民82）、蘇彩足（民83）、林志忠、劉立倫（民85）的研究中，都曾討論到這種現象。而眾所周知的國防預算佔中央政府總預算的百分比，也應該是這個層面的課題。

[8] 中共的預算制度與我們不同，其國防經費包括經費預算、預算外經費及隱藏預算（隱藏預算包括科工部門、民政部門、對外軍售及軍辦企業收入四個部分），且向來是隱藏性的部分多於公開的部分；根據民國85年的國防報告書之頁37所示，中共實際全部的國防預算應為其官方公佈數字的3倍左右；在民國89年的國防報告書中，更認為中共實際的國防預算，可能高達公開的國防費數字的6倍。國防預算數字的不夠精確，其實是許多國家（尤其是第三世界）的通病；如在倫敦牛津大學出版1994-1995年的「軍力平衡」一書中，亦對各國國防預算與軍事資料的的不夠精確，提出解釋的原因。

[9] 梁蜀東，「國防預算規模之決定」，台北縣：國防管理學院國防財務資源管理研究所碩士論文，民國80年5月。

從新制度論（New Institutionalism）的觀點來看[10]，制度環境（包括正式與非正式的制度）對預算參與者的行爲模式有相當重要的影響。如李允傑（民89）的研究中曾提出，影響行政機關預算行爲有三個重要因素，分別是：資訊不對稱、政治生態及預算政策。而影響國防預算的因素，則包括以下四個，分別是：（一）兩岸對峙現況；（二）軍種購案競爭；（三）機密預算特性；及（四）審查機制功能不彰，這些因素將會導致國防預算持續朝向自我擴張的方向發展，並始終居高不下。

如果我們由過去的國防預算額度觀察，不難發現國防預算本身就具有向上持續攀升的趨勢性。這種趨勢的產生，主要源自於二方面的因素：（一）隨著GDP的逐年成長，中央政府總預算將持續增加，預算大餅增大，往往導致各部會的預算有向上調增的空間；（二）國防部門爲減低通貨膨脹及軍公教調薪所造成的影響，必將適度的增列預算，以維持國防部門的「實質」購買力。因此，政治分配論的觀點，雖可以解釋國防預算編審的政治性互動歷程，但如何將政治分配的相對影響因素量化，卻往往也是實證過程中的重大挑戰。

四、整體理性（comprehensive rationality）的觀點

整體理性論的觀點下，認爲國防預算的編列是一個「由上而下」的組織理性過程；因此，國防預算的編列額度是具體顯現國防組織的戰略構想、兵力結構與各種業務活動。當國家安全戰略、軍事戰略的構想改變，則中程施政計畫就應該隨之改變，年度國防預算亦將隨之調整。

---

[10] 參見林博文，「我國國防預算案之研究（1987-1998）——政策制定面之分析」，台北：國立政治大學公共行政研究所博士論文，民國87年；李允傑，「國防預算規模之分析：新制度論的觀點」，第三屆國軍軍事社會科學學術研討會論文，民國89年5月。

整體理性觀點的有效性，與預算的分配理性有相當密切的關聯，如果資源分配無法結合戰略規劃與兵力結構，則組織的目標仍無法達成。而美軍所實施的PPB制度與國軍實施的企劃預算制度，在制度運作與預算籌編上，都隱含著這種由上而下的理性觀點。

五、組織程序的觀點

相對的，在組織程序論的觀點下，則認爲國防預算的編列，主要是受到「由下而上」組織內部彙整的過程影響（包括制度、規範與傳統等多種因素）；由於業務執行與預算編列的過程中，缺乏戰略觀點的指導，因此往往只能因循過去以往的業務與預算基礎，進行有限度的微幅調整。這種觀點也認爲，由於預算的編列與假設，均延續過去年度的基礎，所以容易在年度各種業務計畫的預算額度上，出現增量的微調現象。

過去蘇彩足（民83），林志忠、劉立倫（民85）的研究中都述及，預算籌編的過程會受到「由下而上」與「由上而下」的兩股力量相互作用，就是反映這兩種觀點互動的關係。而Dye（1978）所提出的增量預算，基本上亦屬於此一範疇的討論。從制度環境的觀點（新制度論）來看，這種預算逐年調增的現象，主要肇因於組織分工後的資訊不對稱性，加上審查機制的功能不彰所致。因此要避免這種現象的出現，則可由（一）加速預算與業務資訊的透析程度；及（二）強化內部的審查功能二方面著手。

貳、綜合討論

前述這些研究雖然取向不同，但推論邏輯與結論卻甚具有說服力，這顯示了國防預算本身其實是一種具備多面向的複合體（complex），就如同Allison（1971）在分析古巴飛彈危機時的三種有效分析模式。研究者切入的角度不同，呈現的結果就完全不同；如果研究者沒有完整的國防軍事思考邏輯，不僅易導致研究的結果不易歸納，也可能如瞎子摸象，各自得到不同的國防意象。

前述的觀點仔細分析後可以發現，經濟能力論是探討國防財力的供給層面的課題，政治分配論屬於國防財力資源分配的議題，理性整體論與組織程序論則在探討國防財力需求層面的議題。而軍事威脅論不僅可透過國家安全政策影響國防財力的供給，亦可透過軍事戰略而影響國防財力的需求。換言之，上述五種理論觀點，都只是在說明國防財力資源的「供給」、「需求」及「資源分配」三個層面的問題，只是各自切入的角度不同，而這些觀點也都獲得不同程度的支持。

林志忠、劉立倫（民85）的研究中，曾結合國防預算供給與預算需求之間影響的因素，包括財政、經濟、組織理性、組織協調與分配機制等，建構出國防預算供需之調節機制（參見圖6-5），這說明了這些不同層面的因素對國防財力資源的獲得可能產生的影響。因此歸納前述研究的結果，可以發現國防財力的各項議題，本質上是由財力

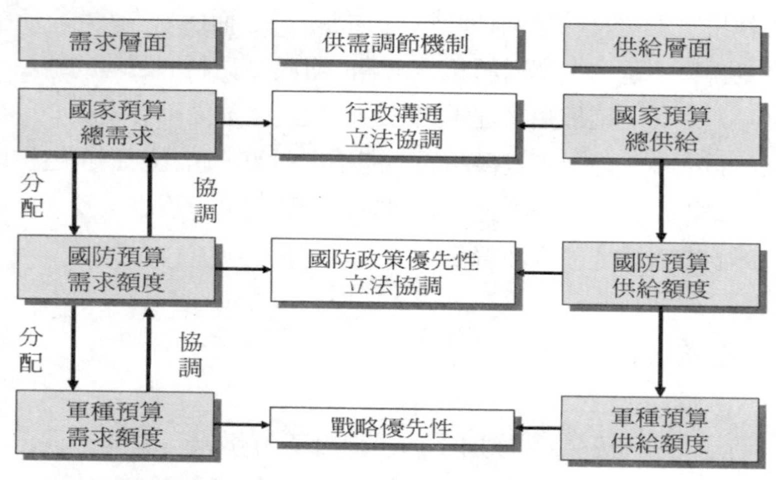

圖6-5　國防預算供需與互動機制圖

資料來源：林志忠、劉立倫，**我國防預算結構分析之研究**，國防部專題報告，民國85年，頁46。

供給、財力需求與分配機制所構成。由於國防管理與預算制度是建構在計畫預算制度之上，因此國防財力的需求，是透過長程的軍事戰略規劃、中程的五年施政計畫，而形成年度的國防預算需求。但由於國防財力供給與需求額度之間必然存在的差距，因此也就產生了國防預算額度的適足性問題[11]；所以國防預算的形成，實際上是經由國防財力供給與需求之間的各種牽引力量共同作用而成。

從國防軍事戰略的角度來看，軍事防禦主要在應付國家可能面臨的軍事威脅；因此軍事戰略的主要目的在建立現代化的防禦武力。軍事戰略制定後，須透過兵力結構、武器系統以建立部隊戰力與軍事能力；而武器系統與作戰人員又須透過準則的界面才能結合。因此部隊戰力的發展，不僅涉及武器研發，準則發展、部隊演訓、戰術調整，也牽涉後勤支援體系與行政管理體系的調整。由於其涉及的層面既深且廣，故兵力結構與作戰部隊的調整，必須透過長程的戰略規劃（strategic planning）、中程計畫（programming）及年度計畫，才能有效的將國防資源引導至預期的發展方向，建立足以抵禦軍事威脅的軍事能力。

因此，從軍事發展與運作的邏輯來看，「國防環境－國防軍事戰略－兵力結構－軍事防禦能力－國防資源」之間，必然存在著順序的邏輯關係。也就是國防環境直接影響軍事戰略發展，軍事戰略影響兵力結構（武器與作戰部隊的結合），部隊發展在建構軍事防禦的能力，最後必須結合各項業務活動，運用國防資源，才能達到預期的目標。這種運作的精神與邏輯，不僅顯示在美軍採取的PPB制度[12]，也

[11] 劉立倫，「國防財力管理：觀念性架構與未來發展之探討」，**第六屆國防管理論暨實務研討會論文集**，民國87年5月，頁589-608。

[12] Davis, M. Thomas, *Managing Detense after the Cold War*, Center for Strategic and Budgetary Assessments, June, 1997.

普遍存在於各國的軍事體制中[13]，也包括我國防部採行的計畫預算制度。

再者，從國防預算籌編與審議的過程觀察，不難發現國防體系的首要考慮，在於滿足軍事作戰的實需，也就是維持作戰部隊的戰力；之後才透過政治運作的過程，進行國防資源的協商與調節。在劉立倫、汪進揚、葉恆菁（民92）的研究中，曾以全球各國的大樣本資料進行實證研究，探討軍事防禦能力、國家經濟能力與國防預算關係之間的關係。研究中採用前述軍事理論爲思考架構，以「軍事防禦能力」作爲主軸，之後再將「國家經濟能力」導入模式，結果也支持軍事需求對國防預算的影響關係。換句話說，國防預算的編審運作，本質上是以「作戰需求」爲起點，之後再配合「總體供給」限制而進行的逐次修正過程。

參、國防預算的規模

由於國防預算本身存在的多面向（multi-dimensional）特性，因此在探討國防預算時，有必要採行綜合性的觀點，才能探討國防預算的適切規模。過去蘇彩足（民81）曾從經濟性的觀點，以邊際成本與付費意願，來探討國防支出的最適規模；研究中認爲國防支出的規模，主要決定於兩個因素，分別是一、全體國民對國防安全之「付費意願」總數；二、維護國防安全之邊際成本。當維護國防安全之邊際成本，低於全體國民對國防安全之「付費意願」總數時，就應當提高國防投資的比例；反之當維護國防安全之邊際成本，高於全體國民對國防安全之「付費意願」總數時，就應該降低國防預算的比重，如此

[13] Douglas J. Murray & Paul R. Viotti著，高一中、吳惠民譯，**世界各國國防政策比較研究**，台北：國防部史政編譯局，民國88年。

才能符合「柏瑞圖最適化」（Pareto Optimality）的要求。而人民的付費意願則受到四個因素影響，分別是一、人民財產安全獲得保障的程度；二、該國之受敵程度；三、人民對其它非國防財貨的需求；四、國民所得大小。此一觀點兼採經濟能力與軍事威脅兩種不同的切入角度，以解析性的觀點，來說明國防支出的規模。

如由預算供給與預算需求的層面來探討，不難發現國防預算的供給，主要是受到中央政府總預算規模，及國防政策的優先性（也就是國防功能在中央政府施政目標的相對重要性）兩項因素影響（參見圖6-6）；在中央政府總預算規模的影響因素，張哲琛（民77）曾提出四個因素，分別是：計量經濟預測模型、最適控制模型、國家政策目標及預算政策等（參見圖6-7）；而劉立倫（民87）則提出的三項影響因素，分別是：國民經濟能力、通貨膨脹壓力及政府預算政策[14]。

在影響中央政府歲出規模的因素中，「國民經濟能力」（經濟成長率，GDP）與「通貨膨脹壓力」（通貨膨脹率），二者在中央政府總預算中具有相互制衡的作用，影響力與重要性自不待言。而中央政府

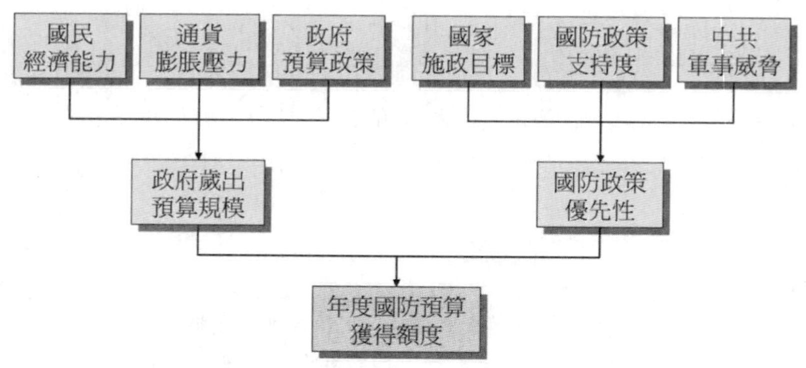

圖6-6　影響年度國防預算獲得因素圖

[14] 劉立倫，「國防財力管理：觀念性架構與未來發展之探討」。

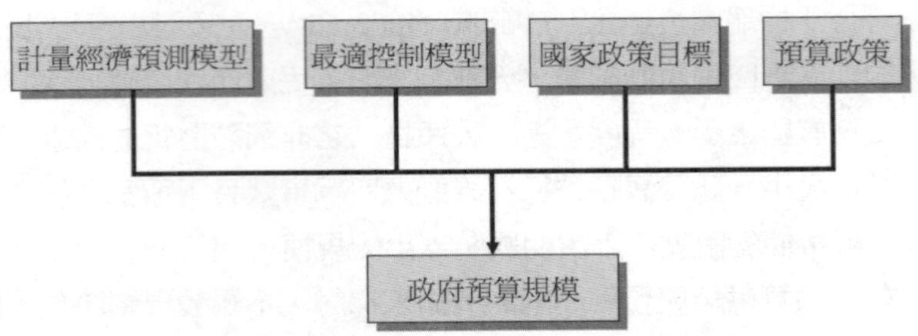

圖6-7 預算規模決定之理想模式

資料來源：修改自張哲琛，「我國政府預算結構與預算決策之評析」，**主計月報**，第66卷，第1期，民國77年，頁45。

的預算政策（中、長期預算目標），必然會對中央政府的預算規模與成長，產生相當程度的規範作用⑮。因此以內容來看，學者間所提出的影響因素，在觀念上有相通之處。而國防政策的優先性，則受到國家施政目標、國防政策的支持度（民意支持度）及威脅強度的影響。因此，從組織目標體系的觀點來看，政府歲出預算額度的規模，結合國防政策的優先性，二者共同決定了國防預算的規模。當中央政府總預算的規模縮減，必然會直接的影響到國防預算所能獲得的額度。

要觀察國防政策在中央政府施政目標的優先性，或許可以由中央政府總預算的變動趨勢，與國防預算的變動趨勢加以解析（參見表6-3）。如果國防預算的成長幅度大於（或等於）中央政府總預算的成

⑮如過去行政院中長期預算目標中，曾設定的民國90年達到收支平衡；而根據「中央政府總供需第二次推估及中央政府中程預算收支推估」顯示，未來（至91年度）中央政府平均的預算年增率約爲4.3%。模式中假設政府消費的年增率爲6.3%，公營事業投資的年增率爲5%下，中央政府總預算支出，由88年度的1兆2,714億元（經濟成長維持在6.5%，物價水準維持在2.7%，也就是維持在「高成長、低物價」的水準下），推估至91年度的1兆4,524億元，平均年增率爲4.3%，實質收入的平均年增率則爲8.2%。參見「主計要聞」，**主計月報**，民國86年12月，頁65。

表6-3　過去十年GDP成長及預算年增率表

項　　目	83年度	84年度	85年度	86年度	87年度
中央政府總預算（億）	10,648	10,292	11,348	11,943	12,253
總預算年成長率	**-0.55%**	**-3.34%**	**10.26%**	**5.24%**	**2.60%**
國防預算數（億）	2,584.84	2,522.58	2,583.37	2,688.22	2,747.83
國防預算年成長率	**-4.61%**	**-2.40%**	**2.38%**	**4.07%**	**2.23%**
平均 GDP（美元）	11,613	12,488	13,073	13,449	12,268
GDP 年增率	**7.96%**	**7.53%**	**4.68%**	**2.88%**	**-8.78%**
	88年度	89年度	90年度	91年度	92年度
中央政府總預算（億）	12,534	15,339	15,755	15,187	15,503
總預算年成長率	**2.29%**	**22.38%**	**2.71**	**-3.61%**	**2.08%**
國防預算數（億）[註]	2,844.92	2,765.69	2,667	2,610	2,572
國防預算年成長率	**3.53%**	**-2.78%**	**-3.58%**	**-2.14%**	**-1.46%**
平均 GDP（美元）	13,114	13,985	12,621	12,588	12,725
GDP 年增率	**6.90%**	**6.64%**	**-9.75%**	**-0.26%**	**1.09%**

註：89年度採行政院經建會過去換算的基礎1.4596換算；整理自行政院主計處之歷年中央政府總預算資料。

長幅度，那麼顯示國防功能在中央政府的施政目標仍佔有相當的重要性；但如果國防預算的成長幅度持續低於中央政府總預算的成長幅度，則顯示國防功能在中央政府的施政目標正持續的降低。從表中的數字顯示，83年度至92年度這十年間國防預算（普通基金）在中央政府總預算的比重，正逐漸降低；這顯示了中央政府除了要防衛台、澎、金、馬之外，亦須要兼顧國家的經濟發展與社會成長。因此，國防預算的成長幅度正逐年趨減，國防政策的重要性正逐漸降低。

從表6-3中顯示83年度至92年度之間，中央政府總預算成長率、國防預算成長率及GDP年增率來看，不難發現在88年度以前，國防預算仍能與中央政府總預算維持相近的成長關係，但在89年度以後，二者的年度成長率關係便截然不同，國防預算呈現較爲不利的變動趨勢。而有趣的是，對照過去十年中央政府總預算成長率、國防預算成長率與GDP成長率，三者之間的關聯性好像也不太高。

然由於國防軍事的需求，主要在應付軍事的威脅；因此國防預算規模的決定，往往必須同時兼顧國家的財政能力與軍事威脅的強度。由於軍事威脅的界定與軍事計畫的編擬，必須透過PPB制度的運作；因此當供需層面各項因素交互作用時，再加上制度運作的影響因素，及國會審議時的政治角力，將使得國防預算的規模決定，變得更爲複雜。圖6-8中顯示了過去歷年國防預算（普通基金）的變動趨勢，大致可分爲三個不同的階段與型態（如圖中三段淺色直線部分），各線段的斜率亦有明顯差異。讀者如果有興趣，不妨自行對照當時的時空背景，應可發現更多的有趣的現象。

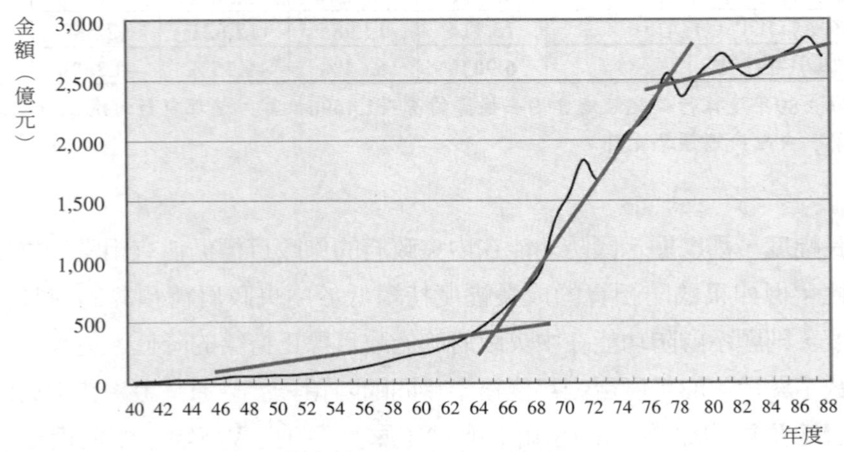

圖6-8　我國國防預算歷年趨勢圖

第三節　作業基金

壹、作業基金的意義與功能

我國「預算法」第四條規定：「稱基金者，謂已定用途而已收入或尚未收入之現金或其他財產。……二、特種基金：歲入之供特殊用途……（四）經付出後仍可收回，而非用於營業者，為作業基金。」；「會計法」第四條則規定：「凡政府所屬機關，專為供給財物、勞務或其他利益……而不以營利為目的者，為公有事業機關。」；及「中央政府特種基金管理準則」第二條內容「各類特種基金參照會計法第六條第二項規定，按性質區分如下：一、凡基金未設本金，其所獲財力資源可全部動用者為動本基金。二、凡基金設立之本金須保持完整，供作營業或作業循環運用或僅運用其孳息者為留本基金。」；另第七條規定：「每一特種基金（作業基金屬之）為一獨立計算債權、債務、損益或餘絀之會計單位，均應分別處理」。

一個自由的經濟社會中，政府所扮演之經濟職能角色，除制定並有效執行健全的經濟法規外，並應彌補「市場失靈」[16]之缺失，而從事下列幾項工作，以補市場機能之不足[17]：

一、成立公營事業，經營自然獨占之產業，或對民營的自然獨

[16] 所謂「市場失靈」（market failures）指的是「市場機能在充份發揮下，不能如所預期地圓滿達成經濟效率」之現象，又可稱之為「價格機能失靈」。

[17] 張清溪等人著，**經濟學——理論與實務**（上冊），台北：新陸書局，民國76年，頁317。

占產業進行價格管制。

二、對製造外部成本者課稅或管制，並對產生外部利益者補貼。

三、生產具有「共享」以及「無法排他」之特性的公共財。

四、在不損及經濟效益之原則下，減輕調整經濟競爭下所帶給社會的成本，如對廠商提供資訊服務、社會服務、福利救濟等。

五、採取適當的所得重分配措施，改善貧富不均現象。

爲配合上述工作之進行，政府成立了各種不同的基金以茲運作。如設置有營業基金，從事不宜由民間參與或自然獨占事業；設置各機關部會並編列公務預算，執行全民共享之一般性政務；設置有作業基金，針對特定對象提供財貨或服務，以配合經建發展、社會福利、文化事業等目的，給予補貼或經費徵收；另外各依其他任務，成立其他基金來執行特殊性任務。以上成立之基金也或多或少具備所得重分配效果。

根據財政理論，爲了提高公共支出效率，政府財源的籌措必須遵循利益原則，除以規費（fees）、使用者付費（user charges）或指定用途稅（earmarked tax）作爲財源外，尚需設立基金加以管理。亦即當政府提供之公共財具有私人財之性質時，應以使用者付費方式，籌措此等公共財的財源；並將此特定財源指定用於該公共財的支出上。特種基金的設立，主要是在貫徹使用者付費原則（即利益原則），以提高政府支出的使用效率。

我國的特種基金依「預算法」第四條規定，區分爲營業基金、償債基金、信託基金、作業基金、特別收入基金與資本計畫基金等六種。營業基金係政府爲從事公用事業、重要產業或不適由民間經營之事業，而成立以營利爲目的之企業型公司組織，其經營績效透過年度財務報表數字，可利用各項企業財務分析指標作一完整呈現。償債基金則爲負責辦理政府公債到期還本、付息等業務管理。信託基金係記載政府部門爲國內外機關、團體或私人之利益，以受託人或代理人之身分，依契約條件進行資產管理或處分。

作業基金係政府爲執行特定政策目標與業務事項，而設置非以營利爲目的之企業型作業組織，並有專款提供基金循環運用。特別收入基金係以特定收入來源以支應特定用途。而資本計畫基金則適用於處理政府機關重大工程計畫。其中營業基金與作業基金爲留本基金，適用於一般公認會計原則；債務基金、特別收入基金及資本計畫基金，通常應爲動本基金，應編列單位預算。信託基金如爲留本基金，則適用一般公認會計原則；如爲動本基金，則視同政務基金的處理方式。

而我國作業基金係各級政府機關爲配合各項政策之需要而設置，其營運管理大多由普通公務機關兼辦，因此作業基金亦多爲附屬於各級公務機關之作業組織（「會計法」第七條），並肩負有「社會及政治」責任。

貳、作業基金設置概況

我國現有作業基金業務所涵蓋產業範圍相當廣泛，包括工、商、農、林、漁、牧、礦冶、醫療及金融服務等，當然也包含有對政府內部提供服務或從事於增進社會文化與福利性質之事項，如購宅貸款基金、社會福利基金、急難救助基金……等；至92會計年度止，中央政府共計設置77個「附屬單位預算」型態的作業基金，設置了87個「附屬單位預算之分預算」型態的作業基金。如果加計18個特別所入基金，1個債務基金（「中央政府債務基金」），1個資本計畫基金（「國軍老舊營舍改建基金」），「附屬單位預算」型態的基金數共計97個。

就「附屬單位預算」的77個作業基金來看，91年度各單位設置情形如下：行政院設置1個基金，內政部設置2個基金，國防部設置3個基金，財政部設置2個基金，教育部設置56個基金（主要是校務基金），法務部設置1個基金，經濟部設置2個基金，交通部設置2個基金，退輔會設置2個基金，農委會設置1個基金，勞委會設置1個基金，衛生署設置1個基金，原住民委員會設置1個基金，人事行政局設置1個基金，故宮博物院設置1個基金。作業基金以「附屬單位預算之分預算」設置的計有62個；設置較多的部會，則為衛生署（28個，主要是各地區醫院22個及療養院6個）、退輔會（15個，主要是農場、工廠及醫院）、內政部（7個）、農委會（4個）、交通部（4個）及經濟部（3個）。而各作業基金年度的作業收支，佔中央政府歲入歲出的比例，亦逐年增高（參見表6-4），現已超過50%，固有必要留意作業基金的運作效能。

表6-4　中央政府收支決算數與作業基金收支數對照表（金額單位：億元）

年度	中央政府歲入決算數	作業基金收入數	作業基金收入佔歲入比例(%)	中央政府歲出決算數	作業基金支出數	作業基金支出佔歲出比例(%)
76	4,510	316	7.0%	4,189	314	7.5%
78	6,133	458	7.5%	5,491	402	7.3%
80	8,045	1,008	12.5%	8,045	937	11.6%
81	9,452	1,175	12.4%	9,452	1,119	11.8%
82	10,311	1,347	13.1%	10,311	1,164	11.3%
84	10,125	1,637	16.2%	9,967	1,399	14.0%
86	11,518	1,923	16.7%	11,518	1,523	13.2%
88	12,852	2,690	20.9%	12,819	2,304	18.0%
90	14,171	7,356	51.9%	15,597	7,824	50.2%
91	13,046	10,030	76.9%	15,907	9,527	59.9%

資料來源：86年度以前資料整理自陳致文，「中央政府作業基金財務績效預測及預測誤差之研究」，頁2。87年度以後資料整理自財政部年報，及歷年審計部總決算審核報告資料。

我國現行所設置之作業基金，依基金不同財源分類，可區分為下列四種類型：

一、基金財源依賴國庫撥付者：如糧食平準基金、公務人員購置住宅貸款基金等。
二、基金財源為美援衍生資金者：如中美經濟社會發展基金。
三、基金財源由法令規定特定稅賦、規費支應者：如加工出口區管理處作業基金、山坡地開發基金、水利工程建設作業基金等，相當於特別所入基金。
四、基金財源由政府撥款與特定財源相互支應者：如醫院附設民眾診療作業基金、平均地權基金等。

若依我國作業基金服務對象範圍區分，則可分為下列四類：

一、政府內部服務：如公共建設管線基金、公務人員購置住宅貸款基金、鄉鎮創業自立基金、省營事業財務統收統支基金等，相當於政府內部服務基金。
二、特定個人：如社會福利基金、國道公路建設管理基金等。
三、一般人民：如醫院附設民眾診療基金。
四、特定團體：如原住民經濟事業發展基金、工業區開發管理基金、私立學校貸款基金等。

我國與世界各國基金分類比較，依美國國家政府會計委員會（National Council on Government Accounting, NCGA）第一號說明書「政府會計與財務報告原則」（Government Accounting and Financial

Reporting Principles）提出，政府基金可分爲分爲三大類八小類[18]：一、政事基金（Governmental Funds）：分爲普通基金（General Fund）、特別收入基金（Special Revenue Funds）、資本計畫基金（Capital Projects Funds）、債務基金（Debt Service Funds）、特賦基金（Special Assessment Funds）五類；二、業權基金（Proprietary Funds）：分爲營業基金（Enterprise Funds）及內部服務基金（Internal Services Funds）；三、信託基金（Fiduciary Funds）：包括各種受託（Trust）及代理（Agency）基金。

美國聯邦政府則將基金分爲兩類[19]，第一類是聯邦基金（Federal Funds），包括普通基金及特種基金，第二類是信託基金（Trust Funds）。日本則分類爲普通基金、營業基金、非營業基金及信託基金四種；韓國分類爲普通基金、營業基金及其他基金三種；英國則分類爲普通基金、債務基金及其他基金三種。而柯承恩（1994）從上述各國基金分類內涵分析，我國作業基金除本身具有「非營業」與資金「循環運用」特性外，尙有執行政府機關內部服務者（如住宅貸款基金）、及擁有特定財源者（如加工出口區管理處作業基金）；故我國的作業基金，實兼具有非營業基金、循環基金、內部服務基金與特別（所入）基金之性質。

政府爲推行各項公共事務及辦理各類經濟活動，即透過上述基金財源的提供，以滿足年度預算需求及作業之維持，然而由於普通基金（公務預算）在總預算案中，係採全額編列方式顯示，且其年度預算受到立法機關之全力審核及行政機關之嚴密監督，在預算支用方面，尙定有經費支出上限、年度未保留支用餘額全數繳庫等限制條件

[18]徐仁輝，**公共財務管理**，台北：智勝文化事業有限公司，民國87年8月，頁380-381。

[19]徐仁輝，**公共財務管理**，頁385。

影響；反觀特種基金預算，特別是佔最多數量之作業基金，在目前的政治生態下，較不受立法機關之青睞，也無一套有效行政管理機制來監督，故使各機關熱衷於特種基金之設置，以增進行政部門預算執行的彈性。

國防部的作業基金，最早可以溯自72年度開始運作的「國軍官兵購置住宅貸款基金」，單一作業基金的型態運作長達八年的時間。直到81年度以後，「國軍醫院附設民眾診療作業基金」及「國防部所屬軍事監所作業基金」才陸續加入，形成三個作業基金的型態。至82年度又新增「國軍生產作業基金」，83年度再納入「軍人儲蓄作業基金」；84年度，「軍民通用科技發展基金」亦加入營運，此時作業基金的數量擴展至六個。

在88年度間國防部配合行政院的政策，對現有的作業基金進行整併，除保持原有的「國軍官兵購置住宅貸款作業基金」及「軍人儲蓄作業基金」兩個作業基金外，並整併其它多個基金成爲一個功能複雜的「國軍生產及服務作業基金」[20]，加上後續成立的「國軍老舊眷村改建基金」與「國軍老舊營舍改建基金」，形成了五個基金的架構

[20]國防部於民國86年以後陸續減併民眾診療作業、軍事監所作業、國軍生產作業、軍民通用作業、服務作業及福利及文教作業後，成立了「國軍生產及服務作業基金」，於88年度（即民國87年7月1日後）正式改制。這個基金不僅包括原減併基金的角色與功能，同時也將國防部總務局、陸軍、海軍、空軍、聯勤、及總政治作戰部（現已改制爲總政治作戰局）原轄有的服務功能一併納入，故其爲一綜合性的基金。

[21]。90年度則將「軍人儲蓄作業基金」併入「國軍生產及服務作業基金」，國防部又維持四個基金的運作架構；除「國軍老舊營舍改建基金」爲資本計畫基金外，其餘三個均爲作業基金。

參、基金設置與管理流程

一、作業基金的壽期管理

我國中央政府係透過「預算法」、「中央政府附屬單位預算執行要點」、「中央政府特種基金管理準則」、「中央政府各機關作業基金參加民營事業投資評估與管理要點」與「成本性質劃分及彈性預算實施準則」等主計法規，對特種基金之執行運作予以明文規範，在「中央政府特種基金管理準則」中，明確訂定了對於特種基金設立、保管、運用、考核與裁併原則，依據該法規條文精義，可將作業基金之管理系統架構，按基金壽命週期三階段過程，將管理程序繪如圖6-9所示。

[21] 各基金設置依據及性質如下：「國軍官兵購置住宅貸款作業基金」，依據行政院台（70）忠授字第04976號函設立，性質上屬「作業基金」。「軍人儲蓄作業基金」依據行政院台（81）忠授字第8418號函設立，性質上屬「作業基金」。「國軍生產及服務作業基金」，性質上亦屬「作業基金」，係依據行政院台（86）孝授三字第09915號，及行政院台（86）孝四字第09914號函合併設立；國軍福利作業及青年日報社於89年度納入基金，則依據行政院台（86）孝授四字第031915號函設立。「國軍老舊眷村改建基金」，依據民國85年2月5日總統華總字第8500027130號令公佈之「國軍老舊眷村改建條例」，及民國85年7月9日行政院台（85）防字第22796號函核定之「國軍老舊眷村改建條例施行細則」設立，基金性質屬於「特別所入基金」。「國軍老舊營舍改建基金」於民國85年10月7日依據行政院台（85）孝授三字10642號函設置，基金性質屬於「資本計畫基金」。詳細內容請參見熊煥眞，「國軍特種基金簡介」，**主計通報**，第41卷，第2期，民國89年7月，頁89-98。

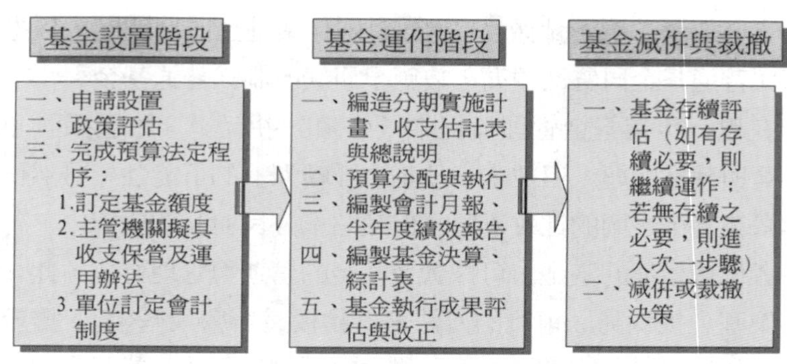

圖6-9　中央政府作業基金壽期管理流程圖

資料來源：整理自劉立倫、潘大畏，「非營業循環基金之研究：基金的管理控制與績效指標建構」，**國防管理學院學報**，第18卷，第1期，民國86年4月，頁16-18。

「中央政府特種基金管理準則」對於特種基金之合併及裁撤，設有專章予以規範（第二十八條至三十一條條文規定），其內容主要述明特種基金如因性質相同，必要時得經核准後進行合併（第二十八條）；如因設立期限屆滿、或情勢變更、與基金設置之目的業已完成時應裁撤之（第二十九條）；而基金之裁撤由主管機關報經行政院核准爲之，必要時由行政院逕行裁撤之（第三十條）；基金裁撤後其財產及權益應歸屬中央政府（第三十一條）。

基金的裁撤方式，應循原定之步驟，即由原核定創設各該基金的權力機關爲之；例如，行政命令創設之基金，可由行政命令予以撤銷，法律創設之基金，可由法律修改或予以變更。基金亦得由較高的權力機關撤銷之；例如，原由下級行政行爲所創設者，得由上級行政命令予以撤銷，或由同級立法行動予以撤銷。各主管機關對於所管營業基金及信託基金以外之各種特種基金，應依其性質分別編列單位預算或附屬單位預算，並應切實檢討，凡性質相近者，應予合併；無繼續設立必要者，應予裁撤[22]。另外有關作業基金改制問題，係指基金業務與普通基金同質性頗高，故應予研議改制爲普通基金。

在現行作業基金管理流程中（如圖6-9所示），雖已探討了基金的存廢與裁撤問題，但並未涉及基金「轉型」的可能性。雖然作業基金與營業基金之間的性質不同，但賴昭呈（民84）的研究中，曾提出使用者付費型態的基金，可採營業基金的營運與管理方式，此一觀點爲作業基金提供另一可行的方法——轉換爲「營業基金」。鑑於營業基金本身在民營化的推動上，已是大勢所趨，因此作業基金在未來亦可能成爲民營化的主流。綜言之，此一觀點對作業基金的未來走向與發展，爲基金的壽命週期管理提供了多種的思考途徑。

在此觀點下，當作業基金的階段性任務已經完成，依其性質可將作業基金「撤銷」、「減併」、轉換成爲營業基金，甚至可直接轉爲「民營」企業（如榮工處）。而轉型爲營業基金的作業基金，在營業基金成立的階段性政策功能消失時，亦可移轉爲「民營」企業。如此一來作業基金與營業基金之間，便可產生有效的連結，以協助政府部門對基金採取整體的、壽命週期的管理方式，提昇其產出績效。

二、作業基金的管理控制

我國對於作業基金之管理，可區分爲內部管理控制及外部監督兩類，執行內部管理控制的單位包括各基金主管及管理機關，或另外設置基金管理委員會負責業務推展與管理[23]。執行外部監督的單位則

[22] 過去台北世界貿易中心管理委員會基金，因其管理之展覽大樓及台北國際會議中心業務，均已委託中華民國對外貿易發展協會辦理，該基金已無存在之必要，爰自83年度起予以裁撤，並依預算法規定編列其資產、負債清理之有關預算。國立歷史博物館歷史文物圖錄印製作業基金，因其年收支規模僅百餘萬元，爲簡化業務，亦自83年度起予以裁撤，有關文物圖錄編印經費改於公務預算編列及執行，並依「預算法」規定編列其資產、負債清理之有關預算。

有各級政府審計部（處）、財政部（廳、局）及主計處（第二局，負責管理審核與研究作業基金業務），透過收支保管及運用辦法、各基金編造的分期實施計畫及收支估計表、定期編製的預算執行會計月報（每月），績效報告（包括計畫執行進度、收支情形及成本計算等編製）及實地督考共同完成。在進行外部監督時，各基金的管理機構組織、業務及基金收支保管運用辦法與相關法令規定，亦爲監督上之重要依據。而各基金的會計作業，須依據中央主計機關會商審計部後，核定頒行的各基金會計制度執行。

目前各級政府作業基金，其設置目的、業務性質、基金來源互不相同，其基金收支管理運用情形自亦有異，所涉及之法令規章頗爲廣泛，但皆以審計工作的手段來達到管理、控制和規劃，而作業基金之審計工作，除依照「審計法」、「預算法」、「會計法」、「決算法」及其他有關法令規定辦理以外，依「審計法」第四十八條規定：「並得適用一般企業審計之原則」。因此，對作業基金之審計工作，必須兼顧政府審計與企業審計之原則，且依據「審計法」第十條規定，獨立行使「審計法」第二條規定之各種合法性審計與效能性審計之職權。

對於作業基金的管理控制，主要是依據基金的收支管理運用辦法，及特種基金管理準則。也就是說，中央政府特種基金的預算編審程序依「預算法」規定辦理外，其收支保管辦法，也須由行政院訂定，並送立法院；在省（市）及縣（市）方面，由省（市）及縣（市）政府訂定，並送議會。行政院於民國85年9月18日訂頒「中央政府特種基金管理準則」，依該準則第一條規定：「中央政府各機關各類特

㉓直轄市政府之北、高兩市，其所屬作業基金，均無設置管理委員會組織架構，台北市政府作業基金均在台北市銀行設立專户存儲，並統一對各基金作資金調度；高雄市係由市府設置管理委員會組織，並在高雄市銀行設立專户存儲。參見劉立倫、潘大畏，「非營業循環基金之研究：基金的管理控制與績效指標建構」，**國防管理學院學報**，第18卷，第1期，民國86年4月，頁19。

種基金之設立、保管、運用、考核、合併及裁撤，除法令另有規定外，依本準則之規定。」第三十二條規定：「各級地方政府所管特種基金，準用本準則之規定」而目前省（市）縣（市）政府尚無管理準則之訂定，是以該準則即爲目前我國各級政府管理特種基金管理之依據。

中央政府之作業基金除受到上級行政部門之監督管理，並受立法院之預算審議監督。在基金內部管理控制上，主要設置有基金管理委員會[24]，進行業務管理控制；加上基金管理機關與主管機關之監督，構成基金之內部管理控制（如圖6-10）。

我國公務預算，係採用普通基金之型態，其歲入與歲出以「統收統支」方式，由國庫集中調度、統一管理，並有其正式機關與人事

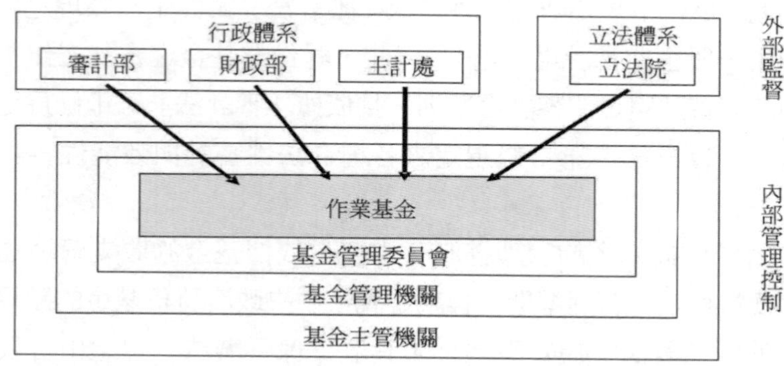

圖6-10　中央政府作業基金管理控制機制圖

資料來源：劉立倫、潘大畏，「非營業循環基金之研究：基金的管理控制與績效指標建構」，頁20。

[24] 基金管理委員會係採委員制運作，我國行政機關之決策體制主要有二，一是採機關首長制，二是採委員制；一般政府機關均是採取責任首長制，如國防部、經濟部、財政部等是，而也有如經濟建設委員會、僑務委員會等十餘個直屬行政院機關，採委員制組織型態運作。詳細參見許慶復，**行政委員會組織與功能之研究**，台北：行政院研考會，民國83年，頁192-193。

編制。而特種基金之作業基金，雖由基金主管機關設置基金管理委員會，但多由業務相關部會派員兼任委員，進行基金之管理與監督工作；而在基金人員計畫編配上，其業務仍以機關內人力臨時性編組爲主，缺乏正式人員配置。

國防部體系龐大，現行四個作業基金的管理與執行各有所屬；其中軍醫局主管民眾診療作業、軍法局主管軍事監所作業、物力司主管軍民通用作業、後次室主管國軍老舊營舍改建及國軍生產作業、主計局主管服務作業及軍人儲蓄作業、總政戰局主管國軍官兵購置住宅貸款、國軍老舊眷村改建及福利及文教作業。現行基金主管機關管理機關及執行機關，請參見表6-5。

表6-5　國軍作業基金管理及執行機關

基金名稱		主管機關	管理機關	執行機關
國軍官兵購置住宅貸款基金		總政戰局	總政戰局（眷管處）、主計局、財務中心	各軍總部
國軍老舊眷村改建基金		總政戰局	總政戰局（眷服處）	總政戰局
國軍老舊營舍改建基金		後勤次長室	後勤次長室（營產工程處）	各軍總部
國軍生產及服務作業基金	民眾診療作業	軍醫局	軍醫局	各軍醫院
	軍事監所作業	軍法局	軍法局	各軍事監所
	軍民通用作業	資源司	中科院	中科院各所
	國軍生產作業	後勤次長室	聯勤總部	各生產工廠
	服務作業	主計局	主計局（特種基金處）	各軍種俱樂部、服務社等
	福利及文教作業	總政戰局	總政戰局	青年日報、各營站
	軍人儲蓄作業基金[註]	主計局	財務中心	同袍儲蓄會

註：「軍人儲蓄作業基金」原爲「附屬單位預算」的特種基金，於90年度納入「國軍生產及服務作業基金」，國防部的作業基金型態便改爲四個（原爲五個）。

肆、國防作業基金的財務功能

由國防所屬作業基金，歷年的作業收支額度來看（參見表6-6，及圖6-11），不難發現作業基金初期的作業收支規模均屬較小，但在79年度以後始達於億元的規模；而81年度以後，作業收支則開始大幅攀升，快速攀達近50億元的規模，85年度以後則進一步攀升至百億元的規模，至88年度作業基金的作業收入（或支出）已高達國防預算額度的十一個百分點，其重要性與過去相較，自是不可同日而語。

作業基金在美軍PPB制度的運作中，有其特殊的作用，因此我們必須由美軍的運作實例加以說明。一般而言，美國國防部的經費來源有四，分別是[25]：

表6-6 國軍歷年度作業基金作業收支額度表（金額單位：百萬元）

年度	作業收入	作業支出	年度	作業收入	作業支出
72 年度	1	0	81 年度	5,045	4,731
73 年度	12	0	82 年度	5,459	5,023
74 年度	8	0	83 年度	6,756	6,037
75 年度	95	0	84 年度	8,254	7,326
76 年度	28	0	85 年度	17,513	16,299
77 年度	57	2	86 年度	18,102	16,567
78 年度	90	4	87 年度	26,344	24,768
79 年度	124	7	88 年度	31,795	30,195
80 年度	205	10			

[25] 參見GAO研究報告—Financial Managemen: An Overview of Finance and Accounting Activities in DOD (Letter Report, GAO/NSIAD/AIMD-97-61, 1997/1/19)。

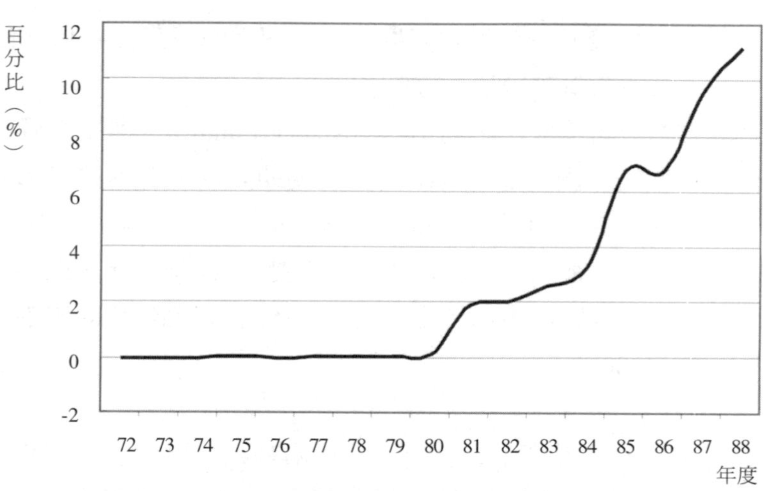

圖6-11　作業基金支出佔國防預算歲出比率趨勢圖

一、普通政事基金（General Funds）：爲國防經費的主要來源，以1996年爲例，當年度的國防預算爲251億，而普通政事基金的額度則高達240億，故其爲最國防經費的最大來源。

二、營運基金（Working Capital Funds）：截至1996年9月30日，美國財務及會計署（DFAS）負責包括現有十三個營運基金的746億的帳面數額。

三、非核撥基金（Non-appropriated Funds）：此一基金主要用於銷售物品及提供服務給軍事人員、眷屬及其它合於規定的人員；基金可分爲兩類：第一類是士氣、福利及娛樂活動（morale, welfare, and recreation activities），第二類是軍方的各類交易（Armed Force Exchange）。前者包括圖書館、體育館、高爾夫球場、孩童照顧中心、軍官俱樂部等；而後者則爲於商業零售店的營站，供應從軍用服裝到速食餐點的各類物品。以1995年爲例，前者當年度收益約爲25億美元，後者當年度收益額約爲94億美元；1996年的收益額約當於1995年的數字。

四、安全協助基金（Security Assistance Funds）：經過美國國會的核准，國防部可以根據安全協助計畫，對外銷售軍事武器與裝備，而銷售所獲的經費，則撥入此一帳戶。以1996年爲例，國防部的新增的軍售額度僅100億美元，但由於許多軍售都跨越多個年度，所以DFAS在1996年實際經手的經費是280億美元。

雖然美軍的「營運基金」與「非核撥基金」均屬於作業基金的範疇，但是二者的角色顯然不同。其中營運基金（原合併自工業基金Industrial Funds及庫儲基金Stock Funds）在PPB制度下，居於非常重要的關鍵地位，它在國防勞務與產品的需求機構與供給機構之間（主要針對機構），扮演居間協調及資源移轉的角色（如圖6-12）；而非核撥基金則僅針對軍事（含相關）人員（主要針對個人），提供各種商品與服務，收取適當的費用，以維持基金的運作。讀者參考第七章與本節的內容可以發現，透過營運基金的軍品轉撥計價，計畫要素的

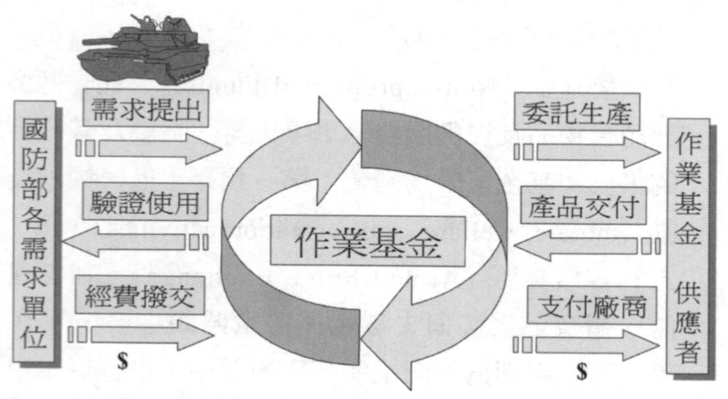

圖6-12　作業基金與委製、生產單位運作關係圖

維持成本才能合理計算；故其在PPB制度之中，有著非比尋常的重要性。

第四節　年度財務資源供需與調節

年度財務資源的供給主要來自於普通基金的預算額度及特種基金的作業基金額度。普通基金的預算額度受到中央政府總預算的規模，及國防政策優先程度的影響（參見圖6-6）。年度國防財務資源的需求，則仍建構在PPB制度的架構下，由戰略規劃、兵力結構、中程計畫決定了年度的預算需求。在年度供給與年度需求之間，便產生了年度財務資源的調節措施。

在這個財務資源供需的架構下，我們可以採取兩階段的財務調節策略。第一階段先就普通基金的預算額度與國防財務需求進行調節；如有不足，則採第二階段的調節措施，也就是透過計畫體系，將特種基金的作業額度整合至PPB制度的架構中，以計畫之間的互補性，來達到第二次的財務調節功能。在年度財務資源供需調節的階段（通常是需求大於供給，也就是供給不足的狀態），國防體系在體制內，可採取的調節措施通常包括：

壹、增加財務供給

一、行政溝通與立法協調

從預算供需與互動機制圖（圖6-5）中，國防體系可以透過行政溝通與立法協調的手段，以爭取年度財務資源的供給。然由於行政體系的溝通，依賴的是政策優先性與計畫完備程度，因此在威脅界定、戰略評估、兵力建構、計畫選擇與資源需求等諸多環節，必須完備而周延。至於在立法協調上，立法院雖不得爲預算增支之提議（憲法第七十條），但卻可大幅刪減年度預算，加大國防財務供需不足的缺口。爲避免此一不利的結果出現，國防部平時亦須與立法部門，建立互動、溝通的管道，以提昇年度財務資源的滿足程度。

表6-7列示85-89五個年度間，年度預算在行政院與立法院的刪減數額。表中可以發現，88年度報院概算數攀升最快，而行政院刪減的幅度同樣也最大。86-89年度四年間（不含85年度），行政院刪減的幅度，均超過200億元；而立法院五年平均刪減的幅度，則約在24億元左右（近兩年刪減幅度正逐漸縮減）。這似乎顯示我們與立法部門的互動漸趨正向發展；而在行政體系的溝通則仍有加強的空間。

表6-7　85-89年度間國防概算、概算刪減及核定預算數（金額單位：億元）

	85 年度	86 年度	87 年度	88 年度	89 年度[註]
報院概算數	2,779.27	2,964.69	3,020.78	3,876.77	2,975.47
行政院刪減數	167.62	242.66	240.77	1019.87	201.43
立法院刪減數	28.28	33.8	32.19	11.97	13.50
國防預算數	2,583.37	2,688.22	2,747.83	2,844.92	2,760.57
預算／概算比	0.930	0.907	0.910	0.734	0.928

註：按照過去經建會提出的換算基礎1.4596進行換算。
資料來源：整理自過去行政院主計處資料及立法院公報。

二、強化全民的國防意識

也就是威脅訊息的適度揭露。從年度預算影響因素模型可以發現，軍事威脅的正確認知，不僅有助於提昇軍事戰略規劃的適切性，亦可促成國民對國防事務的關切，提昇國防政策在中央政府施政目標中的相對重要性。適度的讓國民瞭解及參與國防事務，將有助於提昇國人對國防事務的瞭解，並促成其對國防預算需求的支持。

貳、減少需求

由於人員薪給爲法定給與，因此當國防部面臨年度預算獲得減少時，可以採取的調整措施，則限於作業經費與投資經費兩方面的調整。其中作業維持經費的調整，主要是透過經費分配（業務計畫間及組織層級間的分配）的調整；此時業務計畫、分支計畫過去的執行記錄與相對的重要性比較（主觀或客觀的比較），便成爲經費增刪的重要參考依據。至於投資經費調整，可以採取的措施包括：延長計畫年限（但必須考慮成本攀升的可能後果，參見第七章內容）、刪減新增投資案（刪減或遞延計畫）、調整持續案經費（調整計畫經費的滿足度）；這些都需要建立適當的評估準繩，透過計畫執行的持續評估與資訊回饋才能達成。

由於作業經費本身多屬維持經費，在機構、業務存續的狀態下，可資調整的空間相當有限；因此，從過去國防預算調整的軌跡來看，國防部通常採軍事投資經費的調整，以因應國防預算的重大刪減[26]。

參、資源調撥

也就是在普通基金與作業基金之間，建立計畫的互補性與資源調撥機制，形成雙軌併行的財務運作與發展架構。有效財務資源的調撥，必須建立在兩個基礎之上，其一是總體財務資源的管理機制，也就是對於各屬基金的資金運用，應建立一套宏觀、整合的機制與架構，對於閒置資金、營運資金的運用與管理，都需要建立一套明確的

---

[26] 軍事投資成爲預算調整的重要緩衝（buffer），可參見林志忠、劉立倫，**我國防預算結構分析之研究**，頁48。

監督與管制機制，以提昇整體財務資源的使用效能。其二是建立普通基金與作業基金間的整合與協調架構；此舉必須透過上層結構的運作（如成立國防資源委員會等體制架構），以整合及協調二者之間的業務計畫，以提昇計畫之間的互補性，進而提昇國防財務資源的使用效能。

鑑於作業基金本身具備較高的運作彈性與效率性，加上它在PPB制度中扮演的重要角色；因此未來國防財務資源的調撥，必然需要結合作業基金的運作，才能有效發揮PPB制度應有的功能。

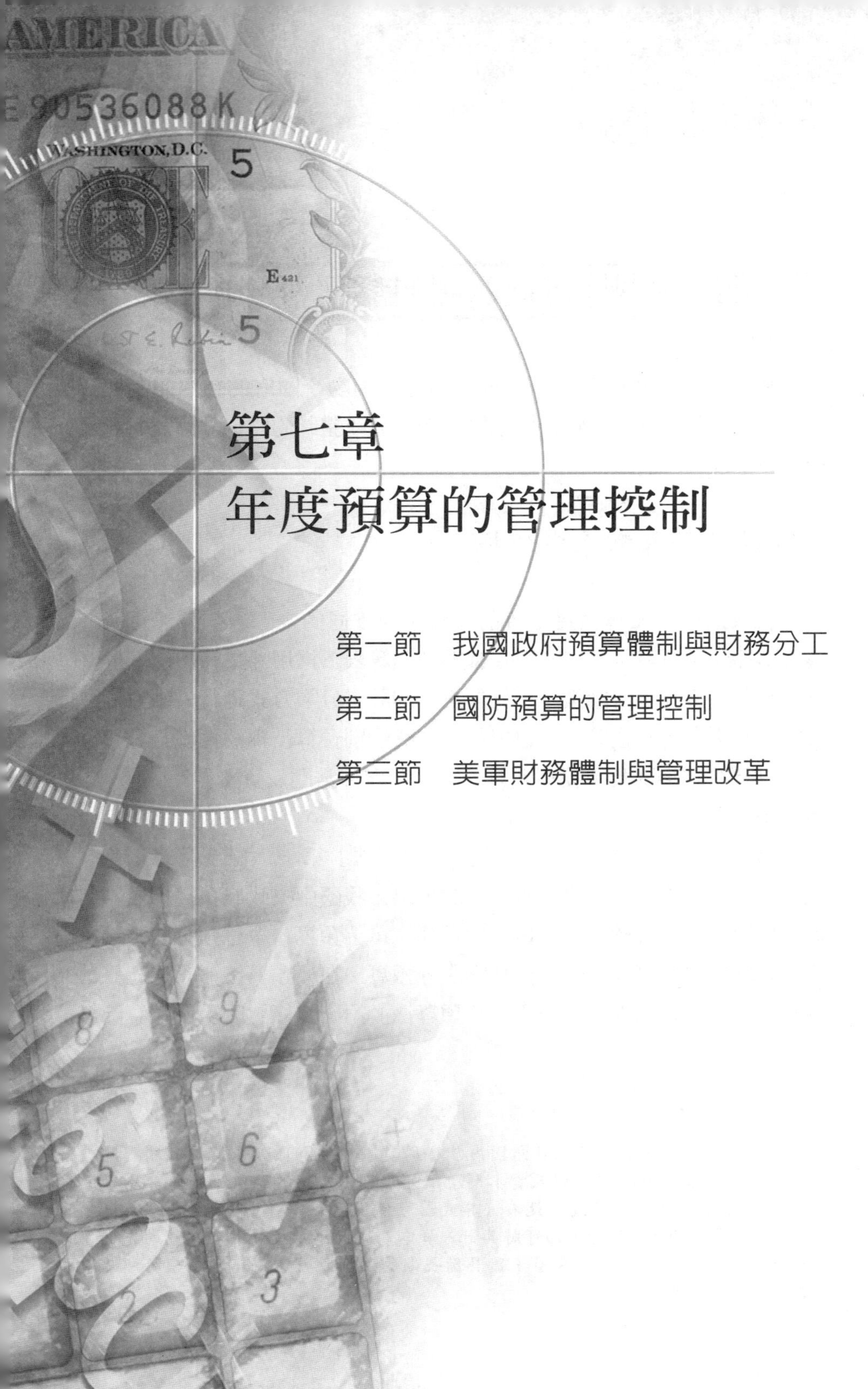

第七章 年度預算的管理控制

第一節　我國政府預算體制與財務分工

第二節　國防預算的管理控制

第三節　美軍財務體制與管理改革

第一節　我國政府預算體制與財務分工

國防預算爲政府預算的一環，因此必須吻合國家的預算體制與財務分權。以下分就我國政府預算體系、憲政體制的財務分權及財務行政分工進行說明：

壹、政府預算體系與架構

我國政府的預算表達，目前兼採幾種不同的分類，一方面按照機關別編製預算表；另一方面在機關別預算表下採用「主管機關－機關－業務計畫－工作計畫－分支計畫」的計畫分類方式進行編製。同樣的在中央政府總預算中，也提供歲出職能別預算及經濟性綜合分類表；以及在政事別及用途別預算表下，均作經常門及資本門[1]的進一步分類。

我國政府預算的分類，主要由「預算法」第十六條至第二十條規範；其中「預算法」第十六條中的指出，我國中央政府預算編製結構之型態共區分五種，分別是：總預算、單位預算、單位預算之分預算、附屬單位預算及附屬單位預算之分預算。在「預算法」第十七條中說明了總預算的性質與內涵；「預算法」第十八條說明單位預算除

[1] 經常門與資本門的區分是以其對國內GNP的貢獻程度爲區分依據；有關國防的支出，一般是不得將其列入資本門；但如果支出是用於購置土地、非軍事設施之營建工程、購置儀器設備（非武器戰備用途），其耐用年限在二年以上，且金額超過1萬元者，仍可將其計入資本門。以軍事投資經費購置的先進武器，從軍事防衛的觀點來看，雖具備長期的防衛效益，但仍應歸類於經常門，而非資本門。

包括普通基金的單位預算之外，也包括特種基金中應編列全部歲入、歲出的基金預算。「預算法」第十九條中，說明附屬單位預算的編製；而在「預算法」第二十條中，則提出單位預算之分預算，及附屬單位預算之分預算。

由「預算法」的規定，不難發現我國政府預算的分類制度，係採預算、基金並存的制度。其中公務機關與特種基金，可以同時並列爲單位預算；而一部分的特種基金屬於單位預算，另一部分則又歸屬於附屬單位預算。而現行的總預算、單位預算、附屬單位預算、單位預算之分預算、附屬單位預算之分預算等五種預算，大致可區分爲三個層級，其關係如圖7-1。

根據「預算法」第四條顯示，目前我國的特種基金共分爲六種，分別是：

一、營業基金（供營業循環運用者）；
二、債務基金（依法定或約定之條件，籌措財源供償還債本之用者）；
三、信託基金（爲國內外機關、團體或私人之利益，依所定條件管理或處分者）；
四、作業基金（凡經付出仍可收回，而非用於營業者）；

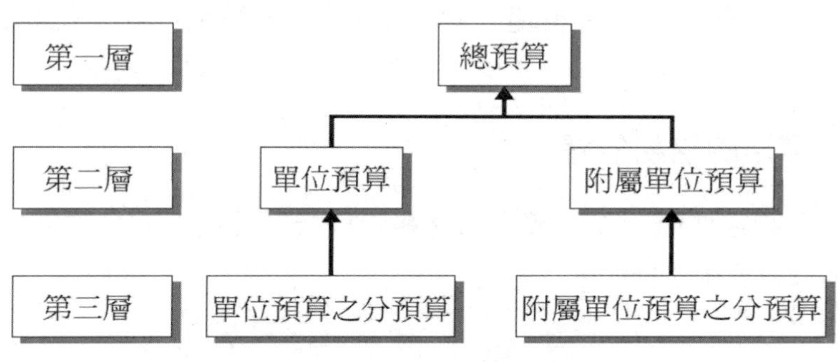

圖7-1　我國預算層級體系圖

五、特別所入基金（有特定收入來源，而供特殊用途者）；
六、資本計畫基金（處理政府機關重大公共工程建設計畫者）。

我國營業基金與作業基金現行之會計處理，係依一般公認會計原則處理。而「信託基金」如爲「動本基金」，則與普通基金性質相同，會計處理自應相似；如其爲「留本基金」，則與「營業基金」或作業基金」之運作方式相近，會計處理自應採一般公認會計原則。截至92年度爲止，我國中央政府九十七個附屬單位預算，其中包括七十七個作業基金，十八個特別所入基金，一個債務基金（財政部的中央政府債務基金）與一個資本計畫基金（國防部的國軍老舊營舍改建基金）。

由於政府支出的分類，不僅要能夠具體顯示施政計畫的各項作業活動，亦須配合決策目的與行政管理的實際需要，故於制度設計時，應因地制宜與通權達變，才能提昇財務資源使用的效能。

貳、財務分權與財務分工

我國國家體制的財務分工，可分由兩個層次觀察，第一層是憲政層次的財務分權，及行政、立法、司法、考試、監察在國家財務權力上的分工與制衡；第二層是行政體系的財務分工，也就是財務行政的範疇，包括行政院主計處、財政部、審計部及中央銀行。茲分述如下：

一、憲法的財務分權

我國憲法體制下，國家的財務管理機制分由五院分別掌理，相關權責與法源依據如下：

（一）行政院：負責預算之編制、執行與報告。

法源依據：

憲法第五十八條第二項：「行政院院長、各部會首長，須將應行提出於立法院之法律案、預算案、戒嚴案、大赦案、宣戰案、媾和案、條約案及其他重要事項，或涉及各部會共同關係之事項，提出於行政院會議議決之。」

憲法第五十九條：「行政院於會計年度開始三個月前，應將下年度預算案提出於立法院。」

憲法第六十條：「行政院於會計年度結束後四個月內，應提出決算於監察院。」

（二）立法院：負責預算之審議。

法源依據：

憲法第六十三條：「立法院有議決法律案、預算案、戒嚴案、大赦案、宣戰案、媾和案、條約案及國家其他重要事項之權。」

（三）監察院：負責預算執行之監督。

法源依據：

憲法第九十條：「監察院爲國家最高監察機關，行使同意、彈劾、糾舉及審計權。」

憲法第一〇五條：「審計長應於行政院提出決算三個月內，依法完成其審核，並提出審核報告於立法院。」

（四）考試院：負責掌理財務人員之考試、銓敘事宜。

法源依據：

憲法增修條文第六條第一項：「考試院爲國家最高考試機關，掌理左列事項，不適用憲法第八十三條之規定：一、考試。二、公務人員之銓敘、保障、撫卹、退休。三、公務人員之任免、考績、級俸、陞遷、褒獎之法制事項。」

憲法第八十六條：「左列資格，應經考試院依法考選銓定之：一、公務人員任用資格。二、專門人員及技術人員執業資格。」

（五）司法院：負責掌理財務上民、刑事之審判。

法源依據：

憲法第七十七條：「司法院爲國家最高司法機關，掌理民事、刑事、行政訴訟之審判，及公務員之懲戒。」

憲法增修條文第五條第六項：「司法院所提出之年度司法概算，行政院不得刪減，但得加註意見，編入中央政府總預算案，送立法院審議。」

再者，根據「司法院組織法」的內容顯示，司法院的主要職權包括：

1.憲法解釋與法律命令之統一解釋權；
2.政黨違憲解散案件審判權；
3.民刑訴訟審判權；
4.行政訴訟審判權；
5.公務員懲戒審議權。

司法院目前下設20所地方法院，負責少年、家事、交通、財務等案件之訴訟，故亦得設置少年、家事、交通、勞工及財務等專庭。

二、財務行政與分工

財務行政探討的範圍，一般包括財務機構（financial organization）、財務職能（financial function）、財務程序（financial procedure）與財務技術（financial technique）等四個範疇[2]。從組織與職能的層面來看，我國目前的財務行政分工，主要由行政院主計處、財政部、中央銀行及審計部負責；四者掌理事項，分別說明如下：

[2]李厚高，**財政學**，台北：三民書局，民國83年8月，頁335-336。

（一）行政院主計處

主管預算編制、執行，會計、決算制度及統計調查分析。其中主計處第一局負責單位預算審核與有關歲入、歲出之核議，及總預算之整編事項。主計處第二局負責附屬單位預算之審核、綜計及彙編事項。主計處第三局負責全國總供需估測模型設計及估測分析事項（全國總資源供需估測說明，可參見附錄一）。

早在民國16年時，國民政府就曾聘請美國財政專家甘末爾（Dr. Kamel），曾組成財政設計委員會，將政府的財務機關分爲財務行政、主計、國庫出納及審計稽察等四個系統；此一以聯立之人員綜合而成的組織，稱爲聯綜組織。當時聯綜組織的設計，就是以超然主計爲中心；預算與計畫配合，會計與執行相輔，統計與考核相關，形成一個結合行政三聯制的主計三聯制，故「主計」在財務行政體系的重要性可以想見[3]。

（二）財政部

主管國庫行政、國庫收支、庫款調度及公債發行。國庫署負責中央政府財務收入計畫之籌擬、預算收支解撥及國庫財務調度事項；國庫集中支付作業之指揮、監督與考核事項；公債、庫券、外債之償還及其基金之管理事項。

（三）中央銀行

受財政部委託收、付款項，經管現金、證券及財務。央行國庫局辦理國庫資金之調撥事項；國庫財物之保管事項；中央政府公債及國庫券之經理事項。

（四）審計部

主管財務收支審核、稽查財物 購置保管等。依審計部組織法，審計部掌理政府及其所屬機關財務之審計，其有關財務之職權包括：

[3] 莊義雄，**財務行政**，台北：三民書局，民國82年4月，頁28-30。

1.監督預算之執行；2.核定收支命令；3.審核財務收支、審定決算；4.稽查財物及財政上之不法或不忠於職務之行爲；5.考核財務效能；6.核定財務責任。

參、預算體制的特色

有關預算體制的特色，我們或可從「預算法」條文中歸納，再輔以「會計法」的發展脈絡進行瞭解，茲分述如下：

一、「預算法」修正條文

我國的「預算法」經多次修訂，最近的一次「預算法」修訂，已於民國91年12月18日公佈施行，從其內容檢視不難發現幾個重要的特色：

（一）歷年制：政府將會計年度由七月制改爲歷年制（第十二條，88年度以前採用七月制）。

（二）平衡預算：政府經常收支，應保持平衡（第二十三條）；追加歲出預算之經費，應由中央政府財政主管機關籌畫財源平衡之（第八十條）；法定歲入有特別短收之情勢，行政院不能裁減原歲出經費時，應由中央財政主管機關籌畫抵補，並由行政院提出追加、減預算調整之（第八十一條）。對於立委所提法律案大幅增加歲出或減少歲入者，應先徵詢行政院意見，指明彌補資金之來源，並應同時提案修正其他法律（第九十一條）。

（三）中、長程的計畫預算制度：政府提出的跨年度或多年度施政計畫（即繼續經費，第五條），立法院可一次審定，並授權政府機關最多可達四個會計年度的繼續經費，以加速公共工程計畫執行（第八條）。但重大工程投資計畫若超過五年未動用預算者，應重行審查，現行之分年編列之額度必須更為精實（第六十七條）。

（四）成本效益分析：重大施政計畫，應先行製作選擇方案及替代方案之成本效益分析報告，並提供資金運用之說明，始得編列概算及預算案，並送立法院備查（第三十四條）。

（五）經費流用：總預算內各機關、各政事及計畫或業務科目間之經費，不得互相流用（第六十二條）；歲出分配預算，其計畫或業務科目之「用途別科目」中若有經費不足，而其它科目有賸餘時，應按中央主計機關之規定流用之，但不得流用為用人經費（第六十三條）。

（六）預算法定：政府不得於預算所定外，動用公款、處分公有財物或為投資行為。違背前項規定之支出，應依民法無因管理[4]或侵權行為之規定請求返還（第二十五條）。

（七）預算審議救濟：立法院對於總預算案未能於規定期限內審議通過時之補救措施，規定各機關於會計年度開始後得徵收收入及動支經費之範圍（第五十四條）。

（八）國富統計：行政院應試行編製國富[5]統計、綠色國民所得

---

[4] 根據我國民法第一七二條，「無因管理」是指未受委任，並無義務而為他人管理（處理）事務者；無因管理與債的關係，是指由善良管理他人利益而產生的債權債務關係（亦即未受委託，主動的幫助、處理他人事務，導致他人利益受損）。如協助鄰居救火，但不小心毀損鄰居屋內物品，便面臨無因管理的問題。無因管理的管理人與被管理人之間的法律關係，適用民法第一七二條至第一七八條的相關規定。無因管理制度並非各國皆承認，在大陸法系各國承認無因管理制度，但英、美法系則不承認此種制度。概因大陸法系中，「債」的觀念是獨立的；它主要是由「契約」、「侵權行為」、「不當得利」、「無因管理」這四大因素所組成。而在英、美法中，雖然有「債」的觀念，但其並非一個獨立的法律體例，分由「契約」和「侵權行為」兩套法律系統來處理。

[5] 「國富」係為一國在某一特定時點下，全體國民財富淨額的總值；也就是國家所有的公私部門之資產總值減去負債總值，此一淨資產即稱為國富數額。

帳[6]、稅式支出（tax expenditure）[7]、移轉性支出[8]報告（第二十九條）。

二、會計法條文與修正討論

行政院主計處曾於民國84年4月完成之「會計法」修正草案，並引進先進的政府會計理念；目前的「會計法」條文雖於民國87年11月11日修訂，但檢視條文內容則與修訂前的「會計法」內容差異不大（修正第五十九條及第八十二條）。姑且不論爲何放棄原草案條文與精神，改採局部修訂的立法策略；但如我們仔細檢視原有的「會計法修正草案」，則不難發現政府會計與預算體制結合的未來走向。

原「會計法」修正草案完成後，行政院主計處曾自民國87年12月起，邀集學者專家召開多次研商會議，對現行政府會計的發展提出檢討。並希望能夠結合「預算法」精義、政府會計之理論發展與國際潮流的發展趨勢，以尋求政府會計的適切定位。草案中亦揭示預算體

[6] 綠色國民所得帳係將影響環境即福祉之因素納入國民所得（GNP）會計制度中。我國綠色國民所得帳編製的階段區分爲三：第一階段由行政院環保署先行研究試編「永續經濟福利指標」（index of sustainable economic welfare, ISEW），建立資料蒐集的範圍與基礎；第二階段由行政院經建會協調相關部會，逐次建立綠色國民所得帳的基礎資料；第三階段則由行政院主計處採行聯合國綠色國民所得帳的計算系統，正式編製綠色國民所得帳對外發佈。內容參閱姚秋旺，**會計審計法規研析**，台北：華泰文化事業股份有限公司，民國88年5月，頁39。

[7] 亦即隱藏性支出，乃現存租稅體系，爲達成施政目標所制定的某種特殊條例）一種特別法）；也就是透過賦稅之減免措施，加速誘發達成政策之目標；這些條例實施之後，會導致政府原可收之稅款，無法收取而產生損失，故視爲政府的一種隱藏性支出。參見劉其昌，**財政學**，頁114。其計算方式爲政府支出加計政府獎勵（或減免）所減少的稅收；參見姚秋旺，**會計審計法規研析**，頁39。

[8] 係政府由國庫直接支付給人民的現金或準現金，如老人年金、兒童教育券等等；由於此類支出政府並未提供公共服務，故與其它政事支出（必須提供公共服務）的性質不同，

制發展，未來將朝向長期的總體經濟資源觀點發展；如「會計法」修正草案中曾明訂，財物及長期負債應列入平衡表（至於列入之項目，則授權由政府會計準則委員會訂定之）。此一條文有別於過去採取的財物與固定資產分開編列原則（參見「會計法」第二十九條），改採總體經濟資源的衡量觀點。此舉將對政府總體財務資源的長期效能評估，將會產生相當重要的助益。

再者，原「會計法」修正草案中也提出，「除公庫出納會計外，政府會計採用權責發生制」；此舉亦不同於當前對於普通公務會計的處理。目前普通公務會計處理方式，主要採用收付實現事項（現金基礎），及權責發生事項（契約責任基礎）（第三十七條，學者亦稱此法為修正的應計基礎），作為處理當年度歲入及歲出之依據。然由於特種基金採用的會計基礎與普通基金不盡相同（如留本基金採應計基礎，動本基金則與普通基金相同），會計基礎不同，將導致總會計報告編製困難，而形同具文。

行政機關長久以來重視年度預算的獲得與執行，忽略長期資源的使用與評估；亦導致行政機關較為重視短期績效，並產生「重預算、輕會計」的運作傾向。由於政府施政的政策效果，往往擴及數個會計年度；而重視年度預算的結果，將導致政府會計資訊根本無法作為評估施政效能的依據。這種重視年度預算、忽略長期財務資源管理的態度，亦反映在長期資源的運用與表達上。如果我們只重視年度預算的獲得與使用，則表達長期觀點的固定資產與長期負債，採取分離處理的方式便無大礙。但如果我們重視長期性、總體資源的觀點，則政府會計資訊就必須能夠反映總體資源的長期運作效能。

鑑於我國的預算體制正逐漸由單一年度的年度計畫觀點，延伸至結合五年財務需求的中程計畫；如「預算法」第五條中規定：「歲定經費以一會計年度為限。繼續經費，依設定之條件或期限，分期繼續支用。」而「預算法」第八條亦規定：「政府機關於未來四個會計年度所需支用之經費，立法機關得為未來承諾之授權。前項承諾之授權，應以一定之金額於預算內表達。」，顯示政府已經強化中、長程財務需求整合與管理機制，故「會計法」亦應隨之調整。故政府會計理應將財物及長期負債應列入平衡表，亦應採取權責發生制，才能具體顯現長期觀點的資源使用狀態。

故原「會計法」修正草案的精義，正朝向總體經濟資源的衡量觀點邁進，顯示了政府的財務資源管理，正逐漸由年度的短期觀點，發展成為具備方向性的中長期觀點；此舉將對政府總體財務資源的長期效能評估，將會產生相當重要的助益。

第二節　國防預算的管理控制

Anthony & Govindarajan （1998）認為組織的管理控制主要由兩個部分構成，其一是管理結構，其二則是管理程序。所謂結構指的是組織管理機制中的組成要素，也是組織內各次級單位之間的關聯體系；而程序則是組織中實際運作的流程，它是由各種工作程序、制度、規章所構成。因此，政府的業務計畫透過組織結構與管理程序，逐次付諸實現；故業務計畫、組織結構與制度流程三者，構成國防財務資源管理上的鐵三角，不僅在制度運作必須如此，在年度預算管理上也必須如此，三者缺一不可。

壹、管理體制有機化

國防財務資源的管理應該如何管理，或可同時考慮兩個不同的層面，其一是維持組織有效運作與發展的管理機制；其二則是PPB制度運作應具備的管理機制。前者須從組織理論的發展，來探討有機組織應具備的各項機能；而後者則探討現行制度運作與管理應具備的有效管控措施。

在PPB制度下，前述國防財務資源管理職權，分屬國防體系的不同機構掌理；如戰略規劃司、整合評估室負責戰略規劃與財務評估，中程計畫的財務資源由資源司負責，年度預算籌編、預算管制與財務效能評估，則由主計局負責。因此，如何達成有效的協調與整合，便成為影響國防財務資源管理效能發揮的重要關鍵。由於資訊社會下，環境複雜程度快速昇高，組織要快速有效的因應環境，唯有朝向「有機化」的方向發展，才能提昇組織的協調與整合。在各種「有機組織」中，生物組織無疑是因應環境最有效的組織型態；因此，我們可以參考人體有機系統的運作機制，以幫助我們發展出一套有機化的管理體制。

一般而言，人體組織大致可以區分為以下十個重要的系統：

一、精神系統：主宰人類外顯的性格、行為與感情。

二、神經系統：由中樞神經系統（大腦、小腦、腦幹和脊髓）及周圍神經系統（身體各部與中樞神經連結的神經）構成；腦部有分區專司與聯合統整的功能。所謂分區專司功能，指的是腦細胞區分為數個神經區，包括運動區、感覺區、視覺區、聽覺區及言語區[9]等區域；而聯合統繫的功能，指的則是神經區之間的整合，感覺聯合中樞（如視覺訊息的辨識與瞭解）、運動聯合中樞（如講話的組織化與意義化）及前葉聯合中樞（思考、推理與智力）。

三、消化系統：由胃、腸、肝藏、膽囊、胰藏等內部器官構成；主要由小腸吸收，小腸腺分泌腸液將食物轉換為最小分子，以供身體吸收。

---

[9] 由於言語是人類極為重要，又極為複雜的行為，運用時必須包括聽覺、瞭解及運動等三個交互作用的步驟；因此一般人認為語言中樞可能是位於人類的左側腦，但並非由單一的神經區域控制。

四、呼吸系統：由鼻氣管及肺臟構成；其中將氧氣吸入肺臟送至血液，稱爲外呼吸，而血液將氧氣帶到組織交給細胞，以供食物燃燒產生熱量，此爲內呼吸。氧氣與二氧化碳的交換，主要透過包圍在肺泡上緊密排列的微血管中，以滲透的方式進行。微血管是細胞與血液相互交換養分、氧氣、荷爾蒙及廢物的地方，而這些交換都透過滲透的原理進行。

五、循環系統：主要由心臟血管構成；其中經過肺臟的循環爲肺循環，又稱小循環；而經過身體各處的循環爲體循環，又稱大循環；通常由腸、胰臟及脾臟而來的靜脈，並不直接回到下腔靜脈，會合併爲肝門靜脈流到肝臟，將小腸吸收的養分儲存在肝臟，並進行適當的解毒過濾，之後才再流出注入下腔靜脈。人體的血液分爲兩個部分，一是細胞由白血球（組織防禦能力）、紅血球（攜帶氧氣）及血小板（修補血管）構成，約佔45%，均由骨髓中製造而得；二爲血漿，含有91%的水，及各種養分、荷爾蒙及廢物等。

六、泌尿系統：主要是腎臟、輸尿管、膀胱、尿道等器官構成。泌尿系統係以腎臟爲主，對人體的體液、酸鹼度、電解質、營養物進行適當的排出與吸收，使人體內的生化活動維持穩定狀態；流經腎臟的血液，在過濾無用廢物後可到達腎小管，其中約99%會被再吸收，只有1%會流出體外。

七、骨骼肌肉系統：由人體的骨骼及肌肉共同構成；而肌肉是由許多肌束聯合起來，合併血管、神經、淋巴管等構造及肌細胞共同構成。

八、內分泌系統：主要由各種腺體構成，具有刺激人體組織發展與應變，即控制重要系統運作的功能。

九、免疫系統：主要由淋巴細胞、白血球構成，而皮膚則負責提供第一層的保護。

十、生殖系統：主要負責繁衍與生命延續的功能。

這些系統概略可以區分爲三種相互支援與聯結機能，第一是人體的精神機能，也就是控制人類外顯性格、行爲與感情的「精神系統」；第二則是維繫人體組織活動與發展的「生存機能」；第三則是生殖機能，也就是負責生命繁衍的生殖系統。我們仔細觀察人體這些機能，其實可以發現它與企業組織有相當的相似性，如「精神系統」與企業組織的組織文化有相當的相似性；「生殖系統」與企業組織的繁衍及永續生存有相當密切的關聯；而「生存系統」則是人體組織「投入－轉化－交換」的關鍵體系，也是組織管理最關切的範疇。而人體的「生存系統」中，各次系統間呈現如圖7-2的關係。

剖析整個生存機能，亦可發現六個與組織設計密切關聯的特色：

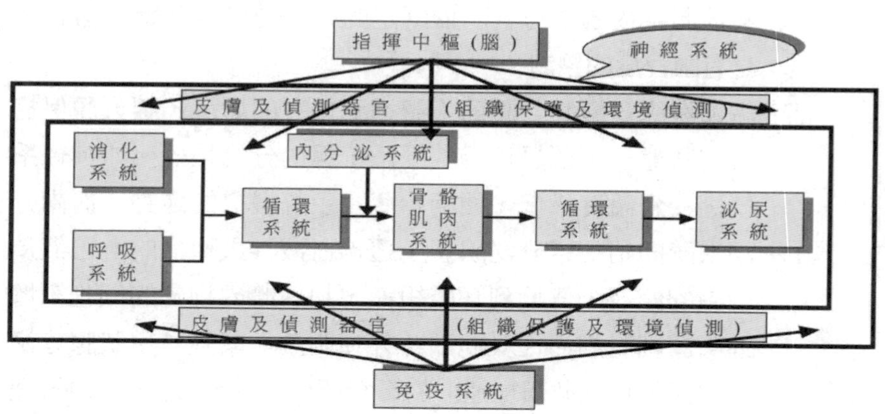

圖7-2　人體生存機能之系統關係圖

一、分工與整合：分工展現在兩個層次，第一個層次在人體組織的各種系統的運作，這是執行的層面；第二個層次則是在腦部組織的分區專司功能，這是規劃的層面。至於跨人體系統間的規劃與執行，則由腦部統理協調與整合的功能。換言之，人體系統的整體規劃與發展（包括在橫斷面上內部各系統的運作控制，及在縱斷面上人體系統長期的成長與發展），均由統一的指揮中樞負責。

二、溝通與傳輸網路：綿密的神經網路，深入組織內各系統，持續傳達控制中樞的指令，及相關回饋資訊，使得控制中樞得以保持在「線上即時」的最佳控制狀態。

三、資源轉化機制：即生存機能的主要作用，此一機能主要是建立在「消化系統（食物）、呼吸系統（氧氣）→循環系統（靜脈攜帶養份、動脈攜帶氧氣）→骨骼肌肉系統（運動）→泌尿系統（生化調節、廢物排泄）」的運作流程之上。在有效、快速的傳輸通路下，身體內部各器官同時也在管理與控制中樞的主導下，依既定的程序運作，並進行器官本身有限程度的控制。

四、調節與應變機制：調節人體適應外在的環境，讓人體保持恆定狀態，主要是透過神經系統與內分泌系統。如神經系統感受到溫度降低，便開始產生手腳發抖的運動；而內分泌系統開始加速分泌腺體，透過血液滲入組織的淋巴液及細胞的體液，傳輸到身體組織，加速體內物質的氧化，增進身體細胞的活性（此即「外在刺激－緊張－甲狀腺分泌－加速氧化－循環加速」的影響關係）。換言之，即由管理中樞、偵測器官、神經系統及內分泌系統，形成平時作業與緊急應變的機制。

五、防禦機制：主要是免疫系統，它是一套獨立於人體其它系統以外、自發性的防禦及檢查機制，以阻擋外來病毒的侵襲，保持人體組織的正常運作。

六、外部監督及檢查機制：這是一種補救的機制。當人體內部的免疫系統無法有效的防禦病毒的侵入，或是人體內各次系統的無法正常運作時，就必須透過整體醫療體系的助力（如醫生、藥物及醫療器材等），以協助人體恢復健康及正常發展。而定期檢查亦為早期發現生理問題的不二法門。

從前述的說明不難發現，人體系統的檢查與控制，其實是透過三方面的機制共同達成：第一層是由指揮中樞主導的系統控制機制；第二層是由免疫系統構成的防禦機制；第三層則是外部監督與檢查機制。

從人體組織的運作方式學習，不難發現一個有機化的管理體系，大致應具備以下幾個重要的功能與機制：

一、規劃機制：這是將「目標－策略－計畫」結合成為兼具分化（differentiation）與整合（integration）功能的規劃體系。完整的規劃網絡須包括兩個部分，其一是縱斷面的時間層面上，長、中、短期的計畫必須綿密銜接，透過目標體系的連結，讓行政機關在有效的方向導引下，積極的發揮效能；其二則是橫斷面的年度計畫中，連結組織內部層級之間的目標／手段關係，使得行政體系在規劃的層面，得以形成一個相互協調的整體機制。

二、溝通網路：必須建立一套隸屬於管理中樞的組織溝通與訊息傳輸的管道；此一管道必須具備「高速傳輸」、「失眞率低」、「傳輸容量大」、「即時」等諸多特性，才能讓管理中樞發揮「如臂使指」的快速指揮與控制功能。

三、資源轉化機制：這是指行政組織的分工，必須形成一個內部功能完整，管理環路完備的運作體系。所謂組織結構的功能完整性，必須根據行政組織的主要產出，來決定部門分化的程度；而完備的管理環路，指的是執行控制的層面，故應包括「計畫－執行－績效衡量－回饋」的完整功能。過去行政機關所採用的「計畫－執行－考核」行政三聯制，以及管理程序中常見的PDCA（Plan-Do-Correct-Action）循環[10]，都具備這些必要的管理要素。當財務資源與計畫結合成爲預算後，透過行政體制與程序的運作，年度預定的施政目標便可逐步實現。

四、協調與控制機制：這是一種強調橫向整合的機制，它也具備「動態整合」的運作功能。由於人體的神經系統快速的傳輸訊息，使得管理中樞得以在執行層面進行立即的協調與整合；然由於行政體系與人體系統並不相同，中央統制的管理中樞亦不存在，在面對複雜多變的環境因素，爲達到有效的整合效能，在執行層面便應構建部會間橫向的「動態整合」機制。也就是說，面對快速變遷的環境，相關部會必須主動的進行部會間的橫向協調與整合，才能讓整個行政團隊在動態調整中，保持和諧的運作基調與運作默契。未來整個行政團隊亦應發展出像「球隊」[11]相似的運作默契——也就是建立一個有共同目標，能夠相互協調與支援，能夠動態、同步的調整，以因應各種環境刺激與衝擊的行政團隊。

五、調節與應變機制：透過環境偵測、資源儲備、方案排序及

[10] Robbins, Stephen P. & De Cenzo, David A., *Fundamentals of Management*, 2nd. Prentice Hall International, Inc., A Simon & Schuster Company, Upper Saddle River, New Jersey, 1998, p.172.

[11] Peter F. Drucker著，李田樹譯，**經理人的專業與挑戰**，台北：天下文化出版股份有限公司，民國88年6月，頁226。

資訊傳輸網路，使得組織得以快速採取行動、調節資源，以因應環境對組織的衝擊。

六、內部防禦機制：透過內部控制及內部審核，以確保組織的資源使用與目標方向無誤；這不僅可提昇組織內部運作的效能，亦可降低外部監督所帶來的衝擊與影響。

七、外部監督／檢查機制：就國防主財體系來看，這種體制外的監督與控制，主要是來自於審計部[12]。而這種體制外的監督與控制機制，主要是針對行政體系的執行失誤，以協助行政體系提昇其運作的效能與穩定性。

對照這種「有機組織」的功能機制，不難發現國防財務資源管理功能的整合，是建立在以下三個基礎上：一、規劃機制——也就是透過長、中、短期的計畫運作，達到內部財務資源整合的目的；二、溝通網路——也就是快速資訊傳輸的軟硬體，使得組織得以隨時掌握財務資源的運作狀態；三、決策與執行能力——亦即透過資訊與決策模式的結合，協助國防主財體系達成快速、正確反應的目的。這三個基礎，除第二項是建立在資訊運作能量的基礎上之外，其他兩項（第一項與第三項）都和「專業人才培育」有關，這亦反映出「知識」在資訊社會的重要性。

[12]審計權爲監察權的一環（參見憲法第九十條，憲法增修條文第六條），審計部亦隸屬於監察院（參見憲法一〇四條），其職能在於監督行政機關預算的執行、考核行政機關的財務效能（參見「審計法」第六十二條至七十條）、核定財務責任（參見「審計法」第七十一條至七十七條），故其設置原意便在建立一個體制外監督行政機關財務運作效能的機構，此即強化體制外的控制機制，而立法院與司法院的設置，亦具有此一制衡與提昇效能的積極功能。

貳、年度預算的管理架構

依「國防部組織法」第九條規定「國防部設主計局，掌理國軍主計事項；其組織以法律定之。」國軍主財體制目前分由國防部主計局（含各軍種主計署）、財務中心及帳務中心負責；其中主計局綜理國軍主計業務，財務中心負責「薪餉發放」、「業務費支付」與「軍儲」[13]等三項業務（財務中心的前身原爲聯勤總部的財務署，隸屬於參謀本部，民國87年7月1日改隸國防部，並更名爲國防部財務中心），至於帳務中心則負責國軍的帳務處理及支出憑證轉審的工作。財務中心及帳務中心原有主計局督導，但在組織調整後，目前均直接隸屬主計局，其關係架構如圖7-3：

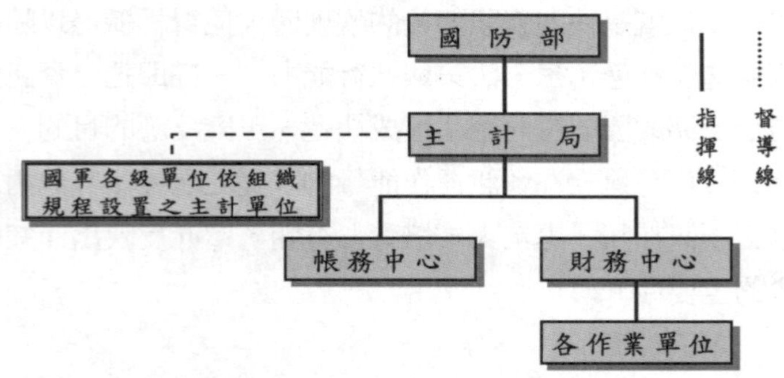

圖7-3　現行主財體制關係示意圖

[13] 同袍儲蓄會爲國防部軍人儲蓄作業基金之執行機關，自民國48年創立迄今四十年，現有儲蓄總數16萬餘人、存款近千億元。目前其管理及企劃幹部，係由國防部財務中心調派少數軍職人員擔任（計軍官20餘人）；至於其他作業所需，則由基金自行負擔（以台灣銀行委託辦理存款作業費及基金孳息爲財源），並聘僱作業人員200餘人，配賦在各地區財務單位執行業務。政府爲照顧國軍遺族生計並鼓勵官兵儲蓄，訂有軍儲存款優惠作法，但亦衍生編列預算長期補貼利息情形（年需4億元），故亦曾引發立委於審查年度預算提出質詢。

參、國防預算的管理流程

一、財力指導

爲因應「國防組織法」的修法，國防預算編製作業亦有所調整，根據國防部頒訂「90-94年度財力指導暨年度概（預）算作業流程」，顯示未來作業流程如下[14]：

（一）有關年度國防預算財力分配作業，自90年度由聯五（計劃次長室）業務移轉，改調歸主計局主管。

（二）依據「預算法」及現行「中央政府總預算編製辦法」所律定年度概（預）算編審日程，並參照現行施政計畫作爲手冊相關規定，訂定國防部財力指導（分配）與年度預算編、審各階段之作業流程。

（三）由於「財力指導」、「五年施政計畫」及「年度概（預）算」等作爲係緊密扣連，故併案區分四個作業階段納入本流程圖，各階段之作業程序與權責如次：

1.90-94年度財力分配作業階段：

時間自民國88年3月1日至民國88年7月10日。由主計局進行財力預判，估算可獲得年度概算額度；之後再依行政院作業模式：「優先滿足法律義務必須支付之人員維持經費，其次爲基本作業維持經費、持續性軍事投資經費」等原則，由主計局擬定人員維持指導，聯四

[14] 陳貴強，「國防財務規劃之研究——時間數列預測模式與財務決策支援系統的建立」，台北縣：國防管理學院資源管理研究所碩士論文，民國88年5月，頁10-13。詳細內容亦可參見民國87年12月16日國防部（87）珍瑙字2885號令。

（後勤次長室）擬定作業維持指導，由聯五（計劃次長室）擬定軍事投資指導。按此原則，主計局會同後次室及計次室研商、匡列三區分額度，於簽奉總長、部長核定後，主計局將「90-94年度財力指導[15]」轉頒各單位據以策編「五年施政計畫建議案」。

2. 90-94年度五年施政計畫[16]籌編作業階段：

時間自民國88年7月11日至民國89年2月25日。各單位「五年施政計畫建議案」報部後，經後次室（負責作業維持）、計次室（負責軍事投資）及主計局（負責人員維持）彙整後，由主計局向部長、總長綜合提報；同時，後次室及計次室亦須就「作業維持經費」、「軍事投資經費」編列概況一併提出報告。俟奉總長、部長核定後，即令頒各單位「90-94年度五年施政計畫」，據以籌編年度概算。

3. 90年度概算籌編作業階段：

時間自民國89年2月26日至民國89年4月30日。主計局依據核定

---

[15]「財力指導」主要內容有四，分別是一、預判次一年度可能獲得國防預算之額度；二、律定國防預算結構；三、實施預算額度下授；四、頒佈五年施政計畫作業規定。參見林志忠、劉立倫，**我國防預算結構分析之研究**，頁28。

[16]五年施政計畫乃將國軍兵力整建計畫之整建目標，化為具體施政要項，配合國防財力，按其輕重緩急，律定優先順序，分別納入相關年度實施。計畫時程包括五個年度，其第一個年度之施政要項，即為該年度國防預算作業之準據，故五年施政計畫上承兵力整建計畫之指導，下為年度施政計畫作業之依據，使兵力整建目標與施政計畫相互貫連，結合國防預算，達成國軍整體建設之目標。現行作業要點如下：

一、建立投資個案：包括二項計畫：（一）綱要計畫：個案總值超過新台幣5,000萬元以上者，均須由各總部完成系統分析後，報請建立個案。（二）工作計畫：綱要計畫核定後，由原報單位完成工作（執行）計畫後納入五年施政計畫，列入適當年度執行。

二、作業輔導：包括三個步驟：（一）每年於「五年施政計畫」作業開始前實施。（二）精算目標年度個案需求。（三）闡釋有關作業規定，作充分之溝通。

參見林志忠、劉立倫，**我國防預算結構分析之研究**，頁28-29。

後之「五年施政計畫」，將目標年度額度分配各單位，展開先期作業；嗣後再依行政院核定之概算額度，綜合調整「人員維持」、「作業維持」及「軍事投資」需求，並完成年度概算案，簽呈總長、部長核定後，將目標年度概算報行政院。

4. 90年度預算案籌編作業階段：

時間自民國89年5月1日至民國89年8月31日。國防部概算報行政院後，額度若有異動，主計局將會同後次室及計次室，研商辦理調整修正，並完成年度預算案，簽呈總長、部長核定後，將目標年度預算案送立法院審議。

二、預算籌編作業與日程

配合預算法的修正，中央政府總預算自90年度起，由原有的七月制（起訖期間由7月1日至次年6月30日），改採歷年制（起訖期間由1月1日至12月31日）。國防預算籌編的作業日程，在不同預算體制下略有調整；日程調整對照如表7-1。

表7-1　國防預算籌編作業日程表

工作項目	七月制作業日程（以88下半年及89年度爲例）	歷年制作業日程（以90年度爲例）
1.財力指導作業	87年5月至88年2月	88年10月至89年7月
2.各單位五年施政計畫呈報國防部	87年3月至87年6月	88年8月至88年11月
3.核定五年施政計畫	87年7月至87年9月	88年12月至89年2月
4.概算案報行政院	87年10月至87年11月	89年3月至89年4月
5.預算案報行政院	87年12月至88年1月	89年5月至89年7月
6.預算案送立法院審議	87年3月至88年5月	89年9月至89年11月
7.總統公佈施行	88年6月15日	90年12月15日

肆、預算結構、業務計畫與預算支用流程

一、預算結構

國防部現有「國防部本部」與「國防部所屬」（即參謀本部）二個單位預算；其中「國防部本部」的單位預算不僅在在性質上較為單純，其預算額度過去一直低於國防部主管年度預算總額的1%。而「國防部所屬」的單位預算，在「聯合勤務、統一發餉、集中補給」的後勤管理制度下，預算額度則高達國防部主管預算額度的99%以上；「國防部所屬」的單位預算下，亦包括30餘個一級預算編製單位，與300個以上的預算支用單位，形成一個管轄超過35萬人左右的龐大編制。

除此之外，國防部在92年度，亦下轄四個特種基金（附屬單位預算），分別是「國軍官兵購置住宅貸款基金」、「國軍生產及服務作業基金」、「國軍老舊營舍改建作業基金」（屬資本計畫基金）及「國軍老舊眷舍改建作業基金」；原「軍人儲蓄作業基金」於90年度併入「國軍生產及服務作業基金」。

二、業務計畫

國防預算的業務計畫會隨著國防需要而進行調整，目前分為27個業務計畫[17]，分別是一般行政、軍事行政、一般軍事人員、特業軍事人員、政戰業務、政治作戰、情報業務、測量業務、教育訓練業

[17] 不包括「情報行政」（包括國安局情報經費，採經常門、資本門併計，也同時歸屬於「軍事投資」與「作業維持」兩大類）、「軍公教人員調整待遇準備」（隸屬於「一般補助及其他支出」項下的「專案補助支出」）兩項業務計畫。

務、通資業務、戰備通信、一般補給修護業務、一般裝備、武器裝備、一般軍事設施、勤務支援業務、軍事設施、一般工程及設備、軍事工程及設備、科學研究、科學研究設備、非營業基金、退休撫卹、軍眷維持、補捐助業務、環保業務及第一預備金。

這27個業務計畫可區分為三種類別，分別是人員維持經費（主要包括5個業務計畫）、作業維持經費（約包括13個業務計畫）、軍事投資經費（包括9個業務計畫）及其它（包括1個業務計畫）[18]。這些業務計畫分屬六種不同的政事別支出，包括國防支出、社會福利支出、社區發展及環境保護支出、退休撫卹支出、教育科學文化支出及一般補助及其他支出。其中23個業務計畫屬於經常門支出，4個業務計畫屬於資本門支出。詳如表7-2所示。

表7-2　國防部預算業務計畫結構表

政事別	業務計畫科目	軍事投資	作業維持	人員維持	經常門	資本門
國防支出	軍事行政		●		◎	
國防支出	政戰業務		●		◎	
國防支出	測量業務		●		◎	
國防支出	教育訓練業務		●		◎	
國防支出	通資業務		●		◎	
國防支出	一般補給修護業務		●		◎	
國防支出	一般裝備	*			◎	
國防支出	一般軍事設施	*			◎	
國防支出	勤務支援業務		●		◎	
國防支出	軍事人員			◆	◎	

[18]「一般行政」業務計畫同時分屬「人員維持」及「作業維持」兩類，故會出現重複採計而多計一項業務計畫的現象。

（續）表7-2　國防部預算業務計畫結構表

政事別	業務計畫科目	軍事投資	作業維持	人員維持	經常門	資本門
國防支出	政治作戰		•		◎	
國防支出	情報業務		•		◎	
國防支出	戰備通信		•		◎	
國防支出	武器裝備	*			◎	
國防支出	軍事設施	*			◎	
國防支出	特業軍事人員			◆	◎	
國防支出	一般工程及設備	*				○
國防支出	軍事工程及設備	*				○
國防支出	一般行政[a]		•	◆	◎	
國防支出	第一預備金		•		◎	
社會福利支出	補捐助業務[b]				◎	
社區發展及環境保護支出	環保業務		•		◎	
社區發展及環境保護支出	非營業基金	*				○
退休撫卹支出	退休撫卹			◆	◎	
教育科學文化支出	科學研究	*			◎	
教育科學文化支出	科學研究設備	*				○
一般補助及其他支出	軍眷維持			◆	◎	

a：即國防部本部，其經費主要為作業維持經費，少部分為人員維持經費。

b：補捐助業務列為三區分以外的「其他」類。

在業務計畫的管理上，國防部也配合組織層級，建立了「業務計畫－工作計畫－分支計畫－用途別」的管理架構（國軍預算科目編碼方式如表7-3）；其中「用途別」的分類，就是採用會計基礎的科目分類。這種分類編碼，透過業務計畫與工作計畫與國庫支付科目編碼格式（如表7-4）產生連結。我國對於國防經費採用三區分的概念，並非來自會計科目的分類，而是採用業務計畫的歸屬；因此，這種分類方式便可能受到年度業務計畫調整的影響，而出現各年度三區分實質內容不一致的現象。

表7-3　國軍預算科目編碼欄位表（6碼）

1	2	3	4	5	6
業務計畫碼		工作計畫碼		工作分計畫碼	

資料來源：國防部頒訂，**國軍年度施政工作計畫與預算編製作業規定**，民國91年。

表7-4　國庫支付應用科目編碼欄位表（10碼）

1	2	3	4	5	6	7	8	9	10
政事別碼		機關別碼				業務計畫碼		工作計畫碼	

資料來源：國防部頒訂，**國軍年度施政工作計畫與預算編製作業規定**，民國91年。

三、預算支用流程

在現行的預算支用流程下，國防預算由主計局依法編列後，送經行政院核議及立法院審查；在完成法定程序後，即由行政院主計處核定年度歲出、歲入月分配數，交主計局據以執行。目前的預算分配與支用流程，主計局依各級單位施政計畫，按月分配預算；各支用單位依實際需要動支（簽證）預算，並統由財務中心（地區財務單位）辦理預算及人員經費之審核及支付。之後，再將結報憑證轉送帳務中心，辦理會計處理，及憑證交送審計部核銷事宜。預算支用及業務流程如圖7-4。

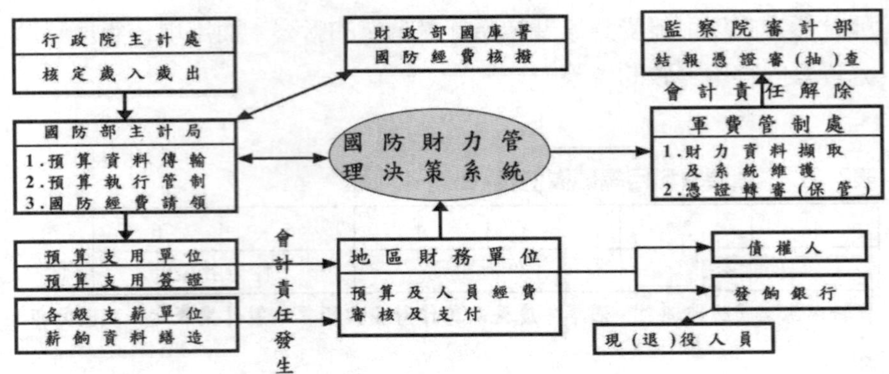

圖7-4　預算支用作業流程示意圖

資料來源：參見**國軍主財功能整合與組織重建規劃**，國軍主財精實專案小組研究報告，民國88年12月21日，頁63。

伍、效能評估指標

一、財務效能評估

鑑於普通基金與非營業基金的性質不同，在財務效能評估時，應分別建構出適合的財務效能指標。普通基金的產出效能雖不易衡量，然根據美國1993年「政府績效成果法案」（GPRA）的精神，仍應適度建構以「產出」（output）或「成果」（outcome），做為預算決策衡量的目標[19]。由於管理工具與財務效能評估，都必須透過投入與產出（或成果）的比較，才能結合決策工具，進行財務資源的有效分配與運用；故普通基金的財務效能評估，必須擺脫過去重視「投入層

[19] 第八號聯邦財務會計準則意見書（Statement of Federal Financial Accounting Standards No.8, SFFAS#8）中，曾提出產出（output）與成果（outcome）的定義。所謂產出，是一種對活動努力的量化列表、計算或記錄（A tabulation, calculation, or recording of activity of effort that can be expressed in a quantita-

面」（如預算額度）與「處理層面」（如預算執行率）的指標衡量，改爲重視「結果」（results）層面進行評估。

在過去的績效預算制度下，其實已經具備「投入vs.產出」的效率觀念。然由於缺乏明確目標的效率，只是在「有效的」浪費資源，無法達成預期的政策目的；因此，決策者必須瞭解目標群體的態度取向，也必須測量財務資源運用與績效目標之間的關聯。事實上，在PPB制度下的「戰力」要素，其實就是一種「成果」的衡量指標；透過投入成本與戰力之間的比較，軍事決策的比較與分析才有意義。如果國防體系無法衡量作戰部隊的戰力，則建軍必然會失焦，而武器購置、部隊佈署、準則研發都將沒有意義。

相對的，作業基金則略有不同。由於非營業基金介於「營業基金」與「普通政事基金」之間；基金運作不僅必須重視成本效益，有明確的產品（服務）與市場，產品（或服務）通常也採用成本收回方式訂價，也適用財務會計的準則。然由於非營業基金在資產運用及營運上，仍須受限於政府相關法令的架構；因此，我們雖可採取企業的財務比率，進行組織財務效能的分析，但在比率結果的解釋上，則須兼顧主計法規的限制前提。

財務效能分析的方式雖有許多，主要是將投入資源與產出成果的比值，應用橫斷面的標竿比較，及縱斷面的趨勢分析兩種技術，以瞭解企業的財務運作效能。可供分析的財務比率雖有許多，但大致可區分爲財務結構分析（如負債佔資產比率、長期資金佔固定資產比率）、償債能力分析（如流動比率、利息保障倍數）、經營能力分析（如應收帳款周轉率、存貨周轉率、固定資產周轉率）、獲利能力分析

tive manner）；產出須具備兩項特性：（一）它們能用會計或管理資訊系統，進行系統化或定期性的測量；及（二）產出與計畫目標之間必須有邏輯上的關聯。所謂成果，是對業務計畫的結果評估，以便於和預期目的進行比較（An assessment of the results of a program compared to its intended purpose）。

（如資產報酬率、股東權益報酬率、每股盈餘）、現金流量分析（如現金流量比率、現金再投資比率）及槓桿分析（如營運槓桿比率、財務槓桿比率）[20]等。

由於作業基金營運內容的獨特性，因此不易從產業標竿的角度進行明確的橫斷面分析與比較，往往只能透過趨勢分析，進行作業基金的自我評估。然由於各項比率間有些是效果性指標，有些是中間的效率性指標；有些可指出基金營運的癥結，有些則可顯示營運的病徵。故我們還是可以透過這些不同比率的綜合運用，進而瞭解非營業基金的財務運作與經營效能。

二、平衡計分卡的績效評估觀念

傳統的組織效能評估，泰半透過會計資訊，進行財務效率與財務效果的評估。在知識經濟的時代，無形知識的價值常常超過有形實體產品的價值；傳統的財務會計模式只能衡量過去發生的事（落後的結果因素），不能評估企業前瞻性的投資（領先的驅動因素），亦無法表達無形資產和智慧資產的價值。再者，由於企業分處生命週期的不同階段，可採取的財務策略亦不相同；傳統的財務會計模式亦無法顯示企業的發展階段，以及經理人未來的努力方向。因此導致柯普朗（Robert Kaplan）及諾頓（David Norton）於1996年提出了「平衡計分卡」。

「平衡計分卡」一改過去重視當期財務效能指標的方式，對組織效能評估帶來相當程度的衝擊。「平衡計分卡」觀念係以平衡為主要訴求，希望能在組織短期與長期目標之間、財務與非財務指標之間、

[20] 亦有主張將財務比率區分為五類，以五力分析進行組織財務效能評估：五力分析係指安定力、活動力、獲利力、成長力與生產力。其中安定力係指財務結構，活動力係指經營效能，獲利力係指獲利能力，成長力指的是趨勢分析下的獲利與市場佔有率的成長性，而生產力指的是員工生產力。

落後與領先指標之間，以及組織內部績效與外部績效之間的平衡。因此，「平衡計分卡」採用四個構面－財務、顧客、企業內部流程、學習與成長[21]，擴大傳統的財務績效衡量，納入公司無形資產和智慧資產的價值，將組織使命與策略具體化，以行動創造企業競爭優勢；並將組織的使命和策略，轉換成績效目標指標，做爲策略評估與組織管理的架構。

換句話說，「平衡計分卡」是一個由策略衍生出來的績效衡量架構，透過組織願景與策略衍生的目的（Objectives）和量度（Measures）；以財務構面、顧客構面、企業內部流程構面、與學習與成長等四大構面，來考核一個組織的績效。四個構面排列的順序，往往依組織的營利性與非營利性而有不同。在營利組織而言，學習成長通常爲基礎構面，依序爲內部流程構面、顧客構面，最終則爲財務構面；在非營利組織，通常以財務爲基礎構面，依序爲學習成長構面、內部流程構面，最後則爲顧客構面[22]。至於政府部門的價值創造體系，則可以學習成長作爲基礎構面，次爲內部流程構面，最後是顧客構面與信託構面，並連結政府機構的使命[23]。

透過目標、量度，及互動的因果關係，把成果（Outcome）量度和績效驅動（Performance Driver）因素連結起來，藉以清晰的闡述策略與組織願景。換言之，「平衡計分卡」本質上只是飛機的儀表版，它在引導管理者及員工朝向相同的目標邁進，故必須結合組織願景及策略；而關鍵績效指標（KPI）就是將策略內涵與衡量系統具象

[21] Kaplan, R. S. & Norton, D. P., "Using the Balanced Scorecard as a Strategic Management System," *Harvard Business Review*, Jan-Feb 1996, p.76.

[22] 陳依蘋，「平衡計分卡運用與趨勢——創始人Robert Kaplan來台演講內容精要」，**會計研究月刊**，第224期，民國93年7月，頁69。

[23] 參見Robert S. Kaplan & David P. Norton著，策略地圖，台北：臉譜出版社，民國93年，頁46；引自吳裕群，「政府部門內部稽核之新思維——以績效評估爲例」，**內部稽核季刊**，第48期，民國93年9月，頁32。

化的一套指標。英國國防部爲管理國防績效，2000年4月曾採用「平衡計分卡」的概念，發展出四個構面，分別是產出、資源管理、流程及未來戰力建構；其中未來戰力建構爲基礎構面，依序爲流程構面、資源管理構面，最後則爲產出構面，各構面也分別發展出三至四個策略目標，共計發展出十四個策略目標及二十五個關鍵績效指標[24]。

這種重視長、短期結合、以願景與策略爲依歸的績效評估觀念，與PPB制度的理念精神完全相符。因此，未來在國防體系的組織效能評估上，亦應從長期發展的觀點，嘗試整合財務與非財務的評估指標，以全面測量組織的整體運作效能，與長期發展的潛力。

陸、控制制度與風險

一、有效控制系統的要件

一個好的管理控制系統應具備以下四個要件：（一）觀察各項活動的工具或方法（Device）：主要是扮演著偵測者（Detector）的角色；（二）評估各項活動績效優劣的基準（Standard）：主要是扮演著評估者（Assessor）的角色；（三）修正錯誤行爲的工具：以引導各項活動走向預期的方向，主要是扮演著影響者（Effector）的角色；及（四）溝通網路（Communication Network）：主要在上述的三個要件中，傳輸必要的資訊，做爲各種決策之用。

而發展控制系統時，應仔細評估三個因素的可能影響；第一是管理者擁有多少的自由裁量權：當自由裁量權愈大，所須管理控制就愈多；第二是部門間的相互依賴程度：如果部門間的相互依賴性高，

[24] 王維康、邊立文，「政府機構應用BSC之實例——英國國防部」，**會計研究月刊**，第224期，民國93年7月，頁142-149。

管理控制系統的設計，便不應只集中在個別部門的產出績效，因爲它會受其它部門的影響；及第三、績效評估的時間與決策結果之間的時間配合程度：當績效評估的時間間隔較短，則其適合評估短期決策的成果；如果評估的時間的間隔較長，則所評估的績效，較適合表達中、長期經營管理的成效。

二、風險與相對成本

由於所有的控制制度，都存在兩種資訊傳輸上的限制[25]，其一是傳輸工具的限制（不同控制資訊傳輸工具上的自然耗損），其二則是人爲的傳輸扭曲（或稱控制失誤，control loss）。由於這種資訊傳輸的限制，是制度設計不可避免的難題，故也造成「理論效能」與「實際效能」之間的差異。通常在既有制度下，決策者既希望能提昇傳輸工具的效能（如以電子化取代以往的公文傳輸），也希望能避免資訊在傳輸過程的扭曲；雖然二者都很重要，但如果須在二者間進行抉擇，決策者仍多會選擇避免傳輸扭曲，以減低政策偏離的程度。

既然制度設計本身涉及成本效益比較，它是建立在相對基礎的比較上，無法、也沒有必要達到盡善盡美；故我們可結合統計上「型一風險」（α risk）與「型二風險」（β risk）的概念，發展出「合理控制水準」的概念（如圖7-5）。圖中顯示合理的控制水準，本質上是成本與風險的函數，因此亦具備「決策」與「方案選擇」的概念。事實上，控制系統的複雜程度，須配合組織規模；因此一個體制龐雜的組織系統，其控制系統的複雜性亦相對增高。

[25] 劉立倫、司徒達賢，「控制傳輸效果——企業文化塑造觀點下的比較研究」，**國科會研究彙刊：人文及社會科學類**，第3卷，第2期，民國82年7月，頁257-258。

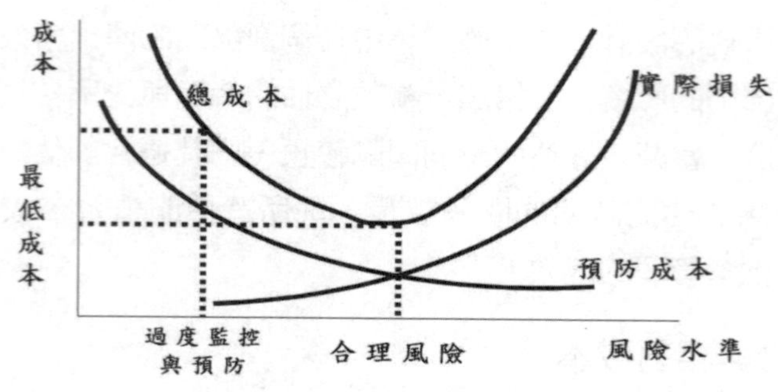

圖7-5　風險水準與成本關係圖

第三節　美軍財務體制與管理改革

壹、財務改革

1990年代間，美軍曾進行一系列的財務體制調整與改造。在1990年的「財務長（CFO）法案」通過之後，美國會計總署（General Accounting Office, GAO）及國防部督察長都曾發現國防部存在許多財務處理的缺失，至少提出350項的建議，這些缺失包括[26]：年度付款的會計處理錯誤與盜用、忽略政府的未來成本（亦即潛在的負債）、無法有效保護資產、作業成本數字一直不可靠、財務報告不可靠及不具參考價值、自動資料處理缺乏適當的安全保護等諸多問題。如：

[26] 參見"Financial Management: Challenges Facing DOD in Meeting the Goals of the Chief Financial Officers Act"。此爲美國助理主計長（Assistant Comptroller General） Gene L. Dodaro 1995年11月14日的國會證詞，報告編號爲GAO/T-AIMD-96-1。

一、督察長對美國空軍1993年會計年度的合併財務報表審查意見，認爲美國空軍的財務狀況的表達並不正確（As a result, the Air Force's Statement of Financial Position was inaccurate）。（報告編號95-067）

二、督察長對美國空軍1994年會計年度的合併財務報表審查意見，認爲美國空軍的財務報表的表達不允當、不完整也不正確。（報告編號95-264）

三、督察長對美國陸軍1994年及1995年會計年度的合併財務報表審查意見，拒絕表示意見（disclaimer of opinion）。（報告編號96-094）

四、1994年督察長提出國防機構的會計系統的缺失（Summary Report on the FY 1994 Financial Statement Audits of Defense Agencies，報告編號97-008），在18個國防機構進行財務審核後，KAR（Key Accounting Requirements）上的缺失包括：總帳及財務報表的缺失（13個機構有缺失）、財產及存貨問題（8個機構有缺失）、資金及內部控制（9個機構有缺失）、審計軌跡問題（7個機構有缺失）、應計會計問題（3個機構有缺失）、軍職與文職薪資處理程序（3個機構有缺失）、及成本會計問題（1個機構有缺失）。

五、督察長對美國空軍1995年會計年度的合併財務報表審查意見，無法獲得足夠的資訊，以進行必要的查核，因此拒絕表示意見（disclaimer of opinion）。（報告編號96-098）

六、督察長對美國空軍1996年會計年度的合併財務報表審查意見，拒絕表示意見（disclaimer of opinion）。（報告編號97-122）

七、督察長對美國陸軍1995年及1996年會計年度的合併財務報表審查意見，拒絕表示意見（disclaimer of opinion）。（報告編號97-123）

八、督察長對美國海軍1996年會計年度的合併財務報表審查意見，拒絕表示意見（disclaimer of opinion）。（報告編號97-124）

鑑於國防組織在財務與會計運作的諸多問題，在1995年2月間，美國國防部長裴利便提出一份改革國防部財務管理的藍圖，作爲改革國防部財務管理的第一步；藍圖中包括五個要項：

一、整合國防部的財務及會計作業；
二、整合現有的財務及會計系統；
三、建立付款前的驗證措施（Pre-validation for disbursement）；
四、國防部作業流程的組織再造（reengineering DOD business practices）；
五、強化內部控制。

所有的調整朝向三個方向，即組織結構調整、人員精簡、及作業系統整合與標準化的方向前進。

貳、國防財務及會計署[27]（Defense Finance and Accounting Service, DFAS）

美國國防部（DOD）財務及會計系統的指揮與管理，分由兩方面管理：其一是來自於DFAS，受國防部主計長的督導與管理，另一條是來自於各軍種，由各軍種的相關主管（通常爲助理部長）管理。

[27] DFAS的產生背景，主要引自GAO研究報告—Financial Management：An Overview of Finance and Accounting Activities in DOD (Letter Report, GAO/NSIAD/AIMD-97-61, 1997/1/19)。

雖然在指揮與管理的途徑不同，但都必須遵循1990年的「財務長法案」。但過去運作的經驗顯示存在以下三個問題：

一、1991會計年度前，各軍種各自構建其財務管理的結構；各軍種的財務及會計系統設計，主要在結合軍種的特殊任務。因此，造成了國防部整體的資訊解釋困難，甚至出現彼此衝突的資訊。

二、美國國防部的官員也認為，多個機構處理相同（或類似）的功能，顯然也不符運作效率的要求。

三、多年來，美國國防部一直強調聯合作戰，而財務管理系統卻始終未能標準化，使得作業效率與效能受到影響。

為有效解決前述的問題，1990年11月26日國防部便成立DFAS，作為整合國防部財務及會計系統的機構；DFAS的產生為美軍財務改革的第一步，由國防部的主計長負責督導。DFAS最早係由華盛頓特區的總部及六個散佈全國的財務中心所組成，包括陸、海、空、陸戰、國防後勤局及華盛頓特區的財務及會計總署（Washington Headquarters Services Finance and Accounting Headquarters，1992年8月關閉）。過去國防部的財務業務，主要有以下五類[28]，分別是支付薪資[29]、支付退伍及退休金[30]、支付差旅相關的費用、支付合約款

[28] 參見GAO兩份報告—Financial Management: Control Weakness Increase Risk of Improper Navy Civilian Payroll Payment (GAO/AIMD-95-73, 1995/5/8)及Financial Management: Defense's System for Army Military Payroll Is Unreliable (GAO/AIMD-93-32, 1993/9/30)。

[29] 以1996年為例，美國國防部有83萬左右的文職人員及近300萬的軍事人員。

[30] DFAS在1991年由軍種手中接下退休金支付的工作，在1996年DFAS處理超過200萬位退休人員及年金給付。

項、催收欠款等。在1991年至1994年間，DFAS下設6個財務及會計中心，332個地區辦公室，使用331種的財務及會計系統，雇用4萬6,000人。

在1994年的「國防授權法案」中，指派國防部主計長兼任國防部的財務長；根據「財務長法案」的要求，財務長必須：

一、對國防財務進行有效的管理及提供政策指導；
二、發展及維持一套整合的財務管理及會計系統；
三、監督各單位的財務狀況及預算執行；
四、監督各單位財務人員的招選任用。

因此，美國國防部開始積極思考如何整合及改善現有的財務及會計系統，當時思考的幾個原則[31]：

一、要能增進國防部全面監控的能力；
二、必須提昇國防部內部會計處理的一致性；
三、必須減少不必要的系統重複與作業成本；
四、必須提供國防部決策者及時、有意義及正確的財務資訊；
五、必須加速執行國防部內部的財務系統標準化。

在1996年時，DFAS便改爲5個財務及會計中心，17個作業中心（operating locations），102個地區辦公室，使用217種財務及會計系統，雇用2萬3,500人；至於在各軍種的部分，仍維持332個地區辦公室的設置，共計雇用1萬7,300人。至於在財務及會計系統的縮減及標

[31]同前註。

準化上，DFAS採用了系統移轉策略[32]（migration system strategy）；預計在2000年時，現行的財務及會計系統將縮減爲110個，縮減幅度高達47%（107/217）。

參、經費結構

美國國防經費結構，按照國會撥款科目區分主要有六，分別是：軍事人員[33]（military personnel）、作業維持（Operation and maintenance, O&M）、武器獲得（procurement）、研究發展測試及評估（research, development, test, and evaluation）、軍事工程（military construction）及家庭安置（family housing）。其中作業維持不僅包括各式的計畫與活動，其它如文職人員的薪資[34]及現、退役軍人及眷屬的醫療照顧，均屬於作業維持的範圍。

以作業維持爲例，美軍的「作業維持」（O&M）科目可採三個不同的層面分析，分別是聯邦預算科目（account）結構、國防任務（mission）分類[35]及主要國防計畫（program）。如果以帳戶來分，目

[32] 採用此一策略有四個步驟，一、由各軍種現有系統中選出一個系統；二、將此一系統推展到各軍種（servicewide）；三、由其中選擇一個當前最佳的系統，作爲國防部選定的標準移轉系統；四、提昇該系統的效能，使其能符合國防部所有的需求。

[33] 係指現役軍人及全職（full-time）的國民兵及後備部隊。

[34] 按照GAO提出的報告顯示，85%的文職人員薪資由「作業及維持」帳户支付，其它15%的部分則由「研究發展測試及評估」、「軍事工程」及「家庭安置」三類帳户支付。美軍的文職人員在1985年爲110萬人，至1996年則爲83萬人，降幅約達27%；按照未來年度計畫（FYDP）的顯示，至2001年美國國防部的文職人員將再降爲72萬9,000人。

[35] O&M經費的分析，主要引自GAO向國會提出的分析報告—Defense budget: Analysis of Operation and Maintenance Accounts for 1985-2001 (GAO/NSIAD-97-73, 1997/2/28)。

前有20個帳戶；以第三層的任務來分，在1993年至2001年間，則有三十種任務類別。而以計畫來分，則可發現年度之間的計畫並不相同，如1985年至1989年間僅有4個計畫[36]，而1993年、1994年及1997年則有11個計畫[37]；由1998年至2001年國防部則提出10個計畫。

O&M經費亦可採軍種的分類方式進行分析，目前軍種導向的帳戶計有11個，分別是海軍、陸軍、空軍、國防（Defense-wide）、空軍國民兵（Air national guard）陸軍國民兵、海軍陸戰隊（Marine Corps）、空軍後備部隊（Air Force Reserve）、陸軍後備部隊、海軍後備部隊、海軍陸戰後備部隊。

從聯邦預算科目來看，可以發現過去O&M經費資源的分配相當集中；自1993年以後，85%的資源就集中在5個帳戶，分別是陸軍、海軍、空軍、國防、及國防健康計畫（defense health program）。如果從主要國防計畫來看，O&M帳戶的經費主要集中在3個計畫，分別是通用兵力（general purpose forces）、集中補給與維護（central supply and maintenance）與訓練、醫療及其他（training, medical, and other general purpose activities）。以1996年來看，三者約佔O&M經費的65%。如果由國防任務結構來看，則可發現O&M的經費主要集中

[36] 四個計畫爲請求權（Claims-defense）、軍事訴願法庭（court of military appeals-defense）、來福槍推廣國家委員會（National Board for Promotion Rifle Practice）及國防環境復舊基金（Defense Environmental Restoration Fund）。

[37] 十一個計畫爲國防健康計畫（defense health program）、藥物禁止及反藥物活動（drug interdiction and counter-drug activities）、前蘇聯威脅減低（former Soviet Union threat reduction）、督察長辦公室（Office of the Inspector General）、海外人道救援（Overseas humanitarian, disaster, and civic aid）、支付卡荷歐拉維島基金（payment to Kaho'olawe Island fund）、軍事訴願法庭（court of military appeals-defense），及國防部、陸軍、海軍、空軍等的四個環境復舊帳户（environmental restoration accounts）。其中最大的一個計畫爲國防健康計畫（佔10.6%的O&M經費，當時將國防部及各軍種的醫療照顧全部移轉到這個計畫之下，在2001年此一帳户預計佔O&M經費總額的11.8%）。

在五個類別，分別是地面兵力（land forces）、醫療（medical）、海上兵力（naval forces）、戰術空軍（tactical air forces）、及其它後勤支援（other logistics support）；在1985年至2001年間，這五個任務類別合計使用的經費，超過O&M經費50%以上。

美軍對於文職人員的薪資處理，是將其納入O&M項下，這種會計記錄方式，導致人員費用的表達，出現結構性的變化；如以美國陸軍爲例，1995年的預算爲630億美元，預算中軍事人員約佔42%，作業維持約佔35%，軍事投資佔約23%；如進一步分析則可發現，軍職人員薪資佔42%，文職人員薪資佔21%，維持費佔19%，軍事工程佔3%，研究發展測試及評估則佔15%。

如果我們將其軍職人員薪資及文職人員薪資合併，則可發現人員薪資將高達陸軍預算的63%。再以1996年來看，陸軍的預算額度是595億美元，其中軍事人員約佔42%，作業維持佔約36%，軍事投資佔約22%；分析之後亦可發現，軍職人員薪資佔42%，文職人員薪資佔22%，作業維持佔19%，軍事工程佔4%，研究發展測試及評估僅佔13%。如將其軍職人員薪資及文職人員薪資合併後，則可發現人員薪資將高達陸軍預算的64%。

相對的在1989年時，美軍的軍事人員薪資僅佔37%，文職人員薪資佔17%，維持費佔21%，軍事工程佔2%，研究發展測試及評估僅佔24%；軍職人員薪資及文職人員薪資合併僅爲陸軍預算的54%，在短短的六年間（1989-1995），陸軍人員薪資的額度成長了近十個百分點（54%-63%）。這種人員薪資持續攀高、且居高不下的現象，應該是陸軍的軍種特性使然。

肆、國防事業作業基金（Defense Business Operations Fund, DBOF）

國防事業作業基金[38]（Defense Business Operations Funds, DBOF）成立於1992會計年度（原隸屬於DFAS），原在對補給管理、補給分配、倉儲維護等各項軍隊補給作爲提供財務支援，並對供應體系（國防補給單位）與需求體系（三軍部隊）進行管制。當指揮官申請零附件時，必須支付給供補單位有關零附件的材料成本及後勤成本（如採購、儲存、運輸之成本）；而供補單位的薪餉與作業費用均須仰賴費用的收取來支付。

國防事業作業基金（DBOF）成立的主要原因，係因業務主管在遂行各種管理決策時，往往缺乏成本資料的支持，以致於無法在軍品的修護或購置上，進行有效的管理分析。因此DBOF成立的主要目的，便希望建立完整的、攸關的成本數字，以供提昇後勤決策的品質。在DBOF的運作理念下，所有國防部與基金之間的內部移轉（包括武器、軍品及服務），均應向各軍種、國防機構及顧客按照全部成本（full cost）計價並收費。因此，不僅實體的軍品移轉要計算單位

[38] DBOF爲一循環基金（revolving fund），成立於1991年10月，當時整合了9個國防機構營運的工業基金（industrial fund）及存貨基金（stock fund，或稱庫儲基金）；基金運作時，由DBOF採集中化的方式管理基金的現金，各原有機構仍負責該基金的日常作業與營運。故DBOF的建立，主要爲提昇財務管理的效能。

DBOF的主要業務有十一項，分別是："Supply Management"、"Depot Maintenance"、"Information Services"、"Commissary Operation"、"Printing & Publications"、"Transportation"、"Financial Operations"、"Distribution Depots"、"Research & Development (navy)"、"Industrial Plant Equipment Service"、"Defense Reutilization & Marketing Office (DRMO)"。

全部成本，DFAS爲各軍種及相關機構提供的服務，其務及作業成本，亦應計算單位的全部成本。而軍種及國防機構則以O&M經費，來支付這些取得的服務。所以在DBOF的運作理念下，所有的內部服務單位都可以變成利潤中心，以鼓勵基金的管理者降低成本，提昇其運作的效能。

DBOF整合了三軍原有的庫儲基金與工業基金。其中庫儲基金主要應用在軍品採購及作業單位之間，作爲軍品使用期間歸墊與記帳之用；至於工業基金則設置於國防部，主要是各作業單位（包括兵工廠、保養廠、實驗所及試驗場、造船廠、洗衣廠、印製廠、運輸處等）向國防所屬之三軍各部及直屬單位出售勞務或商品，所採用的週轉基金。這兩種型態的基金在PPB制度下，在單位產品與勞務間的轉撥計價，扮演非常重要的角色。但這兩種基金在國防財務改革的趨勢下，均併入國防事業作業基金。依據「1994年美國國防報告書」的內容顯示，此一基金當時結合五個基金及四項公債，形成了單一的周轉基金。DBOF的供應商設定產品或服務的成本[39]，顧客則決定願意花多少錢來購買這些產品與服務。

DBOF也成立了一個合作委員會（DBOF Corporate Board），由各種不同官科的人員組成，分別代表了DBOF的顧客與供應商（也就是國防部共同的需求），以監督基金的改善與作業。而DBOF採取正確方向的第一步驟，就是以商業性能決策方法來鑑定最後的成本，並以成本效益作爲各指揮層級考評的依據。[40]

DBOF執行初期曾發生問題，但主要是由於執行不當所致；

[39] 美國國防部於1989年引進單位成本的概念，1991會計年度Supply Management及Distribution Depots是兩個首度採用單位成本預算的職能領域，在DBOF成立之後，其轄下所有的事業單位都採用單位成本來編製預算。

[40] 參見三軍大學譯印之「1994年美國國防報告書」及「1995年美國國防報告書」。

Ullman（1995）亦曾提出DBOF的失調狀態，不足數額高達數十億美元之多。1993年9月間，美國國防部曾提出一份DBOF的改善計畫（improvement plan），列舉出四個領域（責任及控制、結構、政策及程序、財務制度）的56項行動，以改善基金的營運與管理。在「1995年美國國防報告書」中，美國國防部認爲所有的改善行動幾乎都已經完成；但從其他方面的資訊顯示，基金的運作效能似乎仍有待加強。以下是一些事例：

一、督察長對美國國防財務及會計署（DFAS）編製的1993年空軍DBOF財務報表審查意見，由於存貨餘額表達不當（總額高達14億美元以上），故審核結果認爲1993年的財務報表並未正確的表達DBOF的財務狀況。（報告編號95-072）

二、督察長對DFAS編製的1994年空軍DBOF財務報表審查意見，由於嚴重的內部控制缺失（存貨淨額高估94億3,000萬美元及1億7,000萬美元的帳戶往來應付款intrafund accounts payable的沖抵，缺乏足夠的資訊，以致於無法判斷此一作法是否正確），導致無法表示意見。（報告編號96-021）

三、督察長對1994年DBOF財務報表審查意見，由於缺乏完備的內部控制結構，及會計系統的缺失[41]，導致財務報表的表達並不正確。（Defense Business Operations Fund Consolidated Statement of Financial Position for FY 1994，報告編號95-

[41] 有關會計系統的缺失，在督察長1995年的報告—Major Accounting Deficiencies in the Defense Business Operations Fund in FY 1994（編號95-294），曾列舉出五類，分別是：會計系統的問題、政策方針的問題、廠房設備的問題、帳户評估與分類的問題及人事的問題。這些缺失導致的金額錯誤估計約佔總資產的23%，佔年度總收益的5%；這些缺失也導致DBOF的1994年財務報表出現536億美元的調整。督察長的審核報告認爲國防部需要長期的規劃與投入，才能改正前述的缺失。

267）

四、督察長對DFAS編製的1996年DBOF的合併財務報表審查意見，抽樣結果顯示，15.8%的存貨記錄存貨不正確（約六分之一），估計錯誤金額達39億美元，因此報告認爲DBOF的財務報表不完整也不正確。（Defense Business Operations Fund Inventory Record Accuracy，報告編號98-072）

五、在GAO的報告中也提出DBOF的現金管理、會計處理與預付款方面存在嚴重的問題[42]。

在1997年的「國防授權法案」中，要求國防部對DBOF提出全面性的研究，並將改善計畫送交國會同意。在研究結果尚未出爐之後，國防部主計長便於1996年12月11日將DBOF解體，改爲四個營運基金（working capital funds）：陸軍營運基金（Army Working Capital Fund）、海軍營運基金（Navy Working Capital Fund）、空軍營運基金（Air Force Working Capital Fund）及國防營運基金（Defense-Wide Working Capital Fund）。這四個基金的運作與之前的DBOF基金運作方式無異，而DFAS則改屬爲國防營運基金下的一個單位。此時整個營運基金的管理權責，亦由DFAS調整爲至國防部。

鑑於國防部長期以來在實體資產的控制、成本管理及付款作業上，存在許多缺失；因此1998年的「國防授權法案」（P.L. 105-85），國會便要求國防部長應定期（每一個雙數年的9月30日前）向國會提出一份改善國防部財務管理的「二年期策略計畫」（biennial strategic plan）。之後，美國國防部便於1998年10月26日，提出第一份二年度

[42] 參見GAO報告—Defense Business Operations Fund-DOD is Experiencing Difficulty in Managing the Fund's Cash (AIMD-96-54, 04/10/96)。

的財務改造計畫[43]。

由於美軍的財務管理必須遵循1990年的「財務長」法案、1996年的「聯邦財務管理改進法案」，及1995年的作爲聯邦政府財務管理架構的「聯合財務管理改善計畫」[44]（the Joint Financial Management Improvement Program, JFMIP）。因此，GAO便根據前述三項依據進行評估，結果認爲國防部提出的改造計畫，在執行概念及轉型計畫上都存在一些問題[45]；這些問題包括：財務資料在計畫之間的整合不易、並未將預算形成的過程納入改進範圍（導致PPB制度與其它計畫之間的成本移轉無法整合）、改進措施與財務資訊難以整合等諸多問題。換言之，就是計畫功能間的財務整合問題。

[43] 計畫中分爲上、下兩冊，上冊包括三個部分：執行概念（the concept of operation）、當前環境）current environment）及轉型計畫（transition plan）；下冊則高達900頁，內容包括執行轉型計畫的200項措施。GAO則認爲國防部的改造計畫相當有野心（DOD's Biennial Plan is an ambitious undertaking）。

[44] 在JFMIP的架構下，提出了聯邦政府的財務管理系統，不僅要能夠達成財務交易正確記錄的會計功能，同時也應該能夠整合預算、財務及績效（budget, financial, and performance）資訊，以協助聯邦計畫的管理者進行各種決策。

[45] 參見GAO研究報告—Financial Management: Analysis of DOD's First Biennial Financial Management Improvement Plan (GAO/AIMD-99-44, 1999/1/29)。

附錄一

全國總資源供需估測

所謂總資源供需，是指全國可資利用的生產資源供給總額及需求總額。其中總資源供給等於國內生產毛額加貨品與勞務輸入；總資源需求係指一定期間內，各經濟主體對可用資源之最終需求總額，包括國民消費（含民間消費及政府消費），國內資本形成及貨品與勞務輸出（貨品與勞務輸出、入係依據國際收支統計資料彙編），前二項爲國內需求，輸出爲國外需求。總資源需求等於政府消費加民間消費、政府固定資本形成、公營事業固定資本形成、民營企業固定資本形成、家庭固定資本形成、存貨增加及輸出。其公式如下：

生產總額＋貨品與勞務輸入 ＝ 中間需求（中間投入）＋國民消費
＋國內資本形成＋貨品與勞務輸出

總資源供需估測方法，主要有長期趨勢法及計量模型預測法。所謂長期趨勢法假定未來變動依循過去趨勢，以統計外插法（extrapolation，將現有的趨勢延伸到未來）、循環順序法（cyclical sequence method，以某一高度相關的經濟循環序列作爲預測的領先指標）、經濟律動法（Economic Rhythm Method，它應用「時間數列分析」找出變動的規則性；之後再配合景氣循環、季節循環及物價指數等因素進行調整，以計算出未來的預測值）等不同的方法，來估測經濟模型的變數。

美國國家經濟研究機構（NBER）的研究發現，當經濟上昇或下跌時，有些指標會提前出現變動，有些會與經濟變動同時變動，而有些會在經濟變動後才發生變動，因而出現領先指標（Leading index）、同步指標（Coincident index）與落後指標（Lag index）的分類。預測中最重要的是領先指標，因為它可以指出經濟循環未來的變動，NBER曾列舉出十二項領先指標，包括平均每週工作小時數，近企業數目，新消費分期付款信用統計等。許多預測者對上述指標極為重視，認為它們提供了未來預測的線索，可作為循環順序法應用時的估測依據。

而計量模型預測法則是根據各經濟變數以往之函數關係，設立一套彼此相互關聯的聯立方程式，作為計量模型，並應用該模型以估測未來經濟發展及物價水準變動狀況。經濟變數包括外生變數及內生變數：外生變數分為三類，分別是：一、政策變數；二、前期變數；三、其他外生變數；應用時須將將模式的外生變數帶入，以求取內生變數。利用方程式求解，即可求得總供需各項經濟變數之未來預測值；預測模型可分為季模型、半年模型、年模型及配合現行政府預算籌編制度所建立之會計年度模型。

如於經濟計量模型中，加入福利或損失函數（Welfare or Loss Function），則此聯立方程式即可形成最適控制模型。模式中的各經濟變數計算值，可由計量模型決定，但各計算值是否處於最適狀態，則由福利函數決定。換言之，當福利為最大或損失為最小時，經濟變數值即為最適控制值；而依據最適控制模型，便可解出各種最適政策，作為政府施政的參考。

我國自民國57年開始應用計量經濟模型，此一計量模型當時係由劉大中博士所研訂；主要作為辦理全國總資源供需估測，提供政府制定財經政策，編審年度預算之參考。當時模型中含有內生變數46項，外生變數16項，計有迴歸方程式21條；隨著國家經濟活動的日趨複雜，變數與模型亦逐漸擴增。模型擴增須透過嚴謹的驗證，模型運作過程中，如發現新資料，則須根據新資料修正原有估測模型；唯修正後的新模型，須經統合測驗及最終測驗，直至兩種測驗所顯示之預測結果，與實際統計結果極為接近，證明模型的估測能力已甚佳，方可採用為新模型。

第八章
政府預算理念與各國預算體制

第一節　政府預算理念與發展

第二節　各國預算體制運作之比較

第三節　美國聯邦政府的預算體制與財務改革

第一節 政府預算理念與發展

壹、政府預算的基本概念

政府預算是國家在一定期間內，根據既定目標與政策方針，以國家資源和國民負擔能力為估計基礎，所預定的政事收支計畫，故其為政府施政計畫的財務表達。此一計畫表達的內容，依其涵蓋其間長短而有不同。長程的策略計畫，通常須動用策略性資源以為支應；短期的年度計畫，則會透過年度的經常性資源以為因應。

由於預算從預判、編製、審議、分配、執行、管制，以迄決算等，涉及的範圍相當廣泛且複雜；因此，民主國家為達到國家資源有效規劃及控制的目的，通常會建立一健全的預算制度以為依循。

一、政府預算的原則

所謂預算原則其實只是反映當時的政治思想、財政觀念與管理觀念，所形成的預算編製與表達的規範；而建立預算原則的目的，主要亦在於指導預算籌編、表達、立法審議及預算執行，作為各階段遵循的依據。

然由於預算的內涵與本質複雜，故學者對於應有的預算原則見解亦有不同。如早期美國預算局長Harald D. Smith曾提出預算的八項原則[1]，包括（一）預算計畫原則：預算應反映計畫；（二）預算責任原則：行政首長應有的預算責任；（三）預算報告原則：預算編製

[1]李厚高，**財政學**，頁358-359。

須依財務及業務報告為基礎；（四）預算適度性工具原則：預算執行的適當權力；（五）預算多元程序原則：政府預算編製須依其職能業務不同，分別編製，不宜強求劃一；（六）預算適當裁量原則：行政機關在預算執行過程中應有適當的行政裁量權；（七）預算適應彈性原則：預算中應有適當的彈性條款；（八）預算機構協調原則：中央預算機構與下屬機構應保持聯繫並協調合作。

國內如張哲琛（民77）曾提出六項預算原則，包括（一）整體原則：預算應包括政府部門之所有經濟行為；（二）明確原則：預算應易於明瞭，以助於審議或研訂政策；（三）未來導向原則：預算應結合計畫，並提供多年的財務方案；（四）比較原則：預算應具政策評選及業務計畫排序之功能；（五）可信及公正原則：預算內容應具客觀性與可信性；（六）時效原則：預算適時表達，作為立法審議與評估的依據。

而林志忠、劉立倫（民85）亦曾提出預算的五項原則及一項前提。五項原則分別是（一）同質性比較原則：預算應具橫斷面的不同單位或組織間的比較功能；（二）資本形成原則：預算應能區分長期經濟效益與短期維持性的活動；（三）目標反映原則：預算應反映動用財務資源與施政目標之間的關聯性；（四）一致性原則：應強化縱斷面不同時點的比較能力；（五）活動關聯性原則：預算應能反映作業活動的眞實性質，以提昇資訊的決策支援功能等五項原則。至於預算的前提則為預算的「成本效益」前提。

學者提出的預算原則雖有不同，但然就內容檢視，則可發現這是源自於探討觀點不同所致。如張哲琛（民77）所提的預算原則，內容涵蓋了預算編製（整體原則）、資訊表達（明確原則、可信及公正原則）、涵蓋期程（未來導向原則）與決策支援（比較原則、時效原則）等多個層面；林志忠、劉立倫（民85）所提出的這五項原則與一項前提，則較為著重政府預算的資訊內涵與決策支援的功能。而Smith所提出的八項原則，則重在預算功能、預算執行與行政管理等諸多層面。這些不同的看法，主要是源自於學者對政府預算的剖析方式不同；而政府預算本身的複雜內涵與多面向特質，亦使得普遍性的政府預算原則建立益發困難。以下我們將就政府預算的內涵進行探討。

二、預算功能

學者在政府預算的切入觀點不同，對政府預算的特質與功能，解釋上亦不相同。如林鐘沂（民87）曾提出的政府預算的四種特性（或可稱爲四種功能），包括（一）政策（budget as policy）：預算爲達成目標及分配資源的政策文書；（二）管理（budget as management）：預算可顯示政策執行的手段與方法；（三）經濟（budget as economics）：預算可明確顯示經濟政策與方向）；與（四）政治（budget as politics），預算可展現動態性的資源分配與權力競逐等特性。或如莊振輝（民83）亦曾提出政府預算的五種功能，包括立法控制功能、財務統制功能、經濟政策功能、行政管理功能及財務管理功能等。亦有學者提出政府預算之四項功能，分別是政治功能、財政功能、經濟功能與行政功能[2]。

由前述討論可知，政府預算實具有監督行政機能、法律保障機能、財務統制機能、行政管理機能、資源配置、經濟穩定及發展機能等多重面向的涵義。而不同學者對政府預算的不同描述，都有助於我們瞭解政府預算的多重構面。

再者，由於政府預算與公共政策的密切關聯，爲因應臨時突發的例外事件，通常在預算成立之後，亦須預留部分的行政彈性，以作爲行政部門因應環境變動的行政權宜空間，如預備金的設置等。事實上，行政部門不僅會在預算執行的過程中，採取行政上的權宜措施，亦會在預算編製的時候，預留執行的彈性，而出現預算編製的虛估行

[2] 潘俊興，「我國國防預算估測可行性探討——時間數列模型之運用」，頁3-12。

爲與現象。當制度層面的設計與行爲層面的課題糾結在一起時，政府預算的編製與執行，便會展現出複雜與多樣化的特質。

三、預算觀點

政府預算既爲政府達成施政目標，所預擬之政事收支計畫，亦爲政府機關在財務期間可以支用經費的授權，與財源籌措的方法。由於政府預算本身涵蓋範圍甚廣，因此在財政、經濟、法律、政治、組織程序、思考邏輯等不同範疇下，將會衍生出不同的涵義；茲簡述如下：

（一）財政觀點

認爲預算爲政府在一定期間內，根據國家施政方針，以國家總體資源及國民生產能力，所預擬未來一定期間之財務收支方案及施政計畫。而年度預算也是政府於一會計年度內歲入歲出之總計算，亦爲國家中程計畫與長期計畫的一環。而政府各部門在財務資源分配的過程中，須按部門事務的優先性進行排序；此一分配須表達在於預算書表，以作爲財政計畫之詳細說明與執行依據。

（二）經濟觀點

政府預算對國民經濟資源的配置與總體經濟之均衡發展，具有舉足輕重的影響。如政府部門的各項經費支出，主要是來自於課稅收，必須取自於國民的所得；再者，政府部門的運作，對經濟發展方向又具有引導的作用，且政府的財政支出，亦具有刺激經濟發展的功能。故政府預算的規模，與國民經濟間有著相當複雜、密切的關係；此亦爲功能財政論者強力主張的觀點。

（三）法律程序觀點

政府預算須經過國會之議決與授權始告成立。依我國「預算法」第二條規定：「各主管機關依其施政計畫初步估計之收支，稱概算；預算之未經立法程序者，稱預算案；其經立法程序而公佈者，稱法定預算；在法定預算範圍內，由各機關依法分配實施之計畫，稱分配預算」。此一說明顯較偏重於法律程序的說明；而預算本身是否具有法律的性質，學者之間仍存有不同的看法[3]。由於政府預算其須經過合法的國會審議與同意程序；故其亦須具備適當的法律程序與要件。

（四）政治觀點

政府的施政方針爲執政黨之政策主張，其預算則爲施政計畫所需獲致與動用的財務資源。立法機關在審查預算時，不同政黨的委員，往往亦會根據所屬政黨主張之政綱與政策，對施政計畫進行稽核，並對經費收支提出不同的看法。由於政府預算爲落實民主政治，並達成特定政治、經濟、社會政策目的之有效工具，故在預算審議時的政黨角力時而可見。

（五）編製邏輯觀點

預算編製的思考途徑主要有二，其一是採用Charles E. Lindblom的漸進理論（Incrementalism）[4]，Wildavsky於1964年所出版的「預

---

[3] 依照民國84年12月8日大法官釋字第391號解釋，認爲預算案爲「行政行爲」的一種，性質上屬於「措施性法律」(Massnahmegesetz)，有別於通常意義的法律。但當時城仲模大法官認爲預算案須經國會三讀通過，且對國家運作有非常的規範性與重要性，故應屬具實質意義的法律。鐵錚大法官亦認爲依我國的憲政法秩，預算的法律性質應採「預算法律說」(又名特殊法律說) 的觀點；雖然預算案與法律案的審議程序與規範性格存有差異，但這並不表示預算案就必然是「實質的行政行爲」。

而國內在民國89年10月28日，行政院逕行宣布核四停建，當時的行政院院長張俊雄在10月下旬在立法院接受質詢時，曾提出「預算執行屬行政裁量權」、「不執行核四預算沒有違法的問題，只有政治責任」，而當時的新聞局局長蘇正平亦於10月24日表示「行政院對停建核似有合理的裁量權」。唯「核四預算」係經過數年的國會審議與表決，經立法院通過後，且依憲法提請覆議後確認；經過這樣的憲政程序，故許多人認爲它對行政體系應該具有預算執行的約束力。

[4] 漸進主義認爲公共政策爲政府過去活動的延伸，亦爲社會行動的方法；決策者通常是以現行政策爲基準，將其與其它新的方案進行比較，以決定哪些政策需要修改，以及是否需要增加新的政策。

算程序之政治」一書中，便直接將此一概念應用到政府預算的範圍，而形成了漸增預算理論的假說[5]。在漸增預算的假說下，政府在編製年度預算時，往往是以上一年度的預算規模爲基礎，再加上小幅度的支出成長；因此，在這種觀點下，政府年度預算的規模與支出結構，均不會出現大幅的變化，且此一觀點亦假設政府機關未來的活動，爲其過去活動的延伸[6]。

而1978年Dye則提出所謂「理性整體主義」（The Rational Comprehension）的另一種觀點[7]。在這個觀點下，決策者在預算編製的過程中，強調的是政策制定過程中的理性發揮；認爲理性決策是基於擴大經濟效用與追求自我利益兩種概念而形成，其特徵爲講求目標與價值的分明，以及最適的分析方法與理論根據。將此觀念運用於預算作爲上，即形成理性的、整體的預算思考。Leloup（1988）認爲在總體預算下，各機關的預算、計畫與項目仍採「由下而上」作成決策；但有關總支出、收入與赤字，以及預算分配方式皆是「由上而下」作成決策。由於此一觀點，具備長期規劃的精神與概念；故其重視外在環境的變動與預測，強調整體預算的重要性，重視總體預算的控制功能，以提昇整體預算使用的效能。

從「由下而上」的個體預算（Microbudgeting）觀念轉變到「由上而下」的總體預算（Macrobudgeting）觀念，主要是因應1980年代各國的財政困難，導致各國政府必須透過總體預算及財政限制，以限

[5] 蘇彩足，「漸增預算之迷思」，**行政管理論文選輯**，台北：銓敘部，民國87年，頁396。

[6] 在Wildavsky（1988）「預算程序的新政治」（The New Politics of Budgetary Process）一書中，則認爲漸增預算在與政府財務的資源分配程序，存在相當大的思考邏輯衝突，當政府財務資源獲得不足時，組織分配的功能將大爲強化，進而使得漸增預算的理論基礎，受到更爲嚴苛的挑戰。

[7] Dye, T. M., *Understanding Public Policy*, Englewood Cliffs, N.J.: Prentice-Hall, Inc., 1978, p.216.

制各機關提出的預算需求。這種因應作法，Schick （1986）稱爲「總體預算適應」（Macro-budgetary adaptations）[8]。

（六）組織程序觀點

從資源供給的角度觀察，國家預算的分配必須「由上而下」；而從資源需求的角度觀察，計畫與預算需求則是「由下而上」。由於國家財務資源的供給，不盡符合行政體系的預算需求；因此，行政體系往往就必須在資源的供需之間，發展出必要的管理與協調機制。從組織程序觀點檢視，不難發現實際的政府預算編製過程，實爲「由上而下」與「由下而上」兩種觀點與力量的調節[9]。此一觀點，本質上與組織內部的權力運作有相當密切的關聯。而如何運用科學的評估與分析工具，協助平衡兩股拉扯的勢力，則爲預算編製與審議過程中，相當值得重視的課題。

四、預算分類

現代各國政府所編製預算之內容與規模日趨複雜與龐大，因此預算必須加以分類，以達到（一）明確表達計畫；（二）預算執行；（三）管理與公共責任等三個基本目的[10]。基於提昇決策效能與比較的目的，政府支出的分類，常見的方式包括以下幾種[11]：

---

[8] Schick, A., "Macro-Budgetary Adaptations to Fiscal Stress in Industrialized Democracies," *Public Administration Review*, 46(2), 1986, pp.124-134.

[9] 如李洛普（Lancer T. Leloup）認爲年度預算不止是一個單向的過程，更是從個體到總體的總合。預算應視爲是一個同時「由上而下」及「由下而上」的上下調合、協商，並且重視環境變化的影響結果。此一論點與國內學者蘇彩足（民81）的觀點相同，蘇彩足曾以「期望水準競賽模型」進行研究，亦認爲國家資源的配置，實爲「由上而下」與「由下而上」兩股勢力相互運作、協調的結果。而在林志忠、劉立倫（民85）的研究——「我國防預算結構分析之研究」，亦提出類似的觀點。

[10] Hay, Leon E. & Mikesell, R. M., *Governmental Accounting and Control*, Monterey Colifornia: Brooks/Cole Publishing Co, 1984.

[11] 莊振輝，「我國政府預算分類制度之檢討」，**國防管理學院學報**，第15卷，第1期，民國83年，頁37-54。

（一）依組織與目的分類

這是傳統預算的分類方式，主要在對特定的組織進行預算的控制，並明確各單位的會計責任。如採用機關別科目分類，則其預算科目主要是爲了表明政府收支與各部門之間的統馭關係；如採用來源別或用途科目分類，則其目的在表達一切收支的計算。

（二）依經濟特質分類

這種分類主要是在配合經濟發展需要，將政府收支按照公私經濟的移轉關係來進行分類，藉以研析政府支出對國民所得與經濟發展的可能影響。這種分類主要是基於經濟決策的需要，將政府的各項支出按照其經濟的影響性，分類彙集有用的決策資訊，以作爲政府各項經濟事務決策的參考依據。

（三）依職能分類

此一分類是將政府所希望達成的整體目標，按照目標的功能性，將政府支出進行分類，亦稱爲政事別的分類。在「支出組織」的分類方式下，國防支出就是國防組織的各項支出；而在「職能」的分類架構下，中央政府各部會所發生與國防事務有關的支出，均應納入國防支出的分類項下；同樣的，國防部門內所發生的非國防屬性的支出項目，亦將由國防支出項下剔除。

（四）依計畫性質分類

這種分類方式是將相同性質的工作，歸屬到某一特定的類別，以便於各級行政進行分類的決策與預算執行的管制。在我國中央政府預算的體系內，「計畫別分類」是「職能別分類」的次一分類；透過業務計畫、工作計畫、分支計畫的統馭結構與關連，使得政府預算的編製、管理與分析得以順利進行。

（五）依資本形成分類

此一分類的主要目的是在協助管理政府的資本形成；並將政府的支出劃分爲經常支出與資本支出。同時政府的經常支出額度亦將以經常收入的「課稅收入」爲規劃依據，以避免經常支出的擴張，侵蝕了政府長期的資本。而在對經常支出進行控制時，通常須將預算區分爲經常預算與資本預算，這就是複式預算的分類觀念。

預算的分類方式主要是在協助提供決策攸關的資訊；但由於政府各部門決策的目的不同、決策的層級亦往往會有差異；單一的預算分類方式往往無法符合眾多決策目的與決策者的需要。因此，爲兼顧不同的決策需求，往往會同時兼採數種不同的分類方式，以提供有意義的決策資訊。

貳、預算制度演進

我們從過去預算的發展歷史檢視，不難發現以下幾種逐次演進的重要預算觀念：（此處僅摘述預算的重要內涵，讀者如對詳細內容有興趣，可自行參閱其它書籍）

（一）單一預算（Unitary Budget）

此即早期的預算制度。在此制度下，一切的財政收入彙編爲單一的收入項，而一切的財政支出彙編爲單一的支出項；此爲平衡式的單一預算，政府收支之間的對照甚爲清楚，國會審議亦相當容易。然由於單一的預算收支項下，並未明確區分收支的性質內容，故在採用時仍不免出現誤判的結果。

（二）複式預算（Multiple Budget）

複式預算於1927年首創於北歐的丹麥，之後瑞典便相繼仿效採行。此一制度主要針對單一預算的缺點，將預算區分爲經常門（ordinary budget）與資本門（capital budget）；前者主要是行政上一般性的經常收支，而後者則包括公營事業、公共工程及耐久性資產的營運收支。其中經常支出的財源主要來自於租稅收入，而資本支出的財源則來自於舉債收入；在複式預算下，資本門的盈虧及維持費用，均應列入經常預算中。此一預算制度，已具備長期效益與短期效益的概念。

（三）單項預算（Line-Item Budgeting）

美國聯邦的預算觀念演進，可以追溯到單項預算的觀念；這種觀念主要出現1930年代至1940年代間。所謂項目（line-item）是將政府的支出按照會計科目的方式排列，這也是國會傳統的預算審議格式⑫；而預算書表的每一行，均代表預算的一種支出類別，（如人事費、旅運費、材料費……，它在說明欄中甚至可以詳細到描述購買幾隻鉛筆。）因此單項預算是一種按照支出科目分類編製的預算，僅在達成「平衡預算」的消極目的，爲控制導向的預算編製途徑。

（四）功能預算（Functional Budgeting）

以往傳統的財政學者認爲，政府的預算應採健全財政（sound finance），或平衡財政（balanced finance）的觀點，儘可能的使政府收支相等，反對赤字預算、以債養債的作法。所以政府的財政支出應量入爲出，以維持期經常收支的平衡；除爲生產建設、戰爭經費或是戰後重建，等諸多不得已的原因外，均應避免舉債支出。在這種觀點下的政府，應儘量減少國家的財政支出，量入爲出，以免造成國家的財政困難。

而「功能預算」則打破「平衡預算」的論點，改採「不平衡財政」（unbalanced finance）的觀念。在功能性預算下，認爲預算爲政府部門達成政策目標的工具，爲達成經濟的繁榮與穩定；政府財政的收支應根據經濟活動的需要，採取擴張或緊縮的措施，無須拘泥於年度預算平衡的觀點。因此預算的擴張與緊縮，便成爲調節經濟景氣循環的重要工具。在經濟發展成熟的國家，功能性預算的收支策略，可以縮小經濟循環的波動幅度。功能性預算觀念的採用，也使得許多國家紛紛調整其國家的預算制度，將政府的預算收支區分爲「經常門」

---

⑫由於會計的發展最早可追溯至15世紀，經過幾個世紀的發展後，其科目架構亦較爲完備，採用會計科目爲基礎的編製方式，在表達上產生的爭議也比較小，故能夠廣爲國會議員接受。

與「資本門」，而「資本門」便是配合功能性預算的觀念而設置。

（五）績效預算（Performance Budgeting）[13]

由於單項預算的審議，較爲重視預算支出的控制，只顯示部門耗用的資源與服務成本，無法有效的衡量政府計畫的產出；而功能預算雖重視政府支出的政事功能分類，卻仍無法在政府各項施政計畫間區分成本及評估效益。因此胡佛委員會便建議美國聯邦政府採用績效預算觀念，衡量功能別政府計畫的投入與產出，作爲評估政府施政效率的參考，美國聯邦政府亦於1950年正式採用此一制度。我國亦曾於民國51年由行政院院會決議，逐步推行於全國[14]。

（六）設計計畫預算制度（Planning-Programming-Budgeting System, PPBS）

績效預算的觀念雖能具體顯示計畫的投入與產出，是一種管理導向的預算編製途徑；但由於它著重於年度計畫與預算的衡量，對於長期的目標與政策方案，難以進行有效的監督與控制。因此詹森（Lyndon B. Johnson）總統便於1965年在聯邦政府正式引進國防部所實施的「設計計畫預算制度」（美國國防部已於1961年開始引進，此一制度原爲蘭德公司建立）；希望能夠將中長期的計畫與年度計畫與預算結合起來，形成一個整合計畫作爲與資源管理的制度。

設計計畫預算制度是一種將政府目標、政策、長期的策略規劃

---

[13] 根據美國聯邦1949年出版美國行政機關組織委員會（Commission on Organization of the Executive Branch of the Government；即胡佛委員會Hoover Commission）報告第四篇「預算與會計」中認爲，所謂績效預算，係「一種基於職能（function），業務（activities）與計畫（projects）的預算……。績效預算注重一般性質與關係重大工作之執行，或服務之提供，而不著眼於人員勞務、用品、設備等事務的取得。……預算最重要的任務，係工作或服務的完成，及該項工作或服務將付若干成本」。參見李增榮，**政府會計**，自刊本，民國69年1月，頁25。

[14] 李增榮，**政府會計**，頁27。

（約涵蓋十年或更長的期程）、中程計畫（涵蓋五年的期程）、經濟分析（協助發展替代方案）、成本管理（以計畫要素爲管理核心）及年度預算結合在一起的制度。這些制度要素均非新創，但卻是首次同時融合在一個龐大的制度體系中。此一制度雖然用意良善，但由於美國聯邦政府面臨實施上的諸多困難（如聯邦政府的產出往往難以界定，不似美國國防部可採軍事價值來界定產出），故最後不得已聯邦政府乃於1971年宣告終止PPB制度。

（七）零基預算（Zero-Based Budgeting, ZBB）

零基預算原爲美國企業於1960年代發展出來的觀念（如德州儀器等多家美國企業採用），卡特（James Earl Carter）於1973年在喬治亞州任內引進此一制度，作爲編製州政府預算的基礎。之後卡特入主白宮，更於1977年通令聯邦政府採用此一制度。零基預算必須建立在決策單位（decision unit）的基礎上，並以決策分析（透過決策案decision package達成）協助其進行計畫的評估與資源配置。在零基預算的觀點下，所有的資源需求必須站在相同的立足點（零基）來檢視其必要性，不論這是新增的計畫或是持續的計畫。

從管理的觀點來看，由於過去的計畫投入只是沉入成本，與未來的資源配置不必然會產生關係；計畫的選擇完全取決於計畫的成本與效益，所以決策者只須以前瞻眼光投注在未來即可。由於這種預算的精神與理念，使得零基預算制度必須產生難以負荷的大量分析（決策案的排序與計畫選擇），並可能造成年度之間資源配置的大幅調整。

PPB制度將時間構面（time dimension）導入原有的計畫預算架構，使得整個預算體系呈現新的縱深；但PPB制度對於此一全面性的計畫與資源管理架構的恰當與否，並無意進行經常性的進行全面評估，而零基預算則提供了這種重新評估的基礎。但由於零基的評估與思考，必須全面的、重新建立施政目標與計畫之間的關聯性；因此它所涉及的計畫與預算調整便相形加大，造成預算編製成本大幅攀升。

相對而言，由於計畫效能的衡量不易，以致於決策案之間的優先排序困難，致使預算編製無法發揮預期成效。故當卡特去位之後，此一制度便胎死腹中、不再採用。

（八）政府績效成果法案的預算觀念

1993年美國國會通過了「政府績效成果法案」（The Government Performance Results Act of 1993, GPRA），此一法案希望透過計畫產出／成果的衡量，結合聯邦政府各機構的財務資源與長期策略發展，建立一個有效的績效衡量與長期資源管理的制度。而GPR法案的提出，具體反映1980年代以後，政府預算制度引進企業預算的概念，發展成爲績效導向的預算制度（performance-based budgeting）的走向。事實上，除美國提出的「財務長法案」（CFO法案）與「政府績效成果法案」（GPR法案）外，各國也紛紛採取類似的預算改進措施，如英國政府的「財務管理提案」（Financial Management Initiatives）、澳洲政府的「財務管理改善提案」（Financial Management Improvement Initiatives）、紐西蘭政府提出的「財政法」（Public Finance Act）[15]。

績效導向的預算制度與PPB制度的追求重點略有不同。績效導向的預算制度關切的是政府施政的成果（outcome），目的在促使共行政人員對「績效」負責，重在追求執行績效，並對「績效」課責：而PPB制度則依循過去的理念，追求成本效益、部門整合與資源配置最適化的目標。爲提昇預算執行的彈性，各國也紛紛引進各種預算改進措施，包括如引進績效獎金、合併預算科目（增加流用彈性）、及節省公帑得保留年度結餘經費等等。美國副總統高爾（Al Gore）曾於1993年提出「國家績效檢討報告」，希望能將政府重視投入或過程的關注焦點，逐漸移轉到重視顧客需求與產出。報告中也提出幾個重要

[15] 徐仁輝，**公共財務管理**，頁208。

的建議，包括 1.管理行動與責任由投入移轉爲結果；2.必須授權到第一線主管與承辦人；3.減少不必要的官樣文章，讓過程更明確，以簡化與改善溝通[16]。這些對於績效導向預算的建議與發展，都說明了未來政府的預算形成與行政管理作業將更緊密的結合。

同樣的，我國政府也再發展績效管理，民國90年5月17日行政院曾函頒「行政院所屬各機關施政績效評估要點」，之後行政院研考會於民國90年底完成績效管理的作業手冊，行政院則核定自民國91年開始實施。在新的績效評估辦法中，要求各部會於推動中程施政計畫時，應分就「業務」、「人力」、「經費」三個構面，分別訂定策略目標及衡量指標，作爲引導年度施政計畫的依據。這套制度結合了策略管理與績效管理，希望能夠提昇各部會施政計畫的「前瞻性」、「策略性」與「整合性」；而制度中也引進企業的獎酬制度，規定各機關應建立獎勵制度或工作圈制度。

因此，我們不難發現預算觀念的發展與演進來看，是由重視支出控制的單項預算，朝向重視施政計畫管理效率的績效預算；之後逐漸發展成爲重視長期計畫的PPB制度，及發展具備重新檢視計畫與預算假設的零基預算。目前則希望在現有的觀念與基礎上，發展出一個整合性的績效衡量與資源管理制度。換句話說，預算理念的發展與實際運作，其實是有軌跡可尋，是連續性的；當觀念能量累積到一定的水準時，就會產生一次跳躍式的變化，引導預算實務朝向更新的方向發展。

[16]徐仁輝，**公共財務管理**，頁210。

第二節　各國預算體制運作之比較

壹、預算層級的比較

由於各國的歷史背景與政治實務發展不同，故中央政府的預算層級設計亦不相同，茲摘要分述如下[17]：

一、我國：政府預算分總預算、單位預算、附屬單位預算、單位預算之分預算及附屬單位預算之分預算等五種，並區分爲三個層級。

二、美國：並無預算層級之區分，各類基金收支均納入政府預算，以經費法案方式編列。

三、日本：日本編製結構計分爲二層，第一層爲政府總預算，第二層爲一般會計預算及特別會計預算、政府關係機關預算與財政投融資。

四、德國：德國預算結構分爲二層，第一層爲彙總預算（相當於我國之總預算），第二層爲機關別預算（相當於我國單位預算）與作業預算（相當我國之附屬單位預算）。

五、法國：法國預算分爲總預算和特別預算，總預算相當於我國之單位預算，第二層附屬預算相當於我國附屬單位預算；而特別財務帳目爲我國所無。

[17] 林志忠、劉立倫，**我國防預算結構分析之研究**，頁30-33。

各國預算層級結構彙總如表8-1。從表中可以得知，這些國家中，以我國採用三個層級的編製結構最爲特殊。而我國採基金分類與預算分類雙軌並行制度，亦爲預算制度的爲主要特徵[18]。

表8-1　預算層級結構比較表

	第一層	第二層	第三層
我國	總預算	1.單位預算 2.附屬單位預算	1.單位預算之分預算 2.附屬單位預算之分預算
日本	總預算	1.一般及特別會計預算（單位預算） 2.政府關係機關預算（附屬單位預算） 3.財政投融資	
德國	彙總預算	1.機關別預算（單位預算） 2.作業預算（附屬單位預算）	
法國	總預算	1.普通預算（單位預算） 2.附屬預算（附屬單位預算） 3.特別財務帳目	
美國	政府預算採基金方式運作，撥款則採經費法案的方式，未區分預算層級。		

資料來源：林志忠、劉立倫，**我國防預算結構分析之研究**，頁33。

貳、預算期間

各國的預算年度均以一年爲劃分期間，唯起迄時點則各有不同，茲分述如下[19]：

---

[18]參閱林志忠、劉立倫，**我國防預算結構分析之研究**，頁32；及其它相關資料整理而得。

[19]莊振輝，「我國政府預算分類制度之檢討」。

一、七月制（每年7月1日至次年之6月30日）：如義大利、西班牙、瑞士等。

二、十月制（每年10月1日至次年之9月30日）：如美國。

三、四月制（每年4月1日至次年之3月31日）：如日本、英國、德國等。

四、一月制（每年1月1日至當年12月31日）：如我國、法國、荷蘭、比利時等。

由於各國政經歷史背景不同，所採用的預算期間起訖亦不儘相同；我國歷年來曾為因應環境的變更，做過多次的預算期間調整。由於預算期間起訖不同，因此，世界各國同一年度的預算數字，隱含有不同時間的落差，在預算比較時尤須注意。

參、預算籌編與審議

各國的預算籌編時程長短不一，依我國現行「預算法」規定，我國從目標預算年度之當年度2月底前，行政院制定下年度施政方針、核定預算收支方針及總預算編審辦法起，至次年9月10日前送交立法院審議止，約須半年時間。美國由前一年春季預算管理局推估概算起，至次年元月底送請國會審議止，約須一年時間；日本由前一年7月大藏大臣辦理概算需求起，至次年2月10日前，向國會提出預算案止約須半年時間；英國由前一年10月1日財政部辦理概算數額起，至次年2月國會開止，約須五個月。

預算籌編完成後，即可進入國會預算審議的階段，各國的審議程序亦有不同，分述如下：

一、中華民國

由「預算法」的相關條文檢視，可以發現我國中央政府總預算案編審程序，約可概分爲九個步驟：

（一）每年3月底前（即會計年度開始九個月前），行政院訂定下年度施政方針（「預算法」第三十條）。
（二）主計機關遵照施政方針，擬定下年度預算編製辦法（「預算法」第三十一條）。
（三）各主管機關擬定施政計畫、事業計畫與概算送至行政院（「預算法」第三十二條）。
（四）主計機關審核概算，並由行政院核定預算限額（「預算法」第三十五條、第三十六條）。
（五）各機關擬編預算，依限送至各該管之主管機關（「預算法」第四十一條）。
（六）各主管機關審核預算後，彙送至主計機關；歲入部分另送財政部，並由該部彙送至主計機關（「預算法」第四十二條、第四十四條）。
（七）主計機關彙編總預算案，呈行政院提出行政院會議（「預算法」第四十五條）。
（八）行政院會議決後，總預算案及附屬單位預算交由主計機關彙編（「預算法」第四十六條）。
（九）行政院於每年8月底前（即會計年度開始前四個月），須將總預算案送立法院審議，並附送施政計畫（「預算法」第四十六條）。

依立法院民國80年4月9日修訂之「國家總預算案審查程序」，預算審議分爲以下五個步驟：

（一）總預算案到院後，定期由行政院長、主計長及財政部長列席院會分別報告施政計畫及歲入、歲出預算編製之經過，

並備質詢。（第二條）

（二）總預算案交付審查後，應由預算委員會召集全院各委員會聯席會議，依十組決定分組審查辦法。（第三條）

（三）總預算案經全院各委員會聯席會議決定分組審查辦法後，由預算委員會暨有關委員會會同審查，並由各該審查會議有關委員會召集委員擔任主席。各組審查總預算案時，得請有關機關首長列席報告、備詢及提供有關資料。（第四條、第五條）

（四）分組審查完竣後，由各該審查會議有關委員會召集委員，將審查結果起草書面報告，提交預算委員會會議綜合整理，並草擬書面總報告提報全院各委員會聯席會議審查。（第六條）

（五）全院各委員會聯席會議審查完竣後，即提請院會議決，並由預算委員會召集委員出席報告。（第七條）

至於追加預算案及特別預算案，審查程序與總預算案相同；但必要時可經院會聽取編製經過報告、質詢後，逕交預算委員會會同有關委員會審查並提報院會。（第八條）

二、美國

美國聯邦政府的審議大致可分為「授權與決議」、「撥款」及「凍結與截留」等三個階段[20]：

（一）授權與決議階段：總統須於1月3日以後的第一個星期一向國會提出預算案。之後須歷經參、眾兩院舉辦公聽會、國

[20] 張哲琛，「中美日預算法及預算制度之比較與檢討（下）」，**產業金融季刊**，第76期，民國81年，頁2-4。

會各委員會分組審查預算案、預算委員會提出預算決議文報告、及參、眾兩院協商，確定預算決議內容及預算赤字上限等程序。

（二）撥款階段：國會通過預算決議案後，須由總統向國會提撥款法案，國會之撥款委員會通過後，各機關始能動支經費。撥款階段主要由參、眾兩院之撥款委員會參與。

（三）凍結與截留階段：其目的在總統或國會不同意將未來年度預算赤字減至GRH法案（Grahamm-Rudman-Hollins Act）所定最高限額之下，則必須提出計畫並採取措施將若干費用支出，根據法律規定予以削減或剔除。

三、日本

日本的預算審議程序，可分為以下六個步驟[21]：

（一）預算案之提出：於1月下半旬提交國會之眾議院，並於提出之日起五日內一併送參議院。

（二）施政方針及財政報告：內閣總理大臣與大藏大臣（即財政大臣）分作施政方針及財政報告，參、眾議院各須一天半進行質詢。

（三）預算之審議：預算委員會進行審查，約七天時間。

（四）交付分科會或各委員會審查：各該委員會應於3月10日前提交審查報告送預算委員會，彙總整理後提交院會。

（五）報告預算審議經過及議定：由預算委員長報告，未議定前可撤回或修正。

（六）議決後之預算案送參議院：參院完成審議後，始算通過，

[21]同前註。

若參、眾兩院之意見不一，則：

1.兩院協商，如仍不一，惟眾院三分之二維持原案，則以此為議決。

2.眾院通過之預算案送參院三十日內仍未完成審議，亦以眾院之議案為決議。

四、英國

英國的預算審議，主要由下議院的供應委員會（Committee on Supply）及籌款委員會（Committee on Ways and Means）負責。步驟大致如下[22]：

（一）預算案之提出：下議院有絕對優先權，通常上議院係循例通過，少有修正餘地。

（二）預算之審議：設置供應委員會及籌款委員會，負責財政收支的審議。

（三）交付各委員會審查：政府預算案提於下議院，首由供應委員審查，表決後提付大會報告審查結果。

（四）報告預算審議經過及議定：大會聽取報告後，如無異議，則交籌款委員會，討論撥款事宜。其案由下議院送上議院，經上議院循例通過後，送請英王簽署，成為正式的撥款法案（The Act of Appropriation）。

五、法國

預算審議參眾兩院之財政委員會分設小組審議，其步驟簡述如

[22]李厚高，**財政學**，頁374。

下[23]：

（一）預算案之提出：眾議院對政府提出之預算案，於提出四十日後，尚未初審通過者，可逕請參議院於十五日內討論。國會如於政府提出預算案後七十日未能決議，則政府可以行政法令實施。

（二）預算之審議：參眾兩院均設有財政委員會，財委會另分設小組詳細審查。

（三）分組審查及議決：小組審議結果提財政委員會決定，議決後提交大會審議公決。

（四）兩院意見不一時：由內閣總理召開兩院聯席會，協調解決，惟最後決定權仍操之眾議院。

各國預算審議程序雖有不同，惟大致可區分爲「預算提出」、「預算審議」、「審議期限」及「決議」等四個程序；且各國之預算審議方式大同小異，均設有類似預算委員會與各審查委員會，在預算審議的過程中扮演重要的角色。惟各國政府體制不同，審議方式多有不一，我國現行憲法規定「立院對行政院所提之預算案，不得爲增加支出之提議」之財政分權制度，且並無國會撥款委員會之設立，在執行上與其它各國略有不同。

第三節　美國聯邦政府的預算體制與財務改革

在1921年的「預算及會計法」（The Budget and Accounting Act of

[23]李厚高，**財政學**，頁375。

1921, P. L. 67-13）通過以前，美國聯邦政府的預算係由國會負責編製；但過去由於國會通過的撥款法案，一直缺乏一套整體的分類架構；加上國會並不完全瞭解行政體系的實際需要，導致撥款法案的內容，顯得相當凌亂。爲改善此一無效率的狀態，美國政府便於1921年提出了「預算及會計法」；此一法案最大的改革，便是將政府預算的編製與執行，授權由美國總統負責。自此之後，政府的支出與資源配置，權力便轉由行政機關負責，預算便逐漸朝向與施政計畫結合的方向發展。

壹、聯邦政府的預算體制

一、會計年度

美國聯邦的會計年度最早是採取歷年制，在1842年，美國總統泰勒（John Tyler）簽署法案改爲七月制；在1974年的「國會預算法」（P. L 93-344）規定，自1977年開始，聯邦的會計年度改採十月制，目前美國聯邦係採單一會計年度。國會與聯邦政府中雖有主張採用涵蓋兩會計年度（biennial）的觀點，以強化國會與行政機關跨年度施政的掌握程度；但截至目前爲止聯邦各機構所提出的跨年度資訊，仍僅作爲施政判斷的輔助參考，所有的聯邦預算並未跨越單一會計年度。

二、預算編製

1921年的預算及會計法首次規定總統每年在國會開議的第一天（the first day of each regular session），必須向國會遞送聯邦政府的預算。此一時限歷經1950年、1985年及1990年三度修正，目前的要求是總統須於每年的1月或2月[24]，向國會遞送聯邦政府的年度預算。

美國的聯邦政府在每一個會計年度，都同時在進行三個年度的預算工作，以1997至2000年爲例，1997年的10月1日至1998年的9月30日在執行當年度（1998年）的預算；1998年的2月至9月間，則爲國會審議下一會計年度（1999年）預算的期間；而1998年的4月至1999年的1月間，則爲籌編第三個會計年度（2000年）預算的階段。

三、基金型態

聯邦政府的運作採基金制，依美國政府會計委員會（National Council on Government Accounting, NCGA）的分類，基金共分爲三類，分別是[25]：政府基金（Governmental Funds）、業權基金[26]（Proprietary Funds）及信託基金（Fiduciary Funds）。其中普通基金（General Fund）、特別收入基金（Special Revenue Funds）、資本計畫基金（Capital Projects Funds）、債務基金（Debt service Funds）、特賦基金（Special Assessment Funds）等屬於政府基金；內部服務基金（Internal Service Funds，類似我國的作業基金）、企業基金（Enterprise Funds，即營業基金）等屬於業權基金；信託基金主要分爲兩類，分別是受託基金（Trust Fund）及代理基金（Agency Fund）；受託基金又可分略爲消耗型信託基金（Expendable Trust Funds，動本基金，本金與收入均可動支）與非消耗型信託基金（Non-expendable Trust Funds，留本基金，本金必須保持不動，僅能動支收入）、年金信託基金（Pension Trust Funds）、代理基金（Agency Funds）等不同的型態。

[24] 依現行法令規定（31 U.S.C. 1105(a)），美國總統應在每年1月的第一個星期一遞送聯邦政府的年度預算，最遲不得晚於2月的第一個星期一。

[25] 於第一號聲明書「政府會計與財務報告原則」（Governmental Accounting and Financial Reporting Principles），參見徐仁輝，**公共財務管理**，頁380-381。

[26] 業權基金的設置，是希望基金個體像企業個體般的運作，因此它在會計上較爲適用應計基礎，亦應編製類似企業的財務報告。

美國的預算授權區分為三種類型，分別是單年度（one-year）預算授權、多年度（multi-year）預算授權及不分年度（no-year）預算授權。年度預算授權的撥款僅限於當年度使用，不得跨越會計年度；多年度預算授權的撥款，使用年限可超過一年。而不分年度預算授權的撥款，則屬於永久性、且無使用年度的限制，故亦為國會控制能力最弱的預算授權。而聯邦政府預算的職能，目前共區分為二十大類[27]，前十七大類為聯邦政府的重要職能，後三大類則屬於非計畫性要素。

四、赤字控制法案

（一）1985年「平衡預算及緊急赤字控制法案」（The Balanced Budget and Emergency Deficit Control Act of 1985）

此即GRH法案，此一法案原希望逐年縮減聯邦預算赤字，並於1991年達到平衡聯邦政府預算的目標（之後又將期限延至1993年）；此一法案大幅修正1974年「國會預算法案」（The Congressional Budget Act of 1974）的內容。1985年的法案中採用自動刪減（sequestration）的程序；如果聯邦政府的預算赤字超過預定的赤字「上限」，依該法案的規定，則將全面的、自動的刪減聯邦政府的支出，

[27] 根據GAO的報告—Budget function classifications: Origins, trends and implication for current uses (GAO/AIMD-98-67, 1998/2)顯示，聯邦政府的二十項職能中，包括十七項重要職能："National defense"(050)、"International affairs"(150)、"General science, space, and technology"(200)、"Energy"(270)、"Natural resources and environment"(300)、"Agriculture"(350)、"Commerce and housing credit"(370)、"Transportation"(400)、"Community and regional development"(450)、"Education, training, employment, and social services"(500)、"Health"(550)、"Medicare"(570)、"Income security"(600)、"Social security"(650)、"Veterans benefits and services"(700)、"Administration of justice"(750)、"General government"(800)及三項非計畫性要項"Net interest"(900)、"Allowance"(920)、"Undistributed offsetting receipts"(950)。

但不削減「應享權益支出」[28]（entitlement spending）。但此一程序在兩種情形下可以延緩執行，一當國會向外國宣戰時；二當相關機構預測未來的經濟成長將持續趨緩時。由於刪減預算，常導致行政運作上的困難，故此一法案在行政與立法間的多次角力，曾歷經1987年、1990年、1993年、1997年多次的修正。

（二）1990年的「預算強化法案」（The Budget Enforcement Act, BEA）

此法案與GRH法案不同的是，它並不是要將聯邦預算赤字或盈餘，控制在一定的水準，而是在控制支出。法案中將預算分為兩個部分，一是裁量性支出（discretionary spending），二是直接支出（direct spending）；所謂裁量性支出是每年需撥款的支出計畫，而直接支出則是依法律規定辦理的支出計畫（如應享權益支出、糧食券、社會保險等）。在自動刪減的程序下，「預算強化法案」更新增兩個機制來控制預算赤字，一是設定裁量性支出[29]的上限（Caps），一是運用隨收隨付（PAYGO, pay-as-you-go）規定，茲分述如下：

1.裁量性支出

美國聯邦政府在1991-1993年間，將裁量性支出分為三類，分別是國防支出、國際支出及國內支出；「預算強化法案」不僅對這些支出設定了預算授權[30]（Budget authority）與實際支用（outlays）的上限，也對1994年至1995年間的裁量性支出的「總支出額度」設定上

---

[28] 所謂應享權益支出，指的是社會福利支出，包括老人年金、老人醫療保險（medicare）、窮人醫療保險（Medicaid）、失業救濟金等項目；參見參見蘇彩足著，**政府預算之研究**，台北：華泰文化事業股份有限公司，民國85年4月，頁64-65。

[29] 據估計聯邦政府的支出約有三分之一屬於此類支出。

[30] 預算授權通常包括三類，分別是核撥（appropriation）授權、借款（borrowing）授權及訂約（contract）授權。

限。在1993年的法案修正中，則將原訂裁量性支出的總額度上限由原先的1995年延伸到1998年。

在1997年的「預算強化法案」(P. L. 105-33) 中，將原有分類調整爲另外的三類，也對各類的裁量性支出設定上限，這三類分別爲國防支出 (1998-1999)、非國防支出 (1998-1999)、暴力犯罪縮減支出[31] (violent crime reduction spending，1998-2000)；另外亦設定聯邦政府裁量性支出的總支出額度上限 (2000-2002)。之後在1998年的「21世紀運輸權益法案」(The 1998 Transportation Equity Act for the 21st Century, P. L. 105-178)，更新增了兩種裁量性支出的分類：高速公路支出 (highway spending, 1999-2002) 及大眾運輸支出 (mass transit spending, 1999-2002)。在2001年的「內部撥款法案」(the Interior Appropriations Act, P.L. 106-291)，則提出了資源保育支出的限額，此項支出下包括六個不同的次分類，適用於2002-2006年。(內容參見表8-2)

表8-2　2001-2006年裁量性支出上限（金額單位：百萬元）

類別	2001 年	2002 年	2003 年	2004 年	2005 年	2006 年
高速公路	*O.* 26,920	*O.* 27,925				
大眾運輸	*O.* 4,639	*O.* 5,419				
資源保育		BA 1,760 O 1,232	BA 1,920 O 1,872	BA 2,080 O 2,032	BA 2,240 O 2,192	BA 2,400 O 2,352
其它裁量性支出	BA 640,803 O 613,247	BA 550,333 O 539,513				

整理自聯邦管理及預算辦公室的Final Seguestration Report (頁6-頁7)，以及2001年預算年度內部撥款法案 (Sec. 801(a))。

說明：BA=Budget Authority; O=Outlays。

[31] 暴力犯罪縮減支出，係根據1994年的「暴力犯罪控制及立法強化法案」(P. L. 103-322) 的要求而產生。

因此目前設定的裁量性支出共有六類（包括總支出額度的設限）。由於實際的經濟情境與預估的情境未必相同；因此在1990年的「預算強化法案」中，也允許總統依需要調整預算赤字上限。之後亦於1997年的「預算強化法案」中對此加以修正，允許總統在七種特定的情況下，可對裁量性支出的預算上限進行調整。

2.隨收隨付（PAYGO）

「隨收隨付」規定設立的目的，希望能對總統或國會在立法過程中，所造成的預算赤字，能產生更有效的監督。此一規定要求新的直接支出[32]（direct spending）及收益立法[33]（revenue legislation），必須以不增加現有的預算赤字為前提。如果一項新的直接支出或收益法案會新增政府的預算赤字，那麼聯邦政府就必須等額刪減一筆支出[34]、等額增加一筆收益，或收支方案並用，以排除新法所造成的預算赤字所造成的影響。

（三）單項否決權（Line-Item Veto）

美國國會於1996年3月通過法案，賦予總統「單項否決權」；允許總統得就國會通過預算案的特定項目，動用否決權，而非如以往只能「全面接受」或「全面否決」整個預算案。由於美國國會具有預算政策上的影響力，可以作出增加政府支出的預算決議；因此國會議員

[32] 直接支出係指法律規定的預算授權及支出，為法定給與，通常給付給合於規定資格的個體（個人、企業或單位等等），如食物券、失業給付、社會安全給付、退休金等均屬之。

[33] 收益立法係指課徵新稅或調整稅率，通常美國國會每年都會對現有的賦稅系統進行調整，包括改變個人或公司的所得稅、社會安全稅、消費稅（excise taxes）、關稅及稅率等。

[34] 聯邦政府必須同比例（by uniform percentage）的刪減其他直接支出的計畫，以抵銷新增的直接支出所造成的影響；但是對於醫療照顧支出的刪減，最高刪減額度不得超過4%。總統亦得於8月10日前通知國會，對軍事人員費用提出例外處理（免於適用沒收程序，或是適用較低的刪減比率）的要求。

便有可能為了選區的地區利益，而達成預算增支的決議。為兼顧行政與立法之間的制衡，故賦予總統預算上單項否決的權力；如果國會對於總統否決的預算項目有異議，則須經三分之二以上的國會議員同意，始能恢復原有的預算項目。而總統的「單項否決權」也不適用於利息與社會安全支出的範圍。由於「單項否決權」僅能就預算的特定項目行使否決權，故形式的意義大於實質意義[35]。Bellamy（1989）認為它通常在彰顯總統與國會間的權力競爭關係。

五、聯邦政府會計準則諮詢委員會（The Federal Accounting Standards Advisory Board, FASAB）

聯邦會計準則諮詢委員會（FASAB）成立於1990年10月，由聯邦管理及預算辦公室（Office of Management and Budgeting, OMB）主任、財政部長及聯邦政府主計長共同建立，成立的目的在提出聯邦政府的會計觀念意見書與財務會計準則。委員會共包括九位成員，六位來自政府機構（一位來自CBO），三位來自民間機構。

FASAB至1997年底共計公佈三號觀念意見書，分別是「第一號觀念意見書：聯邦財務報告的目的」（Objectives of Federal Financial Reporting），公佈於1993年9月2日；「第二號觀念意見書：個體與展示」（Entity and Display），則公佈於1995年6月5日。「第三號觀念意見書：管理討論及分析－觀念部分」（Management's Discussion and Analysis-Concepts）。期間自1994年9月30日起，陸續公佈了十七號的聯邦財務會計準則。其中第九號至第十四號準則意見書主要是修正第四號至第八號的意見書，第十五號準則意見書為管理討論及分析－準

[35] 1997年8月柯林頓曾對三個預算項目動用「單項否決權」，分別是海外投資免稅、紐約州醫療機構徵稅及農會合作社交易免課資本利得稅。整體而言，此一否決權影響的金額有限，動用時，總統與國會間的政治權力互動意涵，遠超過財政上的意涵。

則部分（Management's Discussion and Analysis-Standards），第十六號準則意見書在修正第六號及第八號意見書，第十七號準則爲社會保險的會計處理（Accounting for Social Insurance）。

在「第一號觀念意見書」中（Statement of Federal Financial Accounting Concepts No.1, SFFAC#1）中認爲，單一的績效指標通常無法有效的掌握及描述機構的全面績效，故須配合適當的解釋資訊。而在「第八號聯邦財務會計準則意見書」（Statement of Federal Financial Accounting Standards No.8, SFFAS#8）中，則提出產出（output）與成果（outcome）的定義：

（一）產出：是一種對活動努力的量化列表、計算或記錄（A tabulation, calculation, or recording of activity of effort that can be expressed in a quantitative manner）。產出須具備兩項特性：

1.它們能用會計或管理資訊系統，進行系統化或定期性的測量；

2.產出與計畫目標之間必須有邏輯上的關聯。

（二）成果：對業務計畫的結果評估，以便於和預期目的進行比較（An assessment of the results of a program compared to its intended purpose）。

從這些定義的內容檢視，不難發現其與1993年的「政府績效成果法案」中，所提出的績效（performance）、結果（result）等名詞定義有關。由此我們可以看出會計資訊的表達，與財務資源運用及行政效能評估之間的密切關聯，其決策支援的效能已無庸置疑。

貳、美國聯邦政府的財務改革

1980年以後，各國因應財政問題及提昇財務資源使用效率，一方面透過總體預算的控制手段，一方面導入企業預算的精神，採用目標與結果導向，以提昇行政機關的計畫效能[36]。美國聯邦政府的財務改革，是由一連串與財務運作有關的法案構成；這些法案包括1978年的「督察長法案」（The Inspector General Act of 1978, IGA）、1982年的「聯邦管理者財務正直法案」（The Federal Managers' Financial Integrity Act of 1982, FMFIA）、1990年的「財務長法案」（The Chief Financial Officers Act of 1990, CFOA）、1993年的「政府績效成果法案」（The Government Performance Results Act of 1993, GPRA）、1994年的「政府管理改革法案」（The Government Management Reform Act of 1994, GMRA）、1996年的「聯邦財務管理改進法案」（The Federal Financial Management Improvement Act of 1996, FFMIA）及1996年的「資訊科技管理改造法案」（The Information Technology Management Reform Act of 1996, ITMRA）共同構成。「他山之石，可以攻錯」從美國相關法案的內容與發展，我們或許可以找到我國未來財務行政體制發展的參考方向。以下分別摘述相關法案的重要內容以供參考：

一、1978年「督察長法案」（IGA）

1950年「會計及審計法案」（Accounting and Auditing Act of 1950）規定聯邦機構的主管應監督機構的內部控制，並包括執行必要

---

[36] 如英國政府採取“financial Management Initiatives”、澳洲政府採取“Financial Management Improvement Initiatives”、美國政府採取“Government Performance and Results Act”，都反映類似的預算精神與態度。

得內部稽核。1976年美國會計總署（GAO）對十一個聯邦機構轄下的157個單位進行評估，結果發現這些單位普遍存在嚴重的內部控制缺失，進而造成各種舞弊與管理失能（mismanagement）。在GAO的研究報告中顯示，由於聯邦機構並未善用內部稽核機制，導致稽核體制的經費不足，再加上內部稽核的無法獨立行使職權，致使內部稽核人員所發現的缺失，根本無法提供機構主管作爲執行的回饋。基於前述的原因，因此國會便於1978年通過了「督察長法案」（P.L. 95-452），要求聯邦政府應設置獨立、客觀的督察長辦公室，負責：

（一）執行審計與調查；
（二）提供建議以提昇該機構的經濟性、效率性與效能性；
（三）防止機構在計畫與執行業務活動時，出現舞弊及盜用的情事。

之後行政體系又陸續成立兩個委員會，以作爲督察長的協調機制。第一個是由總統以12301號行政命令，成立於1981年3月，隸屬於總統的「正直與效率委員會」（The President's Council on Integrity and Efficiency, PCIE）；其成員主要是由總統提名，參院同意的督察長組成。第二個委員會是總統以12805號行政命令，成立於1992年5月的「正直與效率執行委員會」（The Executive Council on Integrity and Efficiency, ECIE）；其成員主要是由聯邦指定機構的督察長（Designated Federal Entities IGs, DEF IGs）組成。聯邦管理及預算辦公室（OMB）負責「管理」範疇的副主任（Deputy Director for Management），同時爲兩個委員會的主席。

督察長的主要工作有四，分別是財務及財務相關之審計、績效審計、調查及監察；其中績效審計包括三項範圍分別是：經濟及效率審計、計畫審計（program audit）及業務計畫評估。督察長在執行任務時，法案中也賦予它們九項必要的職權，包括取得相關記錄、資料、執行調查、選任執行任務的成員等等職權。

法案中建立了三類的督察長，第一類是隸屬聯邦機構的督察長（establishment IG），如農業部、商業部、國防部、能源部、國家資訊局等重要單位；此類督察長的任命係由總統提名，目前共有27位[37]，督察長除須具備正直的特性外，亦須具備會計、審計、財務分析、法律、管理分析、公共事務管理或調查等方面的專長，人選須經參院同意；機構的督察長得設置兩位助理督察長：助理審計督察長（assistant inspector general for auditing）及助理調查督察長（assistant inspector general for investigations）而總統免除一位督察長時，亦須向參、眾兩院說明原委。

第二類是指定聯邦個體的督察長（DFE IGs），如聯邦儲備管理委員會、商品期貨交易委員會、聯邦選舉委員會、美國國際貿易委員會、美國郵政局等特定的機構。這些機構目前共設置30位督察長。此類督察長由機構主管任命，解除該單位的督察長時，單位主管亦須向參、眾兩院提出說明。第三類是前述二者機構以外的政府組織與機構，所設置的督察長。

此一法案於1978年提出之後，之後更歷經1979年、1981年、1982年、1985年、1986年、1988年、1989年、1991年、1993年多次修正。現在督察長每年依法各應完成一份半年度督察長報告（報告涵蓋期間分別為10月1日至3月31日，及4月1日至9月30日），並於三十天之內（即4月30日及10月31日前）將此一報告送交機構（establishment）的主管；而該機構主管於收到報告三十天內，可附上相關的解釋與評論，須於三十天內向國會的相關委員會提出一份報告。督察長提交的報告內容，應涵蓋機構的重要缺失、相關的改進建議等十二項重要的內容。

---

[37]原設26位，1988年7月內地稅務局（IRS）立法，新增一位督察長。

督察長法案也允許三個部門（國防部、法務部與財政部）的主管，在國家安全、犯罪調查及督察長法案列舉的事項上，有權可以阻止督察長繼續執行審計或調查，以避免重要的資訊不當外洩。

二、1982年「聯邦管理者財務正直法案」(FMFIA)

「FMFI法案」要求聯邦政府各機構的管理者，必須建立適切的控制，以確保：

（一）債務與成本的發生依法執行；
（二）保障資產，以避免不當的浪費、損失、不當使用與分配錯誤；
（三）收益與費用適當的記錄與說明。

爲保障聯邦計畫正直性的控制與財務系統，法案中要求機構首長每年必須加以評估及報告；並以完整、整體的管理機制，來提昇機構的效能與責任。此一法案同時結合了聯邦計畫、業務執行、機構管理、政府會計（含審計）及財務五個領域。「FMFI法案」規定各機構必須呈送年度報告，報告應包括以下幾個重要的內容：

（一）機構內部控制系統重要缺失的績效改善情形；
（二）現存重要內部控制重要缺失的預定改進期程；
（三）現存重要遵行缺失的預定改進期程（即非遵行事項，在評估政策、準則、法規的遵行程度）。

在「FMFI法案」第二節中所謂的重要缺失（material weakness），可分爲以下五類：

（一）資金、財產及其他資產出現浪費、損失及不當分配的明顯缺失；

（二）法定授權受到侵害，或是出現利益衝突；

（三）顯著的剝奪民眾的公共服務，或是嚴重影響環境安全；

（四）嚴重損及機構任務的達成；

（五）對機構的公信力造成負面影響。

在「FMFI法案」第四節中，所謂重要的非遵行事項（material nonconformance），可分爲以下兩類：

（一）造成基本會計制度無法執行集中的財務交易及資源平衡控制；

（二）造成基本會計制度、輔助制度及OMB A-127號解釋令（Circular A-127）規定的計畫制度無法遵行。

三、1990年「財務長法案」（CFOA）

美國聯邦政府的管理控制[38]，主要是建立在三個法案的基礎之上，分別是1978年的「IG法案」、1982年的「FMFI法案」及1990年的「CFO法案」。「CFO法案」的目的有三：

（一）爲聯邦政府引進更爲有效的財務管理實務；

---

[38]根據聯邦管理及預算辦公室 A-123號解釋令（Circular A-123）的定義，管理控制包括各種的組織、政策及程序，以確保一、計畫能達成預期成果；二、資源使用與機構任務一致；三、保障計畫與資源，以避免浪費舞弊及不當管理；四、遵循法規；五、及時、可靠的資訊獲得、維護、報導及供決策使用。根據GAO所提出的聯邦政府的內部控制準則（Standards for Internal Control in the Federal Government），則進一步提出三項一般管理控制（General Management Control）準則及五項特定管理控制（Specific Management Control）準則。

（二）改善聯邦各機構的會計、財務管理與內部控制等系統；

（三）提供更完整、可靠、及時與一致的財務資訊，以作爲聯邦計畫的理財、管理與評估之用。

「CFO法案」的內容，可分由以下幾個層面來看：

（一）組織

1.在OMB中設立了一位「管理」副主任，爲負責聯邦財務管理的主要官員。

2.在OMB中設立一個「聯邦財務管理辦公室」，由主計長負責；在「CFO法案」中，主計長爲管理副主任的法定代理人及主要顧問。

3.於聯邦政府二十三個主要機構，增設財務長及副財務長（現爲二十四個）。

（二）責任

1.財務長的責任：在維持整合性的財務與會計系統，以協助：

（1）提供完整、可靠、一致與及時的財務資訊，以供各機構管理所需；

（2）發展及報告成本資訊；

（3）整合會計與預算資訊；

（4）發展系統化的績效衡量。

2.聯邦機構的責任：法案要求聯邦各主要機構必須提供年度財務報告，此一報告必須遵循OMB的指引（guidance），且需經由該機構的督察長（Inspector General）

審核完竣。審核報告中應同時評估該機構的內部控制及法規遵行狀況。

「CFO法案」除了在聯邦各主要機構設置財務長之外，亦成立了CFO委員會。現在CFO委員會須配合1994年「GMR法案」的要求，每年應提出兩份報告：一份是「規劃與預算報告」（planning and budgeting report），此一報告旨在結合該機構的未來行動與資源需求；一份是「責任報告」（accountability report），此一報告在檢視機構執行績效與預期目標（goals）與目的（objectives）之間的關聯。在責任報告方面，OMB則選定六個機構作為先導計畫的試行單位[39]。

四、1993年「政府績效成果法案」（GPRA）

「GPR法案」的基本目的，希望能透過設定計畫的目標績效與成果衡量，在改善聯邦各項計畫執行的效率與效果。法案中要求三份重要計畫與報告，分別是：

（一）策略計畫（strategic plans）

策略計畫須涵蓋五年以上的期程，內容應包括以下六項：

1.涵蓋機構主要職能與運作的全面任務說明（comprehensive mission statement）；

2.有關機構主要職能與運作的目標（goals）與目的（objectives），也包括與成果有關的目標與目的（outcomes-related goals and objectives）；

---

[39] 包括General Service Administration、Nation Aeronautics and Space Administration、Nuclear Regulatory Commission、Social Security Administration、Treasure及Veterans Administration等六個機構。

3.說明達成這些目標及目的所須的運作流程、技術（skills）與科技（technology）、人力、資金、資訊及相關資源；
4.說明策略計畫中之績效目標，與前述的目標與目的之間的關聯；
5.指出哪些外在因素會影響該機構預定的達成目標與目的；
6.提出達成目標與目的的計畫評估（program evaluation）[40]，並應提出未來計畫的評估期程。

過去在策略計畫的運用並不恰當，主要的問題是與該機構的日常運作無法發生直接關聯，而損及業務執行的效果。

（二）年度績效計畫（annual performance plans）

應於1999會計年度提出涵蓋聯邦政府全面預算的績效計畫；這些計畫與組織的層級目標體系結合。計畫中應包括：

1.業務計畫的績效目標（performance goals）[41]；
2.該目標應以客觀的數量化的可衡量的形式表達（除非獲得OMB的授權，才可以採用非量化的型態表達；此為例外條款。因為部分聯邦機構的目標難以客觀量化，故國會授權OMB可以從權處理，但國會亦規定了從權處理的表達方式）；

[40] 業務計畫評估指的是透過可觀衡量及系統化的分析，評估聯邦政府的各項計畫達成預期目的（objectives）的程度。
[41] 績效目標設定或為產出（outputs）或為成果（outcomes）；均有形、客觀衡量的方式（如數值或比率）表達的預定績效水準，作為比較實際成果的依據。前者常作為投入產出衡量的管理工具，後者則多作為政策評估的參考。

3.簡要敘述達成績效目標所須的運作流程、技術與科技、人力、資金、資訊及相關資源；

4.建立衡量產出、服務水準與成果有關的績效指標（performance indicators）[42]；

5.實際業務計畫成果與預期績效目標的比較；

6.說明驗證（verify）與確認（validate）績效數值的方法。

（三）計畫績效報告（program performance reports）

每年3月31日以前各機構主管應提交一份以前年度的業務計畫報告；報告中應以績效指標比較會計年度的預期績效目標與實際成果。建立三年期的績效報告（1999年開始實施，故於2000年時應提交當年度的實際成果，2001年應提交前兩年的實際成果，2002年以後則應提交前三年的執行成果）。報告中應包括：

1.檢視會計年度的績效目標是否達成；

2.評估當年度績效計畫的績效目標，與實際的績效水準之間的差距；

3.如果績效目標未克達成，報告中應解釋及描述；

（1）為何績效目標未能達成？

（2）達成績效目標的計畫（plans）與排程（schedules）；

（3）如果原訂的目標不可行或不切實際，建議的適切行動為何？

4.業務計畫評估的彙總結果。

[42]係指用以衡量產出或成果的特定數值或特徵。

「GPR法案」也結合了1990年提出的「CFO法案」，與1984年提出的的「單一審計法案」（Single Audit Act）。在「GPR法案」中規定，自1997年開始，美國聯邦政府必須逐年提供審計後的各機構合併財務報表（consolidated executive branch financial statement）；這也是有史以來美國民眾，「首次」能夠看到有關聯邦政府業務成果與財務狀況的報表。但衡量政府部門的財務績效與成本，目前仍存在以下兩個困難[43]：

（一）預算科目的結構與財務報告的結構並不相同。美國聯邦政府目前包括1,300個預算科目，這些是依特定需求而逐漸演進的，也些是按支出性質編列，但有些卻是按照業務計畫編列，預算科目包括的內涵亦有不同。而財務報告則是依照全部成本的觀念編製，二者之間有顯著的不同。

（二）預算的基礎與財務報告的基礎不同，財務報告採用的是應計基礎，而預算係採現金基礎。現金基礎雖是評估短期經濟衝擊的有效措施，但卻無法有效反映聯邦政府各項承諾的未來成本。而報告基礎的調整，卻非一蹴可幾。

由於「GPR法案」與當前預算體系及財務改革，有密切的關聯；因此本章附錄一中摘錄此一法案的相關內容，以供讀者參考。

五、1994年「政府管理改革法案」（GMRA）

（一）法案目的

經由一系列的管理改造（主要是聯邦人力資源管理與財務管

[43]參見聯邦主計長Charles A. Bowsher於1995年12月14日的國會證詞及GAO報告—Financial Management: Continued Momentum Essential to Achieve CFO Act Goals（GAO/T-AIMD-96-10）。

理），以協助建立一個更有效能、有效率與負責任的聯邦政府。

（二）法案要求

法案中要求1996年（含）以後，聯邦政府的各主要機構應編製一份財務報告，報告中應包括聯邦政府主要機構的業務活動、各局室的相關活動，以及獨立機構的業務。此一報告必須遵循OMB的指引，且須經過該機構的督察長（Inspector General）審核完竣。此一財務報告必須能夠反映：

1.該單位全面的財務狀況（包括資產及負債），及單位從事的業務；
2.單位執行的成果。

「GMR法案」要求自1997年以後，財政部長須協調OMB主任，每年須編製經主計長審核完竣的聯邦政府財務報告，以反映聯邦政府全面的財務狀況，其內容應包括相關的資產負債及業務成果。

「GMR法案」要求CFO委員會應向OMB提出建議，發展出一份整合各種管理法案的財務管理報告；而CFO委員會則認為，各機構應將「FMFI法案」的資訊與績效相關的報告結合，改為編製年度的「責任報告」（Accountability Report）。對於那些必須發佈審計財務報表的機構，此一報告應於每年3月31日前由機構首長發佈；至於無須發佈審計財務報表的機構，則可於12月31日前公佈。

「責任報告」包括的重要內容包括：「FMFI法案」的報告、「IG法案」要求的管理行動報告（Management's Report on Final Action）、「CFO法案」的年度報告（包括審計的財務報表）、「民事罰鍰與即時付款法案」（Civil Monetary Penalty and Prompt Payment Act）要求的報告、以及「GPR法案」所要求的執行績效與預期目標的比較。

六、1996年「聯邦財務管理改進法案」(FFMIA)

(一) 法案背景

1.國會發現雖然聯邦政府過去在已持續強化內部的會計控制，成果亦逐漸顯現；但是聯邦政府各單位卻仍未一致的遵行政府會計準則；

2.聯邦政府的財務管理仍存在嚴重的缺失，包括：成本無法掌握、負債無法估計及無法正確表達聯邦政府的財務狀況等等；

3.現行的聯邦會計實務並未報導業務計畫與活動的全部成本；

4.聯邦政府仍存在許多的浪費及無效率；

5.為建立聯邦政府的責任及重拾人民對政府的信心，有必要建立一套適切的記錄、監督與報告制度；

6.聯邦政府會計準則諮詢委員會（FASAB）已於1990年10月成立，該委員會所提的會計觀念意見書與會計準則意見書，與聯邦政府的財務管理系統結合，將有助於國會及機構的財務管理者評估業務計畫與活動的成本與績效。

(二) 基本觀點

雖然聯邦政府的內部控制已有長足的進展，但財務會計準則仍無法全面實施推展，且各機構仍存有許多管理缺失。因此聯邦政府的財務管理系統，如果能夠結合FASAB的觀念意見書（concepts）與準則（standards），將可產生重要的成本與財務資訊，以協助國會與財務管理者評估聯邦計畫與業務活動，並提昇政府管理的決策效能。

「FFMI法案」建立在「CFO法案」、「GPR法案」與「GMR法案」的基礎之上，而法案中也規定聯邦政府必須建立單一的會計系統、會計準則與會計報告制度；其用意在透過相關業務執行成效與財務資訊的提供，以提昇該機構主管監督預算執行的能力。

法案執行的報告，係採取三方（OMB主任、各機構的督察長、聯邦政府主計長）同時進行，其中OMB主任每年3月31日必須向國會就此一法案執行情形提出報告，局長得將此一報告併入財務管理現況報告（financial management status report）與五年財務管理計畫。各機構的督察長及聯邦政府主計長，亦須分別就法案遵行情形向國會提出報告。督察長應向國會報告爲何該機構未如期達成缺失改正計畫（remediation plan）預定的目標；而聯邦政府的主計長則須向國會報告政府會計準則的遵行現況，及聯邦政府現行會計準則的適切性。

七、1996年「資訊科技管理改造法案」（ITMRA；摘錄與聯邦政府財務改革有關的部分）

（一）法案目的

在改善聯邦機構取得（acquire）、運用（use）與分配（dispose）資訊科技（information technology, IT）的方法，以提昇聯邦計畫執行的生產力、效率與效能。法案中要求各機構的IT規劃應結合機構的策略規劃、預算與績效評估，藉以監督IT投資的進度及評估其成果。

（二）法案要求

各機構設置資訊長（Chief Information Officer, CIO）的職位，ITMR法案要求各機構主管，在財務長與資訊長的協助下，應建立必要的政策與程序，以確保：

1.會計系統、財務系統、資產管理系統及其他資訊系統的設計、發展、維護與有效使用，以提供財務報告所需的財務績效與計畫績效資料；

2.財務績效與相關的計畫績效資料，能夠可靠的（reliable）、一致的（consistent）與及時地（timely）提供給財務管理系統；

3.機構的財務報表須有助於評估及修正該機構的作業流程，以及能夠顯示該機構在資訊系統上的投資與績效衡量。

附錄一

1993年政府績效成果法案摘述

壹、法案背景

一、1985年2月美國會計總署（GAO）研究報告「政府成本管理－建立有效的財務管理結構」（Managing the Costs of Government－Building An Effective Financial Management Structure, GAO／AFMD-85-35）認爲聯邦政府的財務管理重組應在「系統化的績效衡量」（systematic measurement of performance）此一領域賡續強化，且有效的資源管理應同時檢視成本投入與政府各項業務（government activities）的成果（results）[44]。在此一報告中，強調的是衡量計畫的績效，而不限於財務績效。

二、1990年「財務長法案」（The Chief Financial Officers Act of 1990）主要在改善聯邦政府的財務管理業務。此一法案不僅導致聯邦管理及預算辦公室（OMB）增設的管理副主任（Deputy Director for Management），負責系統化的績效衡量；同時也在二十三個機構各增設一個財務長（Chief Financial Officer）的職位，由財務長發展及整合該機構的財務管理系統與會計系統（包括財務報告及內部控制等），作爲系統化績效衡量的依據。但是「CFO法案」強調的是財務運作的效能（包括循環基金、信託基金及商業有關的活動），目的並非在顯示政府全面的計畫成果，故應用在績效衡量時，有其適用上的限制。

[44] “results”可以採兩種方式表達，其一是“outcome”的方式，也就是衡量業務計畫的預期目的與實際結果，其二是採用“output”的方式，也就是用量化或非量化的方式，計算（或記錄）業務活動或努力的程度。

三、1992年5月5日，GAO提出一份研究報告「計畫績效衡量－聯邦機構蒐集及運用績效資料」（Program Performance Measure－Federal Agency Collection and Use of Performance Data, GAO/GGD-92-65），報告中GAO審視一百零三個聯邦機構，以瞭解這些機構是否會提出策略目標，如何蒐集資訊，以評估該機構達成目標的程度。結果顯示，三分之二的機構回答，它們建立了單獨的（single）長期策略計畫（long-term strategic plan），四分之三的機構則回答它們會蒐集各種資訊以評估業務計畫的績效。然而當GAO進一步檢視各機構的結果後，則發現雖然有些機構已經開始嘗試建立成果導向的績效評估制度，但在績效資訊的使用上，多數的機構仍無法將其運用在策略計畫的預期目標達成的評估上。

四、國會也發現：

（一）聯邦計畫的浪費與無效率會損及美國民眾對政府的信心，及聯邦政府的滿足公共利益的能力。

（二）由於業務計畫目標的透析度不足，以及缺乏適切的績效資訊，使得聯邦政府的管理者難以提昇業務計畫的效率與效能。

（三）如果計畫的績效與成果未受到重視，則國會的政策制定，決定聯邦政府的支出水準以及業務計畫的監督能力，亦將無法發揮。

貳、法案目的

一、藉由系統化的強化聯邦機構達成計畫成果的責任，以提昇美國民眾對聯邦政府能力的信心。

二、透過一系列的先導的專案計畫（pilot projects），嘗試建立業務計畫目標，衡量業務計畫的績效，並向民眾報告這些專案計畫的進度，以推動業務計畫的績效重組。

三、專注在業務計畫成果、服務品質及顧客滿意，以改善聯邦政府各項業務計畫的效果及公共責任。

四、透過業務計畫的目的（objectives）規劃，及提供有關業務計畫成果與服務品質的資訊，以協助聯邦政府的管理者改善其服務內涵。

五、提供有關聯邦各機構法定目的（statutory objectives）的達成、各項業務計畫的效率、效果與支出的客觀資訊，以改善國會的決策品質。

六、藉以改善聯邦政府的內部管理。

參、管理責任與彈性（managerial accountability and flexibility）

聯邦政府的管理者受限於各項規定，往往缺乏足夠的管理裁量權，以進行業務計畫之間的資源調撥。如果政府管理者要對計畫成果負責，那麼就必須賦予他們更大的管理彈性。在1993年3月11日的公聽會上，主計長Bowsher（Charles A. Bowsher）曾提出，根據其他國家與相關機構的經驗顯示[45]，唯有賦予管理者更大的彈性與誘因，才能根本的改善機構的績效。這包括四方面的彈性與誘因[46]：

一、人事上：文官體系必須進行改組，不僅在人事上要更容易雇用文官，同時在亦應建立與以往不同的報償、誘因與升遷制度。

---

[45] 國家的經驗來自於英國與澳洲，機構的經驗則包括加州的Sunntvale 市，及佛羅里達州的兒童、青年及家庭服務辦公室（Children, Youth and Family Service Office，爲該州健康與復建局Health and Rehabilitative Service的一個部門）。

[46] 參見參議院政府事務委員會1993年6月16日GPRA報告（Senate Committee on Government Affair GPRA Report）的第六部分：GAO study of Agency Performance Measurement。

二、財務上：必須修訂現行的預算執行系統，以提供多年度的預算分配與利益分享。

三、組織授權上：中央管理機構的權責必須下授，以建立一個管理者更能夠為其行動負責的工作環境。

四、後勤獲得上：獲得程序（acquisition processes）的合理化，讓聯邦政府的管理者能夠自行選擇政府或非政府的供應者。

這是責任管理與責任績效的具體表徵；而為提昇各單位的績效目標，法案中亦授權OMB得以核准各單位提出的管理彈性措施，藉以提昇組織的績效。

肆、先導計畫

國會認為過去聯邦政府提出的預算內容，多在顯示聯邦政府將如何花納稅人的錢，而沒有顯示聯邦政府要達成的目標。而過去提出的管理改革，包括設計計畫預算制度（PPBS）與零基預算（ZBB），亦未發揮其預期的效益。然由於一、績效衡量指標與方法的共識不易建立；二、業務計畫的差異性；三、基金結構的差異；四、受限於目前的會計系統[47]，故在全面推展之前，有必要採取先導的專案計畫[48]。在1998年度以前，OMB至少必須選定五個業務計畫，推展兩年期績效預算的先導計畫，以結合該計畫的支出水準與預期成果。

[47] 參見GAO報告—Performance Budgeting: State Experience and Implications for the Federal Government (GAO/AFMD-93-41, 1993/2)。

[48] 先導型的專案計畫不僅運用在績效預算的研究上，還包括其他的範圍，如1993年10月1日OMB須提出十個年度績效計畫與報告的先導計畫（涵蓋1994年1995年及1996年）；1994年10月1日，OMB須提出五個與改善管理彈性（managerial flexibility waivers）的先導計畫（涵蓋期間1995年與1996年）；以及1997年9月30日OMB須選定五個業務計畫，提出績效預算的先導計畫（涵蓋期間1998年與1999年）。

伍、報告時程

一、機構的策略計畫

送交OMB及國會——1997年9月30日。

二、機構的年度績效計畫

連同1999年預算，一併送交OMB及國會——1998年2月。

三、機構的年度績效報告

將1999年績效報告送交國會——2000年3月31日。

四、機構的年度財務報告

督察長審核完竣——每年3月1日。

五、聯邦政府全面計畫

與年度預算一併送交國會——1998年以後，每年2月送交國會。

六、聯邦政府財務報告

聯邦主計長審核完竣——1998年以後，每年3月31日。

第三部分

進階篇

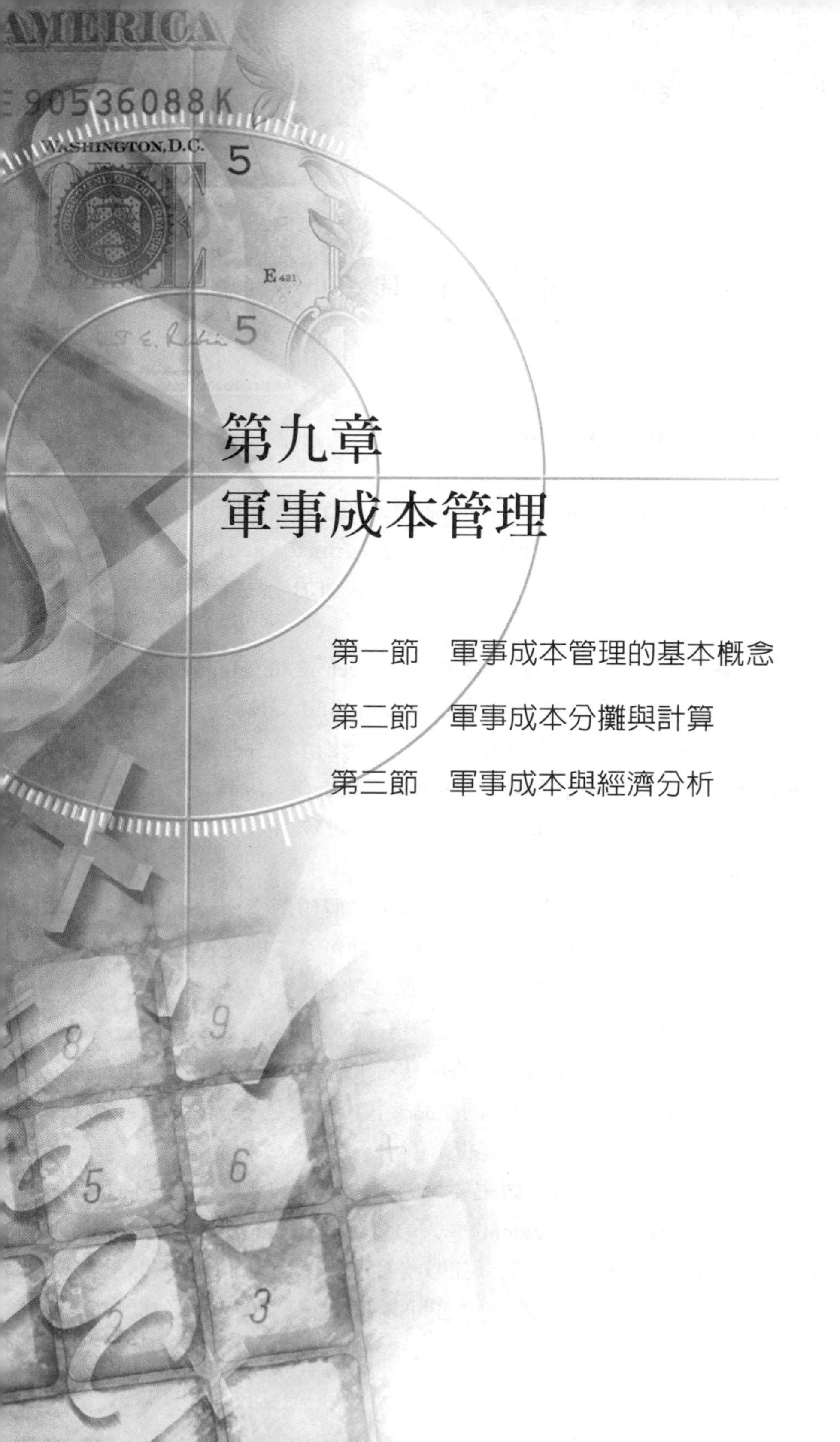

第九章
軍事成本管理

第一節　軍事成本管理的基本概念

第二節　軍事成本分攤與計算

第三節　軍事成本與經濟分析

第一節　軍事成本管理的基本概念

壹、主要活動與支援活動

價值鏈（value chain）是指企業將投入過程轉換成產出以創造顧客價值的活動鏈；投入過程包括主要活動（primary activities）及支援活動（support activities），每一項活動都在增加產品（或服務）的價值。

價值鏈的主要活動包括研究發展（research & development）、生產（production）、行銷與銷售（marketing and sales）、售後服務（services）；它是原物料經過設計、製造、行銷、產品運送、支援與售後服務的過程。所謂研究發展包括產品（或服務）設計及生產製程的設計；它或在增加產品的功能，以提昇顧客的效用，或在增加生產效率，以降低產品的生產成本。

生產是有關產品（或服務）的創造，其價值創造主要有二，其一是來自於低成本、有效率的執行生產活動；其二則是在相同成本下，生產高品質的產品（或服務）。行銷及銷售一則是透過產品定位及廣告，增加消費者對企業產品（或服務）的認知價值；二則是透過行銷與銷售與消費者的接觸，可將消費者的需求回饋到研究發展部門，據以設計出更符合顧客需求的產品。售後服務是透過支援顧客及解決顧客問題，以創造顧客的認知價值。

支援活動係指那些可以讓主要活動發生作用的活動，主要包括物料管理（material management）、人力資源（human resource）、基礎設施（infrastructure）及其它（如財務管理）。所謂物料管理功能是控制原物料在採購生產與生產配銷之間的轉換過程；有效執行物料管理活動可大幅降低存貨持有成本，並降低資金需求。人力資源在確保企業有適當的人力組合，以執行創造價值的活動。基礎設施通常包括組織結構、控制系統及企業文化；強勢的高階管理者可塑造組織的基礎設施，並透過基礎設施影響各種價值創造的活動。

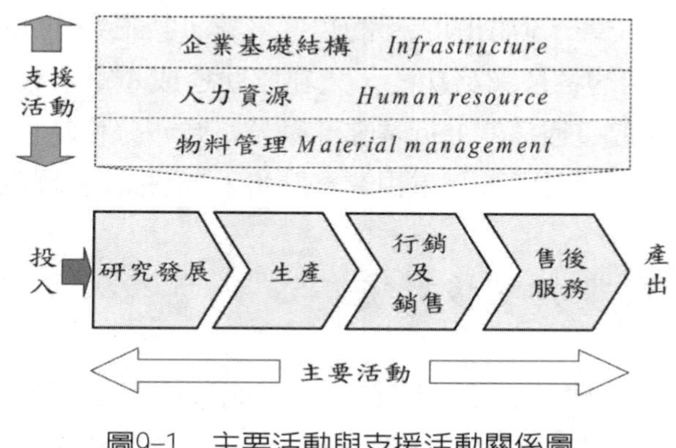

圖9-1　主要活動與支援活動關係圖

價值活動的概念對國防體系的管理有相當的重要性。國防部的業務領域既廣且深，號稱行政院下的第一大部實不爲過。在「深度」上，國防部負責從政策制訂到作戰執行，與中央其它部會只負責政策的運作方式不同；在「廣度」上，國防部的業務功能可涵蓋食、衣、住、行、育、樂，早期甚至可維持一個自給自足、近乎封閉的體系。面對這麼廣泛的業務範圍，國防部實有必要進一步思考，在全民國防的理念下，哪些業務活動才是創造軍事價值的主要活動？哪些業務活動由民間做更有效率？哪些業務活動，可交由民間執行，但必須納入國防體系的監控？在釐清主要活動、直接支援活動、間接支援活動與無關活動後，國防部方能透過不同的管理方式，管理各項業務功能，提昇財務資源的使用效率。

業務活動分類必須結合組織層級，也必須以組織單位作爲分析的對象。舉例來說，聯勤生產工廠本身有如企畫、研發、生產、倉儲、人事、會計、政戰、警衛、食勤……等各種維持組織存活的業務功能；然由聯勤總部的觀點來看，生產工廠存在的主要功能就是「生產」，因此工廠內的各種業務功能，只在協助達成聯勤總部賦予的「生產」使命而已。再者如軍事院校，院校內雖有各種業務功能，如教務、學務、行政（後勤、人事）、會計、學術單位、學員生管理、政戰、警衛……等，但由國防部的角度來看，其主要功能為「軍事教育」，因此校內的各種業務功能，只在協助達成「軍事教育」使命而已。當我們採取這種角度進行業務活動分析時，分析時自然會聚焦到重視組織單位，擺脫過去僅重視業務計畫，無法綜觀全面的缺失。

貳、獨立計畫與支援計畫

如前所述，國防計畫之間有著相當明確的邏輯關係，它不僅顯示如同1970年代間物料需求規劃（MRP），「獨立需求」與「相依需求」之間的關聯，也和波特（Michael Porter）提出的「價值鏈」有相當密切的關聯。以美軍的十一個主要計畫為例，分別是「戰略部隊」（Strategic forces）、「通用部隊」（General Purpose Forces）、「指、管、通及太空部隊」（Command, Control, Communication, & Space）、「空運與海運」（Airlift & Sealift）、「國民兵與後備部隊」（Guard and Reserve Forces）、「研究發展」（Research & Development）、「集中補給與保修」（Central Supply and Maintenance）、「訓練、醫療及其他」（Training & Medical Services）、「行政管理」（Administration & Associated Activities）、「援外事務」（Support of Other Nations）、「特種作戰」（Special Operations Forces）[1]。

[1]「特種作戰部隊」於1986年「國防重組法案」法案（亦稱「高—尼法案」）通過後而加入的新計畫。

這十一個計畫中，第一計畫至第六計畫、第十計畫與第十一計畫爲獨立計畫，而第七計畫至第九計畫，則爲非獨立的附屬計畫。所謂「獨立計畫」是可依威脅程度與兵力需要進行預測的計畫，而「非獨立性計畫」則隨著獨立計畫的性質而變動；通常獨立計畫與兵力結構有關，而非獨立性計畫則與支援有關。所以計畫結構顯示的是行政管理、後勤支援與作戰部隊之間的關係。

美軍的各軍總部在軍制發展的歷程中，一直具有非常重要的影響力；因此，在中程計畫管理上也是透過軍種進行彙整，而形成國防部的計畫。換言之，美國國防部在管理這十一個主要計畫時，必須借助「軍種單位」的分類帳戶，才能有效的管理中程計畫。

國軍有十個主要計畫，分別是：第一計畫：作戰部隊；第二計畫：預備及後備部隊；第三計畫：後勤支援；第四計畫：政治作戰；第五計畫：情報與通信；第六計畫：動員與後管；第七計畫：教育訓練；第八計畫：研究發展；第九計畫：軍事行政管理；及第十計畫：其他人事支援。雖然計畫的內容略有不同，但是不難發現我國引進PPB制度時，泰半還是承襲美軍的計畫架構。

國軍的主要部隊計畫有十個計畫，計畫結構採取九位數進行編碼，並區分爲五級。第一級是主要計畫，第二級是計畫要素，第三級是主管單位，第四級是施政計畫編製單位，第五級是第四級的下屬基層單位。第四級編號與第五級編號，可合併爲「國軍單位統一編號」。國軍的計畫要素分爲兩類❷，第一類是主要部隊的「單位性計畫要素」，第二類是支援性的「勤務性計畫要素」。「勤務性計畫要素」又可分爲「經常性的勤務支援計畫」（如「三軍勤務綜合支援」）與「專案性勤務計畫要素」（如「裝備製造」、「科技發展計畫」等）。計畫分類和國軍編制之組織層級體系，分別賦予其結構編號，而形成一

---

❷參見國防部編印，**國軍施政計畫結構**，民國82年7月。

套結合「計畫」、「財務資源」與「組織管理層級」的完整體系。

而從中程計畫中武器研發與後勤部隊支援作戰部隊，它們之間有作戰的直接關聯性；行政管理在間接支援後勤部隊、武器研發及作戰部隊，而國防計畫的主要目的在對抗軍事威脅。這種作戰部隊、後勤部隊及行政管理的相互關係與支援屬性，清楚地界定了軍事成本計算與分攤的邏輯關係。

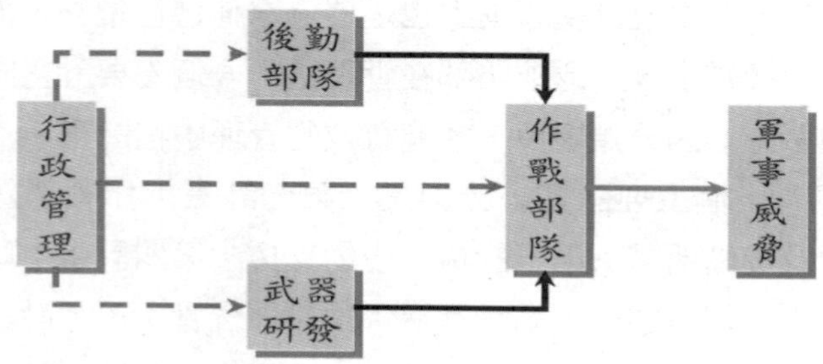

圖9-2　國防計畫與軍事作戰關聯圖

參、作業基礎成本

作業基礎成本（activity-based costing, ABC）原係美國John Deere公司於1970年代開始使用，然卻肇因於1980年間的產業變化，直到1990年以後，ABC才廣為人知。在1980年間，製造業與服務業均面臨重大的變遷；當時電腦系統快速進步，科技持續創新、國際競爭、少量多樣的市場需求及自動化，造成生產環境出現重大的變化。自動化生產工具的引進，導致產業的直接人工金額大幅降低，而製造費用則快速攀升。

成本會計制度發展之初，製造業的製造環境是以「直接人工成本」為總製造費用成本中的最大宗；因此，傳統的成本分攤，製造費用也就透過人工小時進行分攤。然機器導入生產之後，大量採用機器生產的公司，如以直接人工小時進行分攤，必然會導致成本扭曲；因此，許多公司便改採「機器小時」作爲間接製造費用的分攤基礎。對於製造過程簡單的公司來說，以單一的「機器小時」作爲分攤基礎或許足夠；但對於製造過程複雜的公司來說，「機器小時」也未必全然適用於整個公司。唯有使用多個分攤基礎，才能正確的計算成本，這也導致作業基礎成本制的概念受到重視。

作業基礎成本制的基本邏輯是「產品（或服務）引發作業活動，作業活動造成資源消耗」；因此應用ABC時，須將製造費用分配給多個作業成本庫，之後再運用成本動因將成本分配到產品。

組織層級不同，成本分攤的複雜性亦有不同。對生產工廠、事業單位而言，採用ABC時，製造費用常採兩階段的分攤方式。第一階段中製造費用分攤到作業成本庫中；而每個成本庫是由不同的作業構成（如原料採購、檢驗、機器整備、機器檢修等），而非傳統的由部門匯集成本。第二階段中將各成本庫分攤的製造費用，按照活動基礎（也就是成本動因cost driver，如採購次數、檢驗次數、整備時間或次數、檢查次數）將成本逐次分攤到產品中。在這個分攤邏輯下，成本動因通常是透過「因果關係」進行選擇[3]，並將原有「合理而有系統分攤」的製造費用，改爲「因果關係的配屬」。

執行作業基礎成本制時，須透過以下四個步驟：

一、找出與產品製造相關的作業活動，並進行分類，便於製造費用分攤至成本庫。

[3] 成本動因選擇方式通常有三，一是直接透過因果關係，找到各項作業活動的成本動因；其二是按照受益關係進行選擇，如果某一部門在維修費用上受益較多，則應選擇一個能夠顯示受益程度的成本動因（如部門維修次數）；其三是合理的分攤，如果無法採取因果關係、受益程度進行成本歸屬的話，便可採取合理而有系統的分攤。

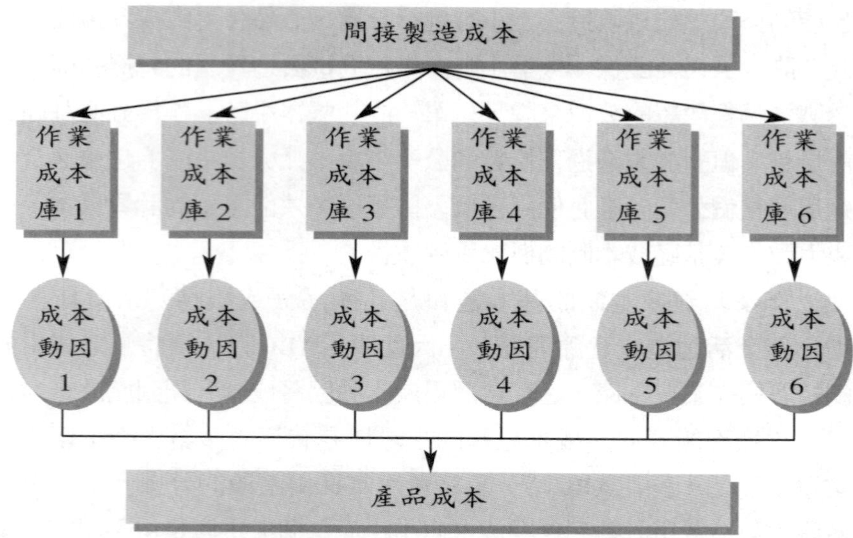

圖9-3　作業基礎成本制下成本分攤階段圖

辨識作業活動時，需同時考慮產品生產流程及作業分類的成本效益，而這也是ABC實施時最具挑戰的工作。作業活動歸屬與分類時，可按照組織作業性質，區分爲單位層級作業（unit-level activities）、批次層級作業（batch-level activities）、產品層級作業（product-level activities）與設施層次作業（facility-level activities）。由於組織規模與組織複雜度有關；因此，當組織的複雜程度升高，必然會導致作業活動與成本動因的辨識亦趨複雜。

資源耗用與間接製造成本分攤，必須根據資源耗用與成本動因之間的關係；但如間接製造費用金額不大，且不易獲致資源與成本動因之間的「理想因果關係」時，則不妨採取系統化的、武斷的分攤方式（如折舊分攤方式）。

二、找出與作業成本庫成本累積高度關聯的成本動因。

成本動因選擇方式通常有三，最理想的方式是直接透過資源耗用與作業活動之間的「因果關係」，找到各項作業活動的成本動因。

如其不然，則可按照「受益關係」來選擇成本動因；如果某一部門在維修費用上受益較多，則應選擇一個能夠顯示受益程度的成本動因（如部門維修次數）。但如無法採取「因果關係」、「受益程度」進行成本分攤的話，則管理人員可採用「合理」或「公平」的基礎，進行間接製造成本的分攤。

三、計算成本動因的作業基礎製造費用分攤率。

成本動因分攤率的計算方式與間接製造費用的分攤方式相同，都是採用預計的資源耗用額（作業成本額）除以預計的成本動因量；其公式如下：

$$\text{預計成本動因分攤率} = \frac{\text{預計作業成本額}}{\text{預計成本動因量}}$$

四、將成本動因的單位分攤成本，按照產品使用成本動因的單位數量，分攤至產品中。

根據第三步驟計算出來的預計成本動因分攤率，乘以產品製造產品所耗用的成本動因量，即可將作業成本分攤到產品之上。對企業來說，間接成本分攤到實體產品並不困難；然就國防體系來看，國防軍事提供的是軍事安全的服務，它並非客觀的實體產品，我們應如何進行分攤與成本計算呢？關鍵就在「計畫要素」，每一個計畫要素，都結合了作戰人員、戰技、戰術、後勤與武器系統，所以它是有「戰力」的實體單位。透過直接成本投入、間接成本分攤與計畫要素的戰力計算，便能夠遂行邊際的成本效益分析。

一般而言，當生產作業活動複雜程度高、製造費用佔總成本的比重較高、且產品競爭較為激烈時，作業基礎成本制可以產生的效益較高。使用作業基礎成本制雖然可以導致更佳的成本決策，但也會面臨以下兩個限制，第一個限制是作業活動、成本動因辨識與資料蒐集，往往要耗用較高的成本，其運作也比傳統成本制要複雜許多。就實務上觀察，不難發現除了美國公司之外，其他國家的公司則很少採用這種成本制度；其主要考慮就是「是否具有實施上的成本效益？」。第二個限制是武斷的分攤仍不可免，這是因爲作業活動分類與歸屬時，必須考慮成本效益的限制；有時採取武斷的分攤，可能會比精確的成本計算，可以產生更高的成本效益。

作業基礎成本制的作用，不僅止於成本估計與成本決策，它更可延伸作爲降低成本及改善製程的作業基礎管理（activity-based management, ABM）工具。ABM的應用，須結合「價值鏈」的觀念，按照附加價值區分作業活動，一類是有附加價值的活動，一類是無附加價值的活動。有附加價值的作業活動，可增加產品（或服務）的市場價值，它們通常是完成「主要活動」的各種作業活動；而沒有附加價值的作業活動，只會增加成本，不會創造市場價值，它們通常是完成「支援活動」的作業活動。管理者透過縮減無附加價值的作業活動，便可大幅提昇整體作業流程的流通效率。

作業基礎成本制在軍事管理上的重要性，在於成本動因的概念。無論是軍種成本分攤、國防成本分攤，都必須透過成本動因的思考，找到適當的分攤基礎，進行間接成本的分攤。從體制上來看，各軍總部、國防部屬於行政管理單位，龐大的人事成本與作業經費，都是間接成本，必須透過成本動因，才能分攤到作戰部隊，也才能計算計畫要素的單位成本。

第二節　軍事成本分攤與計算

壹、成本歸户

年度國防財務資源通常顯示在年度預算與各業務計畫中，目前國防預算包括二十七個業務計畫，分別是一般行政、軍事行政、一般軍事人員、特業軍事人員、政戰業務、政治作戰、情報業務、測量業務、教育訓練業務、通資業務、戰備通信、一般補給修護業務、一般裝備、武器裝備、一般軍事設施、勤務支援業務、軍事設施、一般工程及設備、軍事工程及設備、科學研究、科學研究設備、非營業基金、退休撫卹、軍眷維持、補捐助業務、環保業務及第一預備金。

除此之外，國防部還有兩個與國家安全有關，但無須動用國防財務資源的業務計畫，分別是「情報行政」（即國安局情報經費，該項經費採經常門、資本門併計，故性質上同時屬於「軍事投資」與「作業維持」兩大類）、「軍公教人員調整待遇準備」（調薪當年由行政院支付，它隸屬於「一般補助及其他支出」項下的「專案補助支出」）兩項業務計畫。

從PPB制度的運作來看，國防財務資源必須同時兼具三個構面，其一是主要部隊計畫的構面，如作戰部隊、預備及後備部隊、後勤支援、情報與通信……等；其二是單位結構的構面，如陸軍、海軍、空軍、直屬機構……等；第三是國會撥款結構（也是國防經費結構）的構面，如軍事人員、作業與維護、研究發展與測試……等。由於這些財務需求，必須透過年度業務計畫與預算編列過程，才能顯示其具體額度，故業務經費實際上有四個不同的構面，構面關係簡示如圖9-4。

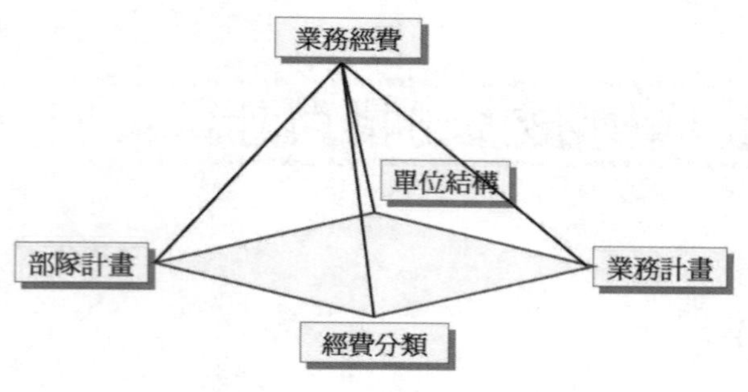

圖9-4　國防經費結構圖

由於PPB制度是結合組織實體單位、作戰關聯性及財務資源的管理制度，因此所有經費支用都必須透過成本歸戶與實體單位結合。國防預算的業務計畫，雖各有其不同的主管單位，但本質上均屬於彙整性、功能性的業務計畫；這種功能性的業務計畫，無法透過價值活動的觀念，歸屬到主要活動的作戰部隊。因此，國防部主管各業務計畫的預算額度，必須透過成本歸戶的過程，才能與PPB制度的計畫要素結合。換言之，國防部須將其主管的業務計畫，按照各單位的預算需求，逐一分配到各所屬機構，並彙整成爲各預算支用單位的完整預算需求。

在成本歸戶的過程中，不僅業務計畫要根據各單位的預算額度進行歸戶；統編的預算亦需歸戶，如人員預算、油料、糧秣等。現行預算編列方式或軍事採購流程雖可沿襲過去；但成本計算時，則須根據各單位實際的經費支用，進行成本歸戶，不可因此而混淆了單位支用的成本。由於國防體系的軍事指揮鏈較長，故須借助組織層級之間的分配與管理過程，將國防財務資源傳送到基層的預算支用單位。因此在成本歸戶的過程，各級管理層級亦需分別就其下屬單位的分配額度，逐層進行成本歸戶，直到各「計畫要素」能夠清楚顯示其使用的國防財務資源爲止。組織層級之間的成本歸屬關係，可顯示如下圖9-5。

	部本部	參謀本部	陸軍總部	海軍總部	空軍總部	……	……	直屬機構	……	……
業務計畫1										
業務計畫2										
業務計畫3										
⋮										

陸軍總部	陸總本部	×軍團	×軍團	×軍團	後勤廠庫	……	……	軍事院校	……	其他機構
業務計畫-工作計畫										
業務計畫-工作計畫										
業務計畫-工作計畫										
⋮										

×軍團	軍團本部	×聯兵旅	×聯兵旅	×聯兵旅	……	……	後勤廠庫	……	獨立單位	……
工作計畫-分支計畫										
工作計畫-分支計畫										
工作計畫-分支計畫										
⋮										

圖9-5　各級業務經費成本歸戶關係圖

貳、間接成本分攤

圖9-6中顯示了國防體系中的作戰關聯圖。軍事行政管理、後勤部隊、武器研發機構與作戰部隊的關聯程度並不相同，因此在成本分攤的過程中，亦須根據作戰關聯性的強弱，逐次進行成本歸屬。國防體制龐雜，在軍事體系下，參謀本部與各軍種總部透過軍事行政，管理轄下的作戰部隊、後勤部隊、武器研發機構；而國防部則透過國防行政管理與各直屬機構，以協調國防政務與軍事需求。圖9-6的實線部分顯示與作戰部隊直接關聯的後勤部隊與武器研發；而軍種行政管理、軍事行政管理與國防行政管理，則以虛線顯示間接支援作戰的關係。參謀本部、國防部雖然也下轄一些直屬機構，但這些直屬機構隸直接屬於行政管理機構，與作戰部隊沒有組織上的直接關聯；因此，在成本歸屬上，我們必須依循組織的管理層級，逐次將這些直屬機構的成本彙集到各級行政管理機構，之後再將這些間接成本，逐次分攤到作戰部隊。

圖9-6中顯示了兩個重要的概念，其一是業務功能的從屬關係必須和組織的運作結合。透過組織層級、制度運作與資源分配，財務資

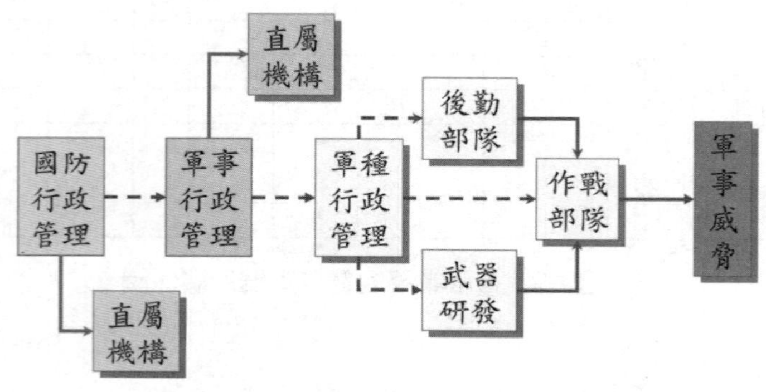

圖9-6　國防計畫與組織層級關係圖

源在國防組織內的流動方式是可能會改變的；換句話說，當國防體制在調整的時候，業務功能的從屬關係就可能改變，而間接成本的分攤邏輯便可能不同。其二是成本分攤必須建立在計畫要素的基礎上，因此，年度業務計畫與中程計畫，都必須從計畫要素的角度出發，才能計算出計畫要素的直接成本，以及逐次分攤的間接成本。

參、計畫要素成本

計畫要素成本大致可分爲幾個部分，第一是直接成本，亦即計畫要素的維持成本，包括「人員維持成本」與「作業維持成本」；其二間接成本，包括武器裝備的年度分攤成本、軍種支援成本、軍種管理成本、參謀本部的軍事管理成本及國防部的國防管理成本。

或許有人會問，成本計算中爲什麼沒有「軍事投資成本」？要解釋這種關係，就必須從中程計畫的本質進行說明。中程計畫的財務資源估計通常採取壽期成本的觀點，它是以武器、裝備、設施的服役期間所能產生的效能做爲估計基礎的。從年度預算的觀點來看，軍事投資當年度耗費的成本，主要指的是計畫核准後投入武器、裝備、設施的購置（或建造）成本，它和武器、裝備、設施的役齡、效能無關，且其軍事效益超過一年以上，因此不能直接用以計算計畫要素的單位維持成本。

軍事投資的武器系統成本分攤，須結合中程計畫的壽期成本觀念。由於中程計畫，是採用「增量成本」（incremental cost）觀念估計的計畫成本，故其提出時，已包括武器、裝備、設施服役壽期中，各年度所需耗用的財務資源。只要中程計畫與年度計畫能夠產生連結，則中程計畫的年度成本與業務計畫就能夠結合，計畫要素的單位維持成本就能夠計算。如果中程計畫與年度計畫脫節，武器裝備成本與年度業務計畫之間的關聯就會脫節，計畫要素的成本計算就難以計算。

由於年度軍事投資的品項甚多，且額度甚大，逐年計算武器、裝備、設施的分攤成本，必然是須要各級單位共同努力的浩大工程。基於成本效益的考量，或許我們可以採用「戰力維持成本」的概念，以武器系統效能作爲思考依據，以瞭解需要多少「維持成本」才能讓武器系統發揮其應有的戰力效能。此時，武器、裝備、設施的成本分攤，就變成次要的問題；而這種觀點也可充分結合國防體系重視「國防資源獲得」的思考邏輯。相對的，如果採用「計畫要素維持成本」的概念，就必須將分攤武器、裝備、設施的年度分攤成本納入計算。

綜言之，計畫要素的成本計算需建立在四個支柱上，第一是單位交互補貼的成本歸戶，第二是主要活動與支援活動的辨識，第三是成本動因的抉擇，第四是維持成本觀念的表達與選擇。

第三節　軍事成本與經濟分析

壹、成本決策的分析單位

軍事決策的目的不同，需要的決策資訊亦會不同；財務與成本資訊的彙集，必須配合決策的分析單位（unit of analysis）。係基於決策的需要而產生的需要；決策者可能需要進行各種性質與層次的成本決策，如：

一、以個人（individual）爲單位的成本分析：如維持一個義務役士兵、義務役士官、志願役士官、志願役軍官每年需要多少的成本？或從壽期成本的觀點來看，招募不同役別的官、士、兵，國防部需要支付多少的成本？

二、以武器系統（weapon system）爲單位的成本分析：如兩種替代性武器（如防空飛彈與防砲）的服役年限不同，二者的壽期成本如何累積與比較？或如F-16與幻象這兩種戰機，服役期間的總壽期成本，與各年度的維持成本如何計算？

三、以計畫要素（program element, 作戰單位）或部門（department）爲單位的成本分析：如維持一個基本的戰鬥單位須要多少的經費（包括薪資、武器、作業費用、訓練等等）？或如裁減一個作戰單位，可以節省多少的人員成本、直接作業經費與間接分攤成本？

四、以制度（system）爲單位的成本分析：如兵役制度從目前的「徵募並行」制，改採「徵輔募主」制，或是改採「全募兵」制，不同制度下的年度成本差異爲何？或如果兵役制度由目前的「徵募並行」制，採取階段性過渡方式，逐次調整到「全募兵」制，這些不同的調整方式，對人員維持經費會產生何種衝擊？

五、以兵力結構（force structure）爲單位的成本分析： 如陸軍將師級部隊（重裝師、輕裝師等）改編爲各種聯兵旅（如守備旅、打擊旅等），武器裝備、人員編組、後勤支援與間接的軍事管理成本都會不同，兩種不同的兵力結構下，陸軍作戰部隊需要多少的維持成本？以陸軍未來可能獲得的財力狀況，究竟能夠支持幾個聯兵旅？或是能夠維持多少的戰鬥部隊與後勤部隊？或如空軍將飛行聯隊調整爲獨立戰隊，作戰編組改變，對空軍會造成多大的成本衝擊？

六、以軍事戰略（military strategy）爲單位的成本分析：如陸、海、空三軍編組，分由聯兵旅、艦隊與獨立戰隊（未來的編組），不同的戰略構想下，三軍作戰部隊編組不同，這些不同的作戰部隊編組的建軍成本有何差異？

檢視前述的說明不難發現，這些不同層次的成本分析，需要的財務與成本資訊並不相同，這些都是內部資訊，無須受限於外部財務資訊的規範。提供成本資訊的目的，是在協助各級管理者提昇財務資源的運用效能，故須結合管理者的決策模式。由於各級管理者的決策需求不同，加上未來國防資源額度獲得日益緊縮，故國防體系須擺脫過去重視外部資訊，輕忽內部管理資訊的態度，才能提昇財務資源的使用效率。

貳、軍事效益：軍事價值與戰力估計

軍事決策分析的層次不同，關切的軍事效益內涵亦有不同。當組織層次愈高，則軍事效益的屬性應爲戰略性的，通常效益涵蓋的期間較長、範圍較廣、對軍事作戰的影響也較爲深遠；如國防部比較關心軍事作爲所能增加的「國家安全效益」與「軍事戰略效益」。相對的，決策分析的層次愈低，則軍事效益的量化、具體化程度會相對提高；如武器系統的軍事效益，通常可以命中率、殺傷率、精度等指標進行衡量。

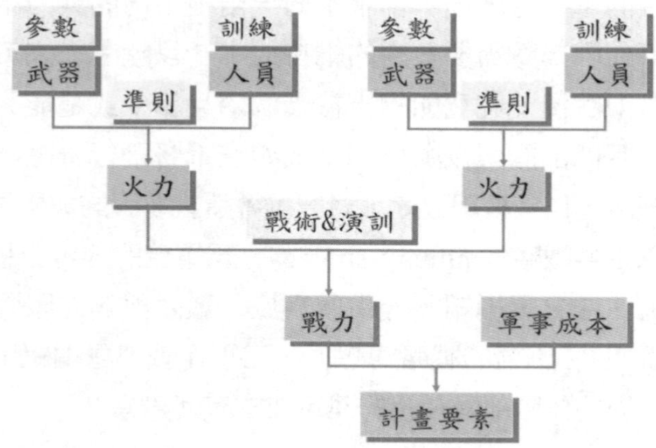

圖9-7　武器系統、戰力與計畫要素關係圖

在PPB制度下，分析基礎必須建立在計畫要素（作戰部隊）上，透過作戰部隊的作戰效益逐次累積，便可彙集成爲軍事效益與國家安全效益。而計畫要素的作戰效益，通常可用「戰力」來表示。在圖9-7顯示了計畫要素、軍事成本與戰力形成過程。一般而言，武器在出廠時，都會經過適當的測試，並產生武器系統效能的參數；但武器本身不會自己運作，必須透過作戰人員才能發揮作用。作戰人員和武器之間主要是透過準則的界面結合在一起；唯有透過正確的操作程序，武器系統才能發揮其應有的效能（火力）。一種武器系統與作戰人員結合後，便可發揮武器系統的火力；然就一個具備多種武器系統的作戰部隊而言，就必須透過戰術發展與演訓，才能結合不同武器系統之間的火力，並產生武器系統整合運作的綜效。每一個計畫要素，都結合了人員、戰技、戰術、後勤與武器系統；所以它也是「戰力」計算的標準單位。

武器系統出廠的參數，是實驗室下的產物，與現實環境未必吻合。而實際作戰時，武器效能的發揮，不僅會受到天候、地形、溫度、濕度的環境影響；也會受到指揮官的意志、人員訓練、後勤補給等多項因素影響，所以武器系統的實際效能與出廠效能必然不同。唯有透過持續的準則發展、演訓、與資訊蒐集，才能持續修正武器系統的作戰效能，使得作戰部隊的戰力估計更爲合理、精確。換言之，作戰部隊的演訓，有兩個重要目的，一則可提昇作戰部隊的整合與協調性，二則可驗證武器系統的參數，提昇戰力估算的精確度。

作戰分析中有許多指標，除採用「兵力比」之外，亦可採用「火力比」或是「戰力比」。所謂「火力比」是應用火力指數（firepower index），將不同的作戰武器，依其個別的火力分數（firepower score）轉換爲火力指數，計算出一個作戰單位整體的指標值，而火力指數則有許多不同的計算指標與方式。而火力比則是攻擊者（A）與防禦者（D）之間的火力指數比較（A/D）；至於「戰力比」的戰力（combat power）計算，常見的計算公式爲：

P = S×V×CEV

其中P爲部隊的作戰能力，S 爲武力強度（即配合作戰環境修正的全部火力值），V 爲作戰的情境變數（包括武器裝備精確程度、機動力、作戰佈署、地形、氣候等多項變數），CEV 爲相對作戰效能。各項變數的經驗值，均可透過以往的多次戰爭（war）、戰役（campaign）、戰鬥（battle）、接戰（engagement）等相關戰史結果與死傷資料，進行參數估計。而戰力比（combat power ratio, CPR）的計算，則爲敵對雙方戰力的比較值，故A、B兩國作戰部隊的戰力比計算爲：

CPR = PA / PB

由於承平時期，各國其實都沒有足夠的作戰資料，只能以假想的演訓資料，作爲作戰參數估計與驗證的樣本；爲彌補樣本不足，可能損及作戰參數的穩定性，故有必要透過各國的戰爭、戰役、戰鬥等戰史，進行系統化的蒐集，建立軍事樣本資料庫，才能提昇參數估計的精確度。

參、經濟分析

軍事的經濟分析，指的就是應用軍事成本與軍事效益的成本效益分析。在第五章中曾經提到經濟概念是源自於市場價格的競爭；在沒有價格與利潤的架構下，國防體系必須透過「軍事價值」，才能找到軍事成本投入的產出價值。通常軍事價值的衡量，必須與軍事目標產生關聯。在軍事決策分析中，所有的軍事計畫，都可透過「相對軍事成本」與「相對軍事價值」的比較進行選擇。換句話說，除了軍事計畫的成本效益外，它透過經濟上「差異分析」、「敏感性分析」與「邊際分析」的概念與技術，進行軍事計畫的成本效益比較，以提昇國防財務資源的使用效益。如第五章的概念所述，常見的分析方式包括：

一、相對價值分析

這是應用「差異分析」的事例；指的是一筆軍事支出，使用在不同的軍事計畫下，可以創造的「相對」軍事價值。相對價值的概念，不僅可適用於高階的兵力結構與作戰部隊比較，亦可適用於低階的武器系統分析。組織層次不同，分析對象不同，軍事價值的定義亦有不同；如在高階的戰略層次，兵力結構顯示的是戰略價值；如以武器系統進行分析，軍事價值指的就是作戰部隊的「戰力」。通常分析的組織層次愈高，軍事價值愈難量化，愈需借助分析人員專業素養進行判斷；而分析的層次愈低，軍事價值的量化程度愈高，軍事價值認定的客觀性愈強。

二、機會成本分析

這是「相對價值」分析的另一種應用；指的是放棄某一作戰部隊、武器系統，改採另一作戰編組或武器系統（即替代方案）時，可能損失的軍事價值。採用機會成本分析之前，分析者必須先評估不同軍事方案下的軍事價值，然後，在方案選擇時，才有所謂「放棄」、或「損失」的軍事價值。基本上，任何一個「替代方案」所創造的軍事價值，必須高於選擇該方案所損失的軍事價值，「替代方案」才可能獲得採用；如果「替代方案」創造的軍事價值，比不上原方案的軍事價值，則不應採用「替代方案」。

三、邊際分析

邊際分析包括邊際成本分析與邊際效益分析；此一分析應用了經濟學上的邊際效用遞減概念。在邊際效益分析時，它指的是當武器或支援部隊獲得的單位數愈多，到達某一個點之後，軍事價值便會產生遞減的現象。如以飛彈攻擊與目標摧毀爲例，通常飛彈的命中狀態，會呈現「邊際」目標摧毀數初期快速上升，但當攻擊數量到達一定水準後，便會發現命中目標呈現邊際遞減的現象。而在邊際成本分析時，則會發現初期的軍事成本，可因規模效應而呈現邊際成本下跌的現象；但在超過一定的支出規模後，邊際成本便會逐漸攀升。邊際分析便可同步結合邊際成本與邊際效益，比較軍事計畫的相對成本與相對效益，以決定軍事計畫的適當規模。

四、軍事價值無異曲線

這是應用「差異分析」與「敏感性分析」的事例；軍事無異曲線是結合兩種或兩種以上的軍事武器（或軍事計畫），在各種不同的數量組合下，所產出的一條相同軍事價值的曲線。由於作戰部隊、作戰武器在不同規模下的邊際效益與平均效益不同；因此，武器系統（或作戰部隊）便可形成多種組合方式。無異曲線的分析，除了建立在增量分析的基礎上，也應用了敏感性分析的技術；透過武器系統（或作戰部隊）的變動，我們將具有相同軍事價值的變動組合連結起來，便可形成軍事價值的無異曲線。

軍事價值的無異曲線分析，可結合軍事成本進行分析，就能在有限的國防經費下，找出武器系統（或作戰部隊）的最佳組合。只要我們將武器系統（作戰部隊）的維持成本納為限制因素，找出各種作戰成本組合；國防體系便可在軍事成本組合與軍事價值組合間，找到武器系統（或作戰部隊）的交集。

五、壽期成本

這是應用「差異分析」的事例；壽期成本一方面讓我們瞭解武器系統服役期間，維持武器的作戰效能，需要耗用的總成本；另一方面，可讓我們瞭解不同武器系統之間的維持成本差異。通常計畫成本可分為三類：研究發展成本、初期投資及年度作業成本；而總壽期成本指的就是研發成本、採購成本與系統壽期的作業成本。壽期成本的分析，有助於國防體系建立一個前瞻的視野，能瞭解武器系統引進之後，於服役期間可能造成的成本衝擊；這些影響包括，後續年度人員訓練、武器維修、後勤支援與行政管理成本等等。不同的武器系統引進，對各年度財務需求的衝擊不同；這會迫使國防體系必須從更長遠的角度，審視軍事能力、作戰部隊、武器系統與財務資源的關係。

六、約當年度成本

這也是應用「差異分析」事例；「約當年度成本」分析是將不同壽期的武器系統，透過年金現值因子進行換算，藉以從投入成本的觀點，比較不同武器系統的年度維持成本。由於大部分的武器系統，服役期間都不相同；如採用壽期成本分析，則壽期長短常常會影響最後的分析結果（壽期較長的武器系統成本較高）。此時分析人員便可採用「年金」與「折現」的觀念，以「約當年度成本」進行武器系統的比較。換言之，「約當年度成本」還是建立在壽期成本的基礎上，只不過它將不同壽期的武器系統，與未來可能產生的現金「流出」進行轉換，以瞭解不同武器系統的每年的平均成本負荷。

七、實體選擇權

這是結合「差異分析」與「邊際分析」的應用事例；它反映組織的「管理彈性」——亦即隨著國防環境的改變，而調整軍事發展的彈性。「實體選擇權」讓國防體系思考武器系統、軍事發展未來的選擇性；其價值則等於「有選擇權的軍事價值」減去「沒有選擇權的軍事價值」之間的差額。如武器系統的研發計畫，目前的成本效益可能遠低於「武器外購」；但如果現在不投入武器研發，未來就不可能發展出新的武器技術，關鍵技術一直掌握在別人的手中，會導致國防自主的目標永遠無法達成，此即「繼續進行投資」選擇權的價值。

「實體選擇權」的四種型態，各有不同的軍事意義，應用上也相當廣泛。如「繼續投資」的選擇權，強調的是繼續發展的價值；「放棄投資」的選擇權，指的是計畫放棄時的剩餘價值，如軍事科技發展不如預期，是否有轉化爲民間應用的產業價值。

「等待—稍後再投資」的選擇權，指的是等待一段時間，暫時「犧牲」現在可能提昇的軍事價值，以換取未來更清楚、更明確的軍事價值；如向國外採購先進的武器系統，目前全球有多種效能類似、但後勤維修體系不同、競爭激烈的武器系統，在慮及武器服役複雜的維修問題，「等待」可能是最佳的選擇。因爲只要我們採購某類武器系統，就必須同時引進相容的後勤維修體系；有其他國家的使用經驗作爲參考，將有助於降低後勤維修的風險。再者，武器系統的全球競爭，也有汰弱留強的市場效用；通常市場佔有率高的武器系統，後勤維修與零附件取得較爲容易，成本也較爲低廉。相對的，武器系統在全球市場競爭失利，可能被迫該生產廠商退出市場，導致後勤維修出現斷層；如果我們「過早」選擇這種競爭失利的武器系統，未來便可能面臨嚴苛的後勤維修問題。

至於「生產彈性」的選擇權，指的是擴展作戰能量或改變作戰方式的軍事價值，如三軍武器系統的相容性，會影響聯合作戰的運作效能；故在系統採購時，事前慮及聯合作戰的需求，便可具備這種作戰能量擴展的彈性。或如海軍陸戰隊本身雖爲攻擊性部隊，但在中共先遣部隊登陸建立灘頭陣地時，陸戰隊可實施逆登陸與陸軍地面部隊形成合擊態勢，亦有助於提昇陸戰隊在海島防禦上的軍事價值。

一般而言，在「武器系統」分析時，分析人員關心不同武器系統的增量成本（incremental cost）、增量火力效益，及個別武器系統的年度維持成本；前二者與武器系統的成本效益分析有關，而後者則用以計算維持武器系統正常運作所需的人員與作業成本。

在「計畫要素」分析時，分析人員關心的是不同作戰部隊的增量成本、增量戰力效益，及計畫要素的維持成本；前二者是比較不同作戰部隊的成本效益，而後者則關心作戰部隊有效運作的武器成本、人員成本與作業成本。

在「軍事計畫」分析時，分析人員除了關心軍事計畫的增量成本、年度約當成本、增量軍事效益，也關心軍事計畫的壽期成本與管理彈性；前三者可用以比較不同軍事計畫之間的成本效益，壽期成本可讓財務人員事前進行財務需求的平穩化，而管理彈性則可創造軍事計畫的衍生效益。

在「軍事制度」分析時（如徵兵制改變爲募兵制，或「徵主募輔」制改爲「募主徵輔」制），分析人員除了關心增量成本、增量軍事效益外，也關心制度運作的年度維持成本；前二者可據以比較不同制度的成本效益，而後者則可顯示維繫制度運作所需的年度成本。由於軍事制度實施前，通常無法像武器系統或作戰部隊得出預估的軍事效益；因此，有時必須借助其它的預估工具，而「制度實驗」便應運而生。

一般而言，制度實驗通常會耗用比較高的成本（時間與金錢），過程也比較不易掌握；且軍事制度採行與否，通常會受到政治力量左右。以下舉出兩個不同的實驗事例，這也顯示了制度或政策實驗的複雜性。

第一是第三煞車燈的實驗研究，美國在1986年要求所有出售的車子，在車尾的中央高處必須加裝第三煞車燈；這是經由出租車及商務車的隨機化實驗證實，認爲這種措施可避免車尾碰撞的次數達50%左右。

但1996年美國保險協會發現，車尾碰撞只減少了5%，和實驗預測的減少50%結果差距頗大。檢討後發現原因，因爲實驗時所有車都沒裝第三煞車燈，故第三煞車燈很容易抓住後車的視線；但十年之後，所有的車都裝了第三煞車燈，導致大家都不再注意第三煞車燈，所以防撞的效果並不如預期。

第二是巴爾的摩就業計畫（The Baltimore Options Program），這個計畫始於1982年，目的在比較現存的福利制度與新制度的效果差異。新制度並不改變福利金的給付，但是提供教育、職業訓練、不計酬的工作經驗及協尋工作等。實驗對象是受領福利金體格健壯的單親（其中90%是女性），且沒有六歲以下的子女；實驗規定只要請領救濟金就必須參加實驗，研究樣本區分爲實驗組（1,362個樣本）及控制組（139個樣本）。

研究結果顯示，新制度第一年就增加就業率及福利戶的收入；到了第三年發現實驗組的收入較控制組高出25%。政策收入（福利支出減少及稅收增加）與政策支出（訓練計畫與行政支出）比較後，收入高於支出的成本，證實了巴爾的摩就業方案的效果。此一結果導致後續的許多福利計畫都規定，領救濟金者必須參加工作訓練及求職計畫。

最後在「戰略」分析時，分析人員除了關心不同兵力結構的增量成本、增量戰略效益；也關心兵力結構的年度成本、壽期成本與管理彈性。前二者可用以比較不同兵力結構之間的成本效益，而年度成本、壽期成本在顯示不同戰略構想下，維持軍力單一年度與多年度所需的財務資源。至於管理彈性則重在軍事科技持續發展與戰力持續提昇，所能夠創造的軍事價值。如前所述，當組織分析的層次愈高，軍事效益的評估愈難量化，常須借助直覺、洞察力與專業判斷，故無法避免評估過程的主觀與政治介入。

從民主政治的角度來看，政務官對政策成敗負責，因此在政策層次以上的決策分析（如政策、制度與戰略），本來就無法避免政治的影響，故其本無可厚非。但此處要強調的是，客觀的量化分析資料，雖不能避免政務官主觀的決策選擇，但必然有助於高階管理者提昇其判斷與決策的效能。

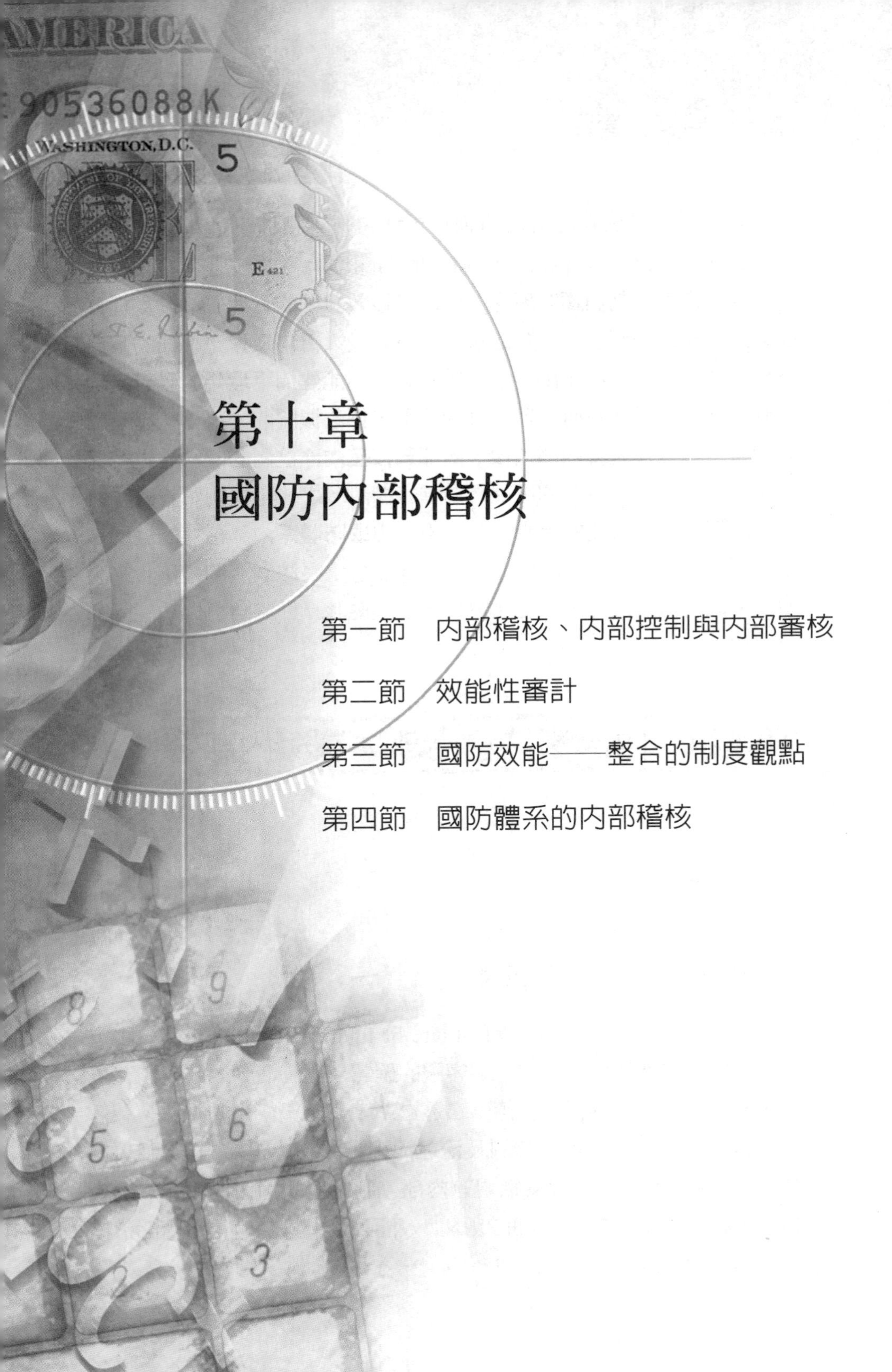

第十章 國防內部稽核

第一節　內部稽核、內部控制與內部審核

第二節　效能性審計

第三節　國防效能——整合的制度觀點

第四節　國防體系的內部稽核

近年來，各國爲提昇政府運作效能，無不積極引進新公共管理（New Public Management, NPM）的相關理論，並在原有的政府體系，導入市場機制與顧客理念，形成了績效掛帥的管理風潮。爲提昇國會對政府的控制能力，各國紛紛將原有投入導向及程序導向的政府運作，調整爲成果與產出的市場導向，以期能建構更理想的政府治理機制。爲因應這種政府管理觀念的演變，行政機關的內部稽核亦須隨之調整。本章首先就內部稽核、內部審核及內部控制的關聯性進行探討；其次再就政府審計的發展方向進行探討。之後再說明影響國防財務資源管理整體效能的因素；最後再藉由國防體系內部稽核的發展方向、「國防部組織法」的條文，與美國「督察長法案」的事例，來說明未來國防體系內部稽核能量籌建，及其應該具備的角色與功能。茲分述如下：

第一節　內部稽核、內部控制與內部審核

壹、內部稽核

一、內部稽核的意義與範圍

依照美國內部稽核協會（Institute of Internal Auditors, IIA）之定義，認爲「內部稽核一種獨立、客觀的確認及諮詢活動，其目的在改善組織營運，以提昇組織價值；它透過系統化、紀律化的方法，評估及改善組織的風險管理、控制及治理流程，以達成組織的預期目的」[1]。故內部稽核的工作除涵括現有內部控制制度的適切性與有效性評估外，亦涉及組織營運活動的效率與效能評估。具體而言，內部稽核包括的範圍大致包括以下四項[2]：

（一）財務及營運資訊的可靠性與正直性（Reliability and integrity of financial and operational information）；

（二）營運效率與效能（Effectiveness and efficiency of operations）；

（三）資產保障（Safeguarding of assets）；

（四）遵循法律、規定及契約（Compliance with laws, regulations, and contracts）。

其它如Scott & Word （1978）則認爲「內部稽核是一種幕僚功能（staff function）, 它評估組織內各個階級的作業規劃和控制系統、目標設立活動、政策形成，和其它管理系統的效率及效能，並提出報告和改善方案。」[3]而公共財務及會計師協會（Chartered Institute of Public Finance and Accountancy, CIPEA）亦提出「內部稽核係組織評估其作業活動（the review of activities）的一種獨立功能；其爲一種控制活動，須衡量、評估組織的內部控制、財務和其它活動的效能，並提出報告，以促進組織內資源的有效使用。」[4]

---

[1] "Internal auditing is an independent, objective assurance and consulting activity designed to add value and improve an organization's operations. It helps an organization accomplish its objectives by bringing a systematic, disciplined approach to evaluate and improve the effectiveness of risk management, control, and governance processes." 參見The Institute of Internal Auditors 1999年6月的定義，網址：www.theiia.org。

[2] 參見*International Standards for the Professional Practice of Internal Auditing,* 2100-Nature of Work; 2110- Risk Management; 2110.A2, IIA, Inc., October 18, 2001Altamonte Spring, Florida。

[3] Scott, G. M. & Ward, B. H., "The internal audit-A tool for management control," *Financial Executive*, Mar.1978, pp.32-37.

[4] 李慶平，「審核類型、技術能力及溝通能力對國軍內部審核執行效果之研究」，台北縣：國防管理學院資源管理研究所碩士論文，民國84年5月，頁10。

這些都說明了內部稽核主要是對一群由數字關係顯示的經濟活動結果，進行評估、分析、解釋及報告，其目標在協助組織成員有效地評估風險、管理風險並履行其應有的責任。其積極性的協助意義（預防資源不當使用及提昇組織運作效能）遠超過消極性的控制意義（強化內部控制及資產保障）。

二、內部稽核的功能定位

本書曾引用人類系統的觀念，來說明有機組織設計的基本理念。從生存機能觀察，人類系統的設計有幾個重要的特色，包括：（一）有效的功能分化與整合；（二）綿密的溝通與傳輸網路；（三）有效的資源轉化機制；（四）即時的環境偵測與調節應變機制；（五）自發性的防禦及檢查機制；（六）外部監督及檢查機制。而人體系統功能的保障、監督與控制，需透過三個層次的機制共同達成：第一層是由指揮中樞主導的系統控制機制；第二層是由免疫系統構成的防禦機制；第三層則是外部監督與檢查機制（這也是一種補救機制）。

對照我國政府組織五權分立的架構不難發現，目前行政體制內、外確設有監督與檢查的機制，分別是監察及政風體系。其中監察院係依據憲法第九十條規定，爲國家最高監察機關，負責行使同意、彈劾、糾舉及審計權；而政風體系則隸屬於法務部。究諸內涵，可以發現二者均屬於事後的矯正機制，缺乏積極性的協助功能（如提昇身體系統的運作效能，增強其抵抗能力），與組織所期望的積極功能，在性質並不相同。

再者，行政院目前實施的施政績效評估制度，是依據民國90年5月17日頒佈「行政院所屬各機關施政績效評估要點」；制度中希望能夠結合各機關的中程計畫與年度施政計畫，透過「業務」、「人力」及「經費」三個構面，訂定策略績效目標及衡量指標，作爲引導各機關年度施政及調整目標的依據。這種重視「成果導向」與「顧客導向」的績效管理發展方向，必然迫使各機關必須強化積極的自我檢視的功能，也必須重新檢視內部稽核的重要性。

自1992年Treadway委員會之贊助機構委員會（Commission of Sponsoring Organizations of the Trreadway Commission，簡稱COSO委員會）提出內部控制的整合架構，將風險評估納入內部控制的要素之後，對內部稽核的發展也產生重要的影響；近年來，內部稽核的思考已漸由「控制導向稽核」（control-based auditing），轉爲「風險導向稽核」（risk-based auditing）。在控制導向稽核下，常因過於重視內部控制程序，忽略了組織目標與控制程序之間的連結而受到質疑；而風險導向稽核則根據稽核目標，進行風險評估，並根據風險管理手段（包括「控制組織活動」、「規避風險」、「分散風險」、「風險分攤與移轉」及「接受風險」等五項）提出組織風險管理適切性的評估意見[5]。而內部稽核人員的重要角色之一，便是協助管理當局辨識風險及管理風險[6]，並根據風險程度高低，決定稽核的範圍與深度。

傳統內部稽核的焦點重在交易查核與舞弊偵測，比較重視財務風險管理的消極性角色；然隨著COSO委員會企業風險管理[7]（ERM）架構提出，以及公司治理環境的變遷，內部稽核人員便逐漸轉變爲「流程評估者」，及「以風險導向稽核」的積極性角色（參見圖10-1）。故內部稽核人員應協助機構管理人員思考流程監控的意涵，並瞭解「控制」的目的在因應組織的風險；因此組織對於控制的處理應該更有彈性，並致力於創造機構價值的活動。

[5] 賴森本，「風險導向稽核」，**內部稽核季刊**，第48期，民國93年9月，頁18。

[6] 所謂風險管理意即「將最大的可能損失控制在組織可承受的範圍，有效的配置資源，並追求組織目標極大化。」

[7] 根據定義「ERM是一種過程，由機構董事會、經理人與其他人執行；它適用於策略環境及整格企業，藉以辨認可能影響的潛在事項，將風險控制在機構可接受的範圍，以合理確保組織目標的達成」；參見陳錦烽，「公司治理變革對內部稽核之意涵」，**內部稽核季刊**，第47期，民國93年6月，頁47。

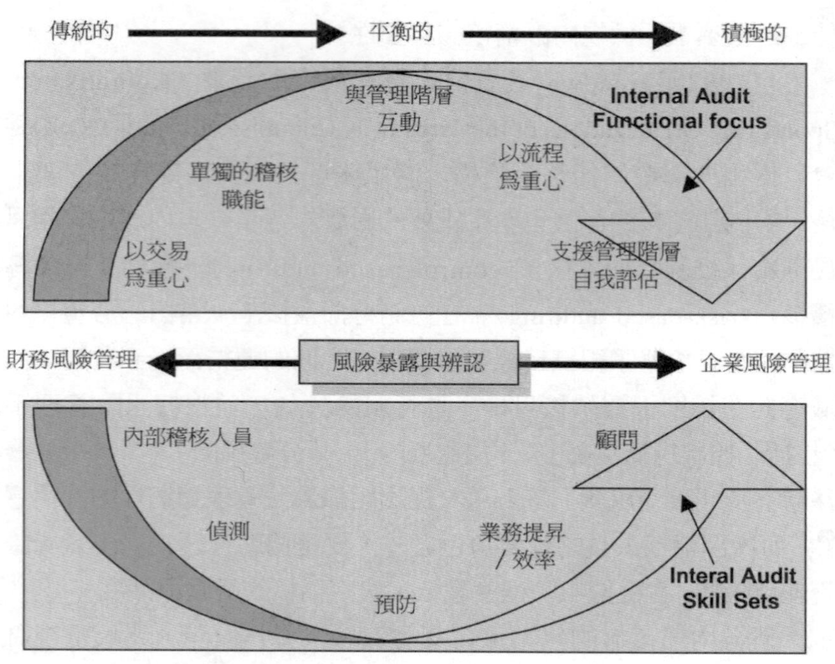

圖10-1　內部稽核人員的角色轉變

資料來源：引自陳錦烽，「公司治理變革對內部稽核之意涵」，**內部稽核季刊**，第47期，民國93年6月，頁48。

過去國防體系在面對中共強大的軍事威脅下，使用了超過2,500億元以上的預算數額，來建構國家安全的環境。而整個國防體制內部績效的評估與監督，主要透過各種督察機制來執行（如業務督察、政戰督察、兵監督察、技監督察等等）；其中財務效能的評估與監督，屬於技監督察的範圍。以往我們對於財務執行的效能評估，雖多透過內部審核來達成，但成效並未彰顯。近年來由於國防環境日趨複雜，且民意日趨高漲，社會對國防事務日益關切；因此，國防體系有必要建構自我檢查的能量與機制[8]，以提昇國防財力資源的使用效能。

貳、內部控制

我國第五號審計準則公報認為，「內部控制係指受查者之組織規劃及其所採用之各種協調方法與措施，已保護資產安全、提高會計資訊之可靠性、增進經營效率，並促進遵行管理政策達成預期目標[9]」。檢視我國審計公報對內部控制的定義，則可發現內容與美國會計師協會（AICPA）提出的定義相當接近[10]。而根據民國92年12月18日修正之「公開發行公司建立內部控制制度處理準則」第三條，則明確指出公開發行公司之內部控制制度係由公司董事會及經理人設計，其目的在於促進公司之健全經營，並合理確保「營運之效果及效率」、「財務報導之可靠性」、「相關法令之遵循」等目標之達成。因此，綜合前述，內部控制的功能除了消極性的「遵循法令」、「提昇資料的可靠性」外，亦具有積極性的保障「營運之效果及效率」功能。

內部控制依其範圍可分為「內部會計控制」(accounting control)及「內部管理控制」(administrative control)，其中「內部會計控制」

---

[8] 如果出現經費不當支用遭審計部退審，依「審計法」第七十二條規定（對單位財物，未盡善良管理人應有之注意，該機關長官及主管人員應負損害賠償之責）及第七十四條規定（機關長官對於簽證支出有故意或過失者，應連帶負擔損害賠償責任），各級機關首長及指揮官，未來恐難避免財務疏失所帶來鉅額的連帶賠償責任，故國軍內部必須建立自我檢查的機制。

[9] 財團法人中華民國會計研究發展基金會審計準則委員會，審計準則公報第五號：「內部會計控制之調查與評估」，民國74年12月31日修訂，頁1（第2條）。

[10] 美國會計師協會提出的定義為“Internal control comprises the plan of organization and all of the coordinate methods and measures adopted within a business to safeguard its assets, check the accuracy and reliability if its accounting data, promote operational efficiency, and encourage adherence to prescribed managerial policies”。

係指為保障資產安全、提高會計資訊之可靠性及完整性之控制；而「內部管理控制」則為增進經營效率、促使遵行管理政策達成預期目標之控制。⓫一般而言，「管理控制」係包括（但不限於）組織計畫及管理當局依其職權完成交易決策之程序與記錄。此一職權與其達成組織目的（objectives）的責任（responsibility）有關，且其為建立交易會計控制的起點。而「會計控制」則由組織計畫、程序及記錄組成；這些程序與記錄通常與資產安全、財務資料可靠性有關。由於內部控制與「資產保障」、「政策遵行」有密切的關聯；故建立有效的內部控制，亦為管理當局的責任。

根據COSO委員會於⓬1992年提出的「內部控制－整合性架構」（Internal Control-Integrated Framework），將「內部控制」視為由董事會或管理階層所設計及制訂，合理擔保達成「 經營之效果與效率」、「財務報導之可靠性」、「 遵守合宜法規」的一種作業程序。而達成這三項目標需依賴以下五項要素，分別是「控制環境」（包含組織成員的正直性、道德價值觀及能力）、「風險評估」、「控制活動」、「資訊與溝通」（包括評估、蒐集及維繫相關資訊的方法，以激勵員工盡其職責）、「監控」，而這五項要素組合形成了控制的整合系統。而我國「公開發行公司建立內部控制制度處理準則」第六條亦隨後修正，並明確規定公開發行公司之內部控制制度應包括五項組成要素，分別是控制環境、風險評估、控制作業、資訊及溝通、監督等⓭。

⓫參見審計準則公報第五號「內部會計控制之調查與評估」，頁1（第3條）；AICPA準則中亦見類似的定義。

⓬COSO委員會成立於1992年，其成員包括美國會計師協會（AICPA）和財務經理人協會（FEI），並於同年其發佈了內部控制整合架構報告。

⓭這五項要素的內容概述如下：一、控制環境：係指塑造組織文化、影響員工控制意識之綜合因素；而控制環境係其他組成要素之基礎。二、風險評估：係指公司辨認其目標不能達成之內、外在因素，並評估其影響程度及可能性之過程。三、控制作業：係指設立完善之控制架構及訂定各層級之控制程

COSO委員會提出之內部控制理論架構，除適用於民營企業外，美國聯邦政府亦在美國會計總署（GAO）於1999年參考COSO委員會之報告，發佈美國聯邦政府的內部控制準則；因此，COSO委員會之內部控制架構，也適用在政府的體系。

參、內部審核

一、內部審核的意涵

民國61年第四次修正公佈的會計法，首次增列內部審核專章，「內部審核」於焉成爲法令名詞。「內部稽核」一詞則首見於財政部證管會於民國75年頒發的推動上市公開發行公司建立內部控制制度實施要點。「會計法」中規定的內部審核以政府機關及公營事業爲實施對象；而證管會規定的內部稽核則以上市公開發行公司爲實施對象[14]。

有關內部審核的明確涵義，須由「會計法」及相關法規中探討。如原「會計法」第九十五條規定：「各機關實施內部審核，應由會計人員執行之。內部審核分左列兩種：一、事前審核：謂事項入帳前之審核，著重收支之控制。二、事後複核：謂事項入帳後之審核，著重憑證、帳表之複核與工作績效之查核。」此一條文說明了內部審核的權責與審核的方式。而「會計法」第九十六條亦規定：「內部審

序，以幫助董事會及經理人確保其指令已被執行。四、資訊及溝通：資訊係指資訊系統所辨認、衡量、處理及報導之標的；溝通係指把資訊告知相關人員，包括公司內、外部溝通。五、監督：係指自行檢查內部控制制度品質之過程；監督可分持續性監督及個別評估，前者謂營業過程中之例行監督，後者係由內部稽核人員、監察人或董事會等其他人員進行評估。

[14] 汪承運，「內部審核與內部稽核」，**主計月報**，第69卷，第4期，民國79年，頁19-24。

核之範圍如下：一、財務審核：謂計畫、預算之執行與控制之審核。二、財物審核：謂現金及其他財務之處理程序之審核。三、工作審核：謂計算工作負荷或工作成果每單位所費成本之審核。」此一條文規範了內部審核的類型。

再者，在行政院所訂定的「內部審核處理準則」第四條中，亦規定內部審核的範疇包括：

（一）會計審核：憑證、報表、簿籍及有關會計事務處理程序之審核。

（二）現金審核：現金與票據、證卷等處理手續及保管情形之查核。

（三）財物審核：購置、定製、營繕及變賣財物處理程序之審核。

（四）財務審核：有關各項財務收支數字之勾稽與查核。

（五）工作審核：謂計算工作負荷或工作成果每單位所費成本之審核。

（六）預算審核：業務計畫及預算之執行與控制之審核。

（七）協同審核：協同視察部門對全般或專案調查之審核。

從內部審核的範疇來看，不難發現其內涵仍著重於執行與程序的審核；消極性的防範功能，超過積極性的興利功能。其次，由於（一） 內部審核職權為行政權的一環，內部審核人員必須對機關首長負責，職權行使必須考慮行政體制的運作；（二）行政機關部門專業與功能的劃分，使得會計人員在執行內部審核時，多僅能就財務執行的程序正義，與內部控制功能進行探討，亦無法對業務計畫與資源使用效能，進行完整的效能評估。

再者，在「會計法」第四章「內部審核」第九十五條中雖然提出「各機關實施內部審核，應由會計人員執行之。」然由於組織專業分工的功能分化（differentiation）現象，使得部門間所需之專業背景必然不同，因此從會計法的內部審核包括的內容來看，內部審核主要仍建立在會計控制的基礎上；有關管理控制的審核，仍須借助其他領域的專業知識才能達成。

所以主計人員執行內部審核時，本身確存有職權與技術上的限制；故原民國88年3月提出的「會計法」修正條文中，第四章「財務責任」第五十七條中明確界定財務責任，認為財務責任有三：「一、執行預算之責任：謂各機關執行預算之人員，應盡遵循法令及有效執行預算之責任。二、使用及保管資產之責任：謂各機關使用及保管資產之人員，應對所使用或保管之資產，克盡善良管理人之責任。三、會計報告及內部審核之責任：謂各機關會計人員，應盡公正表達財務狀況與經營結果及內部審核之責任。」

因此，從功能與定位來看，則可發現內部審核職權行使，雖可結合管理控制，但仍須建立在內部會計控制的基礎上；其範疇與內部稽核的全方位功能並不相同。

二、國軍內部審核概況

國軍內部審核制度最早可追溯至民國17年軍政部軍需署成立「審核司」開始，然內部審核進入制度化的時期，應始於民國47年間；此時已參考美軍制度的精神推行主計制度，國軍各項業務之執行及相關的內部控制工作，均已納入內部審核範疇。屆至民國49年，國防部訂頒「國防部審核查帳辦法」及「國軍審核查帳作業指導」，對國軍內部審核作業範圍、各級權責、作業程序詳細規定後，制度運作的流程於焉確立。稍後於民國53年實施年終駐審。至民國54年，將國軍一切業務，包括人力、物力、財力等資源，一切納入內部審核的範圍，並著重於各級內部管理及資源運用。此時內部審核制度的精神與運作方式已具雛型；以後各年度在內部審核上所進行的改變與調整，泰半是在執行權責、程序或方式進行調整[15]。

至於內部審核的方式與類型，大體與行政院規範的內容相近；如在國防部所屬單位內部審核辦法中，第三條明定：「內部審核由主計人員執行之，並分下列兩種：一、事前審核：謂事項入帳前之審核，著重收支之控制。二、事後複核：謂事項入帳後之審核，著重憑證、帳表之複核與工作績效之查核。前項內部審核，涉及技術性事項，需具有專業知識部分，非主計人員所能鑑定者，由主辦部門負責辦理，並繕具書面報告。」第四條中則指出內部審核的範圍有八，其中第一至第七項條文同行政院內部審核處理準則，增列的第八項爲一般審核，條文爲內部管理、節約成效、公款支付時限及以往缺失事項改進情形之審核。

肆、內部稽核、內部控制與內部審核的關聯性

內部控制分爲「內部會計控制」與「內部管理控制」；其中「內部會計控制」爲會計人員的主要職責，而「管理控制」則爲各級管理者的職責。內部審核主要建立在「內部會計控制」的基礎上，主要仍在執行與會計、財務有關的內部審核，其目的在確保財務資源有效的運用，故與內部的財務稽核有密切的關聯（但不限於財務稽核）；而業務稽核則建立在「內部管理控制」的基礎上，其目的主要在驗證計畫成果，及改善組織的運作效能。三者之間的關聯顯示如圖10-2。

---

[15] 李慶平，「審核類型、技術能力及溝通能力對國軍內部審核執行效果之研究」，頁20-23。

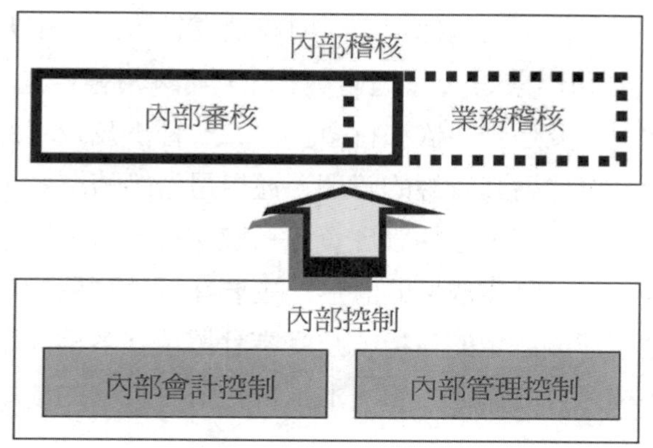

圖10-2　內部稽核、內部審核與內部控制關係圖

第二節　效能性審計

壹、政府審計的意義與趨勢

審計機關負責政府決算之審核（見「決算法」第十九條、第二十條、第二十三條、第二十四條、第二十五條、第二十六條、第二十七條及第二十九條），扮演著行政體制外部監督的角色；因此政府審計的發展，與行政機關財務效能的提昇，實有相當密切的關聯。

我國的憲政體制雖較為接近大陸法系的法國體制，但國內審計與會計的理論與實務發展，卻多沿襲英、美法系的美國體制。美國的諸多體制發展甚為健全，亦確具實務發展的參考價值。在政府審計的範疇界定上，美國會計總署曾於1972年提出的「政府組織、計劃、活動及職能之審計準則」（Statement for Audit of Governmental Organizations, Program, Activities and Functions，亦稱黃皮書）一書中，曾明確的指出：「審計」一辭不僅是指審計人員與會計人員對財務報表的檢查工作，它包括：一、財務及遵行審計：主要在瞭解受審計的單位在財務作業是否「適當執行」、其財務報告是否「允當的」表達財務狀況，及是否「依法行事」；二、經濟及效率的評估：主要在決定受審計單位對其資源的管理、運用是否經濟有效，以及造成無效率或不經濟的原因，包括管理資訊系統、行政處理程序、組織結構的不適切等；三、計畫成果的評估：主要在評估預期的成果、效益是否達成，是否達成法定的目標，及受審計單位在各種決策情境下，是否發展出各種可行的備選方案，並採行較低、較佳的成本方案以達成組織的目標。

換句話說，廣泛的審計不在僅限於財務上的審計，它同時包括了法規的遵循、計畫方案的效率性、經濟性與效果性衡量等決策標準在內。其中「財務及遵行審計」一直是傳統政府財務審計的重心，而「經濟及效率的評估」及「計畫成果的評估」則遠超出過去政府財務合法性審計的範疇，並將政府審計帶入一個更具挑戰性的新領域。

就「財務及遵行審計」與「經濟及效率的評估」、「計畫成果的評估」三者所隱含的意義有明顯的不同，其中「財務及遵行審計」所強調的財務作業程序、財務資源運用程序的合法性，它重視的是「財務程序的控制」，因此在本質上是一種「合法性」的審計；而「經濟及效率的評估」與「計畫成果的評估」，則跨越了財務作業的領域，它探討各種重要作業活動的決策過程、組織內決策環境的管理，及是否採用整體的觀點來管理資源的問題，因此它不純粹是「財務程序」合法性的問題，而是一種「效率與效能性」的審計。

「經濟及效率的評估」在評估決策者、決策過程的理性程度；而「計畫成果的評估」則在評估財務資源的效益與效果進行評估。因此，審計人員必須採用整體資源（Total Resource）運用（包括財務、人力及物質資源）的觀點，來監督行政機關對資源運用，內部組織所發揮的效率，與實際上所達到的效能。因此，它是一種以行政機關有效管理爲重心的審計方向，不僅在審計過程中要重視財務、人力與物質資源的有效管理，同時也探討行政機關各項資源使用的內部效率與外部效能。

近年來，由於「市場機制」與「顧客理念」陸續導入政府領域，導致政府績效朝向成果與產出的方向發展；加上1992年COSO委員會提出內部控制的整合架構，將風險評估納入內部控制的要素之後，各國政府的審計思維便出現重大的轉變。如英國國家審計署（NAO）於「21世紀審計」（Audit 21）中，將風險導向稽核方法列為該署的重要稽核方法[16]；加拿大政府於2000年提出「現代管制創新」（Modern comptrollership initiative），將風險管理納入「整合性的風險管理架構」中[17]；而美國會計總署亦於1990年以後，運用風險概念，持續針對高風險的聯邦計畫與運作方式提出報告，並促使國會提出一系列成果導向的改革方案[18]。政府審計觀念的改變，必然會促使行政機關的內部稽核隨之調整。

貳、我國政府審計體制的發展

各國審計職權的運作與隸屬，大致有以下兩種方式：第一種是採英、美法系的審計職權運作方式，第二種則採法、德大陸法系的審計職權運作方式。在英、美法系下，不論是採內閣制或總統制，均嚴守三權分立的架構；審計權通常不列入憲法，僅以法律形式規範。在這種體制下，審計權與主計權有相當密切的關聯，預算審查與決算審

[16] 賴森本，「風險導向稽核」，頁19。

[17] 陳綾珊、賴森本，「風險管理與政府治理」，**內部稽核季刊**，第46期，民國93年3月，頁17。

[18] 賴森本，「風險導向稽核」，頁23。

核，均為國會的權力[19]。

在法、德大陸法系的體制下，審計屬於司法監督的一環；因此在憲法內均明確規範審計權隸屬，並規定設置獨立的審計機關。如雙首長制的法國，審計職權隸屬於審計院（La Cour Des Comptes，採林源慶的譯語），在職權行使上超然於行政與立法，目的在協助行政與立法機關監督財政法案之執行。其它如德國、義大利、中南美洲各國、我國[20]及韓國，均將審計權入憲，並設置獨立的審計機關[21]。

我國審計制度發展甚早，從民國5年之北京審計制度、民國16年的廣東審計制度，演進到民國17年國民政府在南京設審計院為止，審計職能的性質有重大的改變。在民國17年的審計院主要負有「監督預算」與「審核決算」兩項功能，所謂「監督預算」是對政府機關支付命令的核准，也就是說舉凡任何支付命令與預算或支出法案不符時，審計院得拒絕之，此為「事前審計」事務。所謂「審核決算」是指對國民政府歲入歲出之總決算，各機關及各基金之收支計算與官有財務之收支計算，此即「事後審計」事務。而在民國5年及民國16年之審計制度中 ，並無「事前審計」的功能，此為制度設計上的主要不同。

民國18年監察院成立，審計部便改組為監察院審計部，同時根據原「監察院組織法」第十三條（民國87年1月7日公佈之「監察院組

---

[19] 如美國於1921年的預算及會計法將審計權獨立出來，會計總署雖獨立行使審計職權，但隸屬於國會。在英國1983年的「國家審計法」中，亦指出國家審計總署獨立行使審計職權，亦隸屬於國會。相關資料參見林源慶，「憲法增修後政府審計獨立及決算制度之探討」，**審計季刊**，第21卷，第1期，民國89年10月，頁17-18。

[20] 我國憲法將審計權入憲，並將其歸屬於監察院，依「審計法」第十條規定，審計人員依法獨立行使其審計職權，不受干涉。因此審計職權不僅受到憲法保障，亦能獨立運作，

[21] 林源慶，「憲法增修後政府審計獨立及決算制度之探討」，頁18-19。

織法」，設置審計部及其職掌，列於第四條）的規定，增加審計部的稽察職權。審計制度在我國雖然成立甚早，但是審計法的立法因諸多因素難以解決，故遲至民國27年才公佈實施。由於事前審計職能的實施，可能會導致行政責任、財務責任劃分不清的問題，而影響了審計人員的超然獨立立場。因此，當時執政的中國國民黨便於「加強政治經濟工作效率計畫綱要」中，便指示有關主計法規改進，規定會計人員應執行事前審核，審計人員應著重視後審計，故事前審計功能乃懸而不用。

政府審計早期的法定的職權有四，包括：「監督預算之執行」、「核定收支命令」、「審核計算決算」及「稽察財務及財政上的不法或不忠於職務之行爲」。從內容上分析，可以發現當時政府審計執行的方向，主要是在於財務的合法性審計。之後審計法迭經增修，將原有的四項職權擴增爲七項，新增「考核財務效能」、「核定財務責任」及「其它依法律應行辦理之審計事項」等三項。此時不難發現，政府審計的方向已由財務合法性的審計，逐漸擴增至財務效能審計的範疇。

「審計法」中雖以監督預算之執行爲首要，但財務效能亦逐漸受到相當的重視；如「審計法」第六十五條（第二項）中重視計畫實施的進度、收支預算執行經過與績效；第六十六條（第六項）重視公營事業的經營效能；第六十七條（第三項）中提出了決算審核時，應重視施政計畫、事業計畫或營業計畫之執行情況，執行過程中的經濟性程度，以及所達成的效能。因此從內容觀之，不難發現審計法中所謂的審計監督，不僅包括了消極的防範行政機關不法不忠的行爲，同時也包括了積極性的財務效能考核，與執行過程中經濟性程度的評估。

在過去，「財務及遵行審計」一直是審計部工作執行的重心，但近年來，由於各種相關審計技術的發展、及審計觀念的演進，使得「經濟及效率的評估」與「計畫成果的評估」等效能性的審計工作日益受到重視。審計部將朝向效能性審計的方向發展。

政府審計的未來發展方向，對國防經費的使用上，可能有三種不同的涵義：第一是由於未來的政府審計將更爲重視國防經費使用的效率與效能，而不只是單純的重視財務資源使用的合法性；因此，在國防經費的使用上，除了要強調公款法用之外，必須考慮財務資源的使用效率與效能提昇的問題。

第二是由於國防預算的數額龐大，佔政府年度總預算的比率頗高，使得逐漸國人對國防經費使用的過程、使用結果，與財務資源控制方式的賦予高度的關切；這種趨勢也明確的顯示了整個社會(民意)與行政部門（政府）之間，在國防資源使用上的監督權力的消長變化。

第三是政府審計方向的發展，將會對未來國防經費的使用方式、程序產生相當程度的影響；它可能會改變國防體制的設計、影響國防經費使用的程序，也可能會應用到更多計量性的財務技術、更重視軍官的決策能力，甚至可能會檢討國防組織的結構、制度的合理程度等等。這些結果對軍事院校的基礎教育、進修教育與深造教育的課程設計，都將產生必然的、長遠的影響。因此，從政府審計的發展方向，來思考國防體制運作與資源運用制度，顯然有其必要。

第三節　國防效能[22]——整合的制度觀點

在探討內部稽核的稽核範疇之前，有必要先就影響國防財務資源使用效能的因素進行探討。一般而言，國防財務資源管理的整體效能提昇，主要建立在以下五個層面（參見圖10-3），茲分述如下：

[22] 修改及整理自劉立倫，「國防財力管理：觀念性架構與未來發展之探討」。

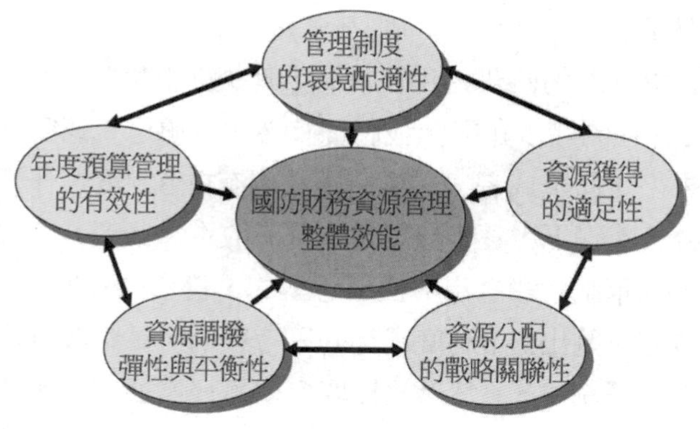

圖10-3　國防財務資源管理整體效能圖

壹、管理制度的環境配適性

這是探討國防財務資源管理制度與戰略環境的配合程度。如美軍前陸軍參謀長蘇利文（Sullivan）將軍於1996年出版的“*Hope is not a Method*”一書中，所提出的「PPB制度是冷戰時期的產物，較適用於穩定的環境；這種工業社會的制度，因其缺乏足夠的彈性，故不完全適用於未來的資訊社會。」

PPB制度運作的問題，主要肇因於近二十年來，環境快速變化，及複雜程度急速所致；致使這種工業時代所建構的的複雜制度，在每一個制度環節運作，都同時受到資訊社會步調的挑戰。而PPB制度存在的問題，可能不僅於此，如我們現在採行的許多決策模型，都是建構在工業社會的思考基礎上；因此這些決策模式是否能夠禁得起資訊社會思考邏輯的嚴苛挑戰，恐亦有疑義。

而Davis（1997）的研究也顯示，美國國防部1961年實施PPB制度迄今，目前仍面臨許多難以克服的問題，如戰略規劃無法與國家安全戰略結合、軍種間資源分配與戰略無法結合、軍種的計畫無法整合、計畫無法配合戰略、人事更迭影響制度運作，及戰略思考邏輯倒置等諸多難題。

面對PPB制度的時代適用性挑戰[23]與執行衝擊[24]外；以及國軍執行PPB制度存在的諸多難題。我們實有必要審愼思考國防財務資源管理制度的未來走向；或者一、維持國軍現有PPB制度運作方式，建立在量化的分析基礎下，逐步檢討缺失逐步改進；或者二、根據美軍的制度架構，國軍重新設計出一套理想型的、符合PPB運作精神的完整制度；抑或三、跳出PPB制度現行的思考架構，重新設計出一套適用國軍的財力管理制度[25]。然無論採取何種途徑發展，都需要結合理論研究的能量（學校或研究機構）與實務運作的經驗（實務單位），才能克盡其功。

貳、財務資源獲得的適足性（adequacy）

國防財務需求主要是遵循PPB制度的架構，透過國防戰略規劃、中程計畫與年度施政計畫與預算的體系，完成需求的估計；因此，軍事需求必須反映軍事威脅的強度；而中央政府的預算分配，需透過行政體系下進行多元目標的平衡與資源分配，它必須反映國家發展目標的需要。由於在國家資源分配與優先性排序過程中，國防預算供給額度與國防部門需求的額度未必完全相同；因此，二者之間的交集與共識程度，便成爲判斷國防財務資源獲得額度適足性的依據。當供需之間的額度差距，是在國防部門合理、可以調適的範圍，預算獲得適足性的程度便昇高，反之適足性程度便降低。

由於預算籌編的過程會受到「由下而上」的理性分析，與「由

---

[23] 帥化民、劉立倫及陳勁甫，**國防管理及預算制度之研究**，國防管理學院研究報告，民國87年5月，頁29-30。

[24] 參見Sullivan & Harper的“Hope is not a Method”。

[25] 參見Davis的“Managing Defense after the Cold War”。

上而下」分配／協調機制的共同作用，因此它也反映了這種供給與需求之間的互動關係。由於預算的供給有限，但預算的需求無窮，因此當預算供需之間出現較大的差距時，通常是透過預算需求的管理，來縮減這種差距。而當總體的財力資源有限時，零基預算中優先性排序與資源線（resource line）的觀念，便成爲阻擋財務需求的有利武器。

以過去年度國防預算獲得的趨勢觀察，雖然長期的預算獲得，似呈現微幅成長的趨勢。如以名目（nominal）的國防預算額度來看，「國防預算佔中央政府總預算額度」在79年度（退撫經費移出後）時，國防預算在當時仍佔有34.09%，在81年度降至30%以下，至83年度又降至25%以下，在85年以後則維持在22%左右的水準（不含特別預算），至89年則降至20%以下的水準，92年度已降至16.59%的水準。同樣的以「國防預算佔GDP的額度」來看，79年度國防預算約佔5.63%，82年度則逐漸降至5%以下，84年度又降至4%以下，86年度則降至在3.5%以下的水準，89年度降至3%以下，92年度更降至2.61%的水準。這種變動趨勢與世界各國在1990年蘇聯解體以後，國防預算佔GDP（或GNP） 及佔中央政府總預算的比重，出現的逐年下降的趨勢相當接近。

然由實質（real）國防預算額度觀察，則可清楚的發現，國防財務資源的獲得額度正呈現逐期遞減的發展趨勢。表10-2以83年度的2,585億元爲基期，顯示名目國防預算級以2%及3%的通貨膨脹率進行平減的實質國防預算，如90年度的國防預算爲2,667億元爲例，如按2%通貨膨脹率平減，則90年度的國防預算2,667億元，其實僅相當於83年度幣值的2,321億元；如按3%通貨膨脹率平減，則90年度的國防預算，指僅相當於83年度幣值的2,169億元。而92年度的國防預算爲2,572億元，按2%通貨膨脹率平減，則僅相當於83年度幣值的2,152億元；如按3%通貨膨脹率平減，則92年度的國防預算，指僅相當於83年度幣值的1,971億元。

表10-1　國防預算佔中央政府總預算及GDP百分比表

項　　目	83 年度	84 年度	85 年度	86 年度	87 年度
中央政府總預算（億）	10,648	10,292	11,348	11,943	12,253
總預算年成長率（%）	-0.55%	-3.34%	10.26%	5.24%	2.60%
國防預算數（億元）	2,584.84	2,522.58	2,583.37	2,688.22	2,747.83
國防預算年成長率（%）	-4.61%	-2.40%	2.38%	4.07%	2.23%
國防預算佔中央政府總算（%）	24.28%	24.51%	22.76%	22.51%	22.43%
GDP 總額（億元）	64,636	70,179	76,781	83,288	89,390
國防預算佔 GDP（%）	4.00%	3.59%	3.36%	3.23%	3.07%
項　　目	88 年度	89 年度	90 年度	91 年度	92 年度
中央政府總預算（億）	12,534	15,339	15,755	15,187	15,503
總預算年成長率（%）	2.29%	22.38%	2.71	-3.61%	2.08%
國防預算數（億元）	2,844.92	2,765.69	2,667	2,610	2,572
國防預算年成長率（%）	3.53%	-2.78%	-3.58%	-2.14%	-1.46%
國防預算佔中央政府總算（%）	22.70%	18.03%	16.93%	17.19%	16.59%
GDP 總額（億元）	92,899	96,634	95,066	97,488	98,564
國防預算佔 GDP（%）	3.06%	2.86%	2.81%	2.68%	2.61%

說明1：年度國防預算計算並未包括特別預算；

說明2：89年度採十八個月或十二個月的基礎計算，均不影響比率數值；但89年度國防預算數，採以往經建會的換算基礎1.4596，換算爲十二個月的國防預算。

表10-2　名目國防預算與實質國防預算（採通貨膨脹率平減）

項　　目	83 年度	84 年度	85 年度	86 年度	87 年度
國防預算數（億）	2,584.84	2,522.58	2,583.37	2,688.22	2,747.83
2%通貨膨脹率平減	2,584.84	2,473.12	2,483.05	2,533.17	2,538.57
3%通貨膨脹率平減	2,584.84	2,449.11	2,435.07	2,460.10	2,441.41
項　　目	88 年度	89 年度	90 年度	91 年度	92 年度
國防預算數（億）	2,844.92	2,765.69	2,667	2,610	2,572
2%通貨膨脹率平減	2,576.73	2,455.85	2,321.78	2,227.61	2,152.13
3%通貨膨脹率平減	2,454.05	2,316.22	2,168.52	2,060.36	1,971.22

換句話說，在名目的國防預算下，國防預算在民國83年至民國92年這十年之間，每年看似沒有增減；但在實質的國防預算下，以2%通貨膨脹率平減，十年之間國防預算，則呈現每年平均減少約43.27億元（以83年度幣值計算）的結果。如以3%通貨膨脹率平減，十年之間國防預算，則呈現每年平均減少約61.36億元（名目國防預算與實質國防預算的額度比較參見圖10-4）。從圖10-5中也可以發現，名目國防預算額度與實質國防預算額度的差距，正持續擴增當中。因此未來必將對戰略規劃與兵力結構的發展，產生相當程度的衝擊。

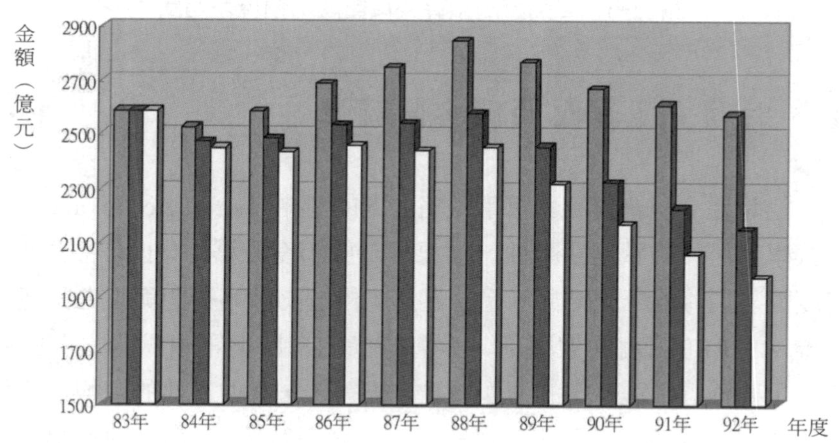

圖10-4　名目國防預算與實質國防預算額度比較圖

說明：從左至右按照「名目預算」、「2%平減」、「3%平減」的國防預算數排列。

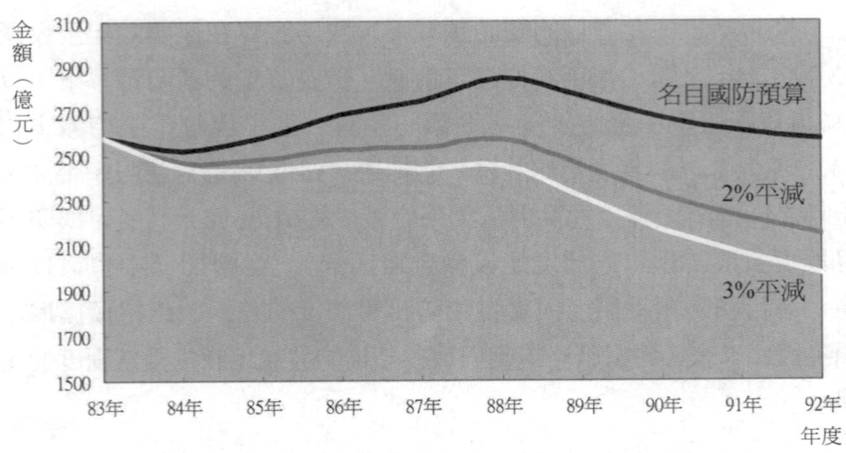

圖10-5　名目國防預算與實質國防預算差距圖

參、財務資源分配的戰略關聯性

這是建立財務資源與軍事戰略之間的連結（strategic linkage）；過去學者討論的戰略關聯性，主要著重於年度預算的分配[26]，也就是年度國防預算的分配結果，是否足以支持國防戰略構想與兵力整建的目標。在PPB制度的架構下，兵力結構的發展與軍事戰略之間的關係，主要透過中程計畫的運作連結；換言之，兵力整建的目標是否能夠達成（包括戰鬥部隊、作業支援及武器系統等），與資源獲得有相當密切的關係。

此一環節雖然重要，但卻不易探討，主要因為以下三個原因：一、國防預算的管理在「業務計畫—工作計畫—分支計畫—用途別科目」的預算管理體制下，整個作戰管理單位、作戰部隊與後勤支援單位之間的預算分配，已經形成一個非常綿密、繁複的體系；再加上國

[26] 參見Davis的“Managing Defense after the Cold War”；劉立倫，「國防財力管理：觀念性架構與未來發展之探討」。

軍採用「聯合後勤、統一發餉、集中補給」的後勤管理制度，造成單位之間的交叉補貼，成為一種相當普遍的現象。因此，國防預算在單位之間與組織層級之間分配的合理化程度，並不易探討；二、分配的戰略關聯性須結合軍事戰略構想與兵力結構，如果在戰略層面與兵力結構的層面，無法建立明確的衡量指標，那麼要建構財務資源分配的戰略關聯性指標，通常只是緣木求魚；三、軍種、單位之間的預算分配數額通常其機密等級較高；要獲得長期、可公開的分析資料，通常亦屬困難（81年度以前，國防預算全為「極機密」；81年度以後，才區分為「保密」及「公開」）。

在PPB制度下，部隊間的相互關係，是透過主要部隊計畫之間的從屬關係逐次建立的；因此我們必須先建立作戰部隊與後勤部隊的從屬關係，形成作戰體系的完整系統；之後再建立軍事作戰體系、國防管理體系與其它國防機構之間的從屬關係。而國防經費的分配與支援，亦須配合前述的從屬關係。

國防財務資源分配的政策，指的就是將財務資源分配到組織內各功能體系與層級部門體系的原則；其目的在提昇國防財力資源在組織內部的理性程度。當組織的分化程度昇高、組織層級增多，要達成組織整體的理性，就必須藉由資源分配的機制以協助其進行整合。國防財務資源的分配政策，包括軍種間的財務資源分配、計畫間的財務資源分配，及人員經費、作業經費與武器經費間的資源分配。

一般而言，人員經費會受到年度薪資調整幅度的影響；根據過去的資料顯示，每年3%的中央政府人員調薪，迫使國防預算中的人員薪給，每年須增支約數十億的支出數額[27]。至於作業經費，指的是

---

[27] 中央政府年度的公教人員待遇調整，雖然是動用行政院當年度的「軍公教調整待遇準備」項下支應；但在調薪之後的以後年度，則須由國防部門正式編列薪資預算支應。調薪幅度的高低是國防體系內不能控制，但卻必須面對的干擾變項。

年度的作業維持經費，也是維持一個單位或機構運作的基本財務需求；至於武器經費指的則是武器系統成本的攀升，對財力分配政策的影響程度。再者，由於各軍種的戰力構成不同，其武器系統、作戰方式、人員配置方式均有差異，也會導致軍種之間的預算獲得與分配，產生不同的變化。

而武器系統成本的攀升，往往也會影響到財務資源的分配政策。在劉興岳、劉立倫、田墨忠（民85）的研究中曾指出，從武器系統壽期成本的觀點來看，武器系統在整個服役期間所須的作業經費，往往是初期採購成本的2-3倍；這顯示了先進武器系統的採用，伴隨而來的將會是高素質人力的薪資費用，後勤體制的改變與調整，及日漸攀升的作業經費。

軍事科技的快速進步，導致武器系統的精密與複雜性增高，亦將使得未來的取得成本大幅提昇。如表10-3所示，由1945年至1990年間，武器系統的日益精密、複雜，導致其成本，往往亦以倍數、跳躍式的成長方式向上攀升，遠超過同期間通貨膨脹率上漲的幅度。當武器系統的取得成本愈高，在有限的國防預算下，可以購置的武器系統數量就相對減少，對未來戰力的發展，必然會產生相當不利的影響。

表10-3　不同年度武器系統的成本比較（以1988年幣值計算）

	戰車	戰機	核子攻擊潛艇	水面艦艇
1945 年	M-48 40 萬美元	F-51 54 萬美元		DD-692/710 2,000 萬美元
1965 年	M-60 80 萬美元	F-4 700 萬美元	SSN-594 2.5 億美元	DDG-2 1.5 億美元
1990 年	M-1A1 230 萬美元	F-15 C/D 4,000 萬美元	SSN-688 7 億美元	CG-47 11 億美元

說明：DD—驅逐艦；DDG—導引飛彈驅逐艦；CG—導引飛彈巡洋艦。

資料來源：Ullman, Harlan K., *In Irons: U.S. Military might in the new century*, National Defense University Press, 1995.

預算分配本來就有相當的政治性，也不易建立一套具正當性、普遍適用的分配法則；因此，許多的預算分配，往往會根據過去的業務基礎，進行預算的微幅調整（如增量途徑incremental approach的預算觀點）。而Davis（1997）的研究也顯示，各軍種所提出的計畫（program）與國防戰略規劃（planning）之間，仍缺乏適度的整合與戰略關聯性；美國陸、海、空軍的預算分配，基本仍延續過去所佔的比例，而軍種之間對於這種分配方式也不滿意。因此財務資源與軍事戰略關聯的概念，雖易於瞭解，但要做好其實並不容易。

肆、財務資源調撥彈性與平衡性

國防財務資源的調撥與平衡能力，須同時反映在四個不同的層面，分別是：

一、年度間財務資源的平衡

這也是反映長期財務需求規劃的能力。由於年度財務資源的獲得，往往會呈現逐年波動的現象；因此，國防體系必須結合這種財務供給的長期發展趨勢，平衡年度之間的財務需求，以確保施政計畫執行的穩定性。年度間財務的平衡，對武器系統的獲得尤其重要；不同的武器系統，在先期取得成本與後續維持成本上並不相同，在年度間造成的財務需求壓力亦不相同。因此，如何在長期的軍事需求，與財務需求間取得平衡，爲國防體系必須仔細思考的課題。

二、普通基金與作業基金的調撥

這是將兩種基金的財務需求，透過中程計畫整合到年度預算的能力。PPB制度原有的設計，就是在充分結合普通基金與作業基金，使其在國防體系的運作中產生互補的運作關聯性。唯有在規劃與計畫體系，進行普通基金與作業基金的整合，才能產生年度財務資源運作的互補互援功能。

三、建立年度業務計畫調整（或刪減）的排序

這是一種調整年度財務資源供需的應變能力。這種在計畫之間，設定的優先排序原則（如人員薪給及法定給與優先滿足、裝備妥善率維持在80%、軍事投資以持續案優先，新增案再檢討等等），在年度財務資源供需出現缺口時（由「概算編列—審議—法定預算」的程序來看，缺口通常是需求大於供給），將可作爲預算調整的參考依據。

四、業務計畫之間的經費流用（必須建立流用的準則）

這是預算執行層面的應變與調整能力。而有效的經費調整與流用，有賴三個要素的共同作用，才能發揮及應變與調整的能力；這三個因素分別是：建立經費流用的決策準則、有效的預算執行管制，與會計資訊的即時回饋。

伍、年度預算管理的有效性

年度預算管理的有效性主要建立在三個層面，分述如下：

一、經費管理層面

在這個層面下，主要包括「預算結構管理」與「會計記錄與分類」二個部分，分述如下：

（一）預算結構管理

所謂預算結構管理，主要在建立預算結構的體系，以符合國防組織內部管理及外部審計監督的需要。而過去經常討論的課題，包括具有結構性差異的各軍總部，是否應各自形成預算獨立（成立「單位

預算」或是「單位預算的分預算」）的個體？或是軍備體系是否應採取作業基金的方式運作？以及各生產工廠是否有必要成立「附屬單位預算的分預算」？而支持預算獨立的理由，通常是基於結構性差異與提昇外部監督效能等等；而反對預算獨立的理由，主要則爲「聯合勤務、統一發餉、集中補給」的後勤管理制度，及因應武器獲得困難，必須保留預算執行的彈性等等[28]。

單位預算與分預算的架構，本質上是一種分權的設計，通常比較能夠應付環境的變動；所以預算結構設計的問題，並非存然只是預算管理的問題，因爲它涉及到動用財務資源，以因應環境變動的權力。而預算結構的選擇，本身也是一種來自於內部整合、預算彈性與結構差異、外部審計各方不同壓力下的平衡問題；因此，這種決策只是在不同的壓力下取得適當的平衡，本來就有相當程度的政治性。

面對環境變動日趨劇烈的發展趨勢，適當的分權可能是一種較佳的處理方式；面對下屬機構的預算權獨立的呼聲日益高漲時，或許我們應該思考：

1.如何在獨立的預算下，保持原有的整合功能與預算彈性？
2.預算權獨立以後，對國防組織的運作，會產生什麼影響？對武器建案的作業流程的衝擊爲何？對三軍聯合作戰會產生什麼影響？補救措施爲何？

（二）會計記錄與分類

會計記錄與分類，主要在探討資訊的分類、重組，提供更有意義的決策資訊，以符合國防決策上的需要；這也是決策攸關性所探討的主要課題。決策目的不同，關切的資訊內容自然不同。如我們過去

---

[28]劉立倫，「國防財力管理：觀念性架構與未來發展之探討」。

將業務計畫彙總爲人員維持費、作業維持費及軍事投資費的三區分架構，並不能表達國防經費多重構面的特性，亦未發揮會計資訊的決策支援功能。不同層次的決策分析，使用的會計資訊必然不同；故國防體系須根據國防決策的實際需要，透過會計資訊的重組與分類，才能達到提昇決策效能的預期目的。

二、執行控制層面

預算的執行控制必須建立在管理制度、預算執行記錄及回饋機制三者的基礎之上；也就是透過預算管理的制度，透過執行監督與預警系統建構，將預算執行資訊，即時回饋給各階層管理者，而達到預期的規劃目標。

從控制系統的觀點來看，預算執行不僅是在達成國防部門既定的目標與計畫；同時也是人員維持經費估測過程中，回饋資訊產生的主要來源。因此如果能在實際執行的過程中，建立適當的管理架構及回饋機制；統合相關資料並產生必要的回饋資訊，將有助於規劃層面的持續修正與調整。

三、檢查與評估機制

這是針對財務資源運用進行的檢查與效能評估。其中「財務檢查」主要是探討財務合法性與決策程序正義的課題，這是提昇預算使用效能的輔助機制；而「財務效能評估」，則應評估財務資源使用，是否已達到預期的計畫效能。財務效能的評估，首重建立計畫效能的評估指標。目前行政體系已發展出一套評估指標，然就其內容，仍多屬程序性指標（如精簡員額數、上網人數、參賽人數、應召人數、參加演習單位數、完成簽證數、舉辦幾次座談會、舉行幾次演習、完成幾次會報、完成幾份報告等等），而非成果性指標（如滿意度、戰力提昇度、作業時間縮減、誤差數等）。因此，此方面未來仍有相當大的拓展空間。

第四節　國防體系的內部稽核

壹、內部稽核組織與定位

在一元化的國防體制下，軍政體系是負責職司建軍與資源獲得的體系；它主要透過戰略目標賦予、政策規範、資源獲得與分配、重要人事任免，來管理軍令體系與軍備體系的運作。而軍政體系在供給資源的同時，就必須發展出監督及評估資源使用效能的機制，才能引導軍事作戰的機制，與軍事武器的發展，朝向正確的方向與目標，提昇國防預算使用的效能。

國防體系中內部稽核的職權隸屬如何界定？必須由「國防部組織法」中進行檢視。在「國防部組織法」第五條中明定：「國防部本部設下列單位，分別掌理前條所列事項：一、戰略規劃司。二、人力司。三、資源司。四、法制司。五、軍法司。六、後備事務司。七、部長辦公室。八、史政編譯室。九、督察室。十、整合評估室。」設置十個幕僚單位。

執掌歸屬與配合組織規劃，在「國防部組織法」第四條中明定：「國防部掌理下列事項：一、關於國防政策之規劃、建議及執行事項。（各政策單位）二、關於軍事戰略之規劃、核議及執行事項。（戰略規劃司）三、關於國防預算之編列及執行事項。（主計局）四、關於軍隊之建立及發展事項。（參謀本部）五、關於國防科技與武器系統之研究及發展事項。（中科院或其他單位）六、關於兵工生產與國防設施建造之規劃及執行事項。（軍備局）七、關於國防人力之規劃及執行事項。（人力司）八、關於人員任免、遷調之審議及執行事項。（人力司或人事室責）九、關於國防資源之規劃及執行事項。（資源司）十、關於國防法規之管理及執行事項。（法制司）十一、關於軍法業務之規劃及執行事項。（軍法司）十二、關於政治作戰之規劃及執行事項。（政治作戰局）十三、關於後備事務之規劃及執行事項。（後備事務司）十四、關於建軍整合及評估事項。（整合評估室）十五、關於國軍史政編譯業務之規劃及執行事項。（史政編譯室）十六、關於國防教育之規劃、管理及執行事項。（人力司或其他單位）十七、其他有關國防事務之規劃、執行及監督事項。」

綜觀條文所列職掌，不難發現「國防部組織法」條文中，並未明確指出督察室的職掌範疇；因此督察室的未來發展，完全視其規劃而定。

因此未來國防體系內部稽核的發展規劃，或可採兩種不同的途徑，第一種方式是直接借重「督察室」的事後稽核功能，以專案型態的運作方式。由於我國的督察長室與美國的體制不同，故國軍督察長的內部稽核便可能重在「事後」的檢討分析，不易發揮事前、事中稽核的功能。第二種方式是成立內部稽核局，整合會計、財務、法律、管理分析、公共事務管理或調查等方面的專長人才，從風險管理的角度，擴大稽核的角色與範疇，從事「戰略稽核」、「計畫稽核」以及年度的「業務稽核」。此時內部稽核涵蓋的範疇，除了事後稽核外，也擴及事前與事中的稽核；故須以常設編組、定期抽查等方式，才能有效達成預期目的。

內部稽核包括三個層面，分別是「財務及遵行評估」、「經濟及效率性評估」與「計畫成果的評估」；過去國防體系仍多著重「財務及遵行評估」（亦即「合法性審核」），並未觸及效能性的「計畫成果的評估」。故未來亟應強化「計畫成果的評估」，以提昇國防組織的管理效能。

內部稽核能量建構，需同時考慮兩個方面，第一是內部稽核的組織編組，由於內部稽核人員，不僅需要具備各種專業知識（如對會計、財務、行爲科學、管理、統計、抽樣及電腦資料處理等學科，有相當程度的瞭解）；還需要具備正直、客觀的人格特質，以及敏銳之觀察力、邏輯推理能力、溝通技巧等（我國內部稽核協會於民國83年3月24日發佈的十條行爲準則，亦可看出其對內部稽核人員的類似要求）。在執行的過程中，他們更須扮演顧問或協助者的角色，幫助受查單位找出問題並提供解決辦法。由於其中所涉及的知識與條件過於複雜，因此我們必須結合各種專長的人才，並應採用專案編組的方式，才能有效的執行國防組織的稽核工作。

第二是內部稽核制度運作的方式。由於國防體系龐大，故稽核的執行效能須建立在兩項基礎上，其一是「預警系統」的基礎，亦即建立先期的預警指標，當機構或部門出現異常的指標時，便可執行內部稽核，此爲救火式的重點管理。其二是「抽樣方法」的基礎，亦即透過抽樣理論，運用審計抽查的技術，對國防組織進行持續的評估。透過審計抽查，稽核人員核可集中有限的資源，運用各種審計技術（如內部控制評估、電腦審計技術、分析性複核程序等）、財務評估模式（如資本支出計畫評估），藉以評估組織效能，及改善組織財務資源使用的效能。

而在內部稽核未來的發展範疇上，必須考慮平衡計分卡與PPB制度的重要影響。平衡計分卡的組織長期發展觀念，與PPB制度「戰略—計畫—預算」的長、短期結合概念，其實是相容不悖的。而在這種長期的觀點下，內部稽核就必須配合PPB制度的運作，發展出三個層次稽核範疇，分別是「戰略稽核」（strategic audit）、「計畫稽核」（programming audit）與「作業稽核」（operational audit），才能確保內部稽核的有效運作及提昇組織效能。

戰略稽核、計畫稽核與作業稽核三個層次的連結，或可透過策略地圖、平衡計分卡及關鍵績效指標（KPI）三者，將策略、計畫與年度作業活動結合起來，發展成爲策略績效衡量的系統。所謂「策略地圖」，就是在幫助組織從現在到達未來的一張地圖，只不過它描繪的是組織能力、願景、使命與策略計畫。「平衡計分卡」本質上只是飛機的儀表版，它在引導管理者及員工朝向相同的目標邁進，故其必須結合組織願景及策略。而「關鍵績效指標」就是將策略內涵與衡量系統具象化的一套指標。

平衡計分卡將組織價值創造系統分爲四個構面，分別是學習成長、內部流程、顧客及財務等不同的構面。營利機構通常以學習成長爲基礎構面，依序爲內部流程構面、顧客構面，最終則爲財務構面；非營利組織通常以財務爲基礎構面，依序爲學習成長構面、內部流程構面，最後則爲顧客構面[29]。而政府部門的價值創造體系，則以學習成長作爲基礎構面，次爲內部流程構面，最後是顧客構面與信託構面[30]。平衡計分卡與衡量四個構面的關鍵績效指標，原爲靜態單一時點的概念；但透過策略地圖的動態概念導入，使得組織策略調整、長期策略績效衡量、短期年度規劃、組織營運活動及財務資源（預算）結合成爲完整的系統。從軍事的概念上來說，「策略地圖—平衡計分卡—關鍵績效指標」這是一套戰略執行（strategy implementation）績效的衡量系統，其目的在讓組織成員與高階管理者都能建立明確的策略關聯性；重要的是，此一概念亦與PPB制度下「策略規劃—策略執行—績效衡量—資訊反饋」的邏輯完全吻合。

如第七章所述，英國國防部於2000年4月曾採平衡計分卡的概念，發展出四個構面（產出、資源管理、流程及未來戰力建構）、十四項策略目標及二十五項關鍵績效指標[31]。從內容來看，英國國防部提出的績效管理構面，雖與平衡計分卡的構面提出不同（這是因爲雙方強調的重點不同）；但從構面的策略目標、關鍵績效指標的發展過程來看，則與平衡計分卡的發展邏輯相符。因此，我們可以透過相同

[29] 陳依蘋，「平衡計分卡運用與趨勢—創始人Robert Kaplan 來台演講內容精要」，頁69。

[30] Robert S. Kaplan & David P. Norton著，策略地圖，頁46。

[31] 王維康、邊立文，「政府機構應用BSC之實例 —— 英國國防部」。

的途徑依序建立構面、策略目標、關鍵績效指標，並進一步連結到中程計畫、武器系統、營運作業及財務資源，而形成有軍事戰略意涵的績效衡量系統。

貳、督察長法案與運作

美國國會1978年通過的「督察長法案」（P.L. 95-452），要求聯邦政府應設置獨立、客觀的督察長辦公室，負責以下三項工作：

一、執行審計與調查；
二、提供建議以提昇該機構的經濟性、效率性與效能性；
三、防止機構在計畫與執行業務活動時，出現舞弊及盜用的情事。

督察長的主要工作有四，分別是財務及財務相關之審計、績效審計（也就是作業審計）、調查及監察；其中績效審計包括三項範圍分別是：經濟及效率審計、業務計畫審計（program audit）及業務計畫評估。督察長在執行任務時，法案中也賦予它們九項必要的職權，包括取得相關記錄、資料、執行調查、選任執行任務的成員等等職權。

督察長除須具備正直的特性外，亦須具備會計、審計、財務分析、法律、管理分析、公共事務管理或調查等方面的專長，人選須經參議院同意；聯邦機構的督察長（establishment IG）得設置兩位助理督察長：助理審計督察長（assistant inspector general for auditing）及助理調查督察長（assistant inspector general for investigations）。而解除督察長職務時，則須向參眾兩院說明原委。

督察長每年依法各應完成一份半年度督察長報告（報告涵蓋期間分別爲10月1日至3月31日，及4月1日至9月30日），並於三十天之內（即4月30日及10月31日前）將此一報告送交該機構（establishment）的主管；而該機構主管於收到報告三十天內，可附上相關的解釋與評論，須於三十天內向國會的相關委員會提出一份報告。督察長提交的報告內容，應涵蓋機構的重要缺失、相關的改進建議等十二項重要的內容。

因此，督察長在美國聯邦政府中，扮演著重要的內部稽核角色。

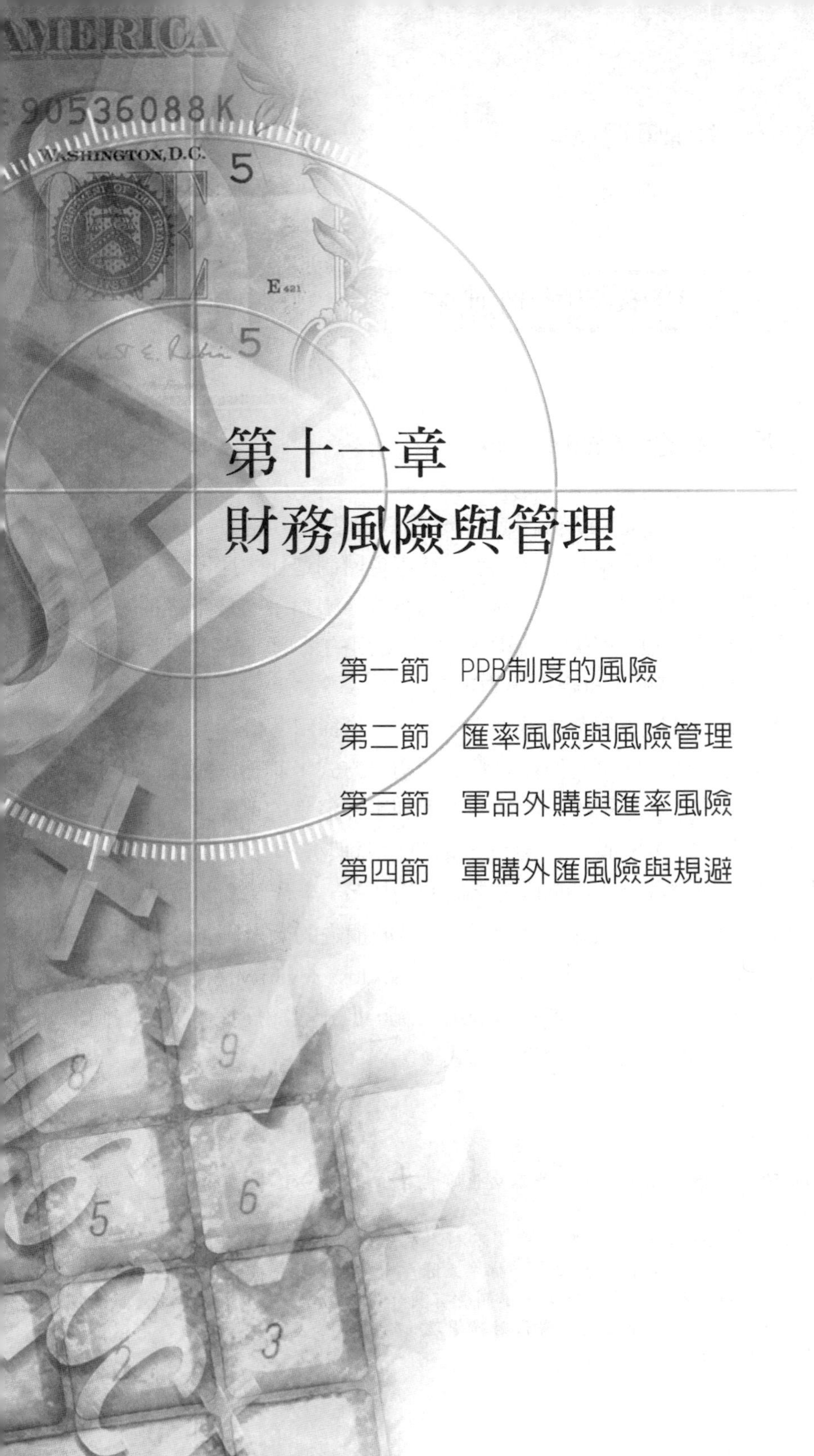

第十一章
財務風險與管理

第一節　PPB制度的風險

第二節　匯率風險與風險管理

第三節　軍品外購與匯率風險

第四節　軍購外匯風險與規避

第一節　PPB制度的風險

壹、風險概念與管理策略

所謂風險，指的就是損失或意外事件發生的可能性；許多制度的設計與內部控制功能的建立，都是在避免體制運作失序所造成的損失，故其和風險的觀念有關。過去財務單位、帳務中心及年終抽查等國軍內部審核單位，發現各級財務不當支用的情形（缺失總數或總額），均屬不利事件，符合風險的定義。

常見的「風險」衡量方式有三[1]，其一是採用「機率」的方式衡量，其二是採用「期望值與變異數」的衡量方式，其三則是採用「損失」的衡量方式。所謂機率，指的是不利事件發生的可能性（或是比率）。而期望值與變異數的衡量，則將價值與機率分配結合，並以「變異數」（或標準差），或其它類似的指標[2]，來作爲衡量達成「預期成果」的風險（也就是離散程度）。至於損失的衡量則常以「損失頻率」（loss frequency）或「損失嚴重性」（loss severity）作爲評估的基礎。這三種衡量方法，各有其適用情況，但一般認爲採用損失的衡量方式，是一種較佳的風險表達方式。

---

[1] 鄧家駒，**風險管理**，台北：華泰文化事業股份有限公司，民國87年4月，頁80。

[2] 然由於「風險」一詞主要在衡量不利事件發生的可能性，因此變異係數（coefficient of variance；C.V.，即標準差除以平均數）與半變異數（semi-variance，只測量不利部份的機率，不測量有利部份的機率），亦可作爲衡量風險的有利工具。參見陳隆麒，**當代財務管理**，台北：華泰文化事業股份有限公司，民國88年1月，頁101。

由於風險本身隱含著不利的產出結果，因此理性的決策者通常會採取適當的措施來處置或管理風險。一般而言，風險管理的策略有四，分別是[3]：風險自承與降低（risk retention and reduction）策略、風險規避（risk avoidance，或爲hedging）策略、風險分散（risk sharing and diversification）策略、及風險轉嫁（risk transfer）策略。

在風險自承與降低的策略下，我們不僅須將風險控制在可以承受的範圍，更需要儲存一筆資源，以備不時之需。在風險規避的策略下，我們應對可能發生的風險預爲規劃，採取某種必要的措施（或稱爲避險策略，通常須要支付一些代價），以降低非預期因素所造成的不確定性。在風險分散的策略下，則強調如何將重要的活動與事務，形成一種組合，利用不同活動之間風險的相互抵銷關係，以降低或抵銷風險對我們的影響程度。至於採取風險轉嫁策略時，則以有限的代價或利益進行交換，將自身特定的風險移轉（主要是透過契約行爲）給其他個體（個人或組織），並由該個體吸收風險的一種方法。

亦有學者提出不同的風險管理分類[4]，認爲風險管理措施包括風險取消（risk elimination）、風險減輕（risk reduction）、風險承擔（risk assumption）及風險移轉（risk transfer）。所謂「風險取消」即採停止某項服務業務、取消某種作業流程或是禁止某種行爲等諸多措施，以避免非預期的損失出現。而「風險減輕」則是在現有的作業基礎上，設置許多安全的防護措施（如預算執行彈性、備用計畫、內部審核等等），以降低非預期損失發生的機率。「風險承擔」即組織需儲備一筆備用資源，將意外發生的損失成本內部化，如企業的存貨跌價損失，或是國防預算的撫卹預算即屬此類。至於「風險移轉」則常採用契約協議與保險的方式，將風險轉嫁給其他有能力承擔的個體來

---

[3]鄧家駒，**風險管理**，頁191-301
[4]徐仁輝，**公共財務管理**，頁325-329。

承擔。這四種風險管理的措施，除了增加第一種的「風險取消」之外，其它內容與前述的分類架構大致相同。

貳、PPB制度的財務風險與管理

在PPB制度的運作架構下，「戰略規劃」、「中程計畫」與「年度計畫與預算」三個環節，在體制內形成長短銜接的目標體系，並有效的整合國防資源與事務，但三個環節各自面對的風險不同。

戰略規劃本質上是建軍方向的規劃（與備戰計畫的性質不同），目的在應付未來（十年至十五年期間）的軍事威脅。因其不確定性較高，且沒有中程計畫的執行概念，所以並不能作爲實務上具體運作的依據，通常只能充作方向性的發展參考。也正由於戰略規劃涵蓋的期程最長，故其面對環境的風險（不確定性）最高；然在「組織適應環境」的基本前提下，管理者既不能改變國家環境，則唯有發展出兵力結構的各種備選方案，才能因應長期環境趨勢所隱含的風險。

中程計畫本身則具有承上啓下的作用，它既能銜接戰略上的建軍規劃，也能透過中程計畫，發展出具有實務指導的階段性目標；所以它在長期規劃與短期的年度執行之間，扮演著接前導後的關鍵性角色。至於預算主要在執行中程計畫，但它可能會受到中央政府總預算的發展狀況（包括編製及預算審議），而逐年產生波動。因此，從PPB制度執行的層面來看，風險主要是存在於「中程計畫」與「年度計畫與預算」兩個環節。管理者亦須透過風險管理的手段，才能因應這兩個層面可能存在的風險。在這兩個環節中，常見的風險有以下五種：

一、計畫執行進度延遲，導致未來的財務需求攀升

如武器研發的進度延遲，導致研發與生產的期程延長；然研發期程的延長，將使得武器研發必須承受非預期的通貨膨脹影響，導致

成本攀升。此時必須透過計畫管理，才能有效控制此一風險。一般而言，研發計畫在規劃階段投入的成本愈高（包括事前的先導研究、資訊蒐集、成本效益分析等等），計畫失敗與延誤的可能性就愈低；同樣的，進入該項科技領域的時間愈晚，技術開發的可預測性就愈高，失敗或是不可控制的機率，也會相形降低[5]。

對於自行研發的武器裝備，我們可以採用風險自承與降低的策略，透過有效的計畫管理（包括武器裝備發展計畫的審議、執行與監督與管制措施），與儲備必要的財務資源以備時需；對於委外研發的武器裝備，可以兼採風險自承與降低，與風險轉嫁的策略，一方面強化內部計畫管理的能力，一方面委由履約保證機構擔保計畫如期完成。

二、武器購置與汰換期程規劃不當，導致年度財務需求大幅波動，造成計畫排擠現象

如二代機艦的採購期間集中，將可能導致武器系統，必須同時汰換及重置，在數年後引發另一波國防財務需求的高峰，並排擠其它的軍事需求。面對這種可能的風險，或可採用風險自承的策略，一方面強化財務規劃的能力，在軍事發展的前提下，錯開武器系統的需求期程，提昇年度之間財務需求的平穩化程度；另一方面是強化各種財務運作工具的運用能力，以更有效的財務運作（如採融資租賃，以財務融資的方式，分期付款但一次取得所有的武器系統），有效彌補戰力的間隙。

[5] 萬其超，「民間資源支援國防科技之策略」，**國防科技政策與管理講座演講論文集**，台北：國立台灣大學管理學院、工學院，民國82年10月，頁267-268。

三、年度預算獲得不足，導致武器發展計畫期程延長，導致武器計畫的成本上升

年度預算遭到不當的刪減，不僅影響年度計畫的執行，亦可能波及中程計畫的執行成效與兵力整建。經費不足時，我們雖可在中程計畫的初期暫不汰換（因無經費）武器裝備，但當武器性能日漸衰竭時，最後仍需汰換，故武器購置的經費支出，在計畫後期仍將出現巨幅攀升的現象[6]。面對這種可能存在的風險，我們或可採取風險自承與降低與風險分散的策略，一方面建立業務計畫排序的優先順序，結合零基預算的資源線觀念，以有效因應資源緊縮可能造成的衝擊；一方面是以普通基金與特種基金的雙軌架構，來因應普通基金可能面臨的預算刪減；透過作業基金與年度預算之間的計畫互補與資源調撥機制，以降低年度預算刪減對兵力整建與武器獲得的不利衝擊。

四、環境的不確定性，導致年度預算執行產生波動

由於國防體系組織龐雜，各級單位的年度預算編製，至實際執行的期間通常也較長；因此年度預算的執行，往往也會面臨較多的不確定性（時空環境變遷所致）。

面對這種可能存在的風險，我們通常可以兼採風險自承與降低或風險轉嫁的策略；在風險自承與降低的策略下，我們一方面要強化計畫的財務管理能力（編製時——強化年度計畫的財務預估能力；執行時——有效的監督與控制），另一方面亦應儲備一筆年度的財務資源，以備時需，如集中控管部分經費及設置第一預備金。在風險轉嫁

[6] 此即美軍所謂的「船尾浪花」（stern wave）；相對的另一個觀念是「船首浪花」（bow wave），這是表示計畫初期，對武器裝備的大量需求，導致經費支出急遽上升的現象。這兩種現象都是在說明武器裝備採購的採購期程，對年度之間的財務需求，可能產生的衝擊與影響。

的策略上，則可將波動性較大的風險來源，交由其它機構承擔此一風險；如軍職人員的傷亡撫卹（傷亡人數與傷亡程度不一，導致撫卹支付數額，存在某種程度的變異），由原有的預算編列方式，改採保險方式，委由保險公司給付（按服役人數投保，保費固定，且保費額度亦較預算編列數爲低）。

五、外購武器的匯率波動風險[7]

國防武器軍品的國外採購，存有許多種風險，如政治風險（締約前武器出口政府態度因政治因素改變）、法律風險（我國政府的法律地位界定，在承商違約時，爭議如何處理的問題）、財務風險（承商違約或財務困難，已付款項如何追討，及財務損失如何彌補的問題）、技術風險（產品需求與規格界定與廠商的技術能力是否相稱）及不可抗力之風險（廠商因天災、戰爭或疫病等不可抗力因素，導致無法依限履行合約）[8]。這些風險顯示了軍品外購的複雜性，亦各有其對應的管理措施。

武器外購可能存在的風險，除了前述的風險之外，國防主財人員還必須正視武器裝備與軍品外購，所存在的匯率變動風險。對於軍

[7] 1997年7月2日，泰國中央銀行因無法繼續有效遏止泰銖長期價位高估而引發之投機性賣壓，宣佈由原來之釘住一籃通貨（美元權數比重較高）匯率制度改爲浮動匯率制度。結果泰銖當日劇貶18%，災情迅速波及鄰近之東南亞國家；包括馬來西亞、印尼、菲律賓等國貨幣相繼貶值，股市亦受連累而重挫。其後再蔓延波及東北亞之韓國、日本與我國，一場震撼全球的金融風暴隨即展開，亞洲股、匯市陷入空前未有的狂風暴雨之中。1998年初，金融風暴已對亞洲各國的經濟及社會安定，帶來了極負面的影響；我國新台幣匯率亦從1美元兌27.5元台幣，貶至1美元兌34.8元台幣（民國86年4月起至民國87年6月止），使得國軍當年度的軍品外購，產生了近達百億元左右的不利匯差。

[8] 參見陳長文，「國防科技與武器系統採購之合約管理」，**國防科技政策與管理講座演講論文集**，台北：國立台灣大學工學院、管理學院，民國82年10月，頁118-122。

品外購的匯率風險，我們或可兼採風險規避與風險分散的策略。在風險規避的策略下，或可採取各種避險策略（如期貨、遠匯等）的方式，以規避台幣與美元之間的匯率風險；而在風險分散策略下，則應該分散重要武器裝備的獲得來源，以降低單一貨幣匯率變動的所造成的衝擊。過去我先進武器與裝備以向美方採購爲主，近年來我方雖極力拓展重要武器裝備來源，降低對單一地區之依賴。故對外幣之需求除美元之外，結匯幣別亦包括瑞士法郎、德國馬克、荷蘭盾……等。

上述五種型態的風險，第一種、第二種是中程計畫管理隱含的風險，而第四種、第五種則是年度預算執行須面對的風險，至於第三種則是屬於中程計畫與年度預算的界面風險。這些風險的管理方式各有不同，其中又以匯率變動風險的管理較爲專業，亦較爲複雜。

由於國內軍火工業植基未固，二代兵力武器籌獲，仍有84%來自外購[9]；故國軍在先進武器的取得上，對外依賴仍深。每年均花費數百億的預算外購軍品，故我們對匯率風險的管理不可不知。以下將針對匯率風險的產生與管理策略進行探討。

第二節　匯率風險與風險管理

壹、匯率變動的理論觀點

匯率變動受到許多因素的影響，包括單一性的因素（如商品勞務供需的改變）及綜合性的因素。匯率變動的影響因素，主要解釋觀

[9] 倪耿，「科技建軍，以創意開新猷——由流程探索我軍備失落的環節」，**國政研究報告**，台北：財團法人國家政策研究基金會，民國92年。

點有四，分別是購買力平價（Purchasing Power Parity）理論、利率平價（Interest Rate Parity）理論、國際費雪效果（International Fisher Effect）、及相對經濟成長率[10]。

一、購買力平價理論

在「購買力平價理論」（簡稱PPP理論）的觀點下，係瑞典經濟學家 Gustav Cassel 於1918年提出。他建議在第一次大戰後，各國應設立一組新的官方匯率，以恢復正常的貿易關係；之後PPP理論便廣為各國央行採用。當各國貨幣的舊票面價值已經處在非均衡狀態時，PPP理論常用以作為決定新票面價值的依據。

購買力平價認為，在自由貿易下，任一商品在所有國家的價格均應相等，否則將會存在套利機會；因此當各國以共同貨幣表示時，全球的一般物價水準應該一致。PPP理論有兩種觀點，第一種是絕對的PPP理論，忽略運輸成本、關稅、配額及其它限制自由貿易因素的影響，也忽略產品差異化。第二種是相對的PPP理論，認為本國貨幣與外國貨幣間的匯率，會因兩國間的價格水準（即通貨膨脹）變動而進行調整。如美國的通貨膨脹率為5%，而日本的通貨膨脹率為1%，則美元幣值必然下跌4%左右，以使兩國的商品價格均等。也就是說，匯率變動（上升／下跌）會抵銷通貨膨脹的變動（下跌／上升）。

匯率會隨者兩國物價的相對價格變動而變動，使得各貿易國的所有相同財貨的價格都相等；舉例來說，全世界貨幣的相對幣值雖然不同，但麥當勞的漢堡在世界各國出售的價格，在「換算」後價格應該是相同的。此一理論建立在單一相同的價格基礎之上，故亦稱為同

[10] 高希均、林祖嘉合著，**經濟學的世界：下篇——總體經濟理論導引**，台北：天下文化出版股份有限公司，民國86年12月，頁321-323。

價定律（the law of one price）。故當我國的通貨膨脹率低於外國通貨膨脹率時，我國貨幣將會升值；相對的，當我國的通貨膨脹率高於外國通貨膨脹率時，我國貨幣將會貶值。

這種關係可顯示如下：

$$e_t / e_o = (1+i_h)^t / (1+i_f)^t$$

$$e_t = e_o \times (1+i_h)^t / (1+i_f)^t$$

e_t即一般所稱的PPP 比率（ PPP rate ）

如果歐元與美元的兌換率是1歐元兌換0.75美元，而美國的年度通貨膨脹率是5%，歐洲的年通貨膨脹率是3%；因此三年以後的歐元與美元的匯率，應為1歐元兌換0.7945美元。

$$e_3 = 0.75 \times (1.05 / 1.03)^3 = 0.7945$$

二、利率平價理論

在「利率平價理論」的觀點下，認為國際資本的流動是造成匯率變動的重要原因。當我國利率較高時，國際資本會流入我國，造成對台幣需求的增強，因此台幣會升值；相對的如果我國利率降低，則我國資本將會外流，導致外幣需求殷切，台幣供給過剩，因此台幣將會貶值。

資金利用國家之間的利率差異，在不同國家間進行套利；當市場的利率差距，「等於」兩國貨幣在即期匯率與遠期匯率的差距時，套利行為就無從發生，此時市場是有效率的。換句話說，在有效率的金融市場，兩國之間的利率差異應該接近於即期匯率與遠期匯率之間的差異；如果這種情況成立，則遠期匯率稱為處於「利率平價」的狀態，且貨幣市場亦呈現均衡的狀態。

因此當低利率國家的貨幣，換算爲高利率國家的貨幣時，就應該出現遠匯貼水（低利率貨幣會升值）；高利率國家的貨幣，換算爲低利率國家的貨幣時，就會出現遠匯折價（高利率貨幣會貶值）。所以利率的有利（不利）差異，會被即期匯率與遠期匯率的不利（有利）差異所抵銷。

三、國際費雪效果

在解釋國際費雪效果之前，必先解釋費雪效果（Fisher Effect, FE）；所謂費雪效果是指「名目利率」是由「實質利率」與「預期通貨膨脹率」共同構成。即：

1 ＋ 名目利率 ＝（1 ＋ 實質利率）×（1 ＋ 預期通貨膨脹率）
名目利率 ＝ 實質利率 ＋ 預期通貨膨脹率 ＋ 實質利率×預期通貨膨脹率 ¡

由於「實質利率×預期通貨膨脹率」數值很小，故費雪公式通常可顯示爲「名目利率 ＝ 實質利率 ＋ 預期通貨膨脹率」。而根據三十二個已開發與開發中的國家，2000年11月的資料進行的實證顯示：市場名目利率與實質利率之間，確實存在正向的關係。名目利率高的國家，其實質利率通常也比較高[11]，故這個理論已獲得相當程度的支持。

在政府不干預的均衡狀態下，名目利率的差異將近似於預期的通貨膨脹率差異；費雪效果的觀點認爲，高通貨膨脹的貨幣，其「名目利率」通常也比低通貨膨脹的國家爲高。相關的實證也都支持這種

---

[11] 高希均、林祖嘉合著，**經濟學的世界：下篇——總體經濟理論導引**，頁211。

關係[12]。而在PPP理論認爲，匯率變動會抵銷通貨膨脹的變動；因此如果美國的通貨膨脹率較其它國家高，則美元的幣值會下降。國際費雪效果（IFE）就是將PPP理論與FE結合起來。

IFE理論認爲，兩國之間的利率差異，爲即期匯率「未來」變動的不偏估計值（unbiased predictor）。故利率降低的貨幣，預期將會升值（與高利率國家的貨幣比較）；而利率升高國家的貨幣，預期將會貶值（與低利率國家的貨幣比較）。亦即利率升高的國家有貶值的趨勢，利率降低國家有升值趨勢。而以1982-1988年間二十一個國家的資料進行實證的結果顯示，二者的關係確實成立[13]。

四、相對經濟成長率

在「相對經濟成長率」的觀點下，認爲經濟成長率會改變進口商品的需求數量，並導致匯率的變動。如果我國的經濟成長率已較其他國家爲高，則國民對進口商品的需求數量（我國的進口），將會較其他國家（經濟成長率較低的國家）增加的更多；而其他國家的進口減少，將會導致我國的出口減少，故台幣將會貶值。反之如果外國的經濟成長較我國快速，則我國的進口將會小於出口，並因此造成台幣升值。

由於匯率變動的影響因素甚多，且影響範疇甚至超出國家的控制。如1997年9月17日夏天的亞洲金融危機始於泰國，直接造成泰銖貶值40%，泰國股市下挫50%。由於亞洲各國的經濟相似性較高，類似產品在國際市場上競爭亦十分激烈；故金融風暴的影響，便從曼

[12] 高希均、林祖嘉合著，**經濟學的世界：下篇——總體經濟理論導引**，頁209。

[13] Giddy, Ian H. & Dufey, Gunter, "The Random behavior of flexible exchange rates," *Journal of International Business Studies*, Spring, 1975, pp.1-32; Aliber, Robert A. & Stickney, Clyde P., "Accounting measures of foreign exchange exposure: The long and short of it," *The Accounting Review*, Jan. 1975, pp.44-57.

谷、可倫坡、雅加達、馬尼拉、新加坡、台北、首爾（即漢城）最後擴及香港。當時亞洲各國貨幣都貶值，各國貶值均曾達50%，印尼貶值更高達80%；同樣的，亞洲各國股市也都下跌，各國跌幅亦都曾高達50%。換言之，國際經濟事務的整合日益密切，導致各國在面對匯率變動時，常常必須兼顧其它層面的可能影響，故我們只能採取有限的因應措施，以規避匯率變動可能帶來的風險。

貳、外匯暴露與避險策略

組織財務資源受匯率變動影響的程度，通常稱爲「曝露」（exposure）。暴露有三種型態，一是轉換暴露（translation exposure），二是交易暴露（transaction exposure），三是營運暴露（operation exposure）。轉換暴露（又稱會計暴露）是外幣資產、外幣負債因匯率變動，轉換爲本國貨幣時，所出現的風險（價值變動）；交易暴露是已經簽訂的外幣計價交易合約，未來必須支付（或流入）外國貨幣，受到匯率變動的風險。而營運暴露則是經常性的國際營運因匯率變動，導致未來營運的現金流量（即收益及成本）受到影響。我國防部在東南亞經濟危機中，主要面臨的是交易暴露（軍購是以美元計價）。

避險策略是否有用，決定於策略的可接受性（組織內部接受與否？）及避險策略的品質。從國際企業的角度而言，常見的避險目的有六[14]：一、轉換曝露最小化（Minimize Translation Exposure），以保護外幣資產與外幣負債不受匯率波動的影響；二、降低期間盈餘受匯率衝擊的程度（Minimize period earning fluctuations owing to Exchange Rate Changes）；三、交易曝露最小化（Minimize transac-

[14] Shapiro, Alan. C., *Foundations of Multinational Financial Management*, John Wiley & Sons, Inc., 2002, pp.269-270.

tion exposure）；四、經濟曝露最小化（Minimize economic exposure）；五、外幣風險管理成本最小化（Minimize foreign exchange risk management costs）；及六、避免意外出現（Avoid surprise，即在防範大量的外幣匯兌損失出現）。

避險目的不同，採取的措施也就不同；舉例而言，如果公司避險的目的在於追求變異的最小化，則公司必須注意風險管理的內部管控，必須仔細評估及控制公司的風險管理活動。但如果公司避險的目的並非在追求變異的最小化，則風險管理的評估與控制則較有彈性。如要降低經濟曝露，管理當局必須忽略會計暴露，專注在降低匯率波動所造成的現金流量波動。而要達到外幣風險管理成本最小化，則管理當局必須在風險中立（risk neutrality）的前提下，平衡避險的利益與成本。

Stulz（2001）認爲，風險管理的主要目的僅在消除不利的高成本產出結果（elimination of costly lower-tail outcome）；並非所有的公司都會採取變異最小化（variance-minimization）的避險策略。有些公司在承擔財務風險上有競爭優勢，可從企業經營中獲取有利的資訊；因此，有些公司希望規避所有的財務風險，但有些公司只須規避某些特定的風險，故可採取選擇性的避險策略[15]，而有些公司則根本不擔心風險。

參、交易暴露的匯率風險管理

外幣交易風險產生的時機有二，一是投標或報價時，二是簽訂

[15] Stulz, Rene M., "Rethinking risk management," edited by Chew, Donald H., Jr., *The New Corporate Finance: Where Theory Meets Practice*, McGraw-Hill, Irwin, 2001, 3rd ed., pp.411-427.

契約時。企業對以外幣計價的交易有履行義務時，便產生了交易曝露；而保護交易曝露的方法則是進行另一筆外匯交易，以此筆外匯交易產生的現金流量「抵銷」原來交易曝露的現金流量。常見的避險方法包括以下九種：

一、遠期外匯市場避險

在這個市場中，有外匯長部位（long position）的公司會售出遠匯合約；有外匯短部位（short position）的公司會買進遠匯合約。遠期外匯契約通常有兩種方式，一種是固定交割日期契約，一種是選擇性交割日期契約（在一段期間內的任何一天均可辦理交割）。

在效率市場中，市場的套利機會不易存在，亦即外幣的遠期匯率與未來的即期匯率應該非常相近。但如果遠期匯率存在偏誤（bias），則選用適當的避險策略可降低避險成本；低成本的避險策略有二：一是有外幣長部位，在有遠匯貼水時，採取避險措施（售出遠匯合約）；二是外幣短部位，在有遠匯折價時，採取避險措施（買進遠匯合約）。

二、貨幣市場避險

採用貨幣市場避險，須同時以兩種不同的貨幣分別進行借款與貸款，以鎖定未來外幣轉換成美元的現金流量。由於有一個貨幣市場的避險措施作爲緩衝，借貸產生的利得或損失，都會被應收帳款對應的損失與利得抵銷，所以最後的現金流量並無差異。但如果資金的借貸利率不同，則採取此一策略時，還必須仔細計算資金借貸利率差價的成本。如預計年度內會支付美元，則國防部可於預算通過時先將預算以即期匯率轉爲外幣存款（如果法規允許），透過利率與匯率之間的理論關係，至對美軍購付款時，外幣存款的利率所得自然能夠抵銷匯率的不利變動。

三、風險移轉

將風險移轉給買方（或賣方），純爲零和遊戲。如交易時指定本國貨幣作爲交易計算的貨幣，則本國可完全消除外匯風險，並將貨幣風險移轉給交易的另一方；我國的對美軍購，美方就是採取這種作法。

四、定價決策

亦即將匯率變動納入報價決策中。如果台美雙方軍購交易，美方希望在一年後收到10億美元，而交易時配合我方採用台幣報價；則美方可採用一年以後的遠期匯率作爲報價的基礎。然由於這種報價，仍可能因爲「一年後的即期匯率」與「現在的遠期匯率」出現差異，而必須承受一些匯率變動的風險。一般而言，海外交易通常是以遠期匯率來換算，而非採用即期匯率換算。

五、風險分攤

雙方買賣交易中，透過雙方協議方式，發展出一套量身訂做的避險合約，通常是在合約中設定價格調整條款（price adjustment clause），以反映匯率的變動。假設目前台幣兌美元的匯率是33元台幣兌換1美元，則台美軍購合約中可設定中性區域（neutral zone）的匯率帶（如32.8元台幣兌換1美元至33.2元台幣兌換1美元之間）；如果匯率落在此一中性區域，則依照市場匯率，雙方不分攤貨幣風險。但如果匯率落在中性區域以外（如33.5元台幣兌換1美元），則雙方共同分攤匯率風險（台幣貶值了0.5元，從33.5元減爲33元，由買賣雙方各分攤一半，也就是0.25元的貶值）。

六、外匯護套（Currency Collars；或稱區間遠匯，range forward）

若公司只準備承擔部分風險，則它可以選擇外匯護套；這種避險方式下，國防部可和銀行簽訂契約，當匯率離開某一事先議定的區間時，銀行自會對外幣風險提供保護。如條件設為：

If　$e_1 < 33.5$, then　$RF = 33.5$

If　$33.5 < e_1 < 34.5$, then　$RF = e_1$

If　$e_1 > 34.5$, then　$RF = 34.5$

亦即在匯率變動風險上設定上、下限，低於33.5元的部分，由銀行承擔損失；高於34.5元的部分，由銀行承受利得，在33.5元與34.5元的區間，則由企業自行承擔風險。這種方式類似同時買進一個看跌權（put option，限制下跌的價位），再賣出一個看漲權（call option，限制上漲的價位）；這種結合看漲權（買權）與看跌權（賣權）的報酬型態，又稱為柱狀法（cylinder）。

七、曝露抵銷

即面對一種貨幣的風險曝露，以另一種貨幣（相同或其它的貨幣）的曝露加以抵銷，讓前一種貨幣的損失或利得，由另一種貨幣的利得或損失來彌補。此一策略考慮的是外幣的總曝露或是總風險。曝露抵銷通常有三種方式：（一）相同貨幣，長部位與短部位互抵（如應收歐元與應付歐元）；（二）變動正相關的兩種貨幣，長部位與短部位互抵（如美元與英鎊呈同方向變動，英鎊的外匯曝露即可由美元的反向曝露而抵銷）；（三）變動負相關的兩種貨幣，長部位與長部位相抵，短部位與短部位相抵。

八、交叉避險

由於避險的期貨合約並不存在，因此必須以類似的期貨合約來管理外匯風險；而替代貨幣的選擇係根據它與避險貨幣的迴歸係數與判定係數（R-square）來決定。其中迴歸係數決定避險的部位與規模；而判定係數則在說明風險曝露貨幣的變異中，有多少可以由避險貨幣的變動來解釋，所以它可以顯示避險效果的好壞。

九、外幣選擇權

有時國防部並不知道已避險的現金流入或現金流出會不會實現，如果年度內無法完成採購，則前述的方法可能都無法採用，只能使用外幣選擇權的方式避險。如我方在年度軍購預算通過後，後勤單位雖可進入採購程序，但預算通過到完成採購程序及匯款，卻有一段期間的空白；這段期間匯率隨時都會變動，甚至也可能無法完成採購程序，面臨年度預算無法執行、必須繳回的困境。

此時國防部可銀行簽訂外幣選擇權契約，買進一個涵蓋會計年度的美元賣權（put option），將美元匯率鎖定在某一水準；如果美元貶值，國防部最多是損失權利金；但如果台幣貶值，則國防部可以貨幣選擇權抗跌，維持原有所需的軍事採購。國防部也可以採用期貨選擇權（future option），買進一個涵蓋會計年度的賣權；如果年度當中發現採購進度落後，無法完成採購程序，便可在年底賣出賣權，計算差價並結清。

是否所有的風險都要規避，學者之間亦有不同的看法；如Smithson & Smith （1990）[16]曾提出策略風險暴露（strategic risk

[16] Smithson, Charles W. & Smith, Clifford W. Jr., "Strategic risk management, institutional Investor Series in Financial," edited by Chew, Donald H., Jr., *The New Corporate Finance: Where Theory Meets Practice*, McGraw-Hill, Irwin, 2001, 3rd ed., pp.393-410.

exposure）的概念，認為一家公司如果面對利率風險、匯率風險或是期貨價格風險，就會影響到公司未來現金流量的現值，此即策略風險。但並非所有的暴露都需要避險，從現代投資組合理論（Modern Portfolio Theory, MPT）的觀點來看，匯率風險、利率風險及商品期貨價格變動的風險，都是可分散的風險；而股東只要持有大量、分散的投資組合，就可以達到管理風險的目的。因此，採取積極的風險管理，並不會因為降低公司的資金成本，而增加公司的價值。

Culp and Miller（1995）[17]曾引述Wharton-Chase[18]的1994年的調查報告（華頓學院與大通銀行），調查在瞭解公司風險管理的實務，問卷發給一千九百九十九家公司，只有五百三十家公司（約佔三分之一）回答它們使用期貨、遠期外匯、選擇權或交換（swap），且調查中也發現，大型公司採用衍生性金融商品的比重，高於小規模的公司。在股票市值超過2億5,000萬的公司中，有65%使用衍生性金融商品，但在股票市值低於5,000萬的公司中，只有13%的公司使用衍生性金融商品。至於衍生性商品的用途為何？調查報告中顯示一半以上的公司用以規避契約風險與十二個月到期的交易風險，三分之二的公司從未使用衍生性商品以降低資金成本，同樣的，約有三分之二的公司從未使用衍生性商品進行轉換風險（資產負債表的避險）、國外股利、競爭風險的規避。

但在1996 年時，Wharton-Chase 又提出另一份類似的調查報告，報告中顯示，在一千九百九十五家的調查公司中，大致的結果與二年前的調查結果類似，唯一不同的是，約有三分之一的公司以衍生性商品，以規避市場的利率風險或匯率風險。此一結果與Dolde（1993）

---

[17] Culp, Christopher & Miller, Merton H., "Hedging in the theory of corporate finance: A reply to our critics," *Journal of Applied Corporate Finance*, Vol.8, No.1 (spring, 1995), p.122.

[18] The Wharton School and The Chase Manhattan Bank, N.A., *Survey of Derivative Usage Among U.S. Non-Financial Firms*, Feb. 1994.

的研究結果甚為相近[19]，在研究的Fortune 500大公司中，回函的兩百四十四家公司中，有85%的公司採用交換、遠期外匯、期貨及選擇權。這兩份研究顯示，風險管理實務需要在人事、訓練、電腦軟硬體進行一定數量的投資，這種大額的投資，讓許多小公司望之卻步。

第三節　軍品外購與匯率風險

壹、軍品採購政策

國軍武器系統之採購，主要是依據國防部令頒之「國軍軍品採購作業規定」辦理，採購政策大致可分由下列五項說明：

一、作業階段

軍品採購區分「計畫申購」、「招標訂約」、「交貨驗收」三階段實施。

二、授權原則

軍品採購以集中辦理為原則，並可視需要授權。內購案額度未達3,000萬元台幣者，授權軍種自辦；3,000萬元台幣以上者，由採購局負責辦理。外購案額度未達50萬美元者，授權各軍種核辦；50萬美元以上者，原則上由採購局負責辦理。除上述授權原則外，軍種可視個案需要，呈請自辦或委託採購局購辦。軍售案因考量軍售額度統一

[19] Dolde, Walter, "The Trajectory of Corporate Financial Risk Management," *Journal of Applied Corporate Finance*, Vol.6, No.4 (Fall,1993), pp.33-41.

運用，故無論金額大小，均須呈報國防部核定，始行簽署「發價書」。

三、獲得來源

中美斷交前，我國防科技與武器系統多以美國軍援與軍售為主；中美斷交後，囿於國際情勢及受中共亟力杯葛之影響，美國僅供售我防衛性武器，其質、量亦多受限制，對我武器裝備之獲得產生極大衝擊。目前我國對外之軍品採購，已朝向尋求多重管道，分散採購地區，廣拓重要武器裝備獲得來源，降低對單一地區（國家）之依賴，減少軍品獲得風險。

四、獲得審查

國防部配合各作業階段，設立「作需」、「系分」、「決策」、「購案」等審查委員會，建立重大武器裝備評選及採購的「共同」決策模式，希望透過嚴謹的審查作業，以強化「專業能力」及「公信力」，並使決策過程「公開、透明、正常」。

五、工業合作

配合政府藉工業合作提昇國內工業能力之政策，國防部已明確律定，凡國軍外購案總金額超過5,000萬美元者（民國86年10月1日修正為新台幣5億元以上），均要求承商執行工業合作。由經濟部工業合作指導委員會審定工業合作額度後，再由國防部據以納入合約中執行，以提昇國內民間工業能力。

各國的軍售作業管理與作業方式並不相同。如美國軍售政策，採取的是「政府對政府」的型態；因此軍售作業屬於非營利的性質（No Gain, No Loss），通常僅酌收計畫管理相關的作業經費（約為軍售額度的3%-5%，與作業基金的運作方式相當類似）。在供應商的管理上，美國不僅有「聯邦採購法」（FAR）及「國防採購法」

(DAR)，在國防部還另設國防合約稽核局(DCAA)，可直接監督獲得軍品的品質與價格。

在對美軍品採購上，美國政府慣於運用「契約技術」於發價書內設有多項免責條款，以卸除政府的契約及侵權責任，亦無需承擔銷售品項品質的保固責任。由於採購國與製造商間並契約關係存在，一旦面臨武器系統出現瑕疵，「求償」問題將成為後續的困擾。如民國88年8月，我空軍一架全新的美製F-16戰鬥機意外墜毀，飛行員跳傘逃生，軍方查明事故認為是發動機瑕疵故障，並向發動機製造商求償。但當時美方卻以軍購合約中並無相關條文為由，不願賠償[20]。

法國的作業方式則不相同。海軍採購拉法葉軍艦及空軍採購幻象戰機，均由我國政府直接與法國合約商(多為政府控股的公司)簽約獲得；法國政府原則上不提供政府對政府的合約(不對外提供直接軍售)，因此並無類似美國的軍售作業組織。而有關軍售的各項實際作業，均由法國的國防顧問機構(DCI，由法國的經濟部及國防部共同出資組成，主席由政府任命，為依法成立的機構)負責；DCI以提供技術服務及專案管理為主，收費方式亦比照美軍的非營利性質，並受國防部的監督與指導。

[20] 參見劉世興，美軍售產品瑕疵之責任歸屬，**空軍學術月刊**，第560期，民國92年7月。網址：http://www.mnd.gov.tw/division/~defense/mil/mnd/mhtb/ 560-5。在求償過程中，當時存在許多爭議，如軍機不同於客機，並無內部通話器或黑盒子等紀錄裝置，且一旦失事，就算毀損於陸地，其殘骸亦難查明瑕疵之所在。再者，為釐清產品責任與使用責任，製造商極可能要求我國提供使用者之所有資料，包含其日常訓練紀錄、F-16戰機之維護紀錄等等；如此一來，將使我國F-16戰機飛行員之訓練課程與方式，及戰機之維護資料等機密文件曝光；提不提供，均將造成採購國之兩難。再者，如果我F-16戰機之維修紀錄，並未完全按照美商維修技令所規定之維修方式、時程、方法等等進行維修，便可能構成對製造商有利的結果。

貳、外購作業流程

國軍軍品外購作業流程，自使用單位提出購案申請開始，至驗收合格、完成結報作業、解除會計責任為止，可概分為十六個步驟。茲分述如下[21]：

一、計畫擬定

使用單位簽奉總部核定或轉核購案計劃，並建議購案由何單位執行。

二、購案計劃核定

購案全案於50萬美元以上，由總部轉呈國防部核定；總部將逕自核定（50萬美元以下）之購案，及國防部已核定之購案核定書，轉交國內採購單位。

三、申請結匯通知書（簡稱結匯證）

購案年度內結匯金額超過100萬美元以上，由總部轉呈國防部向財政部申請結匯證；結匯金額於100萬美元以下，由總部直接向財政部申請結匯證。

[21] 熊煥眞，「國軍外購案外匯風險管理之研究」，台北縣：國防管理學院資源管理研究所碩士論文，民國88年5月，頁10-11。

四、核發結匯證（由財政部核發）

五、轉送結匯證（總部發送結匯證予國內採購單位）

六、訂約

對美商購或軍售委駐美採購組之購案，由採購組選商、議價、訂約後，將合約寄送國內採購單位；自辦購案由國內採購單位逕行選商、議價、訂約。

七、送件（辦理結匯及投保）

國內採購單位將合約、支用憑單、結匯證、開狀或匯款申請書函送財務中心綜合財務處；並向保險公司辦理投保事宜。

八、開狀與匯款

國防部核定之外匯銀行派員取件，並辦理開狀或匯款手續。

九、信用狀及匯款通知

對美商購或軍售案，由信用狀及匯款通知行，通知採購組辦理或轉開信用狀予製造商或供應商；其他購案直接由信用狀及匯款通知行，通知製造商或供應商。

十、裝運

一般購案製造商或供應商逕行辦理海運或空運裝運；對美商購或軍售案之製造商或供應商，先辦內陸運輸，將貨交由採購組辦理海運或空運裝運。

十一、押匯

一般購案之製造商或供應商提示單據後，寄送國內開狀銀行。對美購案於製造商或供應商提示單據後，押匯行即通知採購組贖單，並辦理押匯手續後，再將單據寄送國內開狀銀行。

十二、寄送押匯文件（由國外銀行寄送）

十三、單據轉送（國內開狀銀行接獲單據後轉交購辦單位）

十四、提貨驗收（會同有關單位提貨驗收並檢驗）

十五、理賠

若驗收不合格須理賠，可向保險公司、輪船公司、製造商或供應商索賠。

十六、結報

驗收合格或索賠理清，即辦理結報作業，採案清案結分批結報，以解除會計責任。

參、國軍現行外匯作業

國軍外匯之處理作業，主要包括三個步驟：外匯預算分配支用、申請結匯、經費轉審及補證結報等項。其中計畫開始及採購驗收，是由後勤部門負責；預算獲得、作業及督考，是由國防部主計部門負責；而結報轉審及稽催結案，則由財務中心及帳務中心負責。

國軍外匯業務亦稱「涉外財務」，凡涉及外幣支付，或以國幣支付涉外事務之財務事項均屬之，爲國軍財務制度中特種財務體系之一種；故外匯業務旨在迅速經由結匯手續取得外購物資，有效達成三軍需求。凡國軍採購軍品外匯案款（含軍購與商購），委由財務中心綜合財務處，以信用狀或現金向特定承匯銀行結匯者，其所涵蓋之所有業務均屬之。

就外匯作業而言，國軍目前的分工機制，係由各採購單位負責選商、議價、訂約；各採購單位之主計部門掌控預算支用額度、進度及辦理結匯送件；財務中心綜合財務處辦理結匯、開狀、匯款及結報工作。

第四節　軍購外匯風險與規避

根據民國78至87年過去十年間的資料顯示（圖11-1），自80年度以後，國防部每年外購金額均在25億美元以上（以1:30換算，平均超過750億台幣），其中80%均以美元結匯。這顯示我國對美元之殷切需求，亦對美元匯率的變動極爲敏感（如台幣對美元的匯率變動1元，

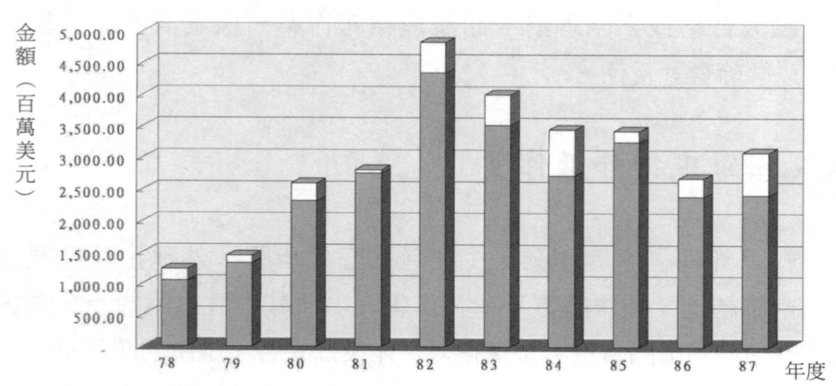

圖11-1　78-87年度國軍對美元及其它外幣需求圖

說明：深色部分爲美元需求，淺色部分爲其它外幣需求。

便可能對國防部的外購預算需求，造成25億元左右的衝擊）。為避免匯率變動對重要武器裝備採購造成衝擊，故有必要建立軍購外匯的避險機制之間。

面對可能存在的外匯風險，管理當局通常會設計避險策略以為因應；通常一個有效的避險策略通常需要具備以下幾個要件[22]：

一、決定所要監控的曝露型態（Determine the type of exposure to be monitored）；
二、勾勒出公司的目的以及解決目的之間的潛在衝突；
三、確保這些目的與「股東財富最大化」的目標一致且能夠執行；
四、指派專人負責管理各種曝露，並設定明確的績效標準，以判斷經理人的管理績效；
五、瞭解各種曝露管理技術，均有其使用上的限制；
六、避險思考須透過適當的管道，與公司的營運決策結合；
七、發展出一套監控與評估風險管理活動的制度。

從預算執行的觀點來看，軍購外匯的避險措施只是將不確定的匯率變動結果，轉換成確定的匯率結果；故其僅須消極的確保軍事採購能夠順利執行而已，無須積極的從外匯操作中獲利。從避險策略實際的執行結果來看，軍購外匯避險只可能出現兩種結果，其一是避險之後，美元升值，創造出軍購成本節省的效果，確保軍事購案的順利執行；其二是避險之後，美元貶值，致使避險無法產生實質效益，只是突然耗費避險成本，購買軍購順利執行的心理保障而已。在這種消極目的下，國防部只須將外匯避險視為「外購軍品」取得過程中，必

[22] Shapiro, Alan C. (2002), p.269.

須支付的代價即可，如同軍品運送過程中必要的「保險」或通關費用，其目的在確保軍事購案的順利執行即可。

從國軍軍品獲得及外購作業流程之分析，若要在現行體制下來從事美元匯率變動的避險，可能有幾種不同的途徑。但這些避險措施，也都存在一些尚待克服的問題，仍須進一步努力。

（一）提前結匯

若預期美元會升值，如能提前結匯亦可規避匯率風險。然依軍品外購作業流程來看，國內採購單位須接獲駐美採購組之付款通知，才會前往財務中心綜財處辦理結匯；而駐美採購組在未完成選商、議價、訂約之前，無法提前要求國內採購單位辦理結匯。再者，提前結匯使得匯款停留在駐美採購組帳戶中，造成資金閒置；若金額過大，不僅會增加財政部資金調度之負擔，亦可能招致審計部之糾正。

（二）預購美元

就避險的觀點而言，當預期美元會升值，台幣會貶值之時，國防部門為了避免因台幣貶值而造成損失，最好的辦法就是提前購入美元，以因應未來所需。

然在現行法令規定下，各採購單位之主計部門，必須在接獲付款通知之後，才能將預算轉換為美元。國防部門雖能提前購入美元，但由於國防採購金額龐大，此一買匯動作必將對本國外匯市場造成波動，極可能對中央銀行穩定外匯市場的政策產生衝擊。

這兩種措施採用的前提，都是建立在美元變動趨勢的有效預測上；故於實際操作上，仍須參考各專業機構對匯率之預測分析資料，才能收到最大效益。

（三）編列美元預算

對外軍品之採購預算，如能以美元方式來編列，則預算數將不致受到匯率變動而有所影響；然此舉將違反「中央政府總預算執行條例」之規定，因條例中明定：預算編列之金額數字，須以國幣為單位；且將預算編列爲美元，勢必增加財政部資金調度的難度（財政部須籌措美金），並將匯率之風險轉嫁給財政部，財政部是否接受此一內部風險轉嫁的措施，尚未得知。

（四）期貨避險

這是採取自行避險的措施，經濟部所屬之中國石油公司，面對油品價格變動的風險，已於民國86年9月開始採用油品期貨避險交易。但如果避險時因無遠期、期貨或選擇權市場可供直接避險，便可藉由與現貨不同的標的物、但價格具相關性之其他金融工具（如期貨契約）來從事避險。當期貨合約之標的物與現貨不相同時，這種避險即稱之爲「交叉避險」。如熊煥貞（民88）便曾採日幣期貨，以交叉避險觀念進行軍購外匯避險的實證研究。

「交叉避險」是投資組合避險理論的一種（有關期貨避險理論的發展，請參見本章附錄一），乃將避險中現貨部位及期貨部位之組合視爲一投資組合，在平均數與變異數架構（mean-variance approach）下，求取最佳之避險比例。Anderson and Dathine（1981）認爲，在現實的企業活動中所執行的避險交易，常近似於交叉避險，由於期貨契約與現貨契約的相異處可包括種類（type）、等級（grade）、位置（location）或交割日（delivery date）不同。同時，他們認爲最適期貨部位，可使得交叉避險組合之風險最小化。

在此避險模型下的最適之避險比率（Hedging Ratio, HR）如下：

$$HR = \frac{X^{*}_{f\,(n\times 1)}}{X_s}$$

X_s：現貨部位之數量。

$X_{f\,(n\times 1)}$：爲n種期貨部位所組成之向量。

模式中對於避險效果（Hedging Effectiveness, HE）的衡量，則採用最小風險模型，顯示如下：

$$HE = \frac{Var(S) - Var(R_p)}{Var(S)}$$

$Var(S)$：避險前之期末財富變異數。

$Var(R_p)$：避險後之期末財富變異數。

式中以變異數降低之百分比，來表示避險效果，分母爲避險前之風險，分子爲避險後之風險。影響HE大小之因素，包括台幣兌美元匯率價差之變異數、期貨價差之變異數、台幣兌美元即期匯率價差之共變數及期貨價差間之共變數等。若HE＜0，表示加入期貨避險後之風險大於避險前之風險，則此時期貨不具避險效果；若HE＞0，表示加入期貨避險後之風險大於避險後之風險，則此時以期貨避險可達到降低風險之效果。

研究結果顯示，以單一日幣期貨，進行國軍外匯風險之交叉避險；在四次交易當中，避險效果最高的爲第一次，可高達39.23%，其最差的爲第三次，僅8.34%。然全期平均亦高達爲21.7%，顯示以交叉避險模式確實能降低匯兌風險。

由於避險操作與匯率預測，均屬專業性較高之業務，且與國防事務（建軍備戰）相關性較低；因此目前雖然在避險技術上可行，但在人才及制度的層面，仍有許多尚待克服的問題。如果國防部門要實際從事避險時，亦可委由專業投資機構來辦理，其效果可能較佳。

再者，如果期貨避險是一種可行的策略，我們或可考慮期貨選擇權或其他衍生性金融商品進行研究，以進行避險成本之比較。如此一來，將可增加在國軍外購案匯兌避險的備選方案，有助於提昇國防資源的運作理性。

（五）基金避險

以整體行政部門之立場來看，因台幣匯率貶值而可能造成匯差損失的單位，在行政院下尚有外交部、經濟部等單位；因此，或可考慮由行政院成立基金（名稱與型態可再討論），採取適切的避險措施，以規避求政府整體面臨的匯率風險。由於政府可能持有(或需求)不同的外幣，因此，根據外幣需求的淨額進行避險，可能會比國防部、外交部或經濟部個別進行避險，更能節省成本。可將此一匯率風險轉嫁中央銀行，在預算編列的美元需求數確定之後，便委由「專業」的中央銀行代為處理，規避不利的匯率風險，以收統籌辦理與專業分工之效。

（六）風險分攤

國防部或可在和美方交涉時，採取雙方協議方式，在合約中設定「價格調整條款」(price adjustment clause)，以反映匯率的變動。因此，合約中將會設定中性區域（neutral zone）的匯率帶；如果匯率落在此依中性區域，則依照市場匯率執行，雙方無須分攤貨幣風險。但如果匯率落在中性區域以外，則由台美雙方共同分攤匯率風險。

（七）區間遠匯

當購案順利進行，預期在年度間可以順利執行完畢；而國防部只準備承擔部分風險時，則可和銀行簽訂區間遠匯契約，將匯率變動限制在一定的範圍內。如前所述，這種方式類似同時買進一個看跌權(put option，限制下跌的價位)，再賣出一個看漲權（call option，限制上漲的價位)。

（八）外幣選擇權

如前所述，國防部可將軍購外匯避險視為「保障」外購軍品順利取得必須支付的成本，和銀行簽訂外幣選擇權契約，軍匯率風險轉由銀行吸收，確保軍事購案的順利執行。如果年度購案無法順利執行，無法完成採購程序，便可在年底處理外幣選擇權，計算差價並結清。

第十二章 財務彈性

第一節　PPB制度的財務彈性

第二節　特別預算

第三節　資本租賃與特許營運

第四節　預算彈性

第一節　PPB制度的財務彈性

由於PPB制度連結長、中、短期的軍事發展與需求，因此要提昇PPB制度的財務彈性，也必須同時從三個層面著手：

壹、長程財務彈性

長程財務彈性的提昇，通常是透過兩個途徑，其一是戰略規劃的彈性，其二是財務規劃的彈性。

所謂戰略規劃的彈性，是指在既有的財務限制下，達成戰略規劃預定目標的彈性，通常它指的是兵力結構與兵力目標的彈性。由於戰略規劃本身是達成建軍目標的手段[1]，因此戰略彈性必須建立在兵力結構與兵力組成上；而兵力結構與兵力組成的彈性，必須建立在可以評估與比較的戰力指標上。通常戰略規劃與兵力發展須兼顧聯合作戰、軍種平衡與成本效益三項準繩；當兵力發展無法如預期規劃順利進行時，後續的兵力組合調整與替換，亦多由權責單位（參謀本部或各軍總部）根據投入成本與產出戰力的成本效益分析，進行兵力組成的調整。

換言之，面對戰略環境可能出現的變化，在建軍時，參謀本部與各軍總部對於達成相同戰力目標下，作戰部隊的兵力結構（兵力組

[1]戰略是軍事用語，是將「策略」使用在國防建軍與軍事作戰的範疇；策略一詞原指"a pre-determined sequence of choices of alternatives"，故「戰略」一詞指的是「一種達成軍事目標下，依序建立各種預想的備選方案」。換言之，一個有效的軍事戰略，應該包括各種可能變化因素的評估，也預先建立各種可能的因應方案；由於建軍涉及的期程甚長，故須將「時間」構面納入，而形成一個類似於計畫評核術（PERT）或是決策樹（decision tree）的備選方案架構。

成方式）與戰力組成（武器與人員的組成方式），應該建立多種“if...then...”的組成方案。在作戰時，作戰部隊的指揮官，也會根據戰場可能出現的不同狀態，發展出各種想定（scenarios），指導作戰人員因應各種戰場環境的轉變。這種戰略彈性，對於未來國防財務資源的需求，能否有效控制在合理的範圍，提供相當重要的保證。

戰略層面的需求調整，主要是透過兵力結構、國防制度與政策等手段；因此，除前述的兵力結構與組成方式調整外，國防體系亦可根據本書第四章中提出的需求調整觀點，採取各種影響長期財務需求的調整措施，包括角色與任務的重新界定、組織調整、轉型作業基金、支援活動的民營化、改善作業效率、人力動員體制調整，及武器裝備租購政策等各種手段，以建立戰略規劃與執行上的彈性。

至於財務規劃的彈性，則是應用各種財務手段，擴展財務資源的供給基礎，以提昇原有戰略規劃的可行性。主要措施有二，其一是提昇供給的財務彈性上，其二是建立資源轉化機制，其三是善用各種具有長期效益的財務工具。

財務供給的提昇須依賴兩個要素：其一是強化行政協調能力，其二是提昇國防事務的重要性。在行政協調能力的強化，除需依賴國防部原有的溝通協調能力外，還必須具備兩個條件，一則是要強化國防需求的理性程度（如建立威脅評估、戰略規劃與兵力結構的量化分析基礎），才能提昇「額外」國防需求的合理性，二則國防必須成爲全民關切的重要議題（如全民國防、發展國防工業等），才能爭取所需的財務資源。

資源轉化機制是建立國防人力資源、國防物力資源與國防財力資源之間的轉化機制。在人力資源與財力資源之間的換抵上，一則是則透過戰力組合評估，建立軍事武器與人力的不同組合方式；二則是建立軍事人力的組成方式（如核心人力、短期需求人力、軍事人員、聘僱人員等），以掌握人力需求對財務資源的衝擊與影響。

物力資源與財力資源的轉化上，包括了各種物力資源（有形、無形）與財力資源的換抵；其中有形物力資源指的是土地、設施、設備等實體資源，而無形物力資源則包括專利、特許等各種有價值的權利。就有形實體資產來看，國防部須持續根據戰略構想，調整戰略要地與設施，以提昇物力資源與戰略規劃的配合程度（參見第四章內容）。就無形資產來看，面對無形資產與智慧資產的21世紀，國防部亦須及早規劃無形權利的發展與運用，以提昇財務規劃的彈性。

至於長期效益財務工具的運用，則是借助市場熟悉的財務金融實務，以提昇長期國防財務資源的運用彈性；這些財務工具其實包括許多，本章中第二節中將介紹融資租賃、特許營運兩種可資運用的財務工具，作爲發展長期財務彈性的參考依據。

貳、中程財務彈性

中程財務彈性是建立在計畫執行彈性與計畫的財務彈性兩項基礎上；由於計畫的備選方案是戰略執行的選項，故計畫彈性通常指的是計畫執行的彈性，而非規劃層面的計畫備選方案。要建立計畫執行的彈性，必須具備幾個條件，第一是明確的計畫階段效益與整體效益，故當某一計畫的階段效益無法達成時，國防部便應思考中止既有計畫的可能性，將原有計畫佔用的財務資源釋放出來，轉投入計畫效益較高的優先項目。第二是建立計畫優先的排序，當國防經費縮減時，計畫效益排序將成爲刪減計畫財務需求的參考依據。

至於計畫的財務彈性主要是運用財務工具，擴展國防財務的可能供給，以提昇軍事計畫的可行性。一般而言，每一個軍事計畫都應該有明確對應的財務資源、財務資源的備選方案、不同執行水準的計畫效益，以及計畫刪除對軍事作戰效益的衝擊。然按照目前的運作體系，國防計畫是由作戰體系根據軍事需求提出，但財務需求卻由國防部主計局進行作戰計畫彙總而提出；因此，建立個別武器計畫的財務備選方案並不可行，只能透過現有的財務規劃與需求體系，建立武器計畫「整體」的財務彈性。

一般而言，計畫的財務彈性可透過一、政務基金與作業基金之間的計畫互補；二、特別預算；三、中程效益的財務工具，以補足原有計畫財務供給的不足。在政務基金與作業基金之間的計畫互補，是透過計畫流程的安排（領先與落後），讓計畫財務需求，在兩種基金的不同計畫間進行需求的平穩化。至於特別預算是透過額外爭取的財務資源，以補足國防財務供給的不足，詳細說明請參見第二節的說明。而中程效益的財務工具，則與長程財務彈性相同，也是借助市場的財務工具，改變武器計畫在不同時點的財務需求，提昇計畫的財務彈性。

參、短程財務彈性

係指預算的執行彈性。預算彈性的來源主要有三，其一是預算流用；其二是第一預備金；第三是追加減預算。由於年度預算的執行期間較短，故短程財務彈性追求的是快速、有效的調整與反應；唯有透過即時的預算支用狀態監控，透過預算支用單位、財務中心轄下地區財務機構在預算執行資料的回饋，才能有效掌握預算執行狀態，並適度進行業務計畫與預算的調整。有關預算彈性的部分，請參見本章第四節的詳細說明。

第二節　特別預算

壹、法源依據

過去中央政府在七十年代初期，罕見特別預算的編製；但自70

年度開始，特別收支預算的比重有逐漸增高趨勢。以83年爲例，「興建重大交通建設計畫第二期工程」及「採購高性能戰機」二項特別預算案，編列預算額度分別爲1,341.6億元及400.8億元，合計數額高達當年度中央政府總預算的15.7%。

根據「預算法」第八十三條規定，行政院得於下列情事發生時，於年度總預算之外，提出特別預算：

一、國家緊急設施或戰爭；
二、國家經濟重大變故；
三、重大災變；
四、不定期或數年一次之重大政事。

「預算法」第八十四條亦明確規定特別預算之審議程序，準用「預算法」中有關總預算之規定，但合於第八十三條之第一款至第三款者，爲因應情勢之緊急需要，得先支付其一部。

而依據憲法增修條文第二條第三款規定，總統爲避免國家或人民遭遇緊急危難或應付財政經濟上重大變故，得經行政院會議之決議發佈緊急命令，爲必要之處置，不受憲法第四十三條❷之限制。但須於發佈命令後十日內提交立法院追認，如立法院不同意時，該緊急命令立即失效。因此，從憲法增修條文第二條及「預算法」第八十三條的內容顯示，在發佈緊急命令時，中央政府亦得配合預算審議，提出特別預算。

綜觀憲法增修條文第二條及「預算法」第八十三條、第八十四

---

❷憲法第四十三條條文規定，國家遇有天然災害、癘疫或國家財政經濟上有重大變故，須爲緊急處分時，總統於立法院休會期間，得經行政院會議之決議，依緊急命令法，發佈緊急命令，爲必要之處置，但須於發佈命令後一個月內，提交立法院追認，如立法院不同意時，該緊急命令立即失效。

條的內容，則可發現條文間可能存在一個體制運作執行上的爭議；即「預算法」第八十四條規定，合於第八十三條之第一款至第三款者，為因應情勢之緊急需要，行政院得先行支付特別預算之部分經費。但立法院審議如果未能通過，先行支付的特別預算如何補救？此一問題，在「預算法」第八十四條中並未說明。

貳、財源及限制

特別預算的資金籌措，須來自特定的財源（通常為賒借收入）；過去的特別預算中，除「國軍老舊眷村改建案特別預算」具自償性外，其餘多為非自償性，故須以甲種公債或甲種借款支應。因此特別預算的債務舉借，必須受到「中央政府建設公債發行條例」，及「公共債務法」的舉債限額規範。

而依據「中央政府建設公債發行條例」第一條規定：「中央政府為支應重大建設，籌集建設資金，依本條例規定，發行中央政府建設公債（以下簡稱本公債）或洽借一年以上之借款（以下簡稱本借款）。

前項公債及借款各分甲、乙兩類。甲類公債及甲類借款，指支應非自償之建設基金；乙類公債及乙類借款，指支應自償之建設基金。

中央政府為應特殊需要，依『預算法』第七十五條之規定（『預算法』已修訂為第八十三條），經行政院送請立法院決議通過之『特別預算』所列之借款，得以甲類借款支應。」

「發行條例」第二條規定：「本公債及借款之未償餘額，合計不得超過當年度中央政府總預算及特別預算歲出總額的百分之一百三十，其中第五條所定甲類公債及甲種借款之未償餘額，不得超過百分之八十九；乙類公債及乙類借款之未償餘額，不得超過百分之二十四。」

「發行條例」第五條第二款規定：「甲類公債及甲種借款之還本付息，由財政部編列預算償付；乙類公債及乙類借款之還本付息，由各建設主管機關成立之附屬單位預算特種基金編列償付。」

「發行條例」第五條第三款規定：「還本付息款項，應分別由財政部及各該特種基金，預期撥交經理銀行專戶儲存備付。」

再者，依據民國87年6月10日修正公佈之「公共債務法」第四條規定：「各級政府在其總預算及特別預算內，所舉借之公共債務未償餘額預算數，合計不得超過行政院主計處預估之前三年度名目國民生產毛額平均數的百分之四十八；其分配如下：

一、中央爲百分之二八．八。

二、省爲百分之十二．六。

三、直轄市爲百分之四．八，其中台北市爲百分之三．六，高雄市爲百分之一．二。

四、縣（市）爲百分之一．二。

五、鄉（鎮、市）爲百分爲○．六。

省、台北市及高雄市之公共債務未償餘額預算數，占各該政府總預算及特別預算歲出總額之比例，各不得超過百分之一百八十、百分之一百三十五及百分之一百三十五。

縣（市）及鄉（鎮、市）之公共債務未償餘額預算數，占各該政府總預算及特別預算歲出總額之比例，各不得超過百分之十八及百分之二十五。

各級政府每年舉債額度不得超過各該政府總預算及特別預算之百分之十五。

省（市）、縣（市）、鄉（鎮、市） 之公共債務未償餘額預算數，占各該政府總預算及特別預算歲出總額之比例，不得超過第一項分配之額度。」

特別預算也存在一個預算平衡的問題。根據「預算法」第二十三條的規定，政府經常收支，應保持平衡，非因預算年度有異常情形，資本收入、公債及賒借收入及以前年度歲計賸餘不得充經常支出之用。但經常收支如有賸餘，得移充資本支出之財源。由於特別預算本身兼具資本支出及經常支出兩種性質，如須納入中央政府總預算額度計算，則是否能夠維持「預算法」第二十三條所稱之預算平衡原則，可能會有爭議。再者，如將特別預算納入中央政府總預算合併表達，則國防支出與國防預算的實際數額將會明顯不同。

參、會計報告與決算

依「決算法」第二十二條規定：「特別預算之收支，應於執行期滿後，依本法之規定編造其決算；其跨越兩個年度以上者，並應由主管機關依會計法所定程序，分年編造年度會計報告。」

「決算法」中對於特別預算是否須單獨辦理特別決算，以及其決算報告應否併入總決算合併編製並無規定，而現行實務係將特別預算之會計報告，併入總決算書內[3]。

肆、國防特別預算

除了國防部於民國93年底提出的6,108億元（民國94年又刪減爲4,800億元）的軍購特別預算外，國防部過去曾使用過八次的特別預算案，分別是[4]：

一、40年度反攻大陸準備事項特別歲入歲出預算；

---

[3]姚秋旺，**會計審計法規研析**，頁168。

[4]韋端，「主計故事」，**主計月報**，第83卷第3期，民國86年3月，頁57-58。

二、43年度上半年國防部承製軍援訂貨特別收支預算；

三、43年度國防部承製軍援訂貨特別收支預算；

四、52年度加強國防特別預算；

五、62年度中央政府國防整備特別預算；

六、69年度中央政府加強國防整備特別預算；

七、82年度至90年度中央政府採購高性能戰機特別預算[5]；

八、86年度至94年度國軍老舊眷村改建案特別預算。

茲以「採購高性能戰機特別預算」之編製與執行爲例，簡述特別預算的管理：

一、財務來源

此一特別預算係由央行背書，依需求時程分九年向國內銀行團分年貸款；有關歲入部分，由財政部以賒借收入科目編列。

（一）轉融通銀行——中央銀行；

（二）貸款銀行——交通銀行。

二、還款計畫

財政部編列債務支出預算，逐年償還本息。

三、預算編製

一次編九個年度的全案需求，使用一個業務計畫「裝備」科目

[5] 高性能戰機包括民國81年9月2日，美國總統布希宣佈供售我國的鳳凰戰機150架，以及循其他途徑採購的飛龍戰機60架，空軍總部以重大戰備設施整建爲由，向行政院及總統呈報後編列特別預算。參見**立法院公報**，第82卷，第49期，頁265。

（A7100）及工作計畫「武器裝備採購整備」科目（A7110）。

四、預算審議

全案預算於民國82年10月6日三讀通過完成立法程序。

五、預算分配

由空軍總部向國防部申請撥款，國防部向銀行申請貸款。

六、預算支用

同軍費預算支用結報作業程序。

七、預算執行彈性

（一）同用途科目內容可辦理調整；
（二）每年餘款可繼續運用，無須辦理保留；
（三）無須每年辦理決算。

八、會計事務處理

依據「會計法」第三十四條及「國防部普通公務單位會計制度」相關規定處理。

九、經費保管

財勤單位對於特別預算之經費設置專戶保管，其收支結報作業程序及帳務處理，由聯勤總部財務署依相關法令訂定之。

十、決算

（一）依「決算法」第二十二條及「中央政府決算編製要點」辦理，全案執行期滿後，由帳務中心編造決算報告。
（二）依「會計法」所定程序，由帳務中心分年編造會計報告。

第三節　資本租賃與特許營運

壹、資本租賃

面對國防資源獲得的可能限制，資本租賃無疑是一種解除財務資原限制的措施。租賃依其性質，可區分爲資本租賃及營業租賃兩種，兩者的差別在於租賃資產是否資本化。前者視同購置，後者則是租用；承租人、出租人在二者之間的權益、義務截然不同。

租賃業的歷史由來已久，但過去多屬於營業租賃的方式；資本租賃則是在1950年代初期，由美國發展的新型交易方式。這種交易型態，在1960、1970年代，迅速擴展到歐洲、日本等工業發達國家。爲規範資本租賃的發展、保障市場公平競爭、稅賦公平與稅源穩定，各國都對資本租賃的實務進行規範。如韓國、巴西都在1970年代頒佈過促進租賃業發展的相關法律，將資本租賃視爲新的交易型態；而1988年，國際統一私法協會也在加拿大渥太華通過「國際資本租賃公約」。1968年，歐洲成立了著名的跨國租賃協會——租賃歐洲；之後1971年，成立了歐洲設備租賃協會，1972年又成立了歐洲設備租賃聯合會，歐洲各國政府都紛紛制訂相應租賃行業制度。中國大陸亦於1999年3月15日通過新的「合同法」，對資本租賃合同各方當事人的權利義務，違約責任作出了明確規定。

從會計處理實務來看，美國財務會計準則委員會曾於1967年頒佈「財務會計準則公報第十三號意見書『租賃會計』」（SFAS#13），英國也公佈「標準會計實務公報第二十一號」（SSAP#21），而國際會計準則委員會也公佈了「國際會計準則第十七號意見書」（IAS#17），顯示各國都希望能夠有效的規範資本租賃的會計實務。

傳統的營業租賃（如房屋出租、汽車出租、影印機出租等）方式，出租人將資產出租後，仍須負責維護租賃資產的使用效能，並承擔折舊及承租人使用期間所發生的各項費用，例如保險費、稅捐、維護費用等；承租人僅單純的支付租金取得使用權，承租人在租約期滿時，並無優先承購或續租該項租賃資產的權利。

但資本租賃通常係承租企業需要某種機器設備時，先與租賃公司簽訂租賃契約，由租賃公司購買所需資產設備，再轉租給承租人；換言之，也就是企業所需使用的機器設備，是由租賃公司提供資金融通，而以分期收取租金方式回收全部資金及利息。在此租賃方式下，出租人會將租賃物的大部分利益與風險移轉給承租人；而承租人在租約到期時，通常可以優惠價格優先承購租賃資產，故其應將租賃視爲資產購置，並將租賃物資本化。

資本租賃的付款方式與分期付款相同，但分期付款通常是由租賃公司或分期付款公司提供資金，爲廠商購買所需機器或物品；廠商再依自己還款能力，選擇適當期間攤還本息，其融資性質與租賃的資金融通並無不同。

按照「財務會計準則」的規定，承租人與出租人應分別具備一些條件才能視爲「資本租賃」；對出租人而言，出租租約必須符合以下兩個條件：

一、應收租賃款的帳款收現可能性能合理預估；
二、出租人負擔之未來成本（如保證租賃資產不因技術進步而受淘汰），無重大之不確定性。

對承租人而言，承租的租約必須合乎下列條件之一：

一、租賃期間屆滿時，租賃物所有權無條件轉移給承租人；
二、承租人享有優惠承購權；

三、租賃期間達租賃開始時剩餘耐用年數75%以上者；

四、租賃開始時按各期租金及優惠承購價格或保證殘值所計算之現值總額，達租賃資產公平價減出租人得享受之投資扣抵後餘額90%以上者。

對承租人而言，資本租賃有二個理財優勢，第一是理財彈性，即承租人無須購置資產，僅以有限的租金，便可換取資產的使用權利；第二是降低投資風險，即以租賃方式取得資產使用權，可避免購買之資產迅速過時或不適用而產生大額損失。以武器系統購置而言，資本租賃的執行方式與過去特別預算的編列方式不同。過去在二代戰機的「鳳凰專案」與「飛龍專案」時，國防部是採用分年編列預算，分年取得的方式採購軍事武器；如改採資本租賃的方式，則是一次取得所有武器，但以分年編列預算、分期支付的型態採購軍事武器。武器租購決策本身並無絕對的優劣可言，但面對國防財務資源獲得受限，兩岸軍力日漸失衡的狀態下；資本租賃對於兩岸戰力間隙的彌補，顯然有相當大的助益。

目前國內「政務基金」以資本租賃方式取得長期性資產，已經可以依據「最小租賃支付現值」或「租賃資產公平價值」，二者較低者，予以資本化。因此政府部門採用資本租賃並無疑義。而資本租賃應用在各國政府部門不乏其例，以下僅列出多項資本租賃的事例以供參考：

※經濟部航太小組看好航空器租賃市場，決定出面爭取將航空器租賃業納入「重大投資事業」範圍，得依促進產業升級條例享有五年免稅等租稅優惠。以大陸地區為例，其1995年航空公司新增的飛機當中，透過資本性租賃、營業性租賃以及傳統方式採購的比率各為75%、21%以及4%，「租賃」已成為航空公司取得飛機的主要模式。航太小組並且指出，推動

航空器租賃，尤其是營業性租賃，可由租賃公司集中採購飛機，並進一步藉由大量採購帶動航太維修工業；……
資料來源：「工商時報」，民國85年10月1日，十四版。

※政府治安單位監聽業務層面將大幅擴充，高層官員透露，爲了強調政府掌握、維持治安情報及執行通訊監察的決心，行政院以專案方式，核定將這筆高達8億5,000萬元的監聽系統建置經費，全數以「資本租賃」方式執行，政府在雙方議定的若干年後，將擁有電信監聽設備的所有權。
資料來源：「自由電子新聞網」民國91年1月2日。

※針對國民黨立委提議以「租借」方式取得美國紀德艦的提案，國防部昨日首度鬆口，表示這是可以可考慮的方向。……
資料來源：「中央日報」，民國91年10月24日。

※我國向美國「承租」的「諾克斯」巡防艦，已正式成立我國海軍第七支作戰艦隊——海軍一六八巡防艦隊，目前駐防於蘇澳的海軍中正基地。
資料來源：「東森新聞報」，民國93年8月1 日。

※波音於2003年底爆發治理醜聞，有多位高層主管因違反職業倫理，聘用曾在國防部任職的官員而遭到革職。現今此一醜聞已促使美國防部展開大規模調查，主要調查對象就是過去幾年，曾被國防部包商高薪禮聘的高階軍事將官。……至於波音與空軍部門原本簽訂的210億美元的軍機「租賃」合約也無限期遭到擱置。
資料來源：「中華資訊網」，2004年1月13日。

※美國總統布希在五角大樓簽署了總額高達4,013億美元的「2004年財政年度國防授權法案」。……根據這一法案，美軍士兵的薪水將平均增加4.15%，對軍人家庭分居的補助也將得到提高。法案包括的條款還允許美空軍「租賃」二十架波音七六七空中加油機和購買八十架同樣類型的飛機。

資料來源：「香港商報」，2003年11月26日。

※澳大利亞奧斯塔公司已獲得一個價值3,100萬美元、爲期三年的「租賃」合同，向美國海軍提供一艘一百零一公尺長的雙體運輸艦「西太平洋快車號」（Westpac Express），給位於日本沖繩的第三陸戰隊遠征部隊（IIIMEF）使用。

資料來源：「人民網」，2002年2月9日。

※據眾議院武裝部隊委員會（HASC）主席透露，參議院武裝部隊委員會（SASC）最近提出了一項「租賃」八十架或是購買二十架的建議。參議院武裝部隊委員會擬將其建議包括在2004年國防授權會議報告中。目前，HASC已經批准「租用」一百架KC-767A，但SASC主張購買這些飛機，認爲這樣更節省經費。但贊成租用的人士認爲，購買需要很大的先期投入，而目前空軍無法承擔該巨額投入。

資料來源：「人民網」，2003年11月5日。

※英國的大型軍事行動依靠美國製的大力士運輸機，並且最近向美國「租賃」了四架大型C17運輸機。空中客車公司生產的新型軍用運輸機預計在2010年前服役。

資料來源：「BBC中文網」，2001年6月19日。

※近來，印度繼續從以色列購買具備抗飽和攻擊能力的「巴拉

克」艦載防空系統以及小型快速巡邏艇，還就購買六艘法制「蠍子」級潛艇、「租賃」兩艘俄「阿庫拉」級核潛艇……

資料來源：「環球時報」，2003年12月10日，十版。

※中共目前正計畫向俄羅斯「租賃」數架A-50預警機，可提昇中共偵測與目標獲得能力。據民國90年4月13日漢和評論報導：中共為強化電子偵察、電子作戰的能力，在俄羅斯的幫助下擴大其TU154 M 偵察機隊伍。莫斯科飛行儀表工程研究院（Scientific Research Institute of Instrument Engneering）的消息來源確認TU154 M 偵察機目前已經系列化，包括電子情報蒐集機、電子作戰機和圖象偵察機三種機型。

資料來源：鄧坤誠，「從中美軍機相撞事件論空中情蒐（電戰）系統」，**陸軍學術月刊**，第434期，民國90年10月，頁56-68。

貳、特許營運

1980年代之後，許多國家因為社會福利支出的持續膨脹，但稅收卻無法相對增加，以致各國國庫紛紛出現入不敷出的窘境。由於資本支出是支持國家未來發展的必要投入，資本支出一旦減緩或停頓，必然會影響國家未來的發展。1984年土耳其總理Turgut Ozal首先提出BOT（Build-Operate-Transfer；建設—經營—移交）的概念，並將其應用於國家建設計畫，而引起開發中國家的廣泛注意。1980年代末至1990年初期間，英法海底隧道也採用BOT方式興建（約120億美元），則進一步引發各國對BOT的廣泛注意。BOT在亞洲地區的事例，如香港東區過海隧道（約5億5,000萬美元）、曼谷第二高速公路（約11億美元）、印尼Paiton火力發電廠（約40億美元）等都是眾所周知的例子。

我國則在民國80年之後，因全民健保、老人年金、農業補貼等各種社會福利政策的實施，而發生類似的財政排擠效應，而影響資本門預算的編列，亦由政府部門引進作爲公共工程融資運作的模式（或稱民間參與公共建設）。而台灣高速鐵路（總建設經費3,366億元，政府投資1,057億元，合計4,423億元）、中正機場捷運（工程經費500億元，加上土地開發經費，合計超過1,000億元）、高雄港碼頭貨櫃設施、月眉大型育樂區、墾丁凱薩飯店（公有土地開發）、台北凱悅飯店（公有土地開發）等等，都是大家耳熟能詳的事例。

民間參與公共建設的模式有許多形式，如BT（Build and Transfer）是由民間興建，完工後由政府編列預算，一次或分次償還工程款，並取得資產的所有權與經營權，新加坡捷運及香港捷運便是採取此一方式。OT（Operate and Transfer）是由政府出資興建，但透過契約簽訂委由民間機構經營，此即「公有民營」的運作模式，國立海洋生物博物館就是以此模式運作。BTO（Build-Transfer-Operate）是由民間出資興建，完工後將資產所有權移轉給政府，再由該民間機構經營一段期間。BLT（Build-Lease-Transfer）是由民間機構投資興建，完工後再將該設施租給政府機構，在租約期滿後，再以無償或以極低的價格取得資產的方式，此一模式在美國較常採用。ROT（Refurnish-Operate-Transfer）則是由民間機構「改建」公共建設，特許營運一段期間後，再將所有權移轉給政府的運作模式。

BOO（Build-Own-Operate）是以民間機構自行興建，自行擁有，不限期間的特許營運模式。這種政府讓民間擁有，特許營運又不設期限，通常是因爲公共建設的土地資源難以取得所致；而政府爲提昇公共設施的完整性，基於成本效益的考量，不得不採取BOO的營運模式，澳洲雪梨的地下隧道便採取此一模式。BOOT（Build-Own-Operate-Transfer）則有兩種運作模式，第一種是廠商擁有公共建設的產權，特許期滿後，再以有償方式移轉給政府；第二種是政府在特許營運中授與某些物業的特許權，如台灣高鐵計畫中也包括一些高鐵營運上投資開發的特許權。DBFO（Design-Build-Finance-Operate）是特許標的物興建完成後，由廠商負責營運，但營運期間是由政府編列預算，依合約支付給特許公司，而非直接向使用者收費。這種模式較適用於無法向使用者收費的公共工程，如公路興建等，而英國的PFI（Private Finance Initiative）制度，即以此模式運作。

特許營運的運作模式，提供我們一些不同於以往的財務思考；在以往，政府部門爲提昇公共設施的水準與品質，通常是透過自行編列預算、委包興建、驗收、營運等，讓公共設施逐漸步上正軌。然公共建設的規劃、興建過程中，有成本超支、延遲完工的興建風險；在營運過程中，亦可能有營運量不足、營運效率無法提升的營運風險。這些風險都可能造成政府部門長、短期的財務負擔。因此，政府一方面透過獎勵措施與特許營運，另一方面以專案融資方式協助民間取得資金，便可鼓勵民間參與公共建設，並藉由民間的資金與管理能力，分攤政府在建造期間或營運期間的風險。換言之，政府只要掌握特許營運的權力，無論擁有實體資產的所有權與否，都不影響政府享有公共設施的好處。

國防部與中央政府其它部會不同之處，在於國防部除了負有政策目標之外，它也有執行的功能；故必須擁有龐大的編制、組織層級與人力編制。軍事作戰必須結合相關的支援功能；從支援功能的完整程度來看，國防體系的自給自足程度，也遠超過其它所有的部會。如軍醫院、福利總處、生產工廠、眷改（營改）基金、青年戰士報、軍人公墓、軍事監所、軍人儲蓄、三軍招待所（俱樂部）、藝工大隊等種種支援功能；這些功能旨在提供一個無憂的生活環境，讓軍人能夠專心致力於軍事作戰的本務。而國防體系對於這些支援性的功能，主要是採取「作業基金」的方式運作，希望透過成本效率的追求，達到照顧軍事人員的初衷。

從軍事作戰的優先性來看，這些支援功能與軍事作戰的直接關聯性通常較爲欠缺，故在資源分配的優先性排序上亦較爲不利。面對國防財務資源獲得不足時，作業基金便可透過「特許營運」的運作模式，透過財務運作，以最低的財務需求，達到更好的服務效能。

那些支援性的服務功能可以透過特許營運轉由民間執行？通常必須透過「自償率」計算而後得知。所謂自償率指的是「折現後收益」除以「折現後投資成本」的比率；它也是投資報酬率的觀念。通常自償率愈高的個案，競標廠商愈多，發包單位無需支付任何成本即可取得此一服務功能；自償率愈低的個案，廠商沒有意願參與，故發包單位通常必須補貼成本差額，才會有廠商參與投標。

就國防部門來看，如果某一支援性的服務功能自償率很高，則可透過特許營運模式交由民間執行。如果該服務功能的自償率不高，但整體的效益還不錯，則國防部可透過兩種方式取得該項功能，一是由民間興建，國防部分年編列預算方式，取得該像服務功能，並由國防部自行營運；二是國防部出資補足自償率不足的部分，委由民間興建，民間營運，國防部享有該項服務功能。但如果該項功能的自償性不高，也看不出它對整體軍事效益的影響性，則國防部門或可考慮「外購」此一服務功能，亦即裁撤原有的功能，改由服務市場中購買此項服務即可。

第四節　預算彈性

各國國防部為政府體系的一環，國防預算亦須併入中央政府（或聯邦政府）總預算，送交國會審議；因此年度國防預算的執行與運作，仍須建立在中央政府的規範架構下。如美國國防部雖配合1986年的「國防重組法案」，提出兩年度的國防預算；但國會卻仍依聯邦政府的預算法令，僅審議當年度聯邦政府下各部會的預算，並不審議及核定兩年度的國防預算。而各國政經情勢及發展背景不同，其預算執行彈性[6]亦有不同，茲分述如下：

一、中華民國

我國的預算執行，係依歲入、歲出的經費性質而有所不同；在歲入分配上，係採按月分配，每三個月為一期，全年度分為四期，而在歲出分配上，對於經常門係採按月平均分配，對於資本門則依計畫進度按期分配。我國的預算彈性大致有以下幾方面：

（一）預備金之設置及動支：分為第一及第二預備金（「預算法」第二十二條）。

1.第一預備金：得編列於單位預算內，數額不得超出經常支出之1%，動支時須經行政院核准後，事後行政院並需編具動支數額表，送請立法院審議。根據「預算法」第二十二條第三項規定，「各機關動支預備金，其每筆數額超過五千萬者，應先送立法院備查。但因緊急災害動支者，不在此限」。

2.第二預備金：在下列三情況，始可動用（「預算法」第七十條）：

---

[6]或有採取「調節」一詞來說明「預算執行彈性」，如袁豪認為「調節係指計畫執行時，因主，客觀形勢變化至影響目標達成時，可視任務優先狀況，適切調度財力，協助消除障礙。」顯示「調節」一詞的內涵，與財務彈性的概念其實相當接近。參見袁豪，「追求卓越——創新、突破、精益求精」，**袁豪將軍文集**，桃園：中正理工學院院長辦公室，民國85年5月，頁4之10。亦可參閱民國75年6月國防部印頒的「國防管理學」（第三篇「財力管理」，第二節「財力管理功能」）所提出的「調節功能」釋義。

（1）原列計畫因事實需要奉准修訂致原列經費不敷時。

（2）原列計畫因增加業務量致增加經費時。

（3）因應政事臨時實需要必須增加計畫及經費時。

唯立法院審議刪除或刪減之預算項目及金額，不得動支預備金；但法定經費或經立法院同意者，不在此限（「預算法」第二十二條第二項）。可向行政院爭取的除了第二預備金外，亦可根據實際需要，爭取「統籌分配款」，可獲額度則視行政院額度而定。

（二）預算之流用：各機關歲出分配預算，同一計畫或同一業務科目之各用途別科目，原則上可以流用；亦即當一科目經費不足，得以賸餘之它科目流用，其流用應按中央主計機關之規定流用，但不得流用為用人經費（「預算法」第六十三條）。因此國防部可在相關科子目上進行調整，以提昇預算執行上的彈性。

（三）預算之緊縮：國家遇特殊情況，得經政院議決，呈請總統以命令裁減經費（「預算法」第七十一條）。

（四）預算之追加：限於下列四項規定得追加（「預算法」第七十九條）：

1.依法律增加業務或事業致增加經費時。

2.依法律增設新機關時。

3.所辦事業因重大事故經費超過法定預算。

4.依有關法律應補列追加預算者。

（五）特別預算之辦理：行政院亦得於年度總預算外，向立院申請特別預算（「預算法」第八十三條）；有關特別預算的適用條件與討論，請參見第四節討論內容。

二、美國

係以經費法案之方式審議通過，執行時僅限於國會審議通過之預算始可動用，無預算外或超預算支出。分述如下：

（一）預算之流用：美國預算係以經費法案之方式表達，具法律性質，並無自由移用或經費流用之彈性。

（二）預備金：美國預算具多年度預算之彈性措施，故不允許預算外支出。類似預備金性質者，如總統特別資金及災害資金，均用於緊急事件。

（三）追加預算：因新法或公益需要，得隨時提出，但須附理由或說明。

（四）會計年度結束後經費之處置：因採經費法模式，故年度結束則自動失效，惟處理採應計制。

（五）特別預算：無特別預算之規定，如遇特殊情況，則以追加方式處理。

三、日本

歲入預算執行採法定主義原則，政府不得任意徵收；歲出預算執行原則上以法定預算爲準[7]。預算彈性分述如下：

（一）預算之移用：經費性質類似之「項」與「項」間流用，須事先經國會之議決並經大藏大臣同意方得辦理。

[7] 日本的歲出經費分爲兩類，其一是一般經常性經費：由各省各廳首長負責，其二是公共事業費或大藏大臣指定之經費：各省各廳首長須編製實施計畫，送經大藏大臣核定；行政體系並無預算外或超預算支出之權限。參見林志忠、劉立倫，**我國防預算結構分析之研究**，頁41-42。

（二）經費流用：「項」內各「目」間經費之融通，須經大藏大臣同意方得流用。

（三）預備金：內閣、國會及司法院為供撥充預算執行之不足，得在預算中計列其適當額度之預備金，執行時由大藏大臣受理；動支後，須編列報告書於下屆國會提出，請求同意，並送會計檢查院。

四、英國

英國歲入之徵收與收納均依法及所定要件為之，並以歲入法案或財政法案，由國會審議通過；歲出預算區分為每年度不須經國會議決即可支用之既定費，及每年度須經國會議決之議定費。歲出方面，政府具超預算支出之權力（辦理追加預算），但事先須經國會審議及授權。

五、德國

預算之執行原則採法定主義，以法律明訂其可採之彈性；在收入執行上，所有收入均須依據法律始得徵收；在支出執行上，聯邦預算以法律案方式成立。在執行歲出預算時，如有不可預料且屬不可避免之必要情形，經財政部長同意得辦理之，但須向國會報告。其資金來源原則上應由其它支出之賸餘支應；如果其它預算無法支應時，始須提出追加預算。

六、法國

政府預算係以財政法案成立，歲出與歲入各自獨立，嚴守財政收支法定主議之原則；因此所有的歲入、歲出預算，均以財政法案之方式成立，均為國會議決對象，且禁止預算外之支出。但在有關國家負有支出義務之經費，得超過原定預算支出。

七、韓國

歲出與歲入預算之執行，採法定主義，一切收支均依法徵收與支用；故一切歲入、歲出均編入預算，經國會審議始告確立，因此具法案性質。預算執行時，原則上不可有預算外支出或超過原定預算支出；如有必要，須事先徵得國會之同意。

茲重點比較各國在「預算審議」與「預算彈性」二方面的不同，詳如表12-1。由表中不難發現，先進國家在歲入之徵收與收納均需依據法律及其所定要件爲之。至於支出方面則各有不同，如英國、德國及韓國，在知會國會的前提下，可爲預算外或超預算支出之行爲，彈性略大；其餘各國則多僅限於法定預算範圍內支出。惟各國對預算外或超預算支出之執行，多有立法授權或法律依據[8]。各國預算審議與執行，以美國所採取的方式最爲嚴格；而在預算彈性上，則可發現各國預算執行上的彈性不一，我國還有追加預算與特別預算之編列，與各國相較後，顯示我國有相當大的預算彈性。

[8] 廖訓詮，「我國中央政府預算執行原則之探討」，**今日會計**，第60期，民國84年6月，頁66-78。

表12-1　各國預算執行彈性比較表

	預算審議	預算彈性
中華民國	採法定主義原則，非依法律並經預算程序不得向人民徵收；預算事先須經立法院審議同意。	1.設置第一、二預備金。 2.預算科目間可流用，惟不得流用爲用人經費，且不得超過預算數30%。 3.遇特殊情況，得辦理預算緊縮及追加。 4.遇緊急事項，得於年度預算外申請特別預算。
美　國	採法定主義原則，以經費法案方式審議通過；且非經國會撥款委員會通過，預算不得動支。	1.預算案經費具法律性質。 2.總統特別資金及災害資金，類似預備金，用於緊急事件。 3.因新法或公益需要，得附理由辦理追加預算。 4.無特別預算之規定。
日　本	採法定主義原則，政府不得任意徵收。預算事先須經國會審議同意。	1.經費性質類似之項與項間流用，經國會議決及大藏大臣同意，即可辦理。 2.項內各目間之融通，經大藏大臣同意，即可辦理。 3.設置預備金。
英　國	預算之徵收與收納均需依法及所定要件爲之；預算事先須經國會審議同意。	如有超預算支出時，須經議會審議通過，進行事先承認，並辦理預算追加。
法　國	以財政法案成立，歲出歲入各自獨立；預算事先須經國會審議同意。	1.嚴守財政收支法定主義原則。 2.有關國家負有支出義務之經費，如年金、公債之利息支付，得超過原定預算支出。
德　國	採法定主義原則；需依法始得徵收；預算事先須經國會審議同意。	1.預算外或超預算，須經財政部長同意，且須向國會報告。 2.在預算執行上，在必要時具有不受法定預算項目限制之彈性。
韓　國	採法定主義原則，以經費法案方式審議通過；預算事先須經國會審議同意。	預算案經費具法律性質；如果有超預算支出時，須經議會審議通過，進行事先承認，辦理預算追加。

資料來源：林志忠、劉立倫，**我國防預算結構分析之研究**，頁43-44。

第四部分

展望篇

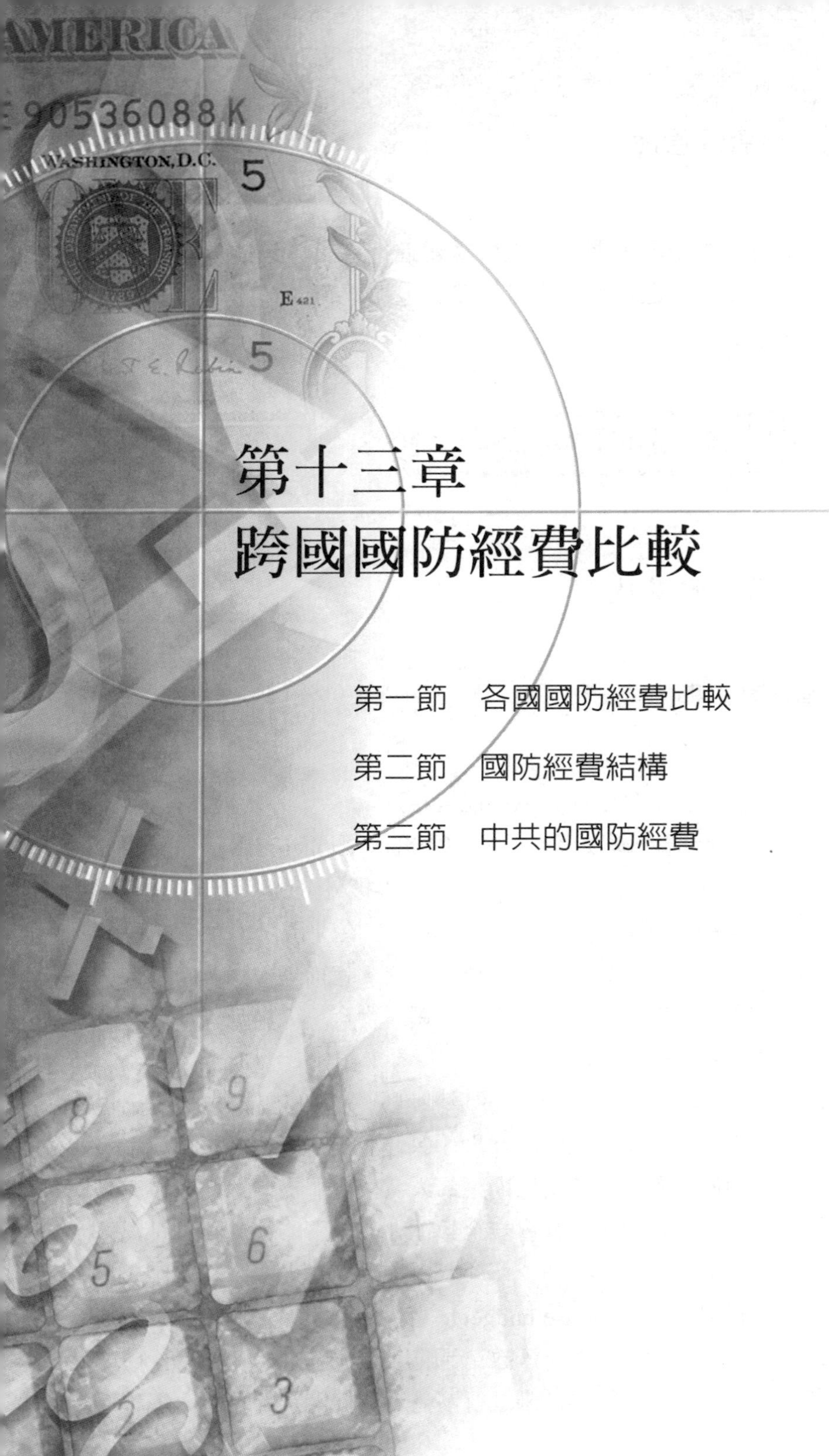

第十三章 跨國國防經費比較

第一節　各國國防經費比較

第二節　國防經費結構

第三節　中共的國防經費

本章擬就幾個國人關切的重要課題進行探討，包括各國國防支出（或軍事支出）之比較、人員經費及退撫經費、及中共的國防經費；茲分述如下：

第一節　各國國防經費比較

壹、跨國比較基礎

一、衡量基礎與內涵

（一）國防支出（Defense expenditure）

根據1980年聯合國政事別分類的內容，「國防支出」係歸屬於「防衛」支出的項下，包括「國防」、「軍事援外」、與「防衛有關之應用研究與實驗發展」，及「其它」等項目。在「國防」項下，主要指的是國防事務與部隊的管理、監督及作業，包括陸、海、空及太空防衛武力；與國防工程運輸、通訊、情報、物資、人員及其他非戰鬥性武力、及後勤支援等補助設施。

而在聯合國政事別分類下，認爲戰地醫院可歸屬於國防支出項下；但基地醫院管理及作業則應歸入「保健」支出。教授課程與一般學校（院）類似的軍事學校支出則應歸入「教育」支出；而軍事人員的退休、撫卹，則應歸入「社會安全與福利」項下的「公務人員退休撫卹給付」。

（二）國防預算（Defense budget）

即國防部主管的年度預算數。國防支出屬於政事別的分類架構，是以經費支出的職能屬性來進行區分，與機關別的預算籌編程序略有不同。以國防部門來說，就可發現國防預算中共計包括了國防支出、教育科學文化支出、社會福利支出、社區發展環境保護、退休撫卹及其他支出等六種不同性質的政事支出。因此，各部會的年度預算中，都可能同時涵括幾種不同性質的政事支出。

從實務運作的角度來看，部會首長通常關心是機關別的預算，而立法院的預算審查，亦是針對部會主管的預算，而不是針對政事別的支出。

（三）軍事支出（Military expenditure）

根據瑞典斯德哥爾摩國際和平研究所（SIPRI）及北大西洋公約組織（NATO）對軍事支出的定義顯示，軍事支出包括以下四類的所有支出（經常支出與資本支出，current and capital expenditure）：

1.三軍部隊及維和武力（the armed forces, including peacekeeping forces）；
2.執行各項國防計畫的國防部門與機構（defense ministries and other government agencies engaged in defense projects）；
3.執行軍事任務的民兵部隊（paramilitary forces, when judged to be trained and equipped for military operations）；
4.軍事太空任務（military space activities）。

因此，從經費內涵來看，軍事支出通常包括人員經費（包括軍事人員及文職人員薪給）、作業及維持經費、軍事研發經費及軍事援助（military aid）經費等諸多項目；但民防（civil defense）、退伍軍人福利（veterans' benefits）、復員（demobilization）、武器銷毀（weapon destruction）等，均不應列入軍事支出的範圍。

而倫敦的國際戰略研究所（IISS）使用北約的定義，認爲軍費支出是中央政府或聯邦政府維持軍事武力的實際支出數（the cash outlays of central or federal government to meet the cost of national armed forces）[1]。在IISS雖以軍事支出作爲表達基礎；但在「軍事平衡」（The Military Balance 1999-2000）一書中，仍將軍事支出與國防支出數字混用[2]。書中提出國防支出包括四個類別，分別是營運成本（operating costs）、軍事採購及營繕工程（procurement and construction）、研究發展（research and development）及其他支出（other expenditure）。

由於計算的基礎不同，故依據IISS計算的軍事支出，將可能較各國及聯合國計算的國防支出數字爲高[3]。

二、跨國國防經費比較

由於軍事經費事涉敏感，各國對於軍事經費報導，通常都不會太詳細；因此，國防經費的跨國比較，通常會面臨以下幾個資料可靠性的問題：

（一）資料完整性

由於國防預算資料與國家安全利益有密切的關係，許多國家通常不將這些資料送交聯合國，如中東、非洲、拉丁美洲及亞洲的許多開發中國家。如聯合國184個會員國中，1992年僅33個國家送回了聯合國裁軍中心所要求的軍事支出調查，「軍事平衡」不得已只有使用國際貨幣基金會（IMF）每年發行的「國際財政年鑑」（International Finance Yearbook）中的軍事經費欄，來進行預測及推估。

（二）資料可信度

有些政府會隱瞞軍事經費的規模與範圍。而（IISS）在引用官方

---

[1] IISS, *The Military Balance 1999-2000*, Oxford University Press, London, UK., 1999, p.10.

[2] Ibid., p10. line10, line 14, line 18-19, line30.

[3] Ibid., p10. line30-31.

的國防預算，與自行估算的軍費數字進行比較時，經常發現二個數字間的差距相當大。雖然北約具備軍事支出的說明規定，聯合國裁軍中心與北約亦提供分離軍事支出的標準格式；但許多政府仍僅提供總計數字，導致於根本無法確定在該預算標題下，實際的軍事活動狀態。

而預算數字與實際數不同，並不表示假報的情形必然存在；如各國的預算制度，允許契約責任成立時，便可將經費留用至下一會計年度，往往導致年度預算與年度實際支出（outlay）不同；再如部分國家允許一次撥款經費多年支用，也會使得比較基礎出現差異。再者如果出現臨時性的戰爭需求，也可能使得經費的支出超出法定預算（如波灣戰爭、聯合國的和平維持任務及緊急武器採購等）。這些都直接衝擊到軍事經費資料的可靠性。

（三）定義問題

如軍人退休俸、民兵部隊（準軍事部隊）、民防（civil defense）及外國的軍事援助屬不屬於國防預算的計算？在各國提供的資料，其實並沒有一個共同比較的基礎。在「1998年日本防衛白皮書」也認爲各國社會福利制度、軍事制度不同，故各國國防經費的內容不盡相同；再加上各國之間也沒有統一的定義，導致各國公佈的國防經費內容都不明確[4]。

一般而言，IISS採取的方式是引用官方的預算資料，再加入其他軍事有關的費用，作爲調整軍事支出數字的依據；而對於北約各國，倫敦國際戰略研究所則將北約各國對軍事支出的定義一並列入，以與世界各國的進行比較。如果要看各國的國防支出，似乎也可參考美國中央情報局的「世界各國現況」（World Fctbook）資料，進行交叉比對及分析，資料的可信度才能提高。

[4]參見國防部史編局譯印，**1998年日本防衛白皮書**，頁135。

（四）實質軍事支出衡量問題

實質（real）軍事支出衡量的問題有二，分別是通貨膨脹率問題及會計年度問題。首先是通貨膨脹率（或消費者物價指數，consumer price index，CPI）的問題，通常採用通貨膨脹率衡量來實質購買力的方式，較適於一般經濟的層面，但未必適用於國防部門。再者，由於物品價格的決定，必須在健全的市場經濟體系下才有意義；而共產主義的國家採取中央計畫的經濟型態，往往導致市場價格不當的扭曲，導致無法反映出應有的實際價格。

其次在會計年度的問題上，主要是許多國家的會計年度起訖時間不一，或是預算支用的涵蓋期間不同（如多年度預算、保留預算等等），導致計算和比較實際的國防支出（或軍費支出）時，往往必須面臨估計與調整的困擾。

（五）匯率換算問題

由於跨國比較時，各國必須站在相同的貨幣基礎，故通常會以某一年度的美元爲常元（constant dollar）進行比較。但這會面臨兩個問題，其一是許多國家的市場價格機制無法建立，不僅造成武器價格失眞，也導致匯率變動而無法反映利率與國際貿易之間的關係；其二是如果部分國家採取釘住美元的匯率政策，其換算結果將與採取浮動匯率的國家不同。

三、國防預算與軍事支出

前述因素都會影響軍事支出跨國比較的意義。而在SIPRI 2000年年報（SIPRI Yearbook 2000）中也提出，年報資料雖包括162個國家，其來源亦以官方資料（包括政府出版品，及SIPRI寄發，政府回覆的問卷資料）爲主，但這些資料也面臨定義問題（各國未必接受軍事支出的定義與分類方式）、支出估測（如官方提供的資料與SIPRI的軍事支出定義不同，或是時間數列資料不完整等）、會計期間（SIPRI年報以歷年制編製，但許多國家如美國、加拿大及英國等，均未採歷年制)、購買力平減、匯率兌換等問題，而影響資料的可信程度。

茲以1999年各國國防預算與軍事支出數字顯示其間的差異。表13-1中的第一欄（引自IISS）及第二欄數字（引自SIPRI），顯示的是1999年的國防預算數字與軍事支出數字，比較後可以發現不同的資料來源，其內涵確實有相當大的差距。當研究人員進一步分析時，如計算國民的國防負擔（以國防預算、軍事支出除以人口總數），或是以國民所得推估國防預算或軍事支出時，結果都將不同。故在資料引用與跨國比較時，尤須留意資料本身存在的限制性。

因此各國軍事支出的數字資料，比較適合用在跨年度、縱斷面

表13-1　1999年各國國防預算、軍事支出比較表

國家	國防預算（1999，億美元）	軍事支出（1999，億美元）	平均國民所得（1998，美元）	人口總數（1999，萬人）
美國	2,762	2,599	29,302	27,313
英國	346	318	20,548	5,876
法國	295	468	27,463	5,917
德國	247	395	31,684	8,206
義大利	62	235	19,941	5,792
澳洲	72	83	22,316	1,908
瑞典	32	57	52,462	480
韓國	116	150	10,419	4,700
日本	411	512	40,542	12,651
以色列	67	84	16,027	601
中華民國[註]	109	93	13,919	2,180
新加坡	42	50	30,025	320

註：包括特別預算數字。

資料來源：節錄自表6-2，相關欄位的資料來源亦請一併參閱。

的國家自我比較；在跨國的橫斷面比較時，不僅要留意國家差異，也要注意相對購買力、匯率兌換問題，故運用時要小心。

貳、各國軍事支出趨勢比較與分析

在瞭解跨國國防經費比較的解讀限制後，以下將就各國國防經費進行比較；基於統計資料的可獲性與基期比較性，此處暫時捨棄IISS「軍力平衡」的國防經費資料（須逐年自行整理，並進行相對購買力換算，資料的可獲性較差），僅以SIPRI的國防經費資料（軍事支出）進行比較與分析。表13-2為2002年與2003年世界前十大軍事支出排名的國家。為便於跨國比較。表13-3的資料係以2000年作為比較基期，採用購買力平價比率（參見第十一章第二節中的購買力平價理論）進行不同國家年度之間的匯率兌換的基礎，以美國作為比較對

表13-2　2002-2003年各國軍事支出（以當期市場匯率換算美元）

	2002 年			2003 年		
排序	國　家	規模($b.)	佔世界%	國　家	規模（$b.）	佔世界%
1	美　國	335.7	43%	美　國	417.4	47%
2	日　本	46.7	6%	日　本	46.9	5%
3	英　國	36.0	5%	英　國	37.1	4%
4	法　國	33.6	4%	法　國	35.0	4%
5	中國大陸	31.1	4%	中國大陸	32.8	4%
	前五國合計	483.1	62%		569.1	64%
6	德　國	27.7	4%	德　國	27.2	3%
7	沙烏地阿拉伯	21.6	3%	義大利	20.8	2%
8	義大利	21.1	3%	伊　朗	19.2	2%
9	伊　朗	17.5	2%	沙烏地阿拉伯	19.1	2%
10	南　韓	13.5	2%	南　韓	13.9	2%
	前十國合計	584.5	75%		669.3	76%

表13-3　2002-2003年PPP比率換算之軍事支出（基期2000年）

2002年			2003年	
排序	國　家	規模（$b.）	國　家	規模（$b.）
1	美　國	335.7	美　國	417.4
2	中國大陸	142.9	中國大陸	151.0
3	印　度	66.5	印　度	64.0
4	蘇　聯	55.4	蘇　聯	63.2
5	法　國	36.8	法　國	38.4
	前五國合計	637.3		734.0
6	英　國	34.0	英　國	35.0
7	日　本	32.8	日　本	32.8
8	德　國	31.0	德　國	30.4
9	沙烏地阿拉伯	28.8	義大利	26.4
10	義大利	26.9	沙烏地阿拉伯	25.6
	前十國合計	790.8		991.4

象，將各國軍事支出換算成以2000年爲基期的常元美元。

表13-2顯示2002年及2003年全球軍事支出排名前五名的國家，分別爲美國、日本、英國、法國及中國大陸，五國的軍事支出佔全球軍事支出60%以上；美國在2002年及2003年分佔全球軍事支出的43%及47%，其它四個國家平均則各約佔5%左右。德國、義大利、伊朗、沙烏地阿拉伯及南韓，在2002年及2003年則分別排名六至十名；五國合併的軍事支出僅佔全球軍事支出的13%左右，平均每一個國家約佔2.6%。

表13-3則以購買力平價理論，結合各國的物價變動進行軍事支出的換算；結果發現中國大陸、印度及蘇聯，因其國內的通貨膨脹率較低，軍事支出的排名躍升至第二名、第三名、第四名。伊朗與南韓則因印度與蘇聯的擠入，而被推出全球軍事支出排名的前十名以外。但表13-2中前八名的國家，則大致維持在原來軍事支出的前十名中。

其中較值得注意的是，中國大陸以當期匯率計算時，2002年的軍事支出僅爲311億美元，2003年僅爲328億美元；但採購買力平價換算後，2002年的軍事支出則高達1,429億美元，2003年僅爲1,510億美元，軍事支出數額瞬間膨脹4-5倍。故由此可以得知，中國大陸的市場價格與通貨膨脹，與西方國家的自由市場經濟，可能存在著許多的不同。

表13-4顯示自1992年至2003年間，各國軍事支出變動的趨勢。爲將各國的軍事支出放在同一個比較基礎，表中資料同樣亦以2000年作爲比較基期，採用購買力平價比率，以2000年做爲基期，進行不同國家年度之間的匯率兌換的基礎。

表13-4　各國1992-2003年間軍事支出及其佔GDP比率（金額單位：百萬美元）

	軍事支出	1992 年	1994 年	1996 年	1998 年	2000 年	2001 年	2002 年	2003 年
美國	軍事支出	37,4368	334,539	298,058	289,658	301,697	304,130	341,489	417,363
	佔 GDP%	4.80%	4.10%	3.50%	3.10%	3.10%	3.10%	3.40%	
英國	軍事支出	42,586	40,268	37,719	35,605	35,677	36,420	36,738	37,137
	佔 GDP%	3.70%	3.30%	2.90%	2.60%	2.50%	2.50%	2.40%	
法國	軍事支出	37,663	37,438	34,729	33,922	33,814	33,708	34,394	35,030
	佔 GDP%	3.40%	3.30%	3.00%	2.80%	2.60%	2.50%	2.50%	
俄羅斯	軍事支出	18,500	15,800	9,100	7,100	9,700	11,000	11,400	13,000
	佔 GDP%	5.50%	5.90%	3.80%	3.10%	3.70%	4.00%	4.00%	
德國	軍事支出	36,046	30,214	29,146	28,174	28,150	27,554	27,643	27,169
	佔 GDP%	2.10%	1.70%	1.60%	1.50%	1.50%	1.50%	1.50%	
義大利	軍事支出	18,909	18,540	18,665	20,218	22,411	22,042	22,655	20,811
	佔 GDP%	2.00%	2.00%	1.90%	2.00%	2.10%	2.00%	2.10%	
日本	軍事支出	43,278	43,958	45,293	45,394	45,793	46,259	46,773	46,895
	佔 GDP%	0.90%	1.00%	0.90%	1.00%	1.00%	1.00%	1.00%	
瑞典	軍事支出	4,576	4,555	3,001	4,515	4,861	4,610	4,486	4,363
	佔 GDP%	2.50%	2.40%	1.50%	2.10%	2.00%	1.90%	1.90%	
澳洲	軍事支出	6,218	6,526	6,244	6,666	6,973	7,249	7,624	7,821
	佔 GDP%	2.20%	2.10%	1.9%	1.9%	1.8%	1.90%	1.90%	

（續）表13-4　各國1992-2003年間軍事支出及其佔GDP比率（金額單位：百萬美元）

	軍事支出	1992年	1994年	1996年	1998年	2000年	2001年	2002年	2003年
以色列	軍事支出	7,743	7,284	8,091	8,468	8,935	9,044	10,518	9,981
	佔GDP%	10.50%	8.80%	8.60%	8.40%	8.20%	7.70%	9.20%	
中共	軍事支出	15,300	13,500	15,300	17,800	22,000	25,900	30,300	32,800
	佔GDP%	2.70%	1.90%	1.80%	1.90%	2.00%	2.20%	2.50%	
中華民國	軍事支出	9,398	10,535	9,606	9,723	7,770	7,927	7,281	7,272
	佔GDP%	4.60%	4.60%	3.80%	3.30%	2.50%	2.60%	2.30%	
新加坡	軍事支出	2,472	2,636	3,459	4,396	4,331	4,434	4,679	4,733
	佔GDP%	4.70%	4.00%	4.40%	5.50%	4.70%	5.10%	5.20%	
南韓	軍事支出	10,506	11,310	12,539	12,398	12,801	13,079	13,533	13,925
	佔GDP%	3.40%	3.10%	2.90%	3.10%	2.80%	2.80%	2.70%	
菲律賓	軍事支出	6,915	797	907	794	819	767	868	881
	佔GDP%	1.30%	1.40%	1.40%	1.20%	1.10%	1.00%	1.00%	
馬來西亞	軍事支出	1,535	1,768	1,807	1,248	1,533	19,089	2,169	2,312
	佔GDP%	3.00%	2.80%	2.40%	1.60%	1.70%	2.20%	2.40%	
印尼	軍事支出	1,739	1,845	2,110	1,545	1,656	1,740	1,835	N.A
	佔GDP%	1.70%	1.60%	1.60%	1.10%	1.1%	1.1%	1.2%	
伊朗	軍事支出	4,907	8,364	7,003	8,276	12,432	14,609	15,369	19,189
	佔GDP%	2.20%	3.10%	2.60%	3.20%	3.80%	4.3%	4.00%	

資料來源：SIPRI各國軍事支出資料庫資料。

參酌表13-2、表13-3及表13-4的內容，大致可以歸納出以下幾點：

（一）雖然歐美各國在蘇聯解體之後，國防預算所佔的比重正逐年下降；但亞洲各國在面對中共的威脅下，正逐漸的增加其國防支出數額，故仍多維持成長的趨勢。

（二）各國之間國防支出雖存在著相當大的變異，但過去面臨

「軍事威脅」較爲嚴重的以色列，在1992-2003年間軍事支出佔GDP的比例，平均就高達8%，而南韓亦多維持3%左右的水準。

（三）各國GDP的基礎不同，因此純以國防支出佔GDP的百分比來看，可能會產生某種程度的誤解。如2002年日本的軍事支出（受憲法約束）僅佔GDP的1%，但其數額是我國軍事支出數額的4.5倍（468億美元／106億美元）；同年度南韓的軍事支出年雖僅佔GDP的2.7%，但預算數額也是我國的1.3倍（135億美元／106億美元）。再者，美國在2002年的軍事支出佔GDP的比例雖爲3.4%，但其數額卻是3,415億美元，約爲我國的32倍，亦佔當年度全球軍事支出的43%。而2002年以色列軍事支出雖佔GDP的9.2%，但其支出數額卻僅與我國相近。

由於武器購置有規模經濟的問題，而這種國防預算（或軍事支出）差距造成的戰力影響，在「國防預算佔GDP的百分比」的比較數字中，事實上根本無法顯現。

其次由於現代化的戰爭，對高科技、新式武器的需求較爲殷切；而現代化武器的價格昂貴，也是眾所周知的事實。而現代化武器使用的頻次及程度較高，通常也會造成國防預算的需求額度攀升。因此我們可以透過現代化武器使用程度的衡量，來比較各國現代化武器使用的程度，以「現役人員平均每人每年使用國防預算數」，作爲衡量現代化武器使用程度的一個替代指標（proxy），並根據此一指標間接觀察軍事現代化的程度。

如根據1998-1999年「軍力平衡」（The Military Balance 1998-1999）資料顯示，我國現役人員平均每人每年使用國防預算數（國防預算／現役部隊人數）爲2萬2,074美元，美軍爲19萬3,065美元（約我國9倍），英國爲17萬6,353美元（約我國8倍），法國爲8萬4,727美元（約我國4倍），德國爲7萬9,160美元（約我國4倍），澳洲爲12萬0,209美元（約我國5倍），日本爲14萬5,095美元（約我國7倍），以色列爲4萬美元（約我國2倍），新加坡爲 5萬7,931美元（約我國3倍）。這個平均的數字來看，顯示我國在先進武器的使用程度，應該是比不上先進國家。

由於先進武器的取得成本甚高，如果部隊戰力主要由先進武器構成，其軍事成本必然會偏高；如1999年時德國約有36萬的現役部隊，法國約有33萬的現役部隊，與我國軍隊員額38萬人相近，但是它們的軍事支出卻是我國的3-4倍（依換算後的美元基礎比較）。換句話說，它們付出了相當於我們的4倍的成本代價，來購買國家安全的需求。

現代化的戰爭，往往是以價格與成本堆砌出來的；所以我們必須在武器需求、兵力結構、與財務需求之間取得一個平衡。而國防管理者面臨的眞正挑戰是，如何在各方需求之間，找到一個平衡的支撐點。

參、區域軍事支出比較

表13-5顯示1993年至2003年這十一年間，各地區的軍事支出變化。在1993年至2002年間，軍事支出成長最快的地區爲中東地區，成長幅度高達48%，其次爲亞洲及大洋洲，成長幅度爲25%，非洲與美洲則以24%緊跟在後，歐洲地區呈現負成長的趨勢。1993年至2002年間，全球軍事支出的成長率僅爲18%；如以次地區來看，南亞地區則以41%的成長趨勢高居榜首。以金額來看，軍事支出成長最多的仍爲美洲地區；美洲地區的成長又以北美地區爲最高，也就是美國的軍事支出成長數。

如以2001年、2002年、2003年三年來看，美洲地區雖仍居高不下；但亞洲與大洋洲在軍事支出上的的快速成長，亦相當值得注意。面對東亞與南亞地區的軍事支出快速成長，區域各國的政治相對又較

表13-5　2001-2003年世界各洲國防支出比較表（基期2000年）

地　區	2001年	2002年	2003年	1993年至2002年
非　洲	10.5	9.6	11.4	+24%
北非地區	4.8	n.a.	5.5	+35%
撒哈拉地區	5.8	n.a.	5.9	+15%
美　洲	339	368	451	+24%
北美地區	313	344	426	+24%
中美洲地區	3.6	3.3	3.3	-5%
南美洲地區	22.6	21.1	21.8	+24%
亞洲與大洋洲	140	147	151	+25%
中亞地區	0.5	n.a.	n.a	n.a
東亞地區	115	122	125	+24%
南亞地區	15.8	17.3	16.9	+41%
大洋洲地區	8.0	7.4	8.5	+17%
歐　洲	191	181	195	-2%
東歐及中歐地區	21.5	21.4	24.5	-8%
西歐地區	170	160	171	-2%
中東地區	63.1	n.a	70.0	+48%
全球軍事支出	**743**	**792**	**879**	+18%
年增率	2.3%	6.5%	11.0%	

資料來源：SIPRI 2004年年報。

說明：單位—十億美元；n.a.—資料不全。

不穩定；加上此一地區存在著經濟利益與主權的潛在衝突，故亞洲地區未來的穩定性較值得國人關心。以年度軍事支出的全球年增率來看，2001年的年增率爲2.3%，2002年的年增率爲6.5%，2003年的年增率爲11.0%，2000年以後全球軍事支出的快速成長趨勢，也值得國人深切關注。

從圖13-1我國的國防預算與圖13-2中共的國防預算的成長趨勢比較可以發現，我國國防預算額度成長較快的時間是民國60年

（1971年）至民國80年（1991年）間，民國80年以後，國防預算的成長就逐漸趨緩，民國90年（2001年）以後甚至出現成長下滑的現象。相對的，大陸在1991年以前，國防經費都維持在相當低的水準，但在1991年以後，大陸的國防預算就出現巨幅上揚的現象，2000年以後，這種每年十個百分點以上的成長趨勢仍維持不墜。對照兩岸的軍事發展與國防經費趨勢，兩岸的軍事失衡確實有跡可尋。

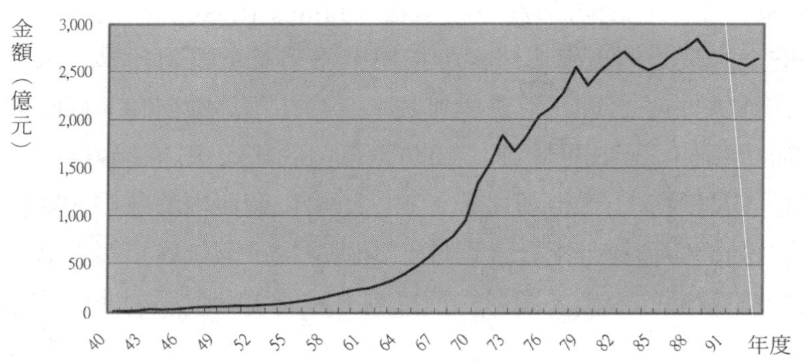

圖13-1　民國40-93年（1951-2002年）我國防預算成長趨勢圖

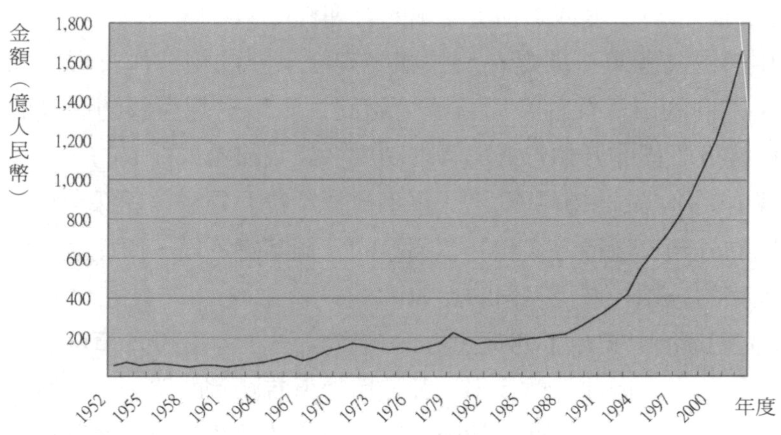

圖13-2　1952-2002年間中共國防預算成長趨勢圖

第二節　國防經費結構

壹、各國國防經費結構比較

美國第十二任國防部長史勒辛格（James R. Schlesinger）在其「國家安全的政治經濟學」一書中指出，爲了避免國防預算的編列，出現結構分配的不合理、浪費與無效率，應在預算編列時，同時兼顧以下幾個原則，分別是❺：一、國防預算與國防政策之一致性；二、國防預算佔財政支出之合理比率；三、軍事投資與經濟效益兼顧性；四、兵力結構與預算分配之合理性。也就是說，國防經費需求必須同時兼顧多個層面的平衡，編列的預算需求才能更具說服力。但鑑於各國政經背景互異，各國國防預算的定義／內涵，受各國歷史與制度等因素影響而不同，再加上各國在國防預算的分類結構上亦有明顯的不同（參見表13-6）。因此，我們很難採用單一的比率或數字，來衡量各國在國防預算額度或類別上支出的合理程度。

由於國防預算主要是在反映國防安全事務的相關作業與活動；因此，不同的國家往往會因爲國情體制、戰略構想與國防制度的不同，而採取不同的分類方式與管理制度。如我國過去採取的「人員維持經費」、「作業維持經費」、「軍事投資經費」分類，係採業務計畫爲基礎的分類，這種方式和許多國家的分類基礎不同，因此並不能和其他國家的分類，進行等同的比較。

在表13-6中顯示了四件重要的事實：一、各國國防預算的分類方式差異甚大；因此，要找出一種適用於所有國家的單一分類方式，其實並不可行。二、即使兩個國家所採取的國防預算分類名稱相同，但由於預算分類下包括的預算內容與作業活動並不相同（如美軍將文

表13-6　各國國防預算分類方式比較表

國　家	類別	主　要　內　容
中華民國 ❻	4　類	「人員維持」、「作業維持」、「軍事投資」及「其它」
美　國 ❼	7　類	「軍事人員」、「作業維持」、「軍事採購」、「研究發展與測試評估」、「營繕工程」、「家庭安置」及「其它」
蘇　聯 ❽	8　類	「人事」、「作業維持」、「軍事採購」、「研究發展」、「基礎設施」、「核能」、「MOD」及「其它」
日　本 ❾	2　類	「人事」、「物料」（物料費下分爲「軍事採購」、「研究發展」、「維持費」、「其它（含設施整備）」四小類）
中國大陸 ❿	3　類	「生活費」、「軍事教育與科學研究事業費」、「裝備費」
英　國 ⓫	3　類	「人事支出」（軍事人員、文職人員二類）、「裝備支出」（海上裝備、陸上裝備、空中裝備、其它四類）、「其它支出」（作業、建築及土地、庫儲及服務二類）
德　國 ⓬	2　類	「營運支出」（包括人事費、物料費、其它）、「投資支出」（包括研究、發展、測試費、軍事生產費、軍事設施費、其它）
韓　國 ⓭	4　類	「人事」、「作業維持」、「軍事採購（含研究發展）」及「營繕工程及退休基金」
印　度 ⓮	2　類	「人事及作業維持」、「研究發展、軍事採購及營繕工程」
泰　國 ⓯	6　類	「薪資及臨時工資」、「酬勞服務及供給」、「公共設施」、「設備資產及建設」、「補助金」、「其它」
巴　西 ⓰	3　類	「人事、退休基金及作業維持」、「軍事採購及營繕工程」及「其它」
阿根廷	5　類	「人事」、「作業維持」、「裝備」、「其它」及「退休基金」

❺林志忠、劉立倫，**我國防預算結構分析之研究**，頁56。

❻我國國防預算的分類係以業務計畫進行分類，並非採用會計基礎進行分類，與各國並不相同；至於第四類的「其它」，係90年度才出現的分類，該類目前僅有「補捐助業務」乙項。

❼IISS(1999), p.15. 美軍採用PPB制度，雖以主要計畫進行分類，但國會對於國防部的經費審議，則授權給參議院的「國家安全委員會」及眾議院的「軍事

委員會」，由他們提出國防經費的建議；之後再由兩院的撥款委員會，建議財政部將年度預算額度存入國防部的帳户。國會撥款依國會的既有分類方式，這種分類方式建立在PPB制度發展之前；因此，國防部送審的預算書也必須配合國會的撥款科目編列。

❽Ibid., p.109. 書中亦未說明MOD的英文全名，故以縮寫引用，不妄加揣測。

❾在國防部史編局譯印，「1998年日本防衛白皮書」的頁134-135中，將日本的國防預算分爲九類，分別是「人事、糧食費」、「物件費」、「裝備品等購入費」、「研究開發費」、「設施整備費」、「維持費」、「基地對策經費」、「SACO關係經費」及「其它」。但在IISS的"The Military Balance 1999-2000"的頁174中，則顯示日本國防預算分爲兩大類，分別是「人事費」及「物料費」。爲基於共同比較基礎，本書採取IISS的分類。
所謂SACO爲琉球特別行動委員會（Special Action Committee on Okinawa），成立於1995年11月橋本首相任内，主要探討琉球縣内美軍是設施、營區等相關課題（因1995年9月發生美軍強暴案，導致琉球縣知事拒絕美軍借地，引發全國注意）。該委員會要求美軍歸還土地（歸還普天間機場、安波訓練場等六處設施）、改善訓練方法（包括實彈射擊訓練場遷移、跳傘訓練場遷移、嘉手納機場設置隔音牆降低噪音等）。SACO經費首次出現於1997年，在1998年爲107億日圓。參見「1998年日本防衛白皮書」的頁284-285、頁359及頁408-418。

❿林志忠、劉立倫，**我國防預算結構分析之研究**，頁56。

⓫根據MOD performance report-1998/1999，Dec. 1999，Chapter 5 'Resource and Management' table16 整理而得。

⓬參見國防部史編局譯印，**1994年德國國防白皮書**，民國84年4月，頁123。

⓭參見國防部史編局譯印，**1997-1998年韓國國防白皮書**，民國87年10月，頁213-216。韓國的國防預算區分爲兩大類，分別是「作業及維持費」(包括武裝部隊作業費、營區作業維持費、設施等維持費、裝備維持費)、「兵力改善費」。同樣的在IISS的"The Military Balance 1999-2000"的頁176中則顯示韓國的國防預算分爲四類，分別是「人事」、「作業維持」、「軍事採購（含研發)」及「營繕工程與退休基金」。爲基於共同比較基礎，本書採取IISS的分類。

⓮IISS(1999), p.154.

⓯依任務區分，泰國國防部的支出，可區分爲「人事支出」、「國防支出」、「其它支出」及「軍事研究及發展支出」四類；依費用類別區分則區分爲表中所列之六類。詳細内容請參見國防部史編局譯印，**1996年泰國國防報告書**，民國85年12月，頁55-57。

⓰IISS(1999), p.212.

職人員薪資編列在作業維持費項下）；所以在引用時必須調整各國國防安全實務上的差異，才能進行有效的比較。三、各國的國防預算分類，是基於其國防決策的需要而進行區分。由於國防決策的目的、考慮因素不同，所產生的國防預算分類架構亦將不同。因此，各國國防預算分類方式之間，其實並無法進行優劣的比較。

貳、人員經費與退撫經費

一、人員經費

人員維持經費一般而言由五個部分組成，分別是：俸給、主副食、保險、退休撫卹及軍眷補助。其中俸給是國軍官兵的薪餉與各項勤務性加給，亦為人員維持經費的大宗，過去十年平均數額高達人員經費的80%左右（參見圖13-3，圖中數字不含機密性的「特業軍事人員」業務計畫）。就內容而言，薪餉、勤務性加給及主副食，均屬於「一般軍事人員」的業務計畫；特殊及機密性的加給，及駐外人員薪給，則歸屬於「特業軍事人員」的業務計畫。保險歸屬於「保險」的業務計畫，退休撫卹屬於「退休撫卹」的業務計畫，軍眷維持則歸屬於「軍眷維持」的業務計畫。

俸給的額度與歷年來的待遇調整有密切的關聯。過去由於國軍的人員待遇偏低，因此行政院過去亦持續的調整國軍的人員薪資待遇；表13-7顯示由81年度至90年度間國軍待遇的調整比率。由數字可以發現，81年度至90年度這十年間，國軍待遇平均的調整幅度為4%，在85年度（含）以前調幅多超過這個水準，但在85年度以後，待遇調整幅度則遠低於這個水準，89年度甚至出現不調薪的現象。

在人員維持不變情況下，因待遇調整及定期晉升（級）的驅使下，人員維持費必然會出現年年增加的現象，無形中將排擠其他的預算。由於國防預算中之人員維持費，由80年度時佔國防預算

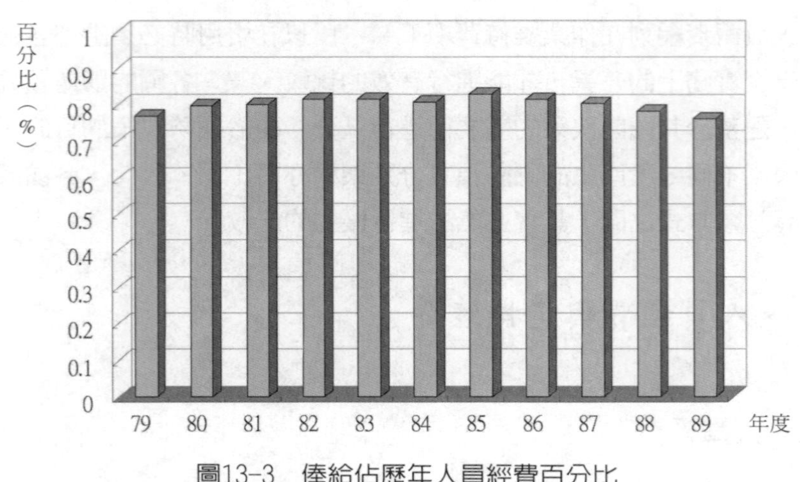

圖13-3　俸給佔歷年人員經費百分比

表13-7　81-90年度待遇調整比率及人員維持費佔國防預算比率表

年　度	81	82	83	84	85
待遇調整比率	6%	6%	8%	3%	5%
人員維持費佔國防預算比率	38.22%	38.21%	42.90%	43.90%	44.74%
年　度	86	87	88	89	90
待遇調整比率	3%	3%	3%	0%	3%
人員維持費佔國防預算比率	46.02%	48.24%	50.02%	54.08%	50.90%

資料來源：葉恆菁，「國家經濟能力、軍事防衛與國防預算關係之研究」，台北縣：國防管理學院國防財務資源管理研究所碩文論文，民國91年6月，頁27。

38.22%，因逐年調薪及人員晉升結果，至90年度時已佔50.8%，成為國防預算中最大的支出項目，無形中排擠了其它重要的軍事預算。

由於過去國軍的體制、員額龐大，而待遇調整的幅度，造成薪資支出數額的快速攀升，抵銷了人員精簡的政策效果。故國防部過去雖然持續推動人員精簡的政策，然由於待遇調整的反向效果，導致人員維持經費始終難以控制。圖13-4顯示民國75年7月至民國86年12

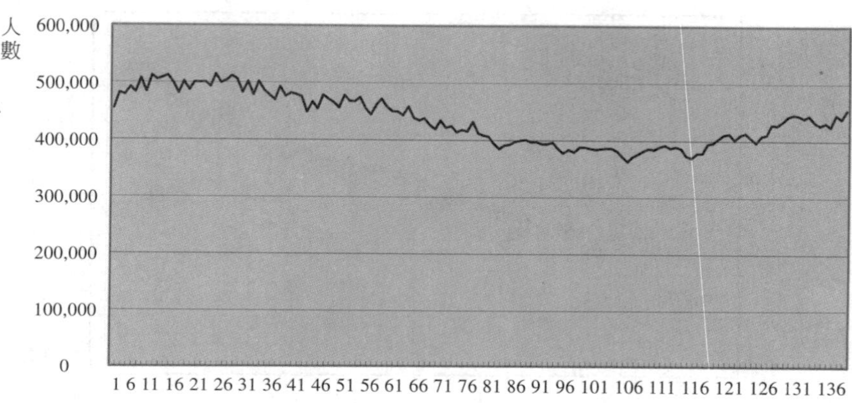

圖13-4　民國76年6月至民國84年6月間各月份發放人數變動趨勢

月，共一百三十八個月間的發放人數變動情形，圖中顯示在80年度以後，國軍員額大致就維持在40萬人左右。

圖13-5中顯示民國76年6月至民國84年6月，共九十六個月的人員薪資變動趨勢。圖中雖然顯示發放人數在民國78年至民國83年間，呈現持續下跌趨勢，但人員薪給卻不減反增；且在持續成長中，反映人員退補、晉任的週期性波動現象。故從長期來看來看，人員精簡產生的緊縮效果不及薪資調整的膨脹效果；人員薪給仍因待遇調整，而迫使國防預算出現難以控制的攀升結果。待遇的持續調整，加上近年來國防預算的成長幅度趨緩，亦導致人員維持經費佔國防預算的比重日漸攀高。圖13-6中顯示黑色部分爲人員維持經費、白色部分爲作業維持經費，灰色部分爲軍事投資經費），自88年度以後就超過國防預算的50%，因而引發許多人對軍隊戰力結構（人員與武器的組合）的質疑。

由於精確估算國軍未來的薪資額度，對國防資源的規劃，有實質的意義與重要性，因此近年來亦受到相關學者的重視。如張緯良、羅新興（民85）的研究中，曾將「軍事人力」區分爲志願役軍官、義務役軍官、志願役士官、義務役士官與士兵五種。對可徵役男人數的

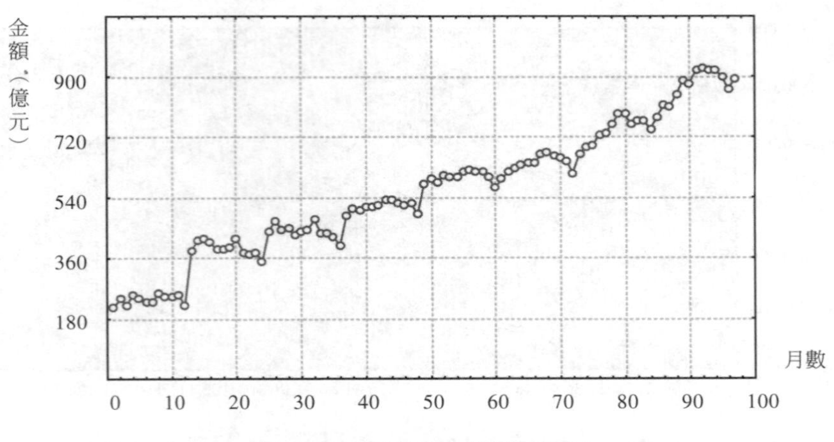

圖13-5　人員薪資成長趨勢圖

資料來源：劉立倫、費吳琛、簡伸根，「國軍人員薪資估測模式之研究」，**第六屆國防管理理論暨實務研討會論文集**，民國87年5月，頁579。

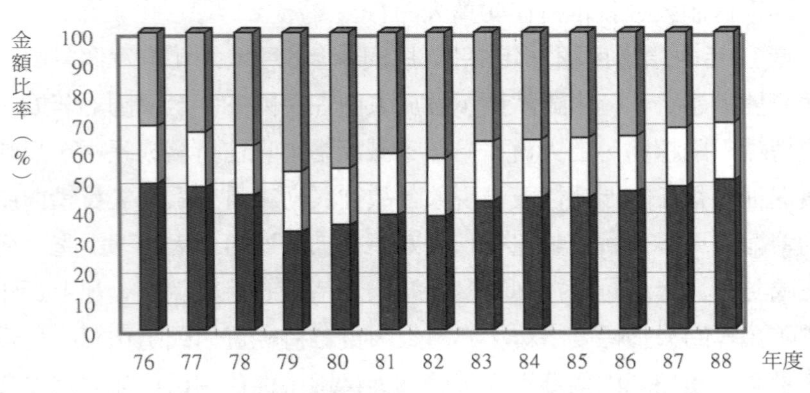

圖13-6　民國76-88年國軍人員、作業及投資經費結構圖

估計則採用「預判徵集人數」乘上「徵集率」得出。至於在人員薪給的估計，亦採用「各分階人數」乘以「該階平均薪給」來加總計算。

在實務上對於人員薪資的估測，主要是以「預算員額」乘以「平均薪資」作為計算的依據；但在預算員額的計算上則有兩種不同的方式，分別是「二年平均人數」為預算員額，與「預判現員」為預算員額。其中採用「預判現員」爲預算員額時，「目標年度的預判現員」等於「上年度預判現員」加上「本年度預判增補數」減去「本年度預判退損數」[17]。

而在簡伸根（民87）的研究中，曾採用單變量時間數列估測，及移轉函數的時間數列估測模式進行分析。結果發現在兩種預測方式下，在二十四個月（二年內）預測的精確度，均可達到98%以上；這顯示出軍事人員薪資成長的趨勢，其實是可以達到相當精確的預測結果。

二、退撫經費

國防部曾於79年度，將原屬於人員維持經費項下的退撫經費移編退輔會，當時曾引發許多的討論。至於退撫經費應否移編？是否可視爲隱藏性的國防預算？則須由退撫經費的屬性來界定。

根據1980年聯合國政事別分類，計包括十四項，分別爲「01一般政務」、「02防衛」、「03保安警備」、「04教育」、「05保健」、「06社會安全福利」、「07住宅及社區服務」、「08娛樂文化及宗教服務」、「09燃料及能源」、「10農林漁獵業」、「11礦業（燃料除外）製造及營造業」、「12運輸及通信」、「13其它經濟服務」、「14其它支出」。

其中「02防衛」項下分爲四類，分別是「02.1國防及民防」、「02.2軍事援外」、「02.3與防衛有關之應用研究及實驗發展」、「02.4其它防衛」。在「國防及民防」項下又區分爲三小類，分別是「02.11國防」、「02.12民防」及「02.13其它」。在「02.11國防」項下，認爲軍事人員的養老、撫卹等應歸入「06社會安全福利」項下。

[17] 簡伸根，「國軍維持員額估測模式之研究」，台北縣：國防管理學院資源管理研究所碩士論文，民國87年5月，頁19。

在「06社會安全福利」項下又區分爲三類，分別是「06.1社會安全」、「06.2社會福利」及「06.3其它社會安全及福利」；而軍職、文職人員及其遺屬的退休、撫卹及傷殘辦法的管理與作業（不論是否設有基金，或是否採分擔之給付方式），均應納入「06.1社會安全」項下之「06.12公務人員退休撫卹給付」。

換言之，政府服務之公職人員（包括公務人員與軍職人員），其退休撫卹等各項給付，應該屬於「社會安全福利」支出的範疇。

其次，根據SIPRI及北約對軍費支出的定義來看，亦可發現軍事支出中有關人員經費的支出，指的是現役人員（包括軍事人員及文職人員薪給）的薪給；而民防（civil defense）、退伍軍人福利（veterans' benefits）、復員（demobilization）、武器銷毀（weapon destruction）等均不屬於軍事支出的範圍。

同樣的在美國的國防預算中，人員費中亦僅包括現役人員的經費，不包括退役人員的退休撫卹經費；在美軍的預算中，更將軍事人員與文職人員區隔，其中軍事人員的薪給屬於人員經費，文職人員的薪給則屬於作業及維持經費。

而美國退伍軍人部（Department of Veterans Affairs, VA）係於1989年3月15日，布希總統任內成立，成爲聯邦政府中的第十四個部會。退伍軍人部負責退伍軍人及其眷屬的就醫（在VA的健診體系下，在全國計有170個以上的醫療中心，超過350個診所）、津貼（benefits，包括補償與年金“compensation and pension”[18]、就學“education”、貸款保證“loan guaranty”及保險“insurance”，由VA分設在全國的50個以上的辦公室負責）、安葬[19]等事宜。以1998年退

[18] 補償金係發給因公傷殘的退伍軍人或其遺族；年金支付係發給非因公傷殘的退伍軍人或其遺族。

[19] 1973年美國陸軍將其下轄之國家公墓體系（阿靈頓公墓除外），撥交到VA的體系。

伍軍人部的年度預算來看，當年度退伍軍人的總人數約爲252萬人，該部的預算約爲430億美元，其中最大的二個部分，分別爲補償及年金（約200億美元，約佔VA預算的46%），其次則爲醫療服務及管理成本（約191億美元，約佔VA預算的44%）。

再以中國大陸爲例，中國大陸的社會保障制度是以社會保險（包括全民所有制企業職工勞動保險、勞動合同制工人保險、國家機關工作人員保險、集體所有制企業職工社會保險及農村社會保險等五類）與社會救助（以農村社會保障網絡爲主的社會救助型態）爲主體[20]。其中全民所有制企業職工勞動保險、勞動合同制工人保險、集體所有制企業職工社會保險，係由中共國務院的勞動部管轄[21]；農村社會保險與社會救助，則由中共國務院的民政部管轄；而國家機關工作人員保險，所需各項繳納之經費，完全由國家機關年度預算負擔，屬於中共國務院人事部的權責[22]；其本質上比較像職工福利，而不是社會保險[23]。

由於此一制度異常複雜、各自管理，故往往出現各種福利方案的給付水準不一，不同地區給付亦有差異，使得社會福利的不公平現象日漸加大。中國大陸對特定身分人員（如退伍人員、傷殘軍人、現役軍人及陣亡軍人家屬等），亦制定軍人撫卹優待條例（1988年6月20日），提供適當的「優撫」保障（包括優待、補助及生活保障）。中共對於軍人之優撫安置措施，主要是架構在憲法第四十五條「國家和社會保障殘廢軍人的生活，優撫烈士家屬，優待軍人家屬」的基礎之上，並由中共國務院的民政部掌理執行。

[20]詹火生、楊瑩、張菁芬合著，**中國大陸社會安全制度**，台北：五南圖書出版股份有限公司，民國82年9月，頁68-72。

[21]詹火生、楊瑩、張菁芬合著，**中國大陸社會安全制度**，頁386-387。

[22]詹火生、楊瑩、張菁芬合著，**中國大陸社會安全制度**，頁148，頁386-387。

[23]詹火生、楊瑩、張菁芬合著，**中國大陸社會安全制度**，頁285、387。

而根據中共國務院1978年6月發佈的「關於安置老弱病殘幹部的暫行辦法」第十二條規定[24]，及1980年10月頒佈的「關於老幹部離職休養暫行規定」第六條規定[25]顯示，中共國家機構人員的退休與退職經費，主要仍由原單位負責。而中共設置各地的退伍安置機構，亦隸屬於國務院的民政部；而退伍軍人的就業、就醫、就養、就學、撫卹與事宜問題，則由民政部門負責解決。

而根據我國行政院「退除役官兵輔導委員會組織條例」，退除役官兵輔導委員會職司照顧退除役官兵與眷屬之就學、就養、就醫與服務照顧；依其「組織條例」第二條明定，退輔會負責「退除役官兵法定權益及優待事項」（第四項）及「退除役官兵養老救助事項」（第六項）。故退輔會理應照顧退除役官兵的退休養老事宜。

從前述的討論可以發現，退撫經費本質上應屬於社會安全福利，與國防預算中人員維持經費的「軍事人員」性質並不相同；故退撫經費移編至退輔會，其實並不構成隱藏性國防經費的問題。

其次，目前世界各國對於公務人員（含軍職）的退休保障，都逐漸開始結合國家的社會安全體系；也就是兼採退撫制度與社會保險的保障方式實施。在退撫制度下，亦有不同的實施方式；或採一次退職金（政府編列預算一次發給），或可採月退休俸（泰半是採用儲金制[26]，即服務公職期間，由政府及個人依比例相互提撥，而非恩給制）。

---

[24]第十三條中規定，依規定應發給之退休費、退職生活費，在企業單位由企業行政支付，在黨政機關、群眾團體和事業單位中，就地安置的由原工作單位負責，易地安置的分別由負責管理的組織人事和縣級民政部門另列預算支付。參見詹火生、楊瑩、張菁芬合著，**中國大陸社會安全制度**，頁224、436。

[25]第六條中規定離休幹部需要之各項經費由原單位支付，跨省安置者由原單位撥交接受地區的幹部級人事部門掌握及編列預算支付，醫療費用由原單位負責報銷；離休幹部易地安置者，其安置補助費應由原工作單位一次發給。參見詹火生、楊瑩、張菁芬合著，**中國大陸社會安全制度**，頁224、438。

[26]在儲金制下，個人提撥是由個人的薪資所得中扣繳，而政府則採編列預算方式提撥；而恩給制則完全由國家編列預算支付，個人無須提撥。

如我國公務人員的退休保障，是採退撫制度（月退休俸）與公保的雙層保障制；而日本的公務員退休保障，則採退撫制度（一次退職金）及社會保險共濟組合的雙層保障。而德國的公務人員退休保障則以退撫制度爲主，配合國家提供的社會福利，作爲公務人員的退休保障。

在施教裕等人（民83）的研究中顯示，世界各國退休公務人員的養老制度，是建立在三個基礎之上，分別是：社會安全制度[27]、政府退休給與（或儲蓄計畫），及社會福利。其中政府退休給與（或儲蓄計畫），則是在公務人員參加社會安全制度，於退休時領取社會安全給付之外，另以公務人員身分，由政府發給退休給與，以保障其退休之後之年老生活。退休給與制度多採儲金制，在職時依一定費率扣繳，由政府與個人共同提撥基金。表13-8顯示各國退役人員退休金的提撥方式，在政府提撥的部分，泰半都將其納入國防預算編列（除新加坡納入財政部，法國與德國則納入社會福利體系下）。

第三節　中共的國防經費

根據中共所編的「國家預算收支科目表」顯示，支出科目計包括二十九類，國防支出爲第十七類，「國防支出」下可分爲「國防費」（又稱軍費，依軍事活動性質區分爲「生活費」、「軍事教育科研事業費」、「裝備設施購建維修費」三類）、「民兵建設事業費」、「國防

[27]「社會安全」一詞源自於經濟安全的觀念，原指政府提供有限的福利政策法案，以保障國民經濟生活的安全。依據美國修正之「社會安全法」規定，社會安全包括社會保險（public insurance），公共扶助（public assistance）及母性與兒童保健（maternal and child health）三大體系。詳細內容參見詹火生、楊瑩、張菁芬合著，**中國大陸社會安全制度**，頁12-13。

表13-8　各國退役人員退休撫卹提撥經費編列方式

國　家	提撥是否納入國防預算	說　明
中華民國[28]	是	採信託基金方式，提撥儲金制。現役軍人的退休福利，由退輔會負責。
美國	是	採信託基金方式，提撥儲金制。現役軍人的退休福利，均由退伍軍人部負責。
日本[29]	是	採退職金方式，透過年金體系（三個部份構成：國民年金、職業年金和海員保險、及互助會的四個年金保險團體）。[30]
韓國	是	退休基金。[31]
新加坡	否	依個人薪資繳納12%，財政部提撥7%相對基金（以往提撥12%，唯1999年財政部編列了退伍獎勵金，故僅提撥7%）。
法國	否	編列於社會福利體系下。
德國[32]	否	編列於社會福利體系下。
中共	是	僅編列退職金，其餘的退休保障由民政部門負責。

資料來源：參酌各國退休給付資料、施教裕等人（民83）的研究，及我國退撫基金運作等各方資料整理後製表。

---

[28]我國的公務人員退休法於民國84年7月1日正式實施，此一退休撫卹制度由過去的「恩給制」改爲「儲金制」，由政府（65%）及公職人員（35%）共同提撥基金，委由退撫基金管理，作爲日後各級政府、軍公教人員退休時，支領定額退休年金（或撫恤金）的財源。因此退撫基金本質爲信託基金；基金提撥方式係屬「相對性提撥退休計畫」（contributory pension plan）；至於退休給付則屬「確定給付之退休計畫」（defined benefit pension plan）。

[29]日本的自衛隊員包括自衛官、即應預備自衛官（1997年開始採用）、預備自衛官、事務官、技術官、教官等，其中自衛官採用任期制及壯年退役制，即應（即「快速反應」）預備自衛官爲陸上自衛隊引進的制度，由退職自衛官中考選自願者（1997年錄取約700人），他們接受較多的訓練，與常備自衛官同爲第一線部隊成員。預備自衛官亦由退役的自衛官志願擔任，在1997年時僅4萬8,000人左右，事務官、技術官及教官 需經過國家公務員任用第一級、第二級及第三級考試通過。因此，自衛隊的退休保險制度是納入國家退休保險體系之下。詳細資料參見國防部史政編譯局編印，**1998年日本防衛白皮書**，頁

科委事業費」，及「人民防空費」等幾個項目[33]，其中國防費的概念接近於國防預算的概念，亦爲中共「中國統計年鑑」、「中國經濟年鑑」近年來對外公佈之數據資料。

圖13-7顯示中共過去五十年國防經費的成長趨勢，圖13-8顯示中共過去五十年GDP的成長趨勢；圖中不難發現，GDP的成長趨勢與國防經費的成長趨勢極爲相似。換言之，國防經費的編列，與國家的經濟能力可能有相當密切的關聯；而根據過去的研究顯示，我國也存在類似的現象[34]。從成長趨勢來看，中共的國防經費約在1990年以後，出現大幅攀升的現象，並導致連續十幾年呈現百分比兩位數字的快速成長現象。相對的，對照圖13-1我國防經費過去五十年來的成長趨勢，則發現我國防預算在1990年以後，呈現的是成長遲緩的現象。這種明顯的對比，也導致許多有識之士日益關注國家安全能否維繫的課題。

248-252。

[30] 日本的自衛官屬於國家公務員，故其適用公務人員退休之相關規定；在社會安全體系下，日本的公務員平時須繳納一定比率之費用，退休後可採年金制或一次金，領取養老金；而在公務員退休時，還可依公務員退職津貼法規定，支領一次退職津貼，所需經費由政府負擔（編列在「防衛廳職員退職金」項下）。平時則採勞雇雙方共同分攤的方式提撥。

[31] 韓國的軍事退休計畫的特別帳目，是用以設計作爲支付退伍軍人退伍金所設；成立之財源部分來自軍人及政府，部分來自於其他部門的政府補助；其1997年的歲入及歲出爲9,573億韓圜；詳細資料參見國防部史政編譯局編印，**1997-1998年韓國國防白皮書**，頁216。

[32] 德國公務員退休法源自於基本法的規定，軍人亦爲公務員，須依公務員退休法的規定；而公務員一旦退休則以社會福利制度加以照顧，不因其職業類別，而在社會福利上有所不同。參見施教裕等人著，**建立退休公務人員養老制度之研究**，行政院研考會編印，民國83年6月，頁96-104。

[33] 陳俊章，**國防經濟分析**，自印本，民國85年8月，頁127-128。

[34] 劉立倫、費吳琛、潘俊興，「國防預算估測：時間數列模型之運用」，**第六屆國防管理論暨實務研討會論文集**，民國87年5月，頁617-640。

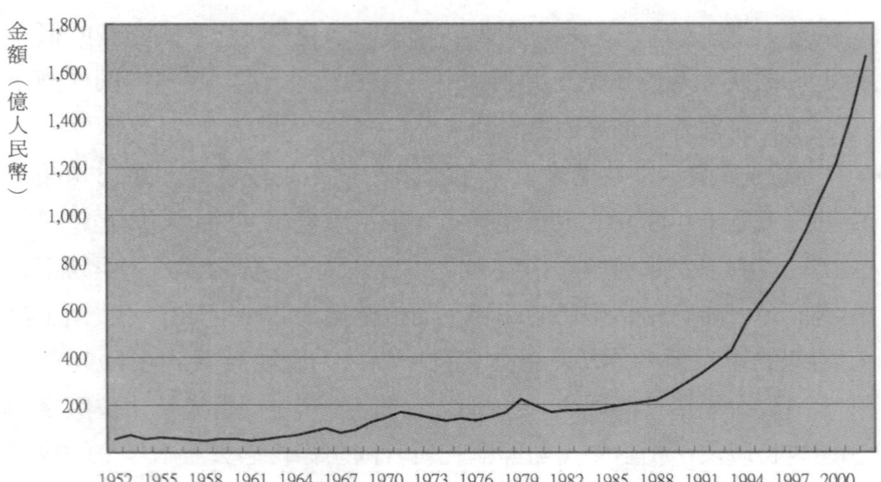

圖13-7　1952-2002年間中共國防經費趨勢圖

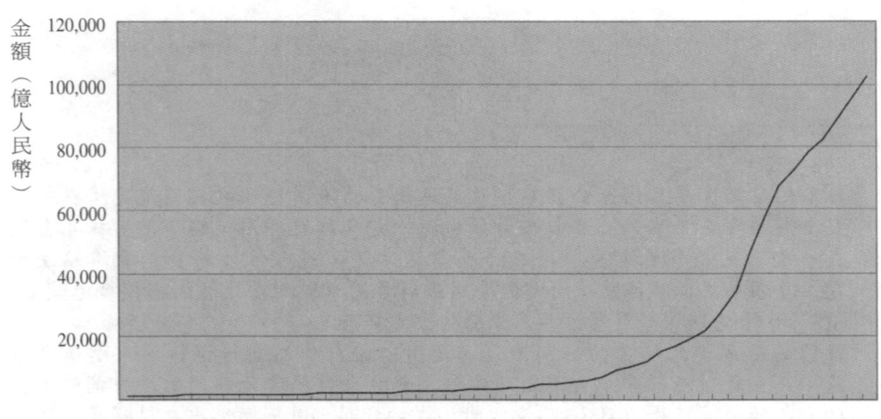

圖13-8　中共1952-2002年間GDP成長趨勢圖

中共的國防經費可區分爲四類，分別是：

一、經費預算

共分爲生活費、公務費、事業費、教育訓練費、裝備購置費、後勤裝備購置費、裝備維修管理費、基本建設費、科學研究費、戰備作戰費、及其他經費等十一個類別，在這十一個類別下又設置五十九目[35]。此爲中共正式對外公佈的國防經費項目。由於中共的武裝力量，主要由三個部分組成，分別是人民解放軍、人民武裝警察部隊及民兵[36]。而中共曾於1985年裁軍百萬，但其中17萬「鐵道兵」撥配「交通部」，45萬「基建工程兵」撥交地方與經濟特區支援經建，其餘各省之守備部隊改編爲地方性「人民武裝警察部隊」，合計總數約100萬人[37]。故此一裁軍對其整體軍力並無影響，但相關經費卻移轉至其它部會編列；故此一經費預算的數字，是否能夠反映中共軍隊的實際財務需求，仍相當值得懷疑。

二、隱藏性國防經費

這些經費主要包括：

（一）國防科委事業費：中共曾於1985年採「軍轉民」政策，國防科技與國防工業改隸國務院，因此原屬於武器裝備之研

---

[35]林俊賢，**共軍財務管理之研究**，國防管理學院87年度研究報告，附表三「共軍預算經費科目分類及管理部門」，頁85-86。（資料內容引述自中國人民解放軍高級後勤學校編之「軍隊財務管理學」，1990年4月）

[36]1984年5月中共通過的「兵役法」中，已將民兵與預備役結合，並透過民兵組織來管理預備役人員。故其民兵係由退役軍人及經過軍事訓練二十八歲以下的青年構成，可依據需要，隨時轉爲現役部隊，遂行作戰任務。參見沈明室，**改革開放後的解放軍**，台北：慧眾文化出版有限公司，民國84年10月，頁117-119。

[37]陳俊章，**國防經濟分析**，頁131。

究，及國防工業之基本建設等重大支出，均重新改列至國家預算項下其他的科目[38]；

（二）民兵建設事業費：民兵經費由各省、市、自治區自行籌措支應；

（三）公、檢、法支出：武警部隊支出屬「公、檢、法支出」，亦由各省、市、自治區自行籌措支應[39]；

（四）人民防空費：納入國家預算科目的「其他支出」項下。

三、預算外經費

分爲「生產經營收入」、「價撥裝備物資收入」、「轉讓和出租收入」、「報廢裝備物資變價收入」、「運輸收入」、「雜項收入」及「歷年預算外經費結餘」等七類，七大類下又細分爲三十一目[40]；由內容觀之，不難發現其爲各種不同型態的經費收入。其中軍辦企業的各項收入，主要自1979年中共中央倡導經濟改革，提出新社會主義經濟發展後開始蓬勃發展；此一經費運作方式與解放軍一貫的歷史角色（打仗、群眾工作與生產）並不衝突。由於中共在十一屆三中全會後，提出要追求「四個現代化」（農業、工業、國防、科技），但卻無力增加軍費（1979年以後，國防預算便逐漸緊縮），導致軍隊必須自求發展，積極參與經濟開發與生產，獲取各種收入，以彌補的軍費不足[41]。

根據資料顯示，1990年時，中共軍隊企業化工廠的民品產值，已佔全國總產值的55%；產品的項目從汽車、家電產品、各式服裝到各式食品，食衣住行幾乎無所不包[42]。而解放軍亦投資各種工礦企業

[38]陳俊章，**國防經濟分析**，頁129。
[39]同前註。
[40]林俊賢，**共軍財務管理之研究**，附表四「共軍預算外經費科目」，頁87-88。
[41]沈明室，**改革開放後的解放軍**，頁149-155。
[42]沈明室，**改革開放後的解放軍**，頁157-158。

（28種工礦、600家以上的企業）、發展部隊家屬工廠、土地設施對外經營、經營農副業生產、承包地方工程[43]。故其收入項目林林總總，均可供軍隊使用。根據1983年1月14日「工商時報」的資料顯示，中國大陸的國營企業中，約有三分之一是由軍隊掌握[44]，可見中共軍隊的影響力與其收入的龐雜性。

四、對外軍售

主要來自兩大系統，在中共中央軍委會系統下，下設保利公司等16個公司（詳如表13-9），在中共國務院系統下，則包括中國北方工業公司等23家公司（參見表13-10）。

根據SIPRI資料顯示，在1990年時，對第三世界的武器輸出，中共已爲世界第三大武器輸出國，僅次於美國與蘇聯[45]。因此武器和裝備的輸出，對其共軍的預算經費，必然佔有相當重要的影響力。但這些都未顯示在其經費預算的內容中。

如此複雜的預算內涵，導致國際間往往對中共實際的國防預算數字，難以掌握全貌；再加上軍費支出、國防支出及國防預算的定義不同，逐使得各相關機構所提出的數字差異頗大（參見表13-11）。

---

[43] 沈明室，**改革開放後的解放軍**，頁158-163。
[44] 沈明室，**改革開放後的解放軍**，頁158。
[45] 沈明室，**改革開放後的解放軍**，頁177。

表13-9　中共中央軍委系統武器裝備外銷公司一覽表

項次	公司名稱	隸屬部門	生產項目
1	保利公司	總參裝備部 軍事貿易局	統籌共軍軍售項目
2	多工藝技術公司	總參謀部	庫存及生產過剩之軍品
3	惠華有限公司	總參謀部	（不詳）
4	凱利公司	總參謀部 總政聯絡部	通信裝備
5	興海公司	總參謀部	海軍銷售
6	藍田公司	總參謀部	空軍銷售
7	天成公司	總政治部	部隊生產相關物資
8	新興公司	總後勤部	軍事輕裝備及過時裝備
9	匯江技資有限公司	總後勤部	（不詳）
10	中國石油化工公司	總參裝備部	軍火及航天技術
11	平和電器有限公司	總參裝備部	軍事電子技術
12	志華公司	總參通信部	軍事通信器材
13	中國電子系統工程公司	總參通信部	通信電子技術及裝備
14	綜合科技公司	中國解放軍	戰略飛彈軍用衛星及觀通雷達系統
15	中國投資公司	保利公司祕密辦公室	（不詳）
16	京安設備進出口公司	武警總部	鎮暴、安全、消防器材

資料來源：沈明室，**改革開放後的解放軍**，台北：慧眾文化出版有限公司，民國84年10月，頁195。

表13-10　中共國務院系統裝備外銷公司一覽表

項次	公司名稱	隸屬部門	生產項目
1	中國新時代公司	國防科學技術工業委員會	統籌、規劃、協調、組織七大公司的總代理商
2	曉峰技術裝備公司	國防科學技術工業委員會	電腦、測試裝備、自動機械製造與運用、先進技術
3	中國原子能工業公司	核工業部	生產核能及研發
4	彩虹開發公司	能源部	核能開發
5	中國核子裝備儀器公司	能源部	精確儀器、發射管制系統
6	機械設備進出口公司	航空航天工業部	裝甲車輛、卡車、特殊用途車輛
7	西安飛機集團公司	航空航天工業部	民用客機、飛機零件、小型汽車、鋁材、紡織機
8	南方動力機械集團公司	航空航天工業部	中小型航空發動機、減速機車、機電產品
9	萬元工業公司	航空航天工業部	火箭載具及相關業務
10	太空技術學院	航空航天工業部	人造衛星、可收回太空載具
11	航空技術進出口公司	航空航天工業部	各種飛機及導彈之研發技術
12	中國西安飛機集團公司	航空航天工業部	中大型飛機、微型汽車及多種機電產品之研製生產
13	中國精密機械進出口公司	航空航天工業部	各種戰術飛彈
14	南方動力機械集團公司	航空航天工業部	中小型航空發動機、機車及其他機電產品
15	長峰科技工業集團公司	航空航天工業部	航天產品、多種電子光學及機械軟硬件
16	中國長城工業公司	航空航天工業部	火箭及應用衛星
17	長征航空集團公司	航空航天工業部	對外衛星發射服務及高技術產品
18	傳播工業總公司	航空航天工業部	導向飛彈
19	中國北方工業總公司	機械電子工業部	戰車、槍械、軍事光學等傳統武器

（續）表13-10　中共國務院系統裝備外銷公司一覽表

項次	公司名稱	隸屬部門	生產項目
20	中國船舶工業總公司	機械電子工業部	軍民用各型船舶、海洋結構工程、重型機械及船用設備
21	電子技術進出口總公司	機械電子工業部	各種電子工業產品，包括雷達、通信系統、計算機、微波系統、測量儀器及電子零配件
22	核工業總公司	機械電子工業部	採礦技術、密碼系統、雷光纖、通訊科技
23	中山集團防務	航空航天工業部等十九個單位	大型電子系統工程，包括陸、海、空三軍使用之各種雷達、導航及通訊裝備

資料來源：沈明室，**改革開放後的解放軍**，頁197-198。

表13-11　國際間對中共國防預算的評估

評估機構	實際支出與公佈金額比
美國中央情報局	2.5倍
美國國防部	5倍
美國軍備管制暨裁軍署	8.5倍
美國蘭德公司	15.8倍
美國國會會計總署	2至3倍
美國傳統基金會	4.7倍
英國倫敦國際戰略研究所	3倍
瑞典斯德哥爾摩國際和平研究所	1.5至2.5倍
各國評估數之平均值	6倍左右

資料來源：楊開銘，「中共國防費估測模式之研究」，台北縣：國防管理學院資源管理研究所碩士論文，民國89年5月，頁47。引自國防部主編，**中國民國八十七年國防報告書**，台北：黎明文化事業股份有限公司，民國87年3月，頁34。

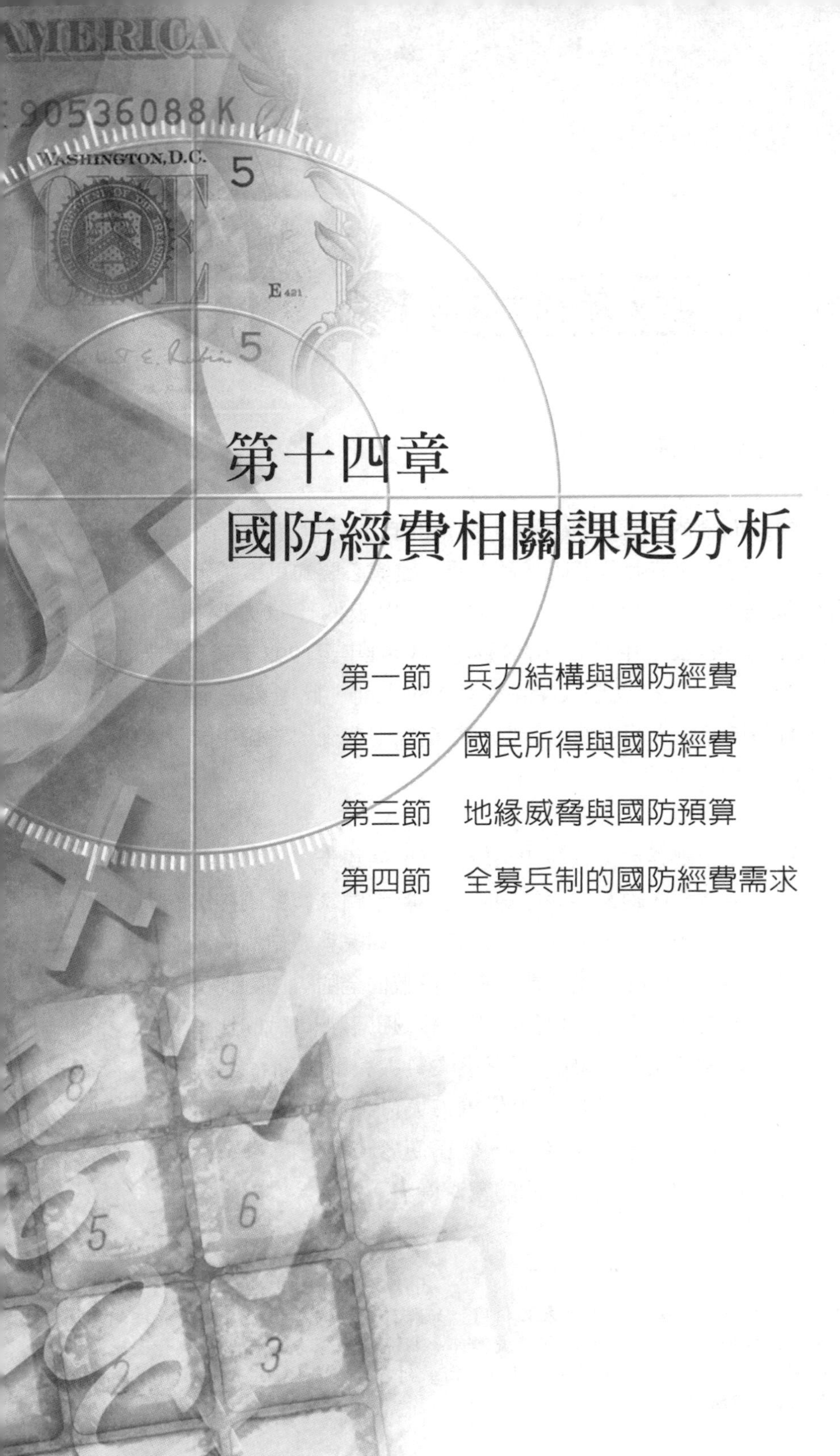

第十四章
國防經費相關課題分析

第一節　兵力結構與國防經費

第二節　國民所得與國防經費

第三節　地緣威脅與國防預算

第四節　全募兵制的國防經費需求

第一節　兵力結構與國防經費

壹、兵力結構

國家面臨的軍事威脅不同，三軍的兵力結構必將不同；通常國家會根據可能的威脅型態與威脅來源，建構必要的軍事防禦能力。此處僅以倫敦國際戰略研究所（IISS）出版的「軍力平衡」（The Military Balance）中所列167個國家，1991年至1998年資料[1]來說明前述的關係。在各地區、各國資料比較之前，此處擬先定義幾項指標，有些指標在本節中使用，但有些指標則在後續討論中觸及。各項指標簡要說明如下：

一、海岸周界比：以該國海岸線長度佔國土周界的比率來衡量。通常海洋國家的海岸線較長，陸地國家與鄰國接壤的國界較長；地理位置不同，必然會影響國家兵力結構的發展。

二、兵力密度比：指一國軍事人員數佔全國人口之比例，表示一國之兵力密度，比例高表示該國軍事人員戰的比重愈高。

三、防禦密度比：指一國軍事人員數與國土面積之比值，以每平方公里內配置多少位軍事人員來衡量；雖然陸、海、空三軍的防禦能力不同，但爲便於國家之間的比較，仍以三軍人數來衡量國土的防禦密度。

[1] 世界上的主權國家數各年年未必相同，如蘇聯自1991年後陸續瓦解成15個不同的主權國家，之後尚有南斯拉夫聯邦、捷克等國家分別有加盟共和國脫離而獨立；故1994-1995年版的「軍力平衡」列有167個國家，而1999-2000年版的有165個國家。

四、海空結構比：指海軍、空軍人數與現役軍事人員的比值，由於海軍、空軍是高科技兵種，不僅武器系統發揮的戰力與陸軍不同，其預算需求亦與陸軍不同。通常海、空軍比重愈高的國家，其軍事防禦能力愈強，愈能夠拒敵於境外。

五、國家負擔率：指國防預算與GDP的比值，這是在衡量國防預算佔國家總體財務資源的比重；比例愈高表示國防預算佔用的財務資源愈多，一則可以顯示國家對國防建設的重視及優先性，二則也會顯示其它政務支出受到的資源排擠程度。

表14-1　全球地區各項軍事指標均值比較表

	非洲	亞洲	中南美洲	歐洲	中東	大洋洲	北美洲
海岸周界比	25.36%	44.82%	51.58%	37.33%	37.89%	94.34%	69.39%
防禦密度比	43.22%	517.07%	140.02%	97.90%	160.96%	1.76%	8.57%
海空結構比	9.15%	16.74%	20.71%	21.88%	15.94%	40.49%	49.46%

說明：表內數字爲平均數。

資料來源：改編自劉立倫、汪進揚、陳章仁，「地緣威脅、軍事防衛與國防預算關係之研究」，**國防管理學報**，第25卷，第1期，民國93年6月，頁108。

表14-1顯示在1991年至1998年這段期間中，各國家所屬地區的之統計數值。至於「海空結構比」則在衡量海、空防禦佔軍事防禦武力的相對比重。從表中的統計數值可看出，大洋洲、北美洲及中南美洲地區各國「海岸周界比」的平均比值在50%以上，顯示這些地區的國家，軍事威脅較可能承受來自海上之威脅。相對的，非洲國家其平均比值在25%，故各國面臨的陸上威脅可能比較嚴重。

其次由「防禦密度比」的比值來看，防禦一平方公里的土地，北美洲各國平均使用0.0857人，大洋洲則使用0.0176人；但相對的，亞洲各國每平方公里則維持5.17人，中南美洲各國使用1.40人，中東各國使用1.60人，歐洲各國則使用0.979人。

而由「海空結構比」來看，北美洲和大洋洲地區各國的海、空軍比率平均值，均高達49%及40%，而非洲國家的海、空軍比例平均不到10%；亞洲各國的平均值則爲16.74%，顯示亞洲國家仍多以低成本的陸軍作爲建軍的主力。如果將「海岸周界比」、「海空結構比」兩項指標綜合共同來看，國家軍事防禦武力的建構和國家的的地理位置，可能有相當程度的關聯。

爲顯示三軍武器系統與軍事指標之間的關係，表14-2將樣本國家的國防預算、武器系統與各項軍事指標進行相關分析。由表14-2相關矩陣可以發現，國防預算和陸軍主戰車❷、海軍艦艇噸數❸、空軍

表14-2　國防預算、武器系統與軍事指標相關表

	國防預算	主戰車	艦艇噸數	戰　機	海岸週界比	防禦密度比
主 戰 車	0.38***					
艦艇噸數	0.40 ***	0.86 **				
戰　　機	0.40 ***	0.73 **	0.79 **			
海岸周界比	0.17 ***	0.16 ***	0.24 ***	0.19 ***		
防禦密度比	0.09 *	-0.01	-0.01	0.01	0.14 ***	
海空結構比	0.49 **	0.22 ***	0.30 ***	0.29 ***	0.25 ***	0.05

註：*：P值<.05；**：P值<.01；***：P值 <0.001

資料來源：劉立倫、汪進揚、陳章仁，「地緣威脅、軍事防衛與國防預算關係之研究」，頁108。

❷主戰車（MBT）是指空車重量大於16.5公噸之履帶裝甲戰鬥車，配備360度旋轉、75公釐以上口徑之火砲。任何符合這些條件的新型輪型戰鬥車輛，也被視爲主戰車。

❸海軍裝備採計四項主要艦艇：潛艦（Submarines）、主要水面戰艦（Principal Surface Combatants）、巡邏與海岸作戰艦艇（Patrol and Coastal Combatants）、水雷作戰艦艇（Mine Warfare）。潛艦噸數獲得方式，則以「詹式年鑑」出版之美、蘇所有潛艦之噸數加總平均，得出平均噸數7,100噸爲衡量標準；主要水面戰艦中，航空母艦以實際噸爲準，其餘巡洋艦（8,000噸以上）、驅逐艦（小於8,000噸）以及巡防艦（8,000噸以下），以8,000噸爲衡量標準；在巡邏與海岸作戰艦艇上，小型防衛艦（600-1,000噸），以800噸爲衡

飛機架數❹、海岸周界比、防禦密度比、海空結構比，都呈顯著正相關，說明了國防預算與主戰車、艦艇噸數、飛機、海岸周界比、防禦密度比、海空結構比，有相當密切的關係。

表中可以看出，海岸周界比和海軍艦艇噸數、空軍飛機架數呈現顯著的相關；而海空結構比亦與海軍艦艇噸數、空軍飛機架數呈現顯著的相關，這些都和國防預算額度呈現正向的關聯。另外表14-2中也顯示陸軍主戰車和海軍艦艇噸數、空軍飛機架數呈現顯著的相關，且相關係數分別高達0.85及0.73；而艦艇噸數與飛機也呈現顯著的相關，係數亦高達0.79。這種現象可能有兩種解釋，一是可能顯示三軍的武器系統在使用上，存在相當高度的關聯性；二則也可能顯示各國三軍有平衡建軍的傾向。

貳、軍種建軍成本

然軍力結構不同，武器系統與兵力結構互異，所耗用的國防財務資源亦不相同。如前所述，由於海、空軍依賴軍事科技的程度較高，故其花費成本較陸軍爲高❺；因此，國家必須在有限的財力資源基礎上，考慮威脅的可能來源，並建構軍事防衛的武力。國家的地緣威脅不同，必然會造成三軍的兵力結構不同，而軍種建軍成本的差異，亦爲影響各國國防預算差異的重要因素。

量標準；至於水雷作戰艦艇，分爲近海（超過600噸）、海岸（300-600噸）及近岸（300噸以下），略以450噸爲衡量標準。

❹係指在空對空或空對地作戰中，能投射武器之所有飛機。

❺軍種成本差異主要反映在現代化武器系統的採用程度；通常海、空軍使用較多的現代化武器。須用較多的新式材料與技術，導致生產成本及武器購置成本快速攀升。如在四十年代，潛艇價格僅約470萬美元，在五十年代，戰機價格僅約20萬美元；而今F-22戰鬥機和F-117A隱身戰鬥轟炸機在1億美元以上，最新式的「三叉戟」潛艇售價更超過10億美元。參見周凱軍，「世界軍費開支與軍備擴張新態勢」，**軍事經濟研究月刊**，2000年11月號，頁69。

從武器壽期成本的觀點來看，武器壽期成本（Life Cycle Cost）包括研發、產製及使用維修（含維修支援與汰換）各階段耗費的成本。維持武器系統效能的主要支出有二，其一是人員經費（包括操作人員、後勤支援人員、行政管理人員等），其二是作業經費（武器零附件的補給、保養、維修等），這些都是讓武器系統發揮預期效用的必要支出。其中人員經費會隨著年度調薪而逐年增加，而作業經費則須配合組織結構、現代化技術（包括工作技術）與武器系統的使用壽期進行調整。武器裝備愈精良，其購價愈昂貴，後續作業的維持經費也愈沉重❻。

這顯示了維持武器系統（自行研發或外購）妥善運作的作業費用，往往會比初期的武器獲得成本高出許多；因此當先進的武器裝備取得後，維持武器運作的作業經費會形成預算需求的內在驅力，迫使國防經費的需求持續上升。由於面臨海上威脅的國家，往往需要較多的海、空軍部隊；故其年度國防預算的需求，往往也高於面臨陸地威脅的國家。

根據美軍資料顯示（如表14-3），空軍人員年平均的單位成本爲13萬8,644美元，海軍人員年平均的單位成本爲10萬3,410美元，而陸軍人員的年平均單位成本僅爲8萬9,843美元。顯示空軍的人均成本是海軍人均成本的的1.34倍，而海軍的人均成本則爲陸軍的1.15倍。由於海、空軍屬科技軍種，花費成本較陸軍爲高；因此，國家必須在資

❻先進國家武器系統的發展經驗顯示，若武器系統使用壽限十五年，則壽期成本中的研發、產製及使用維修費比例大致維持35%-15%-50%的關係；如武器系統是購置取得，則獲得成本和後勤維持成本的比例會維持40%-60%的關係（參見范淼等人，**後勤管理導論**，台北：黎明文化事業股份有限公司，民國87年，頁82-83）。相關研究也顯示，三軍主要武器（裝甲車、驅逐艦、戰鬥機）的維持費用，均約佔總壽期成本的50%-80%；這些武器裝備後續的維持費用佔初期購置（或生產）成本最高可達2.3倍、4倍及4倍。通常武器裝備的壽期愈長，後續維持成本所佔的比率愈高。參見杜爲公、譚海濤、李豔芳，「全系統武器的壽命周期與費用分析」，**軍事經濟研究月刊**，第21卷，第2期，頁50-51。

表14-3　美國陸、海、空軍種人員單位成本表（金額單位：百萬美元；員額單位：千人）

		1990年	1996年	1997年	1998年	1999年	四年平均	人年平均成本
陸軍	現役軍人	750.6	491.1	191.7	483.9	479.4	486.5	陸軍 89,843 美元
	文職人員	401.5	258.6	246.7	232.5	224.9	240.7	
	合計數	1152.1	749.7	738.4	716.4	704.3	727.2	
	預算數	78,479	64,505	64,418	64,045	68,367	65333.8	
海軍（含陸戰隊）	現役軍人	779.6	591.6	569.5	555.4	545.6	656.5	海軍 103,410 美元
	文職人員	349	239.9	222.6	207.6	200.8	217.7	
	合計數	1128.6	831.5	792.1	763	764.4	783.3	
	預算數	99,977	79,966	79,531	80,650	83,835	80995.3	
陸戰隊	現役軍人	196.7	174.9	173.9	173.1	172.6	173.6	
	文職人員	併入海軍計算						
	預算數	併入海軍計算						
空軍	現役軍人	539.3	389	377.4	367.5	360.6	373.6	空軍 138,644 美元
	文職人員	255.4	182.6	180	172.8	165.7	175.3	
	合計數	794.7	571.6	557.4	540.3	526.3	548.9	
	預算數	92,890	72,992	73,216	76,284	81,914	76101.5	

說明：表內軍種單位成本，係以（1996-1999）四年的平均預算數／人員平均合計數得之。

源的基礎上，考慮威脅的型態與可能來源，組成軍事防禦的兵力。由於威脅型態的不同，通常會造成兵力組成的不同，而軍種成本的差異，將持續推升資源需求，造成國防預算出現差異。

這種軍種成本的差異，同樣的也存在我國，如我們以民國77年至民國89年間的資料，進行成本歸戶後計算，計算三軍動用的國防財務資源（不包括戰機特別預算），不難發現海軍的年人均成本最高，約為空軍的1.19倍，空軍的年人均成本則為陸軍的2.92倍。如以89年單一年度來看，海軍的年人均成本約為空軍的1.06倍，空軍的年人均成本則為陸軍的2.24倍。從數字分析來看，陸軍疑的是成本較低的軍種，我國過去維持數額較為龐大的陸軍部隊，導致陸軍的總預算雖居於三軍之首，但年人均成本卻居於三軍之末。由於每個國家的兵力組成結構上不同，故其對國防預算的需求亦有不同。一般而言，防禦海上威脅的國家，必須建構一定數量的海、空軍，故其對年度國防預算的需求，通常會高於防禦陸上威脅國家。

茲以民國70年至民國90年這二十一年間，我國三軍的作業經費與投資經費進行比較，圖14-1顯示過去二十一年間，根據歷年國防預算書表及立法院審議的結果，我國三軍的作業維持經費與軍事投資經費合計數額。圖中分別按照空軍、海軍、陸軍的年度獲得額度依序排列；而在空軍預算中，則加計82年度至88年度「鳳凰專案」與「飛龍專案」的軍事投資特別預算數。

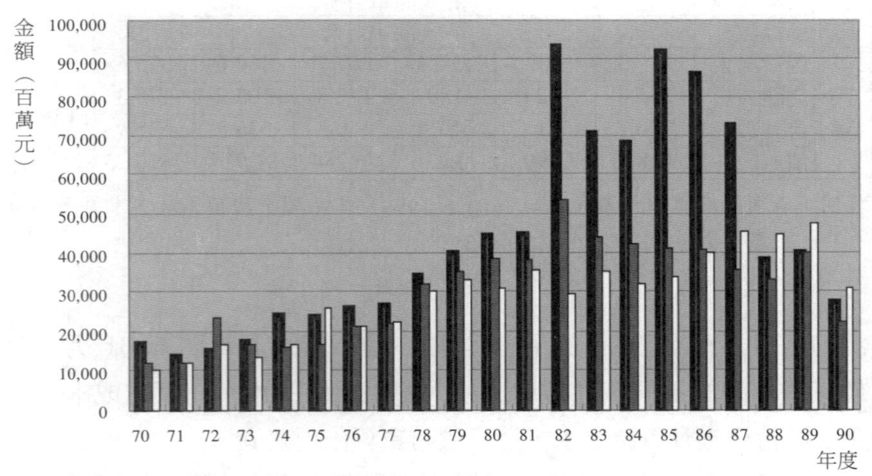

圖14-1　民國70-90年間我國三軍作業經費與投資經費合計趨勢圖

說明：深色—空軍；灰色—海軍；白色—陸軍。

從圖14-1中讀者不難發現過去二十年間空軍作業經費與投資經費的數額龐大；這是因為軍機採購的特別預算數超過3,000億元所致。如果我們排除空軍的特別預算後，讀者或許會覺得圖14-1中三軍的作業經費與投資經費差異可能不大。但當我們仔細思考我國過去三軍相對的兵力規模時，就會發現海、空軍的建軍成本，確實遠高於陸軍；當時在40萬至50萬預算員額基礎下，海、空軍人數僅約達陸軍五分之一。因此我們如果將三軍相對的兵力規模納入考慮（同時考慮人員經費、作業經費與投資經費），則可發現海、空軍的人員成本（平均每人使用的國防預算數，包括直接與間接支援成本），必然遠遠超出陸軍的人員成本。由於海、空軍的現代化程度高於陸軍；因此，如果國人認爲海島防禦，必須強化海、空軍的質與量；則我們就必須要有國防預算居高不下的心理準備。

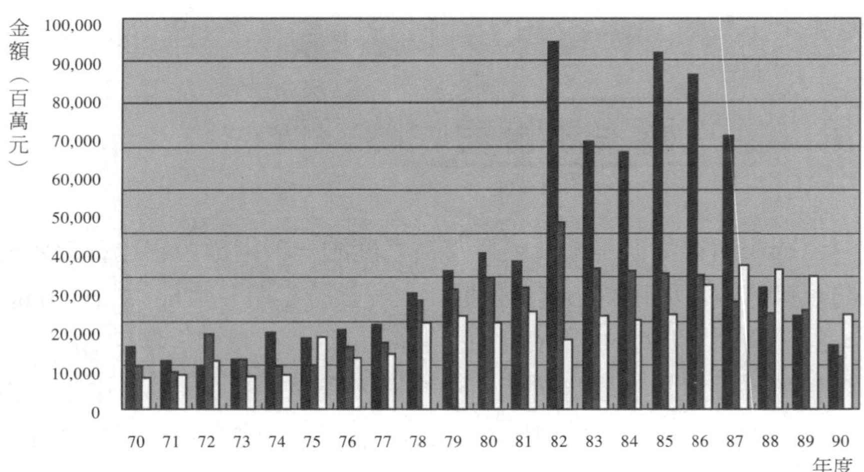

圖14-2　民國70-90年間我國三軍投資經費趨勢圖

說明：深色—空軍；灰色—海軍；白色—陸軍。

圖14-2顯示70年度至90年度間，根據歷年國防預算書表及立法院審議的結果，我國三軍投資經費相對獲得額度；圖中仍然按照空軍、海軍、陸軍的投資費額度依序排列。從圖中不難發現，除民國75年外，87年度以前，陸軍獲得的軍事投資數，都遠遠落後於海軍、空軍；而民國75年的軍事投資數額，也僅是略爲超過海軍、空軍。因此，我們可以想見，三軍戰力依賴的基礎不同；海空軍對武器系統的依賴程度較深，而陸軍對於作戰人員的依賴程度較高。從資料分析，

在70年度至90年度這二十一年間，空軍累積獲得的軍事投資額度最高，共計7,305億元，平均每年獲得348億元的投資經費；如果排除軍機採購的特別預算後，每年仍可獲得約200億元的投資經費。而海軍過去二十一年間累積獲得的軍事投資經費4,498億元，平均每年獲得214億元；至於陸軍過去二十一年間，累積獲得軍事投資經費3,857億元，平均每年獲得184億元。這樣的軍事投資經費分配，基本上也反映出軍種對於先進武器的使用與依賴程度；故當海、空軍的規模增大時，海、空軍高額的建軍成本，必然會迫使國防預算的需求額度持續向上攀升。

第二節　國民所得與國防經費

國民所得高低是衡量國民富裕程度的一項指標，它也會影響國防預算的規模與獲得額度。根據「世界銀行年報」（The World Bank Atlas）資料，以GDP（Gross Domestic Income）及個人年平均所得作爲指標，將世界各國區分爲：一、低所得（Low），二、中低所得（Low middle），三、中高所得（Upper middle）及四、高所得（High）等四類國家。而我國行政院主計處則參考「世界銀行年報報告之GNP資料、人口（population）資料、經濟合作暨發展組織（OECD）國家及國家工業化程度等，將世界各國區分爲「已開發國家」、「開發中高所得國家」、「開發中中所得國家」、「開發中低所得國家」等四類[7]。

基於世界各國比較的需要，此處僅採1991年至1998年的資料，

[7] 參見行政院主計處所編「國民經濟動向統計季報」，每年5月專載「各國中央政府收支債務概況」之專題報告。

根據「世界銀行年報」的區分標準，依國民所得毛額（Gross Nation Income，以下簡稱GNI）年均值高低區分為：低所得國家、中低所得國家、中高所得國家及高所得國家進行分類討論。1991年至1998年間，共有1,301個有效樣本年資料，樣本國家的所得分類狀態顯示如表14-4。

表14-4　1991-1998年間樣本國家之所得分類

樣本／年	高所得國家		中高所得國家		中低所得國家		低所得國家		合　計	
	樣本數	百分比	樣本數	百分比	樣本數	百分比	樣本數	百分比	樣本數	百分比
1991	31	19.4	62	38.7	51	31.9	16	10.0	160	12.3
1992	32	19.9	60	37.0	54	33.3	16	9.8	162	12.5
1993	33	20.5	58	36.0	56	34.8	14	8.7	161	12.4
1994	33	20.2	62	38.0	56	34.4	12	7.4	163	12.5
1995	36	22.1	60	36.8	55	33.7	12	7.4	163	12.5
1996	38	23.2	61	37.2	55	33.5	10	6.1	164	12.6
1997	40	24.4	60	36.6	54	32.9	10	6.1	164	12.6
1998	39	23.8	61	37.2	54	32.9	10	6.1	164	12.6
合計	282	21.7	484	37.2	435	33.4	100	7.7	1,301	100.0

說明：高所得國家GNI年均值=$9266 or more，中高所得國家表GNI年均值=$2996-$9265，中低所得國家表GNI年均值=$756-$2995，低所得國家表GNI年均值=$755 or less。

資料來源：葉恆菁，「國家經濟能力、軍事防衛能力與國防預算關係之研究」，頁47。

從樣本數來看，1991至1998佃合計1,301個有效樣本數，平均每年有163個樣本數；而從分群觀察，以中高所得國家484個樣本（佔37.2%）最多，中低所得國家435個樣本（佔33.4%）次之，高所得國家282個（佔21.7%）再次之，低所得國家100個樣本（佔7.7%）最少，這說明了大部分的國家仍處於開發中及未開發國家之狀態（中高所得＋中低所得＋低所得合計佔78.3%）。

表14-5　世界各國所得分佈狀態及國民年均所得

一、高所得國家（高所得國家，GNI大於$9266）：39國。
亞洲：新加坡（25,900）、日本（23,900）、卡達（19,700）、以色列（18,200）、阿聯（15,400）、中華民國（14,700）、科威特（13,500）、南韓（12,400）、馬來西亞（11,200），計9國。
歐洲：瑞士（28,600）、盧森堡（27,300）、挪威（25,000）、比利時（24,200）、丹麥（24,200）、冰島（23,900）、法國（23,100）、德國（23,000）、荷蘭（22,800）、奧地利（22,500）、瑞典（21,700）、英國（21,600）、義大利（21,500）、芬蘭（20,900）、愛爾蘭（20,700）、西班牙（16,900）、葡萄牙（14,800）、布臘（13,100）、捷克（13,000）、賽埔路斯（12,300）、斯洛維尼（10,800），計21國。
美洲：美國（31,100）、加拿大（23,700）、巴哈馬（13,900）、智利（11,700）、千里達托貝哥（10,500）、阿根廷（10,200），計6國。
非洲：模里亞斯（16,000），計1國。
其他：澳洲（22,000）、紐西蘭（18,100）等2國。
二、中高所得國家（中高所得國家，GNI介於$9,265至$2,996之間）：61國。
亞洲：巴林（8,600）、沙烏地阿拉伯（8,500）、阿曼（8,300）、泰國（8,200）、敘利亞（6,800）、伊朗（5,300）、黎巴嫩（4,900）、約旦（4,500）、印尼（4,400）、斯里蘭卡（4,100）、中共（3,700）、哈薩克（3,700）、菲律賓（3,200），計13國。
歐洲：馬爾他（8,900）、愛沙尼亞（8,600）、匈牙利（7,600）、斯洛伐克（7,600）、波蘭（7,500）、白俄羅斯（7,000）、俄羅斯（6,600）、克羅愛西亞（6,500）、波士尼亞（6,400）、土耳其（6,300）、拉脫維亞（6,000）、立陶宛（5,700）、賽爾維亞（5,300）、喬治亞共和國（4,600）、羅馬尼亞（4,500）、烏克蘭（4,500）、保加利亞（4,200）、馬其頓（3,800）、阿爾巴尼亞（3,700）、摩爾多亞（3,500），計20國。
美洲：烏拉圭（9,200）、委內瑞拉（8,500）、墨西哥（7,900）、哥斯大黎加（7,000）、巴貝多（6,600）、巴拿馬（6,600）、巴西（6,200）、哥倫比亞（6,200）、安地卡亞（5,700）、多明尼加（5,100）、厄瓜多爾（4,600）、蘇利南（4,600）、秘魯（4,400）、瓜地馬拉（3,900）、巴拉圭（3,700）、牙買加（3,500）、蓋亞那（3,200），計17國。
非洲：阿爾及利亞（6,600）、突尼西亞（6,400）、波扎那（6,000）、南非（5,700）、利比亞（5,600）、加彭（5,500）、那米亞（4,700）、塞席爾群島（4,700）、埃及（4,600）、摩洛哥（3,800），計10國。
其他（大洋洲）：斐濟（6,100），計1國。

(續)表14-5　世界各國所得分佈狀態及國民年均所得

三、中低所得國家(中低所得國家,GNI介於$2,995至$755之間):54國。
亞洲:寮國(2,700)、烏茲別克(2,700)、巴基斯坦(2,400)、蒙古(2,200)、吉爾吉斯(2,100)、土庫曼(2,000)、孟加拉(1,700)、印度(1,700)、尼泊爾(1,400)、葉門共和國(1,400)、越南(1,200)、緬甸(1,100)、北韓(900)、塔吉克(900),計14國。
歐洲:亞美尼亞(2,900)、亞賽拜然(1,800),計2國。
美洲:薩爾瓦多(2,900)、玻利維亞(2,800)、貝里斯(2,700)、古巴(2,300)、宏都拉斯(2,200)、尼加拉瓜(2,100)、海地(1,100),計7國。
非洲:赤道幾內亞(2,700)、喀麥隆(2,300)、賴索托(2,300)、辛巴威(2,300)、維德角(2,200)、迦納(2,200)、貝南(1,900)、賽內加爾(1,900)、剛果(1,800)、茅利塔尼亞(1,800)、烏干達(1,800)、象牙海岸(1,700)、安哥拉(1,500)、肯亞(1,400)、蘇丹(1,400)、中非共和國(1,300)、奈及利亞(1,300)、多哥(1,300)、索馬利亞(1,200)、甘比亞(1,200)、莫三鼻克(1,100)、布基納法索(1,000)、幾內亞比索(1,000)、賴比瑞亞(1,000)、查德(900)、吉布地(900)、幾內亞共和國(900)、馬拉威(900)、尚比亞(900)、尼日(900),計30國。
其他(大洋洲):巴布亞新幾內亞(2,600),計1國。
四、低所得家:(低所得國家,GNI$754以下):10國。
亞洲:阿富汗(700),計1國。
非洲:馬達加斯加(700)、獅子山(700)、坦尚尼亞(700)、蒲隆地(600)、馬利(600)、盧安達(600)、衣索匹亞(500)、剛果共和國(400)、厄立特里(400),計9國。

說明:( )內數字為該國1998年國民年均所得。
資料來源:葉恆菁,「國家經濟能力、軍事防衛能力與國防預算關係之研究」,頁49-50。

詳細的國家分佈狀態及國民年均所得參見表14-5;如以2001年「世界銀行年報」為基準,高所得國家有39個,中高所得國家有61國,中低所得國家有54國,低所得國家則有10國,合計共164個國家。然伊拉克則因遭聯合國經濟制裁,國民年平均所得無從計算,列為遺漏值。

從表14-5可以看出，歐洲及美洲國家大部分位於高所得及中高所得國家，非洲國家則大部分位於中低所得及低所得國家，亞洲國家則分布較為均匀。唯阿富汗因受前蘇聯入侵後，國家處於內戰狀態，故為唯一屬於低所得的亞洲國家。

為便於對世界各國經濟狀態及軍事防禦能力進行比較，此處僅將樣本國家1991年至1998年間，不同所得類別國家的年均國民所得、全國人口數、國防預算、及現役軍人數等基本資料，及三軍人數與主要武器系統平均資料，彙整進行比較（詳如表14-6）。從表中不難發現，高所得國家除了平均人口數與陸軍現役人數兩項指標上，排名在四個類組中的第三外；其餘各方面，如國防預算額度、現役軍人

表14-6　不同所得國家的基本統計量

年	區　分	高所得	中高所得	中低所得	低所得	平均	標準差
1991	國民年均所得（美元）	16,194	5,354	1,679	592	5,807	5,780
	全國人口（千人）	26,678	19,470	58,244	19,691	33,248	117,090
	國防預算（百萬美元）	18,077	2,102	663	233	4,552	24,227
	現役軍人數（人）	189,698	150,441	150,134	94,814	152,387	388,954
	樣本國家合計	31	62	51	16	160	
1992	國民年均所得（美元）	16,400	5,502	1,761	610	5,924	5,882
	全國人口（千人）	26,738	24,070	55,248	20,765	34,663	121,732
	國防預算（百萬美元）	16,830	2,428	676	173	4,466	22,652
	現役軍人數（人）	171,138	143,719	142,682	73,001	141,805	336,055
	樣本國家合計	32	60	54	16	162	
1993	國民年均所得（美元）	16,582	5,509	1,727	612	6,037	6,033
	全國人口（千人）	27,231	24,211	54,972	14,964	34,725	122,064
	國防預算（百萬美元）	16,566	2,307	528	82	4,418	23,130
	現役軍人數（人）	185,133	137,857	150,279	23,652	141,937	337,117
	樣本國家合計	33	58	56	14	161	
1994	國民年均所得（美元）	17,076	5,510	1,661	575	6,166	6,189
	全國人口（千人）	27,506	23,331	55,771	18,033	34,931	123,600
	國防預算（百萬美元）	17,266	2,620	591	66	4,700	22,993
	現役軍人數（人）	157,177	125,472	134,681	32,858	128,236	337,117
	樣本國家合計	33	62	56	12	163	

（續）表14-6　不同所得國家的基本統計量

年	區　分	高所得	中高所得	中低所得	低所得	平均	標準差
1995	國民年均所得（美元）	17,350	5,313	1,616	558	6,374	6,570
	全國人口（千人）	26,522	23,804	57,778	18,182	35,454	125,107
	國防預算（百萬美元）	16,482	2,603	682	79	4,834	22,537
	現役軍人數（人）	152,011	121,397	142,119	34,275	128,737	303,855
	樣本國家合計	36	60	55	12	163	
1996	國民年均所得（美元）	17,692	5,282	1,611	550	6,638	6,839
	全國人口（千人）	25,796	43,101	35,862	20,110	35,262	124,746
	國防預算（百萬美元）	15,746	2,491	570	91	4,772	22,341
	現役軍人數（人）	147,128	165,249	92,007	37,595	128,703	305,707
	樣本國家合計	38	61	55	10	164	
1997	國民年均所得（美元）	18,125	5,490	1,652	590	7,009	7,161
	全國人口（千人）	25,721	45,170	36,169	21,183	36,000	127,792
	國防預算（百萬美元）	14,568	2,569	572	135	4,690	21,836
	現役軍人數（人）	135,915	156,460	92,947	74,185	125,519	280,776
	樣本國家合計	40	60	54	10	164	
1998	國民年均所得（美元）	19,072	5,731	1,717	590	7,268	7,469
	全國人口（千人）	25,919	44,729	36,169	21,183	36,002	127,792
	國防預算（百萬美元）	13,482	2,119	447	130	4,149	21,926
	現役軍人數（人）	136,695	156,090	93,049	74,185	125,726	280,742
	樣本國家合計	39	61	54	10	164	
1991年至1998年平均值	國民年均所得（美元）	17,387	5,461	1,678	587	6,421	6,521
	全國人口（千人）	26,467	30,988	48,763	19,161	35,042	123,480
	國防預算（百萬美元）	16,113	2,405	591	129	4,573	22,651
	現役軍人數（人）	159,362	144,586	124,737	55,571	134,054	318,967
	陸軍現役人數（人）	92,080	95,610	103,040	49,261	93,367	222,558
	主戰車（輛）	971	1,045	436	106	751	2,053
	海軍現役人數（人）	28964	14,634	7,062	1,506	14,224	50,448
	艦艇噸數（噸）	201,822	87,372	43,278	4,902	91,097	313,886
	空軍現役人數（人）	32,134	19,099	12,334	1,255	18,326	52,834
	戰鬥機（架）	269	179	117	18	165	459

資料來源：葉恆菁，「國家經濟能力、軍事防衛能力與國防預算關係之研究」，頁51-52。

數、海、空軍人數、海軍艦艇噸數、空軍戰鬥機架數，均高於其它所得類組國家的平均數。

以表14-6的資料內容來看，1991至1998年間，高所得國家的「國民年均所得」爲1萬7,387美元最高，中高所得國家的「國民年均所得」爲5,461美元，中低所得國家的「國民年均所得」爲1,678美元，低所得國家的「國民年均所得」爲587美元。低所得國家的「國民年均所得」僅爲高所得國家「國民年均所得」的3.38%。以全球人口數來說，1991至1998年間全球人口總數爲455億9,030萬人[8]381億2,571萬人（佔83.63%）；比高所得國家74億6,454萬人（佔16.37%）多出306億6,122萬人，但「國民年均所得」卻在6,421美元以下。換言之，世界上有將近80%以上的人民是生活在平均生活水準以下。

從樣本國家的軍事層面觀察，高所得國家每年國防預算平均16,013百萬美元（佔全球總平均平均預算19,138百萬美元之83.67%），現役人數15萬7,746人（佔全球總平均現役人數48萬3,875人之32.60%），而中高所得國家、中低所得國家與低所得國家的國防預算平均合計僅3,125百萬美元（僅佔全球總平均國防預算之16.33%），現役軍人合計卻爲32萬6,129人（佔全球總平均現役人數的67.40%）。這種情況說明了高所得國家較爲富有，有能力每年投入大量國防預算進行國防建設；而中高所得國家、中低所得國家與低所得國家雖然較爲貧窮，無能力投入大量國防預算，但基於落後國家的動亂性或潛在戰爭衝突，仍多維持相對龐大的軍隊規模。

如果從表14-6的三軍現役人數及主要武器裝備來看，低所得國家的陸軍現役人數平均值爲10萬3,040人，是所以國家中使用陸軍部隊最多的類組，中高所得國家陸軍現役人數平均值爲9萬5,610人居於

[8] 1991-1998年人口總數＝高所得人口＋中高所得人口＋中低所得人口＋低所得人口＝2,647萬×282國＋3,099萬×484國＋4,876萬×435國＋1,916萬×100國＝455億9,030萬人。

第二，高所得國家陸軍現役人數平均值爲9萬2,080人居於第三，而低所得國家陸軍現役人數平均值爲4萬9,261人，則是建構陸軍部隊最少的類組。其次再從三軍使用的主要武器來看，中高所得國家的主戰車平均數量爲1,045輛，是所以國家中使用戰車數量最多的類組；其次爲高所得國家的971輛，第三是中低所得國家的436輛，最低則是低所得國家的106輛。換言之，低所得國家的陸軍人數雖多，但現代化的程度較低；而中高所得國家不僅具有陸軍現役部隊的優勢，在陸軍的武器系統上也較爲先進。高所得國家的陸軍現役人數略低於中高所得國家，而陸軍主戰車亦較中高所得國家爲低。

在海、空軍部分，不論從海、空軍現役人數，或是從海、空軍主要武器系統（艦艇噸數及戰鬥機數量）來看，都是以高所得國家最多，中高所得國家、中低所得國家與低所得國家則依序排列。這種現象基本上反映了海、空軍的高建軍成本，所得愈高的國家愈能支撐較大規模的海、空軍部隊。再者，從國家的地緣威脅來看，不難發現這些高所得的國家多爲靠臨海（洋）國家，如美、英、法、日等先進國家，故需積極建構海、空軍的防禦架構，而這些國家的經濟能力也足以支持高科技兵種的運作。

表14-7顯示國民年均所得、國防經費與各項軍事指標之間的基本統計量。表中可以發現，高所得國家、中高所得國家、中低所得國家、低所得國家各項衡量指標（變數）統計量差異極大。如在經濟指標上，高所得國家每年平均GDP爲6,029.30億美元，中高所得國家、中低所得國家、低所得國家則依序爲658.39億（爲高所得國家的10.91%）、196.02億（爲高所得國家的3.25%）、30.72億（爲高所得國家的0.51%）美元，顯示高所得國家僅佔世界國家樣本數21.3 %（如表14-5所示），但其生產總值卻高達全世界87%以上。高所得國家中，尤以美國 8兆5,000億美元最大，其一國生產總值約佔所有高所得國家的40%（$85,000億*8年／$6,029.3億*282個樣本國家），這也就是爲何美國一個國家的國防經費，可以佔全世界國防經費支出47%

表14-7　不同所得水準下軍事指標均值比較表

	高所得國家	中高所得國家	中低所得國家	低所得國家
GDP（億美元）	6029.30	658.39	196.02	30.72
兵力密度比（%）	0.89%	0.69%	0.44%	0.38%
防禦密度比（%）	4.19%	1.41%	0.41%	0.31%
海空結構比（%）	30.62%	18.67%	9.77%	5.65%
國民負擔額（元）	583	103	24	8
國家負擔率（%）	3.62%	3.62%	3.82%	4.69%

資料來源：劉立倫、汪進揚、葉恆菁，「軍事防禦能力、國家經濟能力與國防預算關係之研究」，**國防管理學報**，第24卷，第1期，民國92年5月，頁56。

（參見表13-2中，2003年的比率）的原因。

如以軍事指標觀察，在「兵力密度比」上，以高所得國家的0.8917%最高，顯示在高所得國家中，每112位國民中，就有1位現役軍人。中高所得國家的「兵力密度比」爲0.6905%，顯示在中高所得國家中，每145位國民中，就有1位現役軍人。中低所得國家「兵力密度比」爲0.4368%，顯示在中低所得國家中，每229位國民中，就有1位現役軍人。而低所得國家「兵力密度比」爲0.3780%，也是四個類組中最低的，顯示在低所得國家中，每265位國民中，就有1位現役軍人。這種現象，顯示所得愈高的國家，對軍事防禦的重視程度愈高，這不僅有助於提昇國家對國民身家財產的保護，也有助於維護國家的經濟利益。

從「海／空結構比」來看，同樣也顯示高所得國家（30.62%）、中高所得國家的比率值（18.67%）高於中低所得國家（9.77%）及低所得國家（5.65%）。這種現象與雖可能與國家的發展歷程有密切的關聯，但海、空軍的建軍成本，無疑的也是阻礙低所得國家發展海、空軍的重要因素。海、空軍的武器系統較爲昂貴，境外攻擊及防禦的軍事能力較強，亦需較高的作業維持經費，故高所得的國家的軍事防禦能力通常也較強。而從三軍的兵力結構來看，高所得國家海、空軍員額佔全軍員額比率僅約30.6%，陸軍員額則佔兵力結構的69.4%；其它國家海、空軍員額佔全軍員額比率，則根本不超過20%，這種現象相當值得我們省思。由於過去我國的軍事發展多以美國為師法對象，然由於美國是由強大經濟能力支撐的全球獨大的軍事大國，我們有必要深入思考，我們是否學得起美國的兵力結構（美國的海、空軍佔全軍員額比重是59%）？以及我們究竟要建構什麼樣的軍隊與兵力結構？

在「國民負擔額」上，高所得國家平均每一個國民每年負擔軍費583美元最高，其次依序為中高所得國家103美元及中低所得國家的24美元，最低則為低所得國家的8美元。相對的，高所得國家的「國民年均所得」為1萬7,387美元，中高所得國家的「國民年均所得」為5,461美元，中低所得國家的「國民年均所得」為1,678美元，低所得國家的「國民年均所得」為587美元。我們根據「國民負擔額」與「國民年均所得」計算不同類組的相對比值，高所得國家的所得負擔率3.35%（$583/$17387），中高所得國家的所得負擔率1.89%（$103/$5461），中低所得國家的所得負擔率1.43%（$24/$1678），低所得國家的所得負擔率1.36%（$8/$587）。從所得負擔率來看，除高所得國家出現較高的比率外，其餘各類組國家平均都在2%以內的水準。

再從「國家負擔率」來看，低所得國家的「國家負擔率」4.6931%最高，中低所得國家的3.8149%次之，中高所得國家的3.6203%居於第三，最低的則是高所得國家3.6184%，恰與國民所得的高低成反比。這種現象或可從建軍的規模經濟及軍事需求的內在推力來解釋。首先從建軍的規模經歷來看，無論是低所得國家或高所得國家，軍隊建構有其一定的比重與相對規模。如陸軍一個連的兵力可能需要約100人，一個營可能需要500人，一個師可能需要1萬人，這樣的作戰編組，才能讓作戰部隊發揮應有的戰力；作戰部隊、後勤部隊和行政支援機構又有一定的比率關係，故導致現役部隊規模與國防預算額度與國家GDP呈現反向的走勢。

再者，我們也可以從軍事需求的內在推力來解釋。為應付軍事威脅所採用的軍事武器與作戰人員，本身就有相當程度的固定性，如維持武器系統的作業費用，維持既有作戰人員的薪資給付，這些通常都是半變動成本，而且成本型態中的固定成份相當高。這種比較結果顯示了，國家為應付軍事威脅，所建構的軍事防禦武力，會致使國防預算維持在一個相當穩定的水準，導致GDP高低在中低所得國家及低所得國家中，反而成為一個次要的影響因素。

以下我們根據IISS發佈的「軍力平衡」及相關資料，選定幾個與我國可以比較的國家，計算1991年至1998年的「防禦密度比」及「海／空結構比」，結果顯示如表14-8。

表14-8　特定國家兩項軍事指標比較表——1991-1998年

國　　家	防禦密度比	海／空結構比	說　　明
英　　國	99%	49%	海島國家
澳　　洲	1%	55%	海島國家
紐 西 蘭	4%	59%	海島國家
菲 律 賓	38%	34%	海島國家
中華民國	1,080%	33%	海島國家
美　　國	17%	59%	東西海岸臨海的超強國家
以 色 列	80%	12%	生存威脅嚴重的陸地國家
平 均 值	548.71	16.94	海岸周界比 80%以上國家的平均值

以1991年至1998年間的國防防禦密度平均數字來看，我國的計算比值為1,080%，顯示台灣是10個軍人防禦1平方公里國土，英國是1個軍人防禦1平方公里國土，澳洲、紐西蘭是1個軍人防禦10平方公里的土地；而面臨生存威脅最嚴重的以色列，是0.8個軍人防禦1平方公里土地，至於同屬海島國家、鄰近的菲律賓，則是0.38個軍人防禦1平方公里國土。

如以全球海島防禦國家的防禦密度比值來看，我國還是全球平均值的2倍。由於全球許多海島國家仍處於政權不穩定地區、也尚未擠進開發中國家之林，更沒能力建構先進的海、空軍，只能靠陸上部隊實施海島防禦；因此，如果我國的防禦密度仍高於全體海島國家樣本的平均值，這個比值可能就眞的是偏高。如以92年度我國的預算員額來看，我國所計算出來的比值仍然高達1,006%，還是10個軍人防禦1平方公里土地；防禦密度比值偏高，也可能顯示我國的軍隊規模和世界各國相較略爲偏高。

防禦密度比值過高，一般的解釋是「來自對岸的軍事威脅較大」所致；但在仔細檢視後，不難發現仍可能存在兩種不同的另類解釋：第一、「可不可能」是我國的兵力規模過大（也就是兵員過多）？第二、「可不可能」是因爲我國的兵力組成結構「比較」沒有效率，導致國防部必須使用較多的兵力，才能達到國土防衛的目的？這種現象可能是單一的原因造成，也可能是多種原因共同影響的結果；究竟是哪一種原因造成，都需要國人及國防部進行深入的探討。

其次就「海／空結構比」來看，於各國建軍發展的歷程不同，因此在三軍武器水準上也不相同；如英國的陸軍、海軍的武器數量高出我國50%以上，但在空軍的戰鬥機數量上則與我國相近。然從編組結構（海、空軍佔全軍員額）來看，美、英、澳等國的比值（59.46%、48.59%與54.76%），不僅高於我國的33.03%，也遠高於選定樣本的平均值16.94%，這顯示美、英、澳等國的海、空軍發展確實相當的特殊。

其中較值得注意的是，自1960年以後，我國一直以美國的軍事發展作爲師法的對象，但有趣的是，爲何我國三軍的兵力結構組成，不像美國、英國、澳洲的兵力結構，反而發展的比較像菲律賓？其間當然可能存在許多解釋的原因，但面對2000年以後的防衛架構，或許現在重新檢視軍事防禦各種假設前提，有助於我們建構更符合未來防衛需求的兵力結構。

第三節　地緣威脅與國防預算

壹、地緣威脅

軍事發展必須配合國家的地理環境，才能確保國家的安全。如西元1558年英國伊麗莎白女王繼承大統，同年英國喪失在歐洲大陸最後一塊領地——加萊，迫使國防線退至英國本土，軍事防衛必須仰賴海峽；而英國所建立的龐大海軍力量，幾世紀亦使入侵者望之卻步。相對的，德國為內陸國家，向以其優越陸軍為榮；一次大戰時德國地略學家豪斯荷佛（Karl Haushofer），主張德國應以大陸兵力之優勢，採「繞洋進軍計劃」（Around The Sea Plan），避開海洋的威脅，才能達到其所謂「生存空間」（Lebensraum）的目的。這都顯示地緣威脅與防衛武力之間的關聯；軍事防衛必須配合前述要件，才能達到預期的防衛目標。

國家的地緣威脅傳統上仍區分為海上威脅和陸上威脅；[9]例如英國、日本、澳洲屬與海洋國家，軍事威脅主要來自海上；而德國、俄羅斯及許多歐洲國家，主要的軍事威脅則來自陸上。

從軍事的思考邏輯來看，地緣威脅並不直接影響國防預算，它

---

[9] 空中威脅雖對軍事作戰有相當大的影響，然由於作戰工具的局限性，無法達成軍事佔領的目標，故不足以成為決定國家戰爭「勝負」的主要因素；如二次大戰中德國的空中武力遠勝過英國，但持續的轟炸卻無法迫使英國投降，達到戰勝的目的，或如波灣戰爭雖採「沙漠風暴」的持續轟炸，最後仍須「沙漠軍刀」的地面作戰決定戰爭勝負。但空優為確保艦隊活動與陸上部隊機動的重要因素，無論是防衛海上威脅或陸上威脅，空軍武力均為不可或缺的戰力。

必須透過軍事戰略及軍事防衛武力建構，才能影響國防預算。因此軍事戰略必須結合地緣威脅，再透過兵力結構、武器系統、部隊訓練，才能建立部隊戰力；而武器系統與作戰人員又須透過準則的界面才能結合。因此防衛武力的發展，不僅涉及武器研發，準則發展、部隊演訓、戰術調整，也牽涉後勤支援體系與行政管理體系的調整。

然國家的軍事威脅構成，除須考慮敵國的軍事能力（capability）外，還須兼顧敵國的意圖（intention），二者缺一不可。如美國的軍力傲視全球，但鄰近的加拿大卻是全球周知的低防衛國家，因爲美國對加拿大並沒有敵意；相對的，阿拉伯國家的軍事能力並不強大，但以色列的國防預算居高不下，這都肇因於阿拉伯國家對以色列的強烈敵意所致。

威脅型態不同，國家軍事武力建構的方式不同，防衛武力的組合方式亦有差異。由於海、空軍依賴軍事科技的程度較高，花費成本較陸軍爲高；因此，國家必須在有限的財力資源基礎上，考慮威脅的可能來源，組成軍事防衛的武力。地緣威脅不同，常會造成兵力組成不同，加上軍種建軍成本的差異，便造成各國國防預算出現差異的現象。

由於武器系統的效能能否發揮，與準則發展、人員操作、作業維持、後勤支援與軍事行政管理息息相關；而人員經費、作業維持經費與行政管理經費，都會隨著年度的通貨膨脹率而逐期向上攀升。一般而言，武器裝備愈精良，其購價將會愈昂貴，所需要的人員訓練、後勤管理與行政支援也愈複雜，年度經費負擔通常也愈沉重；這種維持武器系統正常運作的經費需求，往往構成國防預算需求持續向上推升的內在驅力。而從國防預算籌編的過程觀察，國防體系的首要考量，在於滿足軍事作戰的實需，也就是維持作戰部隊的戰力；之後才透過政治運作的過程，進行國防財務資源的協商與調節。這種作戰實需的考慮，不僅會反映在「由下而上」的預算彙總過程，也會反映在年度業務計畫的績效標準之上。由於國防體系在軍事作戰的考量，導致國防預算籌編過程中，必然出現國防體系內部需求的預算驅動力量。由於海上防衛的國家，需要較多的海、空軍部隊；故其年度國防預算的需求，往往高於陸地防衛的國家。

一般而言，無論是海上作戰或是陸地作戰，空中優勢都是戰勝不可或缺的要素。因此，軍事威脅如果來自陸上，則陸、空軍的重要性本不可輕忽；如果軍事威脅來自海上，則海、空軍自然就會相對重要。當海岸線佔國土周界的比例愈低，威脅來自陸上的可能性愈高，則陸軍的影響力將相對增大；當海岸線佔國土周界的比例愈高，威脅來自海上的可能性愈高，則海、空軍的影響力將相對提昇。

爲瞭解面臨海上威脅國家與面臨陸上威脅國家，對軍事發展與國防預算的影響；茲根據國家海岸線長度佔國土周界的比值進行分類（即「國土周界比」），將「國土周界比」低於33.3%的國家，歸類爲陸上威脅國家；將「國土周界比」高於66.7%的國家，歸類爲海上威脅國家。至於「國土周界比」介於33.3%至66.7%的國家，則屬於同時面臨海上威脅與陸上威脅的國家。而根據劉立倫、汪進揚、陳章仁（民93）的研究發現，同時面臨海上與陸上威脅的國家，須同時兼顧陸、海、空三軍不可偏廢，故所需的國防預算最高；其次則爲面臨海上威脅的國家，因須建構一定規模的海、空軍，需求的國防預算額度次之；最後則是面臨陸上威脅的國家，所需的國防預算額度最低。而三群樣本之間的差異，也都達到統計上的顯著性。

如前所述，面對陸上威脅的國家，陸、空軍的重要性不可輕忽；面對海上威脅的國家，海、空軍必然相對重要。當海岸線佔國土周界的比例愈低，威脅主要來自陸上；當海岸線佔國土周界的比例愈高，威脅主要來自海上。當海岸線佔國土周界的比例居中時，則陸上威脅與海上威脅將可能會同時存在。從軍事成本的角度來看，以陸軍爲主的防禦架構成本最低；海、空軍爲主的防禦架構成本次之；而必須同時兼顧陸、海、空三軍的防禦架構，必然是最昂貴的建軍方式。

如果我們採取較爲粗略的分類方式，將「國土周界比」介於

33.3%至66.7%的國家，視爲面臨海上威脅的國家。則在全球167個樣本國家中，面臨海上威脅的國家，將增至79個國家；而面臨陸上威脅國家則仍維持88個國家。這兩群重新分類的樣本國家，各年度國防預算平均值的比較，亦可發現海上威脅的國家所編列的國防預算，亦遠高於面臨陸上威脅國家所需的國防預算。同樣的，兩群重新分類樣本的國防預算差異，亦達到統計的顯著性[10]。

地緣威脅不同，國家的軍事防衛是否會出現結構性的差異？（參見表14-9）。從表中來看，陸上威脅國家與海上威脅國家在各個變項上，都有明顯的不同；整體模式比較的統計檢定值（Wilks' Lambda值）爲0.421（P<0.001），也達到顯著水準。這顯示國家面對的威脅來源不同，會導致國家的建軍方向與軍力結構出現明顯的不同。

表14-9　不同地緣威脅國家的軍事防衛指標比較

	陸上威脅國家平均值	海上威脅國家平均值
主戰車（輛）	449.80	1142.02
艦艇噸數（噸）	17660.91	170535.1
軍機（架）	80.88	254.83
海空結構比（%）	13.30%	21.16%
防禦密度比（%）	45.20%	283.08%

資料來源：劉立倫、汪進揚、陳章仁，「地緣威脅、軍事防衛與國防預算關係之研究」，頁110。

從表14-9中可以發現，海上威脅國家有多項突出的指標值。不僅在海、空軍平均比值（13.30%），高於陸上威脅國家的海空軍比值（21.16%）；在海軍艦艇平均噸數上（17萬535噸），也遠高於陸上威

[10] 劉立倫、汪進揚、陳章仁，「地緣威脅、軍事防衛與國防預算關係之研究」。

脅國家的平均噸數（17萬660噸）。再從飛機的架數來看，海上威脅國家的平均飛機架數（255架），也遠高於陸上威脅國家的平均飛機架數（81架）。而表中也存在另一個值得注意的現象，亦即海上威脅國家的防禦密度（283%）遠高於面對陸上威脅國家的防禦密度（45%），約爲其6.29倍；這顯示海上威脅的防衛有些值得留意的地方。這種超過一般平均水準的高防禦密度，是因爲軍種建軍發展的先後不同所致？亦或是因爲軍事作戰最後仍須以「佔領」作爲終結，導致海上威脅國家亦須維持適度的陸軍防衛武力，致使三軍兵力密度居高不下？抑或兩種原因都同時存在？這有待國人進一步探討。

表14-9有關各國主戰車的比較，似乎存在許多解釋的空間；表中顯示海上威脅國家主戰車的平均數（1,142輛），反而高於陸上威脅國家主戰車的平均值（450輛）。這種現象至少存在兩種可能的解釋，其一「可能」是來自「所得因素」的影響，其二「可能」是來自「建軍發展」的影響。如從「所得」來看，由於海權發展在過去全球資源爭奪的過程中，扮演相當重要的角色；故有可能會因爲海洋國家掌握較多的資源，而躋身富國之列。也就是說，是否海岸線較長、海權擴展較有利的國家，其國家的平均所得，高於陸上威脅國家的平均所得，致使海上威脅國家有「較多」的資源建軍，導致其主戰車數量也高於陸上威脅的國家。

首先就「所得」因素來看，在劉立倫、汪進揚、陳章仁（民93）的研究中，也根據「世界銀行年報」的分類進一步探討「所得」與「軍事防禦武器」之間的關聯。結果發現，所得水準並非解釋軍事防禦武力強弱的有效因素，它無法解釋主戰車平均輛數上出現的差異。其次就「建軍發展」的角度來看，各國的軍事發展歷程，陸軍通常亦爲各國首建之軍種；而陸軍的地面防衛，亦爲國土防衛首要的考量因素。由於陸軍的現代化程度低於海、空軍，加上軍種的軍事成本差異，因此在財務資源不足的情況下，陸軍便成爲一項成本效益最高的選擇。

如果我們同時「所得因素」、「建軍發展」與表14-2提出可能存在的軍種「平衡建軍」現象，那麼海上威脅國家的主戰車平均數，高於陸上威脅國家主戰車的平均數，似乎就比較容易解釋。換句話說，它「可能」是因爲海洋國家掌握較多的資源，加上陸軍的低成本建軍優勢，及三軍在「平衡建軍」的心理下，三種不同層次因素的交互作用下，致使海洋國家的陸軍主戰車數量得以保持優勢的發展。但這種推論是否成立，須由進一步將軍種發展的時間因素納入考量，才能釐清彼此之間的影響關係。

貳、區域衝突

1990年代以後冷戰結束，全球兩強對峙的戰略環境已然瓦解，轉成爲一超強，及多強國的不對稱競爭與聯盟關係；意識形態及國家觀念受到市場經濟的衝擊而逐漸式微，各國國防戰備任務亦將隨之調整。在這種多元對抗的戰略環境下，軍事衝突往往並非導因於意識形態，反而常肇因於經濟利益，故衝突與軍事威脅的本質更形複雜。如南海諸島（如南沙群島）的主權爭議，因擁有豐富的經濟蘊藏，已成爲最有可能是引發戰爭之導火線；而1990年代東南亞各國在泡沫經濟的推波助瀾下帶動了軍備競爭，如馬來西亞、新加坡、菲律賓、印尼等國家，都分別提出造艦計畫，持續擴張海軍[11]，顯示經濟利益常常是引發的軍事衝突的重要原因。

因此，在這種戰略環境下，軍事威脅常伴隨著經濟利益，並與區域衝突息息相關；而國家與國家之間，並不全然存在以往意識形態對抗的0與1敵對關係。換言之，1990年代以後的軍事衝突常常伴隨

[11] 參見黃廣山，「遠東地區各國海軍發展概況」，**國防譯粹**，第19卷，第2期，民國81年，頁53-59。

著經濟利益；而各國在軍事威脅的強度的「認知」上，會隨著軍事衝突的持續發生而增強。而要瞭解不同地區軍事衝突與國防預算的關係，則須從區域的武裝衝突著手探討。

按照國際慣例，武裝衝突的界定方式是按照戰鬥死傷人數的多寡，作爲區分衝突嚴重性的依據。如按照Singer & Small於1963年提出的「主要武裝衝突」（major armed conflicts），它指的是兩個國家以上或一個國家與一個以上之武裝部隊所發生之衝突，且衝突死亡人數超過1,000人以上的戰爭。[12]

而根據Wallensteen & Sollenberg（2001）的分類，軍事衝突可依其嚴重程度分爲三類，一是小型武裝衝突（minor armed conflict），指的是在衝突的各種戰鬥中，死亡的人數低於1,000人的軍事衝突。（全球在1999年計發生十次，在2000年計發生九次的小型武裝衝突）；二是中型武裝衝突（intermediate armed conflict），指的是在衝突的各種戰鬥中，死亡的人數超過1,000人，但在單一年度死亡人數少於1,000人的軍事衝突（全球在1999年計發生十三次，在2000年計發生十二次的小型武裝衝突）；三是戰爭（war），指的是戰鬥中導致單一年度死亡超過1,000人的軍事衝突（全球在1999年計發生十四次，在2000年計發生十二次的小型武裝衝突）[13]。

一般我們指的「區域衝突」，指的就是「中型武裝衝突」（含）以上的軍事衝突型態，也就是「主要武裝衝突」。在1999年、2000年間，「主要武裝衝突」都佔了區域武裝衝突總數的三分之二以上，也顯示出後冷戰時期區域衝突的規模與嚴重性。

[12] 此係根據辛格（J.D. Singer）與史摩（M. Small）於1963年，在密西根大學所主持的一項研究計畫（Correlates of War Project）中，對「主要武裝衝突」（major armed conflicts）所下的定義。引自李秋嬿、陳雅俐，「全球軍備統計分析」，**主計月報**，第543期，民國90年，頁13。

[13] Wallensteen, Peter & Sollenberg, Margareta, “Armed Conflict, 1989-2000” *Journal of Peace Research*, Vol. 38, No. 5, 2001, pp. 629-644.

從表14-10中不難發現，1989年至1998年間，區域衝突最多的地區是亞洲（平均9.4次）及非洲（平均7.9次），其次爲中東地區（平均4.4次）；這段期間中，亞洲地區的衝突規模是中東地區的2.14倍。「亞洲」和「非洲」國家是衝突次數最多的前二名地區，亞洲因印、巴喀什米爾衝突、南海島權爭議，爆發多次小規模戰爭及印尼摩鹿加群島宗教衝突而名列前茅。而非洲地區則因盧安達、蒲隆地種族衝突與屠殺，以及剛果內戰等，使得衝突不曾間斷。

表14-10　1989-1998年世界主要武裝衝突統計表（單位：次數）

時間	非洲	亞洲	美洲	歐洲	中東	總計
1989	9	11	5	1	5	31
1990	10	10	5	1	5	31
1991	10	8	4	2	5	29
1992	7	11	3	4	4	29
1993	7	9	3	5	4	28
1994	6	9	3	4	5	27
1995	6	9	3	3	4	25
1996	5	10	3	2	4	24
1997	8	9	2	1	4	24
1998	11	8	2	1	4	26

資料來源：Department of Peace and Conflict Research, Uppsala Conflict Date Project. 引自李秋嬿、陳雅俐，「全球軍備統計分析」，**主計月報**，第543期，民國90年，頁13。

從表14-11中可以看出，1994年至2000年間軍事支出增加率最高的地區是在中東，成長了23%，其次爲非洲，1994年至2000年間的軍事支出成長了12%，第三則爲亞洲及大洋洲，1994年至2000年間的軍事支出，成長了11%。軍事支出前三名的排列，雖與表14-10的區域武裝衝突的次數略微不同，但前三名內容則大多一致。由於軍事支出的比較計算，涉及比較基期、各國通貨膨脹率及匯率換算；故各國軍事支出換算後的變動數額，可能會與「以該國貨幣計算之軍事支出」

表14-11　1994-2000年間世界及地區軍事支出比較表

地　區	1994	1995	1996	1997	1998	1999	2000	1994-2000 增加率
非洲	(9.2)	(8.7)	(8.4)	8.6	9.2	9.9	10.3	+12%
北非	(4.1)	(3.9)	(4.0)	4.2	4.4	4.3	4.7	+15%
撒哈拉地區	5.1	4.8	4.4	4.4	4.8	5.6	5.7	+12%
亞洲及大洋洲	120	123	127	127	126	128	133	+11%
中亞	0.4	0.4	0.4	0.5	(0.4)	0.5	*n.a.*	n.a.
東亞	101	103	107	107	105	105	110	+9%
南亞	12.0	12.6	12.8	13.4	13.5	14.6	15.2	+27%
大洋洲	7.3	7.0	7.0	7.1	7.4	7.7	7.7	+5%
美洲	365	347	328	329	321	323	334	-8%
北美洲	344	324	306	304	298	299	310	-10%
中美洲	3.5	3.1	3.2	3.3	3.2	3.4	3.5	0%
南美洲	17.6	20.2	18.4	21.2	20.2	20.1	20.7	+18%
歐洲	200	187	186	186	184	188	191	-5%
中毆及東歐	26.4	20.6	19.3	20.1	17.5	18.3	20.0	-24%
西歐	174	166	166	166	167	170	171	-2%
中東地區	47.1	43.8	43.8	48.1	51.9	50.3	58.0	+23%
全　球	742	709	693	699	693	699	727	- 2%

說明：（）—表示估計數；n.a.—資料不全。

單位：十億美元，以2000年常元及匯率換算。

資料來源：SIPRI Yearbook 2004, appendix 10A, table 10A.1 and table 10A.3.

略有出入。但從表14-11中1994年至2000年間全球各地區的軍事支出，與表14-10區域武裝衝突次數的比較結果，似乎說明了區域衝突對國防經費，可能有相當重要的關聯性。

參、區域軍備狀態

為便於比較，此處仍從「軍力平衡」一書選取各國1991年至1998年之間的資料項目，包括GDP、國防預算、人口總數、現役人數、陸、海、空軍人數及武器裝備（包括：陸軍坦克數、艦艇噸數及飛機架數），以瞭解各地區的資料概況，資料的敘述統計顯示如表14-12。

表14-12　全球各洲基本資料比較表

地區	統計量	艦艇噸數	戰機（架）	主戰車（輛）	國防預算（百萬美元）	GDP（億美元）	人口數（百萬）	現役人數
非洲	平均數	8,473	42	188	298	94	14	39,166
	標準差	21,356	101	559	605	202	19	73,709
亞洲	平均數	168,009	334	1,090	4,046	2,383	121	343,412
	標準差	326,131	826	1,855	8,233	7,894	280	581,592
中南美洲	平均數	33,630	49	147	790	460	17	48,985
	標準差	58,610	68	309	2,006	1,055	34	69,247
歐洲	平均數	129,894	203	1,207	6,244	2,292	18	131,696
	標準差	374,273	323	3,000	14,040	4,407	29	257,520
中東	平均數	46,690	206	1,603	3,766	457	16	193,444
	標準差	84,327	204	1,633	4,568	497	22	199,092
大洋洲	平均數	44,990	60	34	2,890	1,323	9	24,389
	標準差	60,202	59	38	3,586	1,541	7	25,418
北美洲	平均數	1,387,716	1,618	5,553	140,608	38,198	147	805,741
	標準差	1,280,806	1,525	6,203	135,574	34,068	122	771,025

資料來源：陳章仁，「威脅型態、軍事防禦能力、區域衝突與國防預算關係之研究」，台北縣：國防大學國防財務資源管理研究所碩士論文，民國91年6月，頁45。

從表14-12觀察，從武器裝備數量觀察，非洲國家的艦艇噸數（8,473噸）及戰機架數（42架）是世界上數量最少的地區，而GDP平均值亦居世界之末。在歐洲及亞洲地區來比較，其國防預算及軍備數量都是相當可觀的，皆因歐洲地區它的西側有許多世界軍事大國，而亞洲它的東側在1994-1998年亦成為全球最大軍火輸入市場，致使這兩個地區相對於北美洲來說，在世界上的武器數量排名分別佔據二、三名[14]。歐亞大陸除了軍事可觀，全世界約75%的人口居住在歐亞大陸，且世界上絕大多數的財富也存在於歐亞大陸，故歐亞大陸亦為世

[14] 李秋嬿、陳雅俐，「全球軍備統計分析」，頁18。

界的樞紐。

再由表上數據來看，歐洲地區的平均國防預算數（6,244百萬美元）是亞洲地區（4,046百萬美元）的1.5倍多，但艦艇噸數（12,894噸）及戰機數（203架）較亞洲的艦艇噸數裝備（16萬8,009噸）及戰機架數（334架）數量較少。這顯示了歐洲的海、空軍可能採用了裝備較精良，成本更高、更精密的高科技武器。

中南美洲地區與中東地區來比較，則相當值得探討。中南美洲向來以政變頻繁聞名；根據統計，在20世紀的前九十年當中，拉丁美洲主要國家先後出現626位總統，其中軍人有188人，其它即使不是軍人出身，也一定要取得軍方支持，故也難免受到槍桿子的支配[15]。而中東地區，因爲土耳其、伊朗樞紐的弱勢，及阿拉伯人與以色列不共戴天宿仇，擴大不確定的衝擊潛力，使這個地區陷入種族及宗教信仰的持久鏖戰。

由表14-12也可以看出一個有趣的問題，由經濟能力GDP來看，中南美洲地區爲460億美元，中東地區爲457億美元，金額相差不大；再由人口總數來看中南美洲地區爲1,700萬人，中東地區爲1,600萬人，人口數也相當。然而現役人數及國防預算數來看，中東地區爲19萬3,444人及3,766百萬美元，中南美洲地區爲4萬9,985人及790百萬美元，其總人口數及國防預算金額卻相差到4-5倍，其中一個可能之原因爲中南美洲所爆發的大多爲內戰，屬於傳統的陸上戰爭，不需要建立相當大的軍事力量，而中東地區發生的大多是國與國之間的戰爭，較容易引發軍備競賽，造成軍備力量的持續累積。根據李秋嫵、陳雅俐（民90）統計，中東地區是僅次於亞洲地區世界上第二大的軍火輸入市場[16]，可能也顯示了這種現象。

---

[15]參見林深靖，「三千原住民扯下一個大總統」，民國89年2月24日，南方電子報；網址：http://www.esouth.org/sccid/south/south000224.htm。

[16]同註[14]。

北美洲地區因美國的關係，其各項數字相對於其它地區都是最高的，雖然美國自冷戰之後，相對實力已不再具備1950年代的強勁度，但照布理辛斯基（Zbigniew Brizezinski）的觀察，卻是「空前、絕後」的唯一世界超級大國[17]。再者從表14-12的平均數與標準差的比較來看，不難發現歐洲、中南美洲、亞洲與非洲，區域各國間的差異頗大；而相對的在中東、大洋洲與北美洲的區域各國，其同質性較高。

表14-13　全球各洲基本資料變異係數比較表

地　區	艦艇噸數	戰　機	主戰車	國防預算	GDP	人口數	現役人數
非洲	2.52	2.40	2.97	2.03	2.15	1.36	1.88
亞洲	1.94	2.47	1.70	2.03	3.31	2.31	1.69
中南美洲	1.74	1.39	2.10	2.54	2.29	2.00	1.41
歐洲	2.88	1.59	2.49	2.25	1.92	1.61	1.96
中東	1.81	1.00	1.02	1.21	1.09	1.38	1.03
大洋洲	1.34	0.98	1.12	1.24	1.16	0.78	1.04
北美洲	0.92	0.94	1.12	0.96	0.89	0.83	0.96

表14-13中根據表14-12中地區各項指標的平均數與標準差，計算得出各地區的變異係數（標準差／平均數），藉以顯示區域各國之間的差異性。由於受到區域各國的平均數影響，故區域各國之間的變異數大，並不一定就表示各國之間的差異大，故有必要採用變異係數，作爲區域比較的基礎。如果計算出的變異係數值較小，則顯示區域內各國的發展狀態類似，國家差距不明顯；如果計算出的變異係數值較大，則顯示區域內各國的發展狀態不一，國家差距比較明顯。

從表中可以發現，所有地區中發展差距最小的應該是北美洲地區（美國與加拿大），其次爲大洋洲，排名第三的是中東地區；地區

[17] Zbigniew Brzezinski著，**大棋盤**，頁12。

發展差距最大的是歐洲地區，其次則爲非洲地區，亞洲地區居於倒數第三。中東地區各國因爲以色列的潛在衝突，而使得地區內回教各國的軍事發展指標都必須維持相當的水準，故各項指標變異係數的數值較小。而歐洲地區因爲蘇聯解體後，東、西歐各國合併計算，而導致各項指標的變異係數值居高不下。表中許多項次都值得進一步分析，也可以透過項次之間的交叉分析，進行更深入的剖析，讀者有興趣可自行探討。

肆、地緣威脅、區域衝突與國防預算

區域衝突昇高，必然會提昇該區域內各國「認知」的軍事威脅強度；在此這種情境下，大家關心的是，區域內的各國是否會因此而提高年度國防預算的編列？爲釐清區域衝突的可能影響，劉立倫、汪進揚、陳章仁（民93）的研究中，曾進行各種可能的檢視，包括：一、區域內國家的所得高低不同，面臨升高的區域衝突時，各國的國防預算是否會隨之提昇？二、地緣威脅不同的國家，面臨升高的區域衝突時，各國的國防預算是否會隨之提昇？三、排除所得因素與地緣威脅因素，當區域衝突升高時，各國的國防預算是否會隨之提昇？

由於各國的年度預算編列與審議有一定的作業程序，因此劉立倫、汪進揚、陳章仁（民93）的研究中採用t期的區域衝突，對應t+1期的國防預算進行比較，並以預算年增率作爲衡量國防預算增減變動的依據。而區域衝突則根據1991年至1998年間各年的衝突次數依序排列，採用中位數將其區分「高」、「低」兩群。研究結果發現，在項次一上，在將全球國家所得的高低與區域衝突高低，交叉區分爲四群，在變異數分析下，並未達到統計上的顯著水準；而在按照地區進一步比較時，同樣也未達到統計的顯著水準。在項次二上，概略結果如表14-14。

從表中可以發現，海上威脅國家平均的國防預算年增率

表14-14　威脅來源、區域衝突強度與國防預算年增率比較表

海上威脅國家		陸上威脅國家	
低區域衝突	高區域衝突	低區域衝突	高區域衝突
4.199%	9.268%	3.273%	2.105%

資料來源：劉立倫、汪進揚、陳章仁，「地緣威脅、軍事防衛與國防預算關係之研究」，頁112。

（4.199%與9.268%）雖然高於陸上威脅國家（3.273%與2.105%），但在區域衝突與國防預算年增率之間的關係則不明顯。如在海上威脅的高區域衝突國家，國防預算的年增率（9.286%）高於低區域衝突的國家（4.199%）；但面臨陸上威脅的高區域衝突國家，國防預算的年增率（2.105%）卻低於低區域衝突的國家（3.273%）。在國防預算年增率的平均值的兩兩比較上，亦都未達到統計的顯著水準。至於在項次三上，「區域衝突」與「國防預算」年增率的關係，同樣的也未達到統計的顯著水準。這顯示了，區域衝突雖然會導致國家認知的軍事威脅強度升高，但是卻未必會促成區域各國的國防預算大幅提昇。

這種現象的解釋原因或許有二，其一是「區域衝突」雖然提昇了認知的軍事威脅強度，但各國國內政治體制的運作下，仍有一些因素可以抵銷「國防預算」提昇的呼聲，如國家的經濟能力，或是國民軍費負擔等等供給層面的因素；其二是「區域衝突」雖然導致區域各國的不穩定，但在國際政治的運作下，仍可建立一些緩衝以抵銷這種區域的不穩定，如區域安全架構、雙邊協定或多邊協定等等區域安全因素。這或許也說明了，國家安全的思考，並非僅侷限於軍事威脅一端；而國家解決軍事威脅的手段，也並非僅侷限於軍事對抗方法的思考。

第四節　全募兵制的國防經費需求

壹、軍制發展

國家兵役制度發展與國家的政經狀態、社會體制發展及軍事威脅的強弱而有所不同；因此，兵役制度只有適合或不適合時代環境，而無絕對的優劣高下之別。回顧台灣的發展史來看，早期兵制是以募兵制為發展主軸，如荷蘭人招募平埔族西拉雅人、鄭成功的屯兵制、清朝招募平埔族巴宰人渡海平太平天國、開發墾首招募的隘勇，都採募兵型態進行；然至日本殖民時代後期及國民政府轉進來台後，則改採徵兵制度作為兵役發展的主軸[18]。

從中國歷代實施的兵役制度來看，大致包括三種型態，其一是徵兵制，其二是募兵制，其三則是軍民分離、兵農合一的府兵制。採行徵兵制度的時期，主要在商朝、周朝、戰國時期、秦朝、西漢、元朝的時期。商、周時期的徵兵基礎是建立在部落型態的生活方式上；而後因社會生產力的提昇，各國已具郡縣制度的雛形，故戰國與秦朝時期，採行的是郡縣徵兵制。 西漢大抵依循秦制，直至漢武帝時期改採募兵制。元朝的徵兵主要適用在「漢軍」，徵集二十歲以上的漢人作為戍守當地的地方軍；「漢軍」、「蒙古軍」（蒙古本族人的軍隊）、「探馬赤軍」（吞併各部族後建立的軍隊）、「新附軍」（南宋潰降軍隊整編之軍隊），共同構成元朝的軍事武力。

[18] 施正鋒，「徵兵制與募兵制的比較」，朝向募兵制的可行性研論會論文，民國91年。

募兵制實施的時期大致包括東漢前期、唐朝中葉以後、宋朝及清朝。東漢前期國家常徵集農民及刑犯組成軍隊；而東漢後期更因土地兼併，農民轉爲地主家兵，而阻礙了徵兵制的可行性。唐朝中葉以後曾廢棄府兵制（開元11年），招募「長從宿衛」12萬人，之後中央禁衛軍與邊鎮戍守軍便逐漸採募兵方式招募。宋朝則由「禁軍」（北宋的正規軍）、「廂兵」（各州招募的地方軍）、「蕃兵」（招募西北地區少數民族的邊境戍守軍）、「鄉兵」（非正規的地方武力），共同構成宋朝的防衛武力。至於清朝的募兵，則應用在招降明軍及招募漢人編成的「綠旗兵」（又稱綠營兵），與八旗（八旗下又分爲八旗滿州、八旗蒙古、八旗漢軍，共成爲二十四旗）共同構成清朝的防衛武力。

府兵制則是比較特殊的制度，它是軍民分離（士兵脫離郡縣戶籍，改爲軍籍）、兵農合一（平時生產、農暇訓練、戰時自備兵甲衣糧、且耕且戰）、世代相繼（世襲）。實施的時代包括三國時代（當時稱爲世兵制）、南北朝後期（西魏）、隋朝、唐朝（貞觀時期府兵制發展到極致）、明朝（稱爲衛所制，本質上仍爲府兵制）。從本質上來說，兵役制度的轉變，大致與當時農業社會的政經發展，及軍事防禦需求息息相關。

世界各國實施的兵役制度可概分爲三大類別、五大制度：第一類是義務役，其中可分爲義務役徵兵制與義務役民兵制兩類；第二類是志願役，其中可分爲志願役傭兵制與志願役義勇兵制；第三類則爲義務役志願役併行制[19]，我國則採用此一制度。現行世界各主要國家除美國、澳洲、加拿大、英國、日本採完全募兵制外；其餘各國概皆採用徵、募並行制。如果我們再將「替代役」納入徵兵與募兵的分類邏輯中，則世界各國採行徵兵制的國家又可分爲「有替代役」及「沒

[19]溫源興，「革新兵役制度的考量因素」，**國策期刊**，第133期，民國85年，頁10-11。

有替代役」的國家，如以色列、新加坡屬於沒有替代役的國家，其餘如奧地利、芬蘭、德國、台灣、南韓、俄羅斯、瑞士等國，都有武裝或非武裝的替代役。而阿根廷、中國、印尼等國雖有選擇性的徵兵制度，但仍多以募兵爲主；至於薩爾瓦多、那密比亞雖採取徵兵制，但並未眞正實施[20]。

在我國的徵、募並行制度下，軍官、士官、士兵都分由徵兵與募兵來源組成；只不過軍官是以募兵爲主，士兵則以徵兵爲主，士官的徵、募比率則介於軍官與士兵之間。而國內的兵員獲得雖採「徵兵」、「募兵」兩條管道，但在「徵兵」管道上除了補充兵之外，還有兩條重要的分支，其一是替代役（內政部主管），其二是國防役（國防部主管，國防工業訓儲役）。有關替代役的部分，國內已經相當熟悉，但對於國防役的部分可能瞭解較少，故以下僅就國防役的部分略加說明。

貳、國防工業訓儲制度

國防工業訓儲制度自民國69年開始實施，在民國69-87年間，用人機構仍多侷限於軍、公、財團法人等研究機構，訓儲人員須服務年限六年；民國88年行政院修訂實施規定，首度將用人單位開放至學校及民營機構，訓儲人員服務年限亦縮短爲四年。鑑於國家產業轉型所需，而國內研發人力短缺，逐有民國90年8月經濟發展諮詢委員會的建議；擴大國防工業訓儲役範圍，並將民間企業分配比例，由過去的40%提昇至60%。國防役適用對象原侷限於理、工、醫、農科系研究

[20]引述施正鋒，「徵兵制與募兵制的比較」；但對韓國的部分略加調整。韓國的替代役概分爲三種類型，分別是「公共役」、「專業研究人員」、「工業技術人員」；其中「公共役」與我國目前實施的替代役相同，在公共部門服役；而「專業研究人員」及「工業技術人員」則接近於我國現行的國防役。

所以上學資的屆齡役男，現已開放人文、社會、管理等相關系所。

國防工業訓儲制度主要適用於實施徵兵制的國家，然各國國情不同，故國防役運作方式互異。如法國採自願申請方式，將國防訓儲區分爲科技役與互助合作役（軍事役與防禦役非屬國防訓儲範疇），各須服役十六個月；前者係針對法國海外省份與海外屬地發展而設計的因地制宜措施（各屬地名義上雖已獨立，但實質上仍與法國保持密切關係），役男須具備高等技工文憑，後者則分發至海外之法國公司，或分發至與法國簽訂協約之國家，役男須具備高等專業文憑。

比利時則將替代役限制在四種專業範圍（社會福利員、裝配員、醫事人員、無線電技術員），以杜絕浮濫，並避免替代役衝擊常備兵役；通常替代役的役期較長，且待遇較低，以服兵役公平的原則。而韓國的替代役有三種類型，分別是「公共役」、「專業研究人員」、「工業技術人員」。其中「公共役」與我國目前實施的替代役相同，在公共部門服役；而「專業研究人員」及「工業技術人員」則接近於我國現行的國防役。「專業研究人員」需具備碩士以上學資，於國家指定的研究機構從事五年的研究工作；「工業技術人員」則需具備特定工業技術，於指定的基礎工業或國防工業中服務三年。

綜觀各國實施結果，韓國與我國的實施現況最爲接近，且其規模較大，實施已逾三十年（1973年開始實施），不僅參與廠商與訓儲人力規模龐大（2000年有1萬3,414家參與廠商，「專業技術人員」與「產業技術人員」參與人數亦高達7萬231人），各項管理機制建構已相當完善，替代役的產業效益亦相當顯著，故可充作我國防訓儲制度發展的參考依據。而實際顯示，我國與韓國之間的交互觀摩亦相當頻繁，制度運作上的交互參考亦時有所見。

參、募兵制財務需求估計

近年來國內在兵役制度上曾引發熱烈的討論，主要討論的課題是我國應否實施「全募兵制」？由於兵役制度是軍隊與社會的介面，因此兵役制度的改變不僅會影響文人統制（civilian control）理念的運作，也會全面影響軍隊與社會的關係；但這些衝擊不全然都是本書要探討的範疇，此處僅就有關財務資源衝擊的層面進行探討。

募兵制可行與否與國家的財務負擔有相當密切的關係；然由於兵力結構（規模與兵力配比）、武器系統、戰術、戰法之間的交錯影響，導致募兵制的財務需求估計變得相當複雜。從理論的觀點來看，國防體系必須先根據國家安全目標決定軍事戰略，透過軍事戰略（包括建軍與備戰）再結合武器系統、戰術發展才會影響兵力結構。而兵力結構再配合官士兵的平均薪給，便可決定人員維持經費的總需求，並進而推估出年度國防經費的總需求。

但實際應用此一推估流程時，不難發現其間存在許多模糊空間。第一、募兵制與徵兵制的兵力素質不同，由於我國從未實施「全募兵制」，故募兵與徵兵之間的戰力替代率爲何，迄今仍是一個懸而未決的課題。第二、武器系統、戰術發展與兵力結構之間，本來就存在著換抵的關係；因此兵員需求與各相關因素之間，有著相當複雜的交互影響關係。第三、軍事戰略對兵力規模有相當重要的影響，海、空軍的單位戰力與陸軍的單位戰力不同，故其建軍成本亦遠高於陸軍；因此，在軍事戰略中的三軍配比中，海、空軍的倚重程度，通常也直接影響國防經費的需求。

面對一個目前尚未推動的「全募兵」制度，在軍事戰略、兵力結構、武器系統，甚至包括戰力參數都處在未知的狀態下，募兵制的財務需求估計，就必須設定「制度假設」，才能推估可能出現的財務衝擊。再者，由於國防體制龐大，不僅官兵的役別種類繁多，人員薪資、加給、福利亦十分複雜；因此在推估實施「全募兵制」所需的人員經費時，就必須建立推估的假設與邏輯，才能得到比較精確的財務估計。

因此，如果我們要推估未來實施「全募兵制」可能造成的財務衝擊，通常會按照以下的程序：

一、根據現有資料推估目前的「發放現員」總數，以取代現行的「預算員額」；
二、建立備選方案的各種假設，包括合理的「志願役官、士、兵薪給」假設、「兵力配比」的假設及「兵力規模」的假設等等；
三、計算出全募兵制下的「人員薪給」需求額度；
四、根據人員薪給與人員維持經費的歷史關係，推估出全募兵制下所需的「人員維持經費」；
五、計算爲提昇募兵制度的吸引力，所需的「增支」福利數；
六、估計徵兵制度與募兵制度過渡期間，及全募兵時期所需的國防預算需求。

在估算實施募兵制度對國防財務資源的影響時，我們雖可採取實際數字逐一帶入估算步驟計算，推算出可能的財務需求。然由於財務需求估算時，須涉及諸多假設，導致這種逐一計算作法的實質意義不大；故此處僅列出估算流程與詳細估計步驟作爲參考，讀者可根據不同的假設前提，自行發展出備選方案以供比較。詳細的估算流程與估計步驟分述如下：

步驟一：預算員額與發放現員

國防部對外公佈的「預算員額」是在於預算編列上使用，與年度「實際發餉員額」之間通常不同；「實際發餉員額」因受到預算年度各月份的兵員徵集、退伍人數等因素的影響，故性質上與「預算員額」的平均概念不同。鑑於人員維持經費是與實際發放現員有關，而非與預算員額有關，故推算時必須根據過去的人員維持經費反向推估軍隊現有的實際員額。

推算發放現員時，大致遵循以下幾個步驟：

（一）首先必須先從現有薪給表中，建立可供計算的官、士、兵平均薪資與加給[21]；

（二）根據官、士、兵的員額配比，以預算書中的預算員額，計算官、士、兵的人員數額；

（三）以「平均薪給」乘以「年度發放人數」，得出預估的人員薪給數額；

（四）根據「人員薪給」與「人員維持經費」的歷史關係，建立「預估」的人員維持經費；

（五）參考其它資訊[22]，以計算人員經費的實際需求數；如根據2003年11月23日的媒體報導，當年度人員維持經費仍欠缺42億元，故當年度人員經費實際需求，應等於年度預算數加上報載的欠缺數。

（六）比較「預估人員經費」與年度人員經費需求數之間的差距；

[21]通常採少校三級、中士六級及一兵做為計算基準。

[22]另一個實例是根據台灣日報2004年3月24日載，國防部否認因國安機制導致20萬官兵無法投票；依據重點戒備規定，戰備部隊（包括營區應變部隊為原兵力的九分之一，加上地區戰備部隊、反恐特定任務部隊及主官、管輪值等）留守總兵力約為3萬7,800人。按照3萬7,800人最寬放的九分之一比率換算，全軍實際現員不應超過34萬200人；如扣除地區戰備部隊、反恐特定任務部隊及主官、管輪值的高比例留守人數，則實際發餉員額的計算結果，人數可能更少。

（七）如果預估數額與預算需求數差距過大，則進行預算員額的調整，再重複前述（一）至（五）的步驟，直到差距數額縮小到可接受的範圍爲止。此時便可估算實際的發餉員額。

步驟二：募兵制下的人員薪給標準

過去我國實施徵募並行制，軍官以志願役爲主力，士官間採志願役與義務役，士兵則爲義務役；全募兵制既在強化士官及士兵的素質及作戰能力，薪給調整亦應以士官及士兵爲調整主軸（軍官薪給維持不變），故亦應提出未來募兵制下的薪給標準。

國軍薪給由底薪、各類加給構成；各類加給中，又區分爲共同性加給與特殊性加給。其中「專業加給」（原爲服勤加給）與「志願役加給」爲志願役官兵的共同性加給，特殊性加給則包括職務（如主管加給）、地域（如外島加給）、特殊勤務（如潛艇加給、飛彈加給、飛行加給等）等不同性質的加給。薪給方案本身並無優劣可言，差別的只在於各種資源條件組合的適用性而已；因此，我們必須同時評估幾種可行方案，而這些方案都必須符合社會預期與應有的薪資水準。如從事危險工作與超時工作的額外補貼，都必須反映在志願役士官、士兵調整的薪給水準下。

而發展備選方案時，應該同步考慮可能出現的「外溢效果」。如果我們將預期調高的薪給，併入原有的薪資結構計算，則募兵制的薪資，必然會衝擊到原有官、士、兵的薪給結構，不僅會造成原有人員薪給出現全面的調升，也會影響退休金與保險的計算，迫使人員經費再度攀升。而比較理想的作法，是將此一薪給調整的影響效果「獨立」出來；亦即將士官與士兵薪給增加部分，單獨編列在某一「加給」項下，如此一來，則可避免衝擊原有的官士兵底薪、退休金、保險的計算。

步驟三：「兵力規模」與「兵力配比」假設

兵力規模必須透過適度的假設，才能據以推估募兵制下的人員維持經費與國防預算需求。在假設兵力規模時，須同時考慮（一）國防部未來兵力規劃；以及（二）募兵制可能造成的國家財務負擔。按照國防部公佈精進案實施後，未來徵兵制的兵力規模將可降爲27萬人；因此，27萬人的員額便可作爲兵力規模思考的第一個定錨點。而兵力配比則可採取未來規劃的兵力配比作爲估算的基礎。

步驟四：估計預定兵力結構下，募兵制的人員維持經費需求

募兵制人員所需經費的估算，則須透過薪給福利的結構進行估算。國軍薪給與福利由底薪、各類加給與其它福利構成；各類加給中，又區分爲共同性加給與特殊性加給。而福利措施則包括各種直接與間接的福利項目（如主副食、軍眷維持、購屋貸款、軍儲、軍保、退休撫卹、醫療等諸多項目），這些項目共同組成了軍事人員的薪給與福利。

推估時，須根據過去資料，計算出「人員薪給」佔人員維持經費的百分比；因此，只要我們知道募兵制下人員薪給的數額，便可根據歷史資料的比率，估計出募兵制下人員維持經費的年度需求。

但估計時資料的基礎必須一致，如從年度預算書中可看出，93年度人員維持經費曾出現結構性的調整；如主副食經費移至「設施維護」項下，薪餉配合裁員調降約60億元，將政府給付之「保險補助」與「退休費用」移至「人員薪給」項下等等。這些數字必須「還原」到足以與過去比較的編製結構，否則將會出現需求推估的穩定性不足問題。

步驟五：發展募兵選項的替代方案

募兵制的兵員素質較徵兵制爲佳，故募兵制所需員額應較徵兵

制爲低。在官、士、兵基本待遇方案發展出來後，我們可採取定錨策略，在基本方案之外，再根據不同的「基本待遇」、「官士兵配比」與「兵力規模」，發展出幾種可能的規劃組合，並進行模擬估算。如果薪給組合有三種方案，兵力規模有三種方案，官士兵配比有兩種方案，則我們可以得出3×3×2＝18種方案。

方案測試必須同時符合幾個標準，其一是兵力規模不應超過國防部規劃的規模，其二是在國家財力負擔能夠負擔的額度內（如GDP3%左右），其三是「官、士、兵配比」應符合管理理論的金字塔型態，其四是組織調整可能引發的變革阻力。透過這三個篩選準則，我們可亦逐一剔除不可行的方案；之後，再採取微調策略，測試目標方案附近的其他可行方案。

一旦方案選定後，我們可以概約估算，實施募兵制後，國防預算的人員維持經費需增加的數額。之後，再將人員維持經費增加的數額與原有國防預算數相加，便可得知募兵制下年度國防預算的需求數。

步驟六：估計募兵制下的福利增支數額

除薪給調整外，亦可考慮募兵制的制度誘因，如採類似於教育福利基金[23]的措施，以增加適齡役男參與募兵制度的誘因。鑑於國內大學教育學費高漲，有意就學但家境清寒的青年學子，未來可能極面臨無力負擔高額就學費用的困境。因此，如果能在募兵制度中增加教育福利的誘因，必能增加募兵制度的接受度。再者，如果是士兵退役

[23]「蒙哥馬利士兵法案」(The Montgomery GI Bill) 中規定，凡於1985年7月1日入營服役的士兵，於服役期間前十二個月，自薪餉中扣除100美元，納入國防部教育福利基金 (Department of Defense Education Benefits Fund)，在士兵服務滿兩年後，至退役後十年內，均可享受三十六個月每月領回404.88美元的教育福利基金。

後無意就學，亦可將其轉為就業基金，作為初入社會的創業資本。

因此，士兵第一次簽約的服役期間，士兵每月只要提撥一定數額，國防部為每位服役士兵提撥一筆相對基金，挹注就學（就業）基金，士兵在第一次簽約期滿時，便可領回一定數額（假設新台幣50萬元）的就學（就業）基金，作為四年之後的就學（就業）發展的額外補貼。如果國防部提供此一福利措施，則募兵制財務需求上，就必須加上此一就學（就業）基金的預算需求數，而得出加計募兵制福利措施的國防預算需求數。

步驟七：建立「徵兵制度」轉型「募兵制度」過渡期間的推動原則

兵役制度由徵兵制轉型至募兵制，本質上就是組織再造。組織再造成不成功，與轉型策略有相當密切的關聯。為避免募兵新制承襲徵兵舊制的缺失，導致兵役改革的失敗，故在徵、募轉型時，理應注意以下三項原則：

（一）「徵募並行」原則：慮及國內職場人力結構與產業發展需求，募兵制度需採分年招募策略，預定於一定期間內完成招募。招募期間，徵兵員額逐年減少，募兵員額逐漸增加，形成此消彼長的役種轉換現象。

（二）「裁募併進」原則：為避免兵力調整過程，陷入戰力無法銜接困境，募兵推動以「未來」的編裝及兵力結構為準，而非以「現行」的編裝與兵力結構為依據。徵兵制度適用於現行的編裝與兵力結構，在過渡到募兵制度的期間，亦應同步大幅調整編裝與兵力結構，調降兵力規模，以符合募兵制度推動的需要。

（三）「分離處理」原則：慮及人力市場供需結構與募兵制度推動的彈性，加上為避免徵兵、裁員與募兵交錯混淆，影響募兵制度推動，轉型到募兵制度所需的經費，或可採取編列「特別預算」方式處理。亦即原有國防預算的部分維持不動，各年度人員裁撤與單位裁撤的年度預算節省部分，由國防部自行向上報繳。預算需求總額不變，但「募兵流程」、「預算編列」與現有的「徵兵流程」、「年度預算」分離處理，將有助於募兵制度順利推動。

步驟八：擬定特別預算執行期間

募兵條例立法通過當年度，可採用追加減預算方式，支應募兵作業的前置經費；次年度則編列計畫報行政院，編列募兵特別預算，開始正式推動。鑑於人力市場供需變動，為保持制度運作的彈性，特別預算的執行期程，應較原有募兵執行期限多出一至二年，但如提早完成則提早結案。

第十五章
制度變革與再造

第一節　制度願景與架構

第二節　變革與再造策略

第三節　軍事能力重建

第一節　制度願景與架構

壹、制度運作困境

PPB制度雖可透過「戰略規劃－中程計畫－預算」、「由上而下」的思考邏輯，建立「資源與軍事發展」之間的關係，及長期指導短期的觀念架構。然由於長、短期資源間往往存在著換抵的關係，故需透過長期架構的指引，以避免軍事發展受到年度預算的牽引，而偏離其應有的方向與目標。爲使這種思考邏輯與假設能夠順利運作，行政機關就必須在長、短期資源之間求取平衡；而這種當前需求與未來需求之間的平衡，正是PPB制度賴以存在的基本前提。然根據美國與我國的實際經驗，PPB制度運作迄今，仍存在許多尚待克服的難題：

一、PPB制度的運作問題：美軍的經驗

PPB制度的內部邏輯嚴謹自不待言，唯兩年的作業期程，要結合十三個環環相扣重要的作業步驟，亦難免面臨諸多困難；而作業期程如果有一個步驟延遲，PPB制度運作出現的結果，便會產生嚴重的錯誤。如Davis（1997）的研究指出，美國國防部實施PPB制度迄今，仍然面臨以下的重大問題[1]：

（一）戰略規劃有效性的問題（無法與國家安全戰略結合）。

[1] Davis, M. Thomas, *Managing Defense After The Cold War*, Center for Strategic and Budgetary Assessments, Washington DC, July 1997. 歸納的這些執行問題，散見於全書各章節。

（二）軍種間資源分配的問題（國防預算的分配沒有規則可循）。

（三）計畫之間的整合問題（計畫審查的功能不彰，迄今仍無法整合）。

（四）戰略規劃與計畫的配合問題（作業時程上無法依序進行，以致於計畫無法與戰略配合）。

（五）制度的延續性問題（人事異動，導致瞭解制度運作的人員少之又少）。

（六）戰略思考邏輯倒置[2]（預算刪減，使得國防部門必須重新調整計畫與戰略規劃）。

二、PPB制度的運作問題：國軍的經驗[3]

（一）規劃機制問題：國軍目前仍欠缺一套有效的規劃機制，包括有效的戰略分析與研究的機構、缺乏有效的戰略規劃思維邏輯、也缺乏一套完整的、合理的結合國家安全戰略、軍事戰略、軍種戰略的機制與評估準繩。

（二）人員規劃能力：PPB制度根據中、長程設計與計畫來界定年度預算，涵蓋的期程較長；如果人員的規劃能力欠佳，

[2] 在PPB制度的思維邏輯中，其「戰略規劃—中程計畫—年度預算」的推導過程，主要是透過戰略環境變動的思考，擬定「長程戰略規劃」，並經由「中程計畫」及中程計畫展開後的「年度計畫與預算」逐步執行。這是建立在長程戰略規劃、中程施政計畫及年度預算的「順向思考邏輯」上的一種制度；年度預算只是中程計畫的展開而已。所以在PPB制度的制度設計中，並未考慮這種政治生態及政治力量的「反向干擾」（從預算層面所進行的不當干擾）；但當這種反向力量出現時，國防部就必須從被刪減的預算中，去修改計畫，甚至要修改戰略規劃。這顯示了的PPB制度思考邏輯確有其限制存在，可能無法有效因應這種反向預算刪減所造成的衝擊。

[3] 內容主要引自帥化民、劉立倫、陳勁甫等人，**國防管理及預算制度之研究**，頁22-27。

或計畫擬定不夠周延，忽略了計畫執行的某些必要項目，則將可能其所核算的成本，與當年度衡量之標準產生極大的差距。而我們在設計階段中，往往受到規劃人員素質及時間變遷因素影響，而導致制度運作成效不彰。

（三）制度連結問題：中程計畫與年度計畫與預算的失聯（disconnect），導致戰略規劃、兵力結構、人力需求與成本難以結合。

（四）成本控制：PPB制度主要由計畫分析人員及系統分析人員承擔主要責任，會計、統計或預算管理人員則退居其次。而在計畫執行過程中，也欠缺一套完善的成本控制機制，故一旦面臨投資不當的情況時，計畫人員、系分人員、主計人員均無法及時改正與控制。

（五）回饋機制：缺乏控制的回饋機制，因此無法評估計畫執行的績效，也無法作爲後續改進的參考依據；而由於缺乏預算執行的回饋，故無法結合零基預算的優先排序的觀念，重新檢討計畫繼續執行的效益性。

（六）系統分析效能不彰：計畫分析（系統分析）通常只侷限於武器系統的採購備案分析，無法提昇武器系統與軍事戰略之間的連結性。再者，系統分析（PPB制度的核心要件）因受各層級政治（含政策）因素影響，其分析內容中之重要關鍵決策元件，易受各層級人員之偏好所左右；故分析時往往出現本末倒置，加上無管制措施與回饋資訊，致使功能無法彰顯。

這些運作上既存的問題，顯示了整體國防財務資源管理的有效性正受到挑戰；此時我們有必要重新思考PPB制度的長遠發展，此一觀點基於以下三個理由：

第一、PPB制度發展的背景，原爲工業社會的產物，與資訊社會追求彈性的需求並不相符，因此有適用上的疑義[4]；

第二、PPB制度在美軍執行的結果，也是問題重重[5]；

第三、除了制度現有問題外，國軍還面臨制度運作上的其它問題；我們的能力是否足以運作此一制度，這也是國人關切的課題。

因此，面對PPB制度實施出現的種種問題，國軍在未來財力管理制度發展上，必須審愼思考如何在國軍現行的PPB制度運作模式下，進行結構與作業流程的調整，以符合軍隊未來的需要，而這正是制度變革與組織再造關切的課題。

貳、制度願景與再造思考

PPB制度的未來發展，必須結合快速變遷、日益複雜的戰略環境；故在進行制度變革與再造時，須同時兼顧以下五方面的需求：

一、貫徹文人統制的理念：文人統制理念的可貴之處，在於讓一位對軍事瞭解有限的文人領導人（總統及部長），能夠有效的管理龐大的軍事體制與作戰機器。而文人領導人通常是透過「目標設定」、「政策規範」、「資源分配」、及「重要人事任免」等管理工具，以有效掌握軍事發展。因此，文人部長雖不過問軍事體制的內部運作，但在文人性質的國防部內，則必須掌握這些管理及分析工具，才能有效引導軍事體制與作戰發展朝向預期的方向。

[4] 參見Sullivan and Harper的“Hope is not a Method”。
[5] 參見Davis的“Managing Defense after the Cold War”。

二、資訊社會的制度彈性：面對民主政治可能出現的政黨輪替及資訊社會的快速變遷，戰略規劃、中程計畫、年度計畫均應建立執行的彈性。在戰略規劃與中程計畫上，應進一步區分執行階段，並建立階段性的多個選項（類似決策樹的選項型態）與衡量指標，以因應戰略環境變遷或高階主管的思維改變，對戰略規劃可能造成的衝擊。同樣的，在年度預算管理上，亦應建立更大的執行彈性。

三、制度架構的完整性：亦即達成有效的戰略規劃，計畫管理及年度預算控制，PPB制度應該具備的主要功能與輔助功能。這些功能包括戰略規劃、戰力評估、資源規劃、計畫評估與管理、軍事效能評估、戰場管理、預算執行與控制、軍事成本與財務風險管理……等諸多功能。

四、管理體系的有機化：如第七章所述，有機化的管理體系應具備多項要件，包括（一）兼具分工（differentiation）與整合（integration）功能的規劃體系，使得行政體系在規劃的層面，得以形成一個相互協調的整體機制。（二）一套隸屬於管理中樞的組織溝通與訊息傳輸的溝通網路，讓管理中樞發揮「如臂使指」的快速指揮與控制功能。（三）有效的資源轉化機制，當財務資源與計畫結合成為預算後，透過此一轉化機制，逐步實現預定的施政目標。（四）一套「動態整合」協調與控制機制，能夠相互協調與支援，能夠動態、同步的調整，以因應各種環境刺激與衝擊的行政團隊。（五）一套有效的資源調節與應變機制，在面對環境變遷時，組織調節內部的資源（人力、物力、財力），以因應環境對組織的衝擊。（六）一套有效的內部防禦機制，透過內部稽核，以確保組織的資源使用與目標方向無誤。（七）必要的外部監督／檢查機制，避免行政體系的執行失誤，並提昇其運作的效能與穩定性。

五、有效的分工與整合：即在三軍體制不同，戰法、武器互異的情況下，如何透過組織管理的制度，讓軍種與參謀本部都能同時提昇其戰略規劃、軍事發展、資源管理與軍事作戰的效能，達到三軍作戰能力「既能分工又能整合」的理想狀態。換句話說，未來各軍種應該在軍事規劃、資源管理與戰力發展上，扮演更重要的角色，參謀本部才有發展聯合戰力的可能。而參謀本部的組成方式，亦應適度參考歐美的參謀首長聯席會議組成方式，以提昇軍種在軍事發展與軍事決策中的重要性。

只要我們將這前述五方面的需求結合起來，則國防與軍事體系應有的未來發展、組成結構與運作方式，應該就已經非常清楚了！

第二節　變革與再造策略

在探討變革與在造策略之前，此處擬先引述美軍的財務制度變革與作業流程調整事例，稍後再進一步探討組織變革與再造策略。

根據「1994年美國國防報告書」顯示，由於過去美軍不當的支出與浪費，導致美國國會與人民對國防預算產生反感，並「企圖」削減更多的國防預算，這對美軍造成非常大的衝擊與震撼。因此在1993年以後，美國國防部便急於找出預算支用的浪費，配合財務改革方案，以增進財務運用效能。當時美國國防部曾提出多種財務改革方案，如：

一、強化國防財務與會計局（DFAS）的財務管理能力：DFAS採用各種標準化及整合的方案，整編各軍種的財務與會計體系，進行美軍財務管理的改革；至1995會計年度，DFAS

已經節省了3億1,400萬美元的預算。

二、改革五個重要的國防財務系統，包括：[6]

（一）國防文職支薪系統（DCPS）：負責支援83萬文職人員的薪資支付；在1995年9月運作時，已裁撤222個支薪辦公室。

（二）國防聯合軍事支付系統（DJMS）：負責支援270萬現役及備役的人員。

（三）國防運輸給付系統（DTRS）：將所有國防部之運輸支付統一及標準化，預計可節省2,100萬美元。

（四）國防退役及領取年金人員支給付系統（DRAS）：1995年已正式實施，實際處理200萬個帳戶；現在國防部每一位作業員均可處理3,400件退休給付，減少了242位作業員，節省1,000萬美元。

（五）國防部借貸管理系統（DDMS）：對現役及文職人員的貸款收取作業標準化。

在「1996年美國國防報告書」中也顯示，美國國防部不僅要與商業界發生頻繁的交易，也要像商業界一樣做更多的事，未來要將許多非核心的業務交由私人企業執行，為執行此一策略，國防部未來將有系統的檢討民營化的時機，以降低國防部的成本。

[6] 參見三軍大軍譯印的「1996年美國國防報告書」。

壹、組織變革與流程再造

一、組織變革的意涵

組織再造必須透過組織變革的程序，通常組織變革有兩種方式：第一種是組織結構的改變，由一種組織型態，轉型（transform）為另一種組織型態；第二種則是流程的改變，尤其是核心關鍵流程的改變。

組織變革主要肇因於兩種情境，其一源自於策略環境的變動，如競爭環境、市場發展、法規、科技、經濟發展等環境因素的改變；其二是源自於組織內部的發展需要，如策略調整、新技術導入、組織人力調整等[7]。事實上，在劇烈變動的環境下，組織通常一方面須要抽騰出部分資源以預測未來，另一方面則須採取逐次變革（gradually change）的方式，以因應環境的變動[8]。通常「漸進改善」與「再造急變」須要投入的資源不同；因此組織在變革的過程中，亦須要建立一套有效的資源分配機制，才能達到組織轉型的預期目的。

一般而言，組織變革的對象分為三種[9]，其一是改變組織結構（包括職權關係、協調機制、工作設計、控制幅度），其次是改變技術（technology，包括工作流程、工作方法及設備），其三則是改變組織成員（包括態度、期望、認知及行為等）。而在組織變革時，我們所面對的將是一個截然不同於過去的新世界；因此在某些時候，可能根本沒有新地圖可以指引我們。在這時候，摸著石頭過河，可能也是一

[7] Robbins, Stephen P. & De Cenzo, David A. (1998), pp.268-271.
[8] Ibid., pp.273-274.
[9] Ibid., pp.268.

種不錯的方法[10]。

二、流程再造的意涵

流程再造是當前組織再造的主流觀點，一般而言，組織流程改造的類型有三，分別是：持續改善（continuous process improvement）、作業流程再設計（business process redesign）及組織流程再造（business process reengineering）[11]。前二者適用於微幅變動的情境，稱為流程改善；而組織流程再造適用於重大的變動情境，而由Hammer and Champy（1993）認為「組織流程再造」是：「對組織運作流程[12]進行根本性的重新思考[13]及徹底的重新設計[14]，以促使組織在成本、品質服務及速度等與績效衡量的關鍵因素上，能夠獲得大幅的改善[15]。」由定義中，亦可顯示「流程再造」與組織變革、組織轉型之間，有密切的關聯。由於環境出現劇烈的變動，而組織現有的流

---

[10] Sullivan & Harper (1996), pp.151-153.

[11] 田墨忠等人，**如何引進企業化管理進行國防再造工程**，國防部專題研究計畫，民國88年5月，頁9。

[12] 此處所謂的流程（process），強調的是跨部門的作業流程整合，包括主要流程及支援流程。

[13] 所謂根本性的重新思考（fundamental rethinking），就是從根本上對組織進行全面性的重新檢視，包括定義（definition）——我們是什麼組織？組織存在的目的（purpose）與使命（mission, 或稱任務）為何？目標（goal）與目的（objectives）——這些目標是我們要追求的嗎？這些目的是否能夠有效連結組織的目標？以及我們為什麼要做這些事？策略（strategy）——為什麼要用現在的方法做？透過這些根本性的檢視，顯示組織再造的本質是一種非連續性的思考，並不延續組織過去既有的假設與思考邏輯。

[14] 徹底的重新設計（radical redesign）：顯示組織再造並非在原有的作業流程上進行修改，而是在重新檢視組織的目標、策略及業務之後，重新設計及建構新的作業流程。

[15] 大幅改善（dramatic improvement）：這顯示在再造工程的目的，在透過組織全面性的思考調整與作業創新，以期促使組織績效達到跳躍式提昇的目的，因此，其目的並非求取漸進式的流程改進與績效改善。

程，無法有效的因應環境變化，也無法有效的解決問題；所以，組織才必須重新思考關鍵流程的適切性。而資訊社會強調的資訊橫向整合，亦屬於流程再造的範疇。

三、流程再造與組織績效

流程改善（process improvement）與流程再造（process reengineering）對組織績效的影響並不相同：流程改善雖可持續提昇組織績效，但仍有其績效的提昇上限，但流程再造則會引發組織績效出現跳躍式的提昇現象。

如過去跳高技術的演進，係由剪刀式（Scissors）、腹滾式（Western roll）、側滾式（Straddle）、一直演進到背向式（Fosbury Flop）；每當一種新的姿勢發明之後，選手與教練都會想辦法在這個跳高姿勢下，持續不斷的進行修正與改進，這使得跳高的高度得以持續的上升。但當另一種新的跳高姿勢發明之後，就會使得選手跳高的高度，出現突然跳昇的不連續現象。這說明了程序改進只能小幅的改善績效，唯有轉型才能使得績效大幅跳昇。

而過去的幾種跳高姿勢中，又以背向式所造成的影響最大，使得跳高水準急遽跳昇。背向式跳高和其它跳高方法的差別，在於前三種姿勢都是面向橫竿；而背向式卻是背向橫竿。這種跳高觀念的根本改變，是跳高高度大幅提昇的關鍵因素；這說明了唯有從根本改變，才能徹底的提昇績效[16]。

換言之，在原有的作業流程與組織架構下，進行的程序或功能的調整（流程改善），所帶來的效果比較有限；而根本性的流程轉變與功能重組（流程再造），才是造成組織績效大幅提昇的關鍵因素。

[16] Ibid., pp.150-151.

貳、再造策略

組織再造失敗的原因，通常是因爲管理者忽略了再造策略；沒有明確的組織再造策略與推動機制，願景不會自己實現。描繪願景固然困難；但發展有效的再造策略，亦爲不可或缺的助力。美國陸軍是全世界少數公認「組織再造」成功的範例；其所以成功有幾項關鍵要素，除了願景、溝通、共同價值觀及策略性架構之外，另一項最爲重要的，是它在再造過程採用了「細線」（thin thread）的策略。

每一條細線都是一項單一的、整合的關鍵流程；它是一種示範的運作方式，讓美國陸軍了解未來軍隊的運作方式，並逐漸將軍隊帶向未來。而美國陸軍的各兵科學校在其再造歷程中，扮演著相當重要的角色；各兵科學校建立了許多橫向整合的實驗團隊——戰鬥實驗室。這些實驗室不斷的進行各種實驗任務及演習，這些演習與任務，美國陸軍稱之爲「細線」。

細線的優點是易於單點突穿，且單一、逐項的整合實驗，不易造成全面的抗拒與挫敗，實驗的成本也較低；重要的是，當多項關鍵流程改造陸續實施後，各項關鍵流程將會逐漸產生密切的連結，並可逐次結線成網，促成軍隊全面的轉型。而這種從關鍵流程開始改進的作法，即爲流程再造（process reengineering），它也是組織再造的精髓。細線的再造策略，在美國陸軍組織轉型中，一直扮演著非常重要的角色。以下是美國陸軍組織流程再造中的幾條細線：

一、以夜視科技掌控夜戰（Own the night）[17]

自1960年以後，陸軍在夜視科技（night vision technology）的發

---

[17] Ibid., pp.180-181.

展上，就一直居於領先的地位；而在機械化部隊及航空部隊，其夜戰能力（night-fighting capability）亦有長足的進步。

1992年2月，陸軍參謀長曾問一個問題，「當我們說掌控夜戰是什麼意思？」（What do we mean when we say we own the night?）；於是步兵學校的Dismounted Battlespace Battle Laboratory 便開始研究此一問題。之後，此一戰場實驗室逐漸擴展成一個整合性的前視紅外線工作小組（2d Generation Forward Looking Infrared, 2d Gen FLIR, Task Force）。此一小組並將其研究的成果，推展到陸軍的許多需要夜間演習的單位。

在推展此一夜視技術的時候，開始引發了戰場上武器系統的再造工程；因爲許多系統都需要這種技術，如坦克、直升機、個人攜行夜視裝備，所以它打破了武器系統之間的功能性障礙，形成了通用組件與模組化的生產觀念。而重要的是，它可以匹配現有的武器系統，所以不影響現有的武器與戰場技能，卻能大幅提昇陸軍的夜戰能力。

二、資訊科技的橫向整合[18]

迫擊砲攻擊的有效性建立在前進觀測員（observer）、火協中心（fire direction center）、指揮所（command post）、迫擊砲組（mortar）、及通訊網路（communication network）的有效連結。過去從目標發現、火力攻擊到摧毀，標準作業程序是八分鐘。

而國家訓練中心（National Training Center）在1994年進行一項實驗，運用架設在坦克上的全球定位系統（GPS, global positioning system），坦克的指揮官只要按下按鈕，就可以精確計算目標的位置。這些資訊會以數位的方式，迅速傳送到迫擊砲組員手中，這些組員便用架設的小型電腦計算火力資料；同時間內任務部隊資料庫（task force

[18] Ibid., pp.160-164.

database）會自動的檢查附近的友軍位置，以確定所發現的攻擊目標是否為敵軍。確定為敵軍之後，迫擊砲成員已完成一切攻擊準備程序，並可立即摧毀目標，這些動作全部在三分鐘之內全部完成。

所有的行動不僅快速、正確而且有效。資訊化強化了組織處理問題的能力，不僅是在時間可以處理多種作業活動，而且在許多有先後順序的活動上，也幾乎可以同步完成。

三、數位化作戰部隊實驗[19]

1994年國家訓練中心（NTC）進行了「沙漠釘鎚」（Desert Hammer）的演習，實驗中以一個營的兵力，透過採用數位化的連結（digital connectivity）方式，以對抗全陸軍訓練最佳的假想敵（best-trained opposing force）。在演習中發現，這一支數位化的武力，不僅可以移動更快速、達成更佳的績效、而且出現較少的傷亡。演習之後，數位化武裝部隊的建立獲得許多的支持。陸軍於是成立陸軍數位化辦公室（Army Digitization Office），配屬第四步兵師以進行組織高層次的整合實驗。

從軍事的觀點來看，發展準則及戰場科技需要時間，所以組織不可能由目前的狀態，直接跨越到理想的組織運作狀態。所以在組織變革的過程中，應該採用一步一步跨越的方式，以持續的、連續性的變革方式，以達成組織轉型的目標，這就是連續性再造（successive reengineering）的眞諦。所以，組織變革是組織因應環境劇烈變動的「持續調整作為」。

參、平衡

組織再造必須能夠繼續維持組織的平衡，因此變革的步伐（pace）

[19] Ibid., pp.175-176.

與變革層面（amount），必須維持在組織能夠承受的範圍。在PPB制度下，其實也隱含著這種變革的「平衡」概念，如戰略規劃與兵力結構，是構建能夠因應未來威脅的軍隊，因此部隊結構（作戰部隊與後勤部隊）會進行調整；但是軍隊在調整的同時，又必須強化備戰能力，隨時準備因應當前的軍事威脅。

在美軍的實際經驗顯示，當部隊結構在調整的時候，軍隊其實是人心惶惶，所有的備戰訓練都不扎實。只有當部隊結構調整告一段落之後，軍隊才能夠專心於作戰與訓練本務。因此，如何在軍隊轉型過程中，同時兼顧兵力結構與備戰能力的平衡，便成爲政策階層必須留意的問題。

肆、組織抗拒

組織再造的過程中，通常必須須借助兩項重要的工具：溝通（communication）及示範（demonstration）。溝通的目的，主要在告訴大家組織的願景，以及組織變革的目的與方法；至於示範則是在建立組織成員對組織未來運作方式的信心（如美國陸軍的細線），以降低變革過程中可能出現的抗拒。組織成員對變革的抗拒，通常是來自於恐懼（擔心失去已有的，及未知可能的傷害）及懷疑（此一變革是否有效？）[20]，這是變革過程中必然存在的問題。以下是美軍過去在武器系統曾經出現的抗拒例子：[21]

在美國內戰期間當時步兵的主要武器是前膛槍（Muzzle-loading rifle）。由於前膛槍使用火藥及鉛彈（又稱Minie ball），火藥裝塡的步驟繁複費時；所以一位訓練良好的士兵每分鐘大約可以裝塡四次。

[20] Robbins, Stephen P. & De Cenzo, David A. (1998), p.277.
[21] Sullivan & Harper (1996), pp.182-185.

在1861年時，當時的冶金術及製造技術發達，步槍逐漸發展出幾種不同的後膛裝填的類型，如Spencer and Henry 的repeating rifle、Colt 的revolving rifle，其中最有名的則是Marsh rifle。當時已經有許多部隊使用後膛槍（The Breech-loading Musket），包括騎兵、特種兵團、狙擊手、義勇兵等等。

雖然許多戰場指揮官建議採用此一武器，甚至林肯總統也支持採用這種武器，但陸軍一直到內戰結束都沒有採用。主要的反對理由包括：武器系統的複雜性（增加武器種類與軍火供應種類上的複雜性）、後勤補給的困難（後膛槍每分鐘可以射擊十二發，幾乎是過去的3倍，彈藥恐不敷使用）、射擊注意力（軍官擔心士兵射擊的注意力會降低，並浪費彈藥）、戰場隊形的維繫（採用前膛槍時，士兵可以肩並肩以方陣的型態射擊；採用後膛槍時，士兵可以輕易的躺下並射擊。許多軍官擔心，士兵一旦躺下之後，就沒有辦法再叫它站起來。所以後膛槍與當時的戰術無法配合）等。

在1960年代，美國陸軍開始採用全自動步槍作爲制式武器，取代了當時的狀態仍佳的半自動武器。當時也引起了許多的爭議，反對的意見包括：部隊要重新訓練、士兵會使用過多的彈藥、會使得士兵的槍法退步、新的步槍能夠持續多久、這種武器雖適用於越南，但不見得適用於歐洲等等。這些意見和陸軍過去武器換裝的爭議相當類似；因此，用過去的眼光去看未來，其實是每一個組織無法避免的現象。

而領導者要克服抗拒的阻力，就必須先認清有抗拒的事實，並幫助組織成員了解他們的角色。再者，文化是組織成員的集體人格，它對個人的行爲有制約的效果。通常組織再造與轉型，會造成組織文化的改變，並造成組織成員行爲上的不適應；所以必須有耐心的持續努力，使其達到一定的關鍵能量（critical mass），才能克服組織內部的抗拒（也就是從量變到質變的過程）。

伍、持續挑戰策略假設

法國在20世紀初崇尚不計代價的攻擊戰略；這種戰略在一次大戰時，卻往往受挫於堅強的防禦工事，使得法軍吃足苦頭。之後法國軍事專家便改採守勢作戰，強調防守重於一切的新戰略；法國工兵用混凝土建立了舉世聞名的馬其諾防線（Maginot Line），以防堵德國從邊界入侵該國。不料在二次大戰時，卻仍重挫於德國的閃電式奇襲之下。

法國在第一次大戰所學到的痛苦教訓，因為缺乏檢討策略假設的機制，故導致二次大戰又必須付出慘痛的代價。策略架構雖然是管理者觀察現實現象的基礎；但根據實際的事例顯示，所有的體制施行日久，都難免出現逐漸僵化的現象。因此，管理者必須持續檢視及檢討策略假設。

第三節　軍事能力重建

由於戰爭形態與威脅來源的改變，導致2001年美國「四年國防總檢」中提出「能力導向」（Capacity Based） 概念，以取代過去持續強調的「威脅導向」概念。在能力導向下，軍事體系關注的焦點在於敵人的作戰方式（how），而非誰是敵人（who），以及戰爭會在何處爆發（where）。面對軍事思考途徑的改變，軍隊必須進行各種實驗（作戰概念、能力與組織調整），也必須承擔可能出現的風險；而所有的技術創新、實驗與作戰演訓都必須結合「能力導向」的軍事焦點。而國軍制度變革與組織再造的目的，在透過內部資源管理能力，以提昇軍事作戰的外顯效能；因此，它在培養幾種重要的軍事能力：

壹、聯合作戰與戰場管理能力

一、聯合作戰能力

根據過去美方（如AIT處長包道格、史文報告、美國「戰爭學院」退休教授，兩岸軍事專家Paul Codwin等人）對我國三軍聯合作戰能力的批評，認爲國軍欠缺聯合作戰的能力，不僅三軍武器系統界面尚待整合，聯合作戰的戰場指揮亦亟待建立。鑑於兩岸之間的軍力不對稱，故台海未來的戰爭型態，聯合作戰在決勝過程中，將扮演著關鍵性的的角色，因此，「聯合作戰指揮機構」應積極主導聯合作戰的軍事能力發展，並考慮採取以下的措施：

（一）設置聯合作戰的軍事學院，並接受參謀本部（聯合作戰指揮機構）的督導。

（二）建立實驗部隊、發展聯合作戰準則，並執行三軍聯合作戰演訓，以持續改進聯合作戰的效能。

（三）強化三軍的武器系統與指揮鏈路的整合，武器裝備須考慮三軍作戰的需求與連結界面，軍事網路與資訊傳輸必須朝向三軍共享與橫向整合的方向發展。

（四）部隊演訓中軍種作戰的演習計畫相對縮減，應朝向大規模的三軍聯合作戰的演習方向發展。

（五）國防部內可考慮新增「聯合作戰」的業務計畫，此一業務計畫應由身兼聯合作戰指揮機構的參謀本部主導。

二、戰場管理能力

所謂「戰場管理」指的是戰場指揮官運用管理方法與科技工具，掌握戰場全盤事物，充分發揮作戰部隊戰力，以期獲取戰場內最大致勝公算。而在第三波的資訊戰爭下，作戰指揮官對於自動化決策模式，及資訊科技的依賴程度都遠超過以往。如何掌握即時的戰場資訊、建立即時的指揮通信、透過自動化決策模式，立即得知戰損評估，作爲戰時行動的準據，則爲戰場指揮官最關切的課題。

戰場管理能力主要由三方面要素構成，其一是資訊技術、通訊技術及自動化決策模式建構，這是電腦整合的戰場資訊系統；其二是戰場的角色分工完備程度，這是達到有效控制戰場所需要的各種軍事功能；其三則是隨著戰時持續發展，作戰部隊的戰場角色轉換能力。

首先就電腦整合的戰場資訊系統來看，自1990 年代第一次波灣戰爭後，C^4ISR已成爲各國軍事發展的重要項目。所謂C^4ISR也就是「自動化監視、偵蒐、與後勤管理系統」，是建立在現代化的電腦資訊與通訊技術基礎上。它代表了指揮（Command）、管制（Control）、通訊（Communications）、電腦（Computers）、情報（Intelligence）、監視（Surveillance）、偵蒐（Reconnaissance）功能的整合運用；而作戰指揮官透過C^4ISR系統，可即時監視戰況，大幅提昇戰場指揮與管制的效能，進而直接指揮第一線作戰部隊。

C^4ISR的資訊流向，大致包括縱向（垂直）與橫向（水平）兩個面向。其中與下屬單位的作戰情資交換與指令下達、戰場偵蒐情資、及與上級單位的戰情通報與指令接收，屬於垂直的資訊流向；而友軍或配屬單位間的情資交換（如海軍大成系統與空軍強網情資的交換）、作戰指揮與協調等資訊，則屬於水平的資訊流向。

因此，在C^4ISR的戰場管理系統下，作戰指揮官一方面運用各種戰場情資蒐集工具，由指揮管制系統整合情報、電戰、機動、火力支援、防空、戰鬥支援與勤務支援功能，另一方面要建立系統介面，結合友軍的戰場情蒐，形成縱橫交錯的全方位戰場圖像。而C^4ISR系統的資訊接收裝置，不僅包括衛星、車載電腦、工作站、也包括單兵資訊助理、野戰圖台、無人駕駛飛機（UAV）等等；系統中傳送的資訊，除了數據、文字、圖片外，也包括影像的即時資訊；而通訊網路也將會配合作戰地域、戰場地形，而結合有線與無線通訊網路。

其次就戰場分工來看，它指的是官科或兵科的劃分，亦為作戰時所需要的各種軍事功能。基本上，兵種部隊之發展，是隨軍事科技的發展、作戰理念演進及武器裝備性能的改變，而逐次調整的。如通信兵與工兵的產生，是因應日俄戰爭期間，野戰電話及野戰工事大量運用於戰場上而產生；而兵工、經理與運輸部隊的產生，則因21世紀的戰場後勤補給需求大量擴增，性質亦趨複雜所致。21世紀之後，又因為汽車、飛機、坦克、化學戰劑、直升機相繼應用於戰場，因而出現汽車運輸兵、航空兵、坦克兵、化學兵、陸軍航空兵的部隊編組；而鑑於空軍的性質與重要性，美國亦於二次大戰後，將空軍從原隸屬的陸軍，分離成為一個獨立的軍種。這種發展，都印證了「軍事結構」追隨「軍事戰略」（structure follows strategy）的管理理論觀點。

如以美國陸軍的事例來看，美國陸軍是由多兵種組成，各兵種部隊按任務性質可區分為戰鬥兵科、戰鬥支援兵科和戰鬥勤務支援兵科。在波灣戰爭前，戰鬥兵科原包括步兵（含輕步兵、機械化步兵）、裝甲兵、空降兵（空中突擊兵）等三個兵種；但於1994年以後，美軍則依據戰場需要及兵種特性，將戰鬥兵科則改為步兵、特戰兵、裝甲兵、騎兵、野戰砲兵、防空砲兵、工兵等七個兵種；戰鬥支援兵科由波灣戰前的九種兵種，改為七種兵種；而戰鬥勤務支援兵科亦由波灣戰前的十二種兵種，改為十五種兵種[22]。戰場的型態改變，軍事作戰的分工必然不同，軍事體制的調整必須與時俱進。

最後就作戰部隊的戰場角色轉換來看，戰場的需求是隨著作戰情境、隨著時間經過而逐次發展的。前述作戰部隊的兵種分工，僅就

[22] 參見謝台喜，陸軍兵科及官科規劃之研究，**陸軍學術月刊**，第418期，民國89年6月。引自網站：http://www.mnd.gov.tw/division/~defense/mil/mnd/mhtb/%E9%99%B8%E8%BB%8D%E5%AD%B8%E8%A1%93%E6%9C%88%E5%88%8A/418/418_6.htm。

戰場作戰的需要進行分工，並未考慮戰場情境與時間的構面。如以攻擊作戰爲例，在作戰初期對攻擊部隊的需求較大，但當戰事穩定或目標攻陷後，接踵而來的難民問題、民兵攻擊與游擊戰問題、社會秩序重建問題、救援物資與補給問題、基本生活維持問題、媒體與救援組織應對問題等等，便會逐一浮現，而成爲影響軍事作戰成敗與評價的關鍵因素。從概念上來看，這些問題與戰地政務的「管、教、養、衛」有直接的關聯。從美伊戰爭的事例可以發現，伊拉克各地難民持續不斷的湧向大城市，且地區暴動、社會騷亂的現象越演越烈；聯軍雖然在作戰上取得勝利，卻無法維持伊拉克地區的和平與社會秩序。這充分顯示了不同作戰階段，戰場角色轉換的重要性。

從壽期的觀點來看，戰場管理的範圍，應從作戰的前置準備、軍事作戰，到戰事結束，社會回復穩定的狀態爲止；故隨著戰場情境與當地的政經發展，社會會呈現不同的需求。換言之，在戰事發展的各階段中，戰場可能呈現不同的問題，故對作戰兵種與軍事員額的需求可能不同；由於作戰部隊、戰鬥支援人員與勤務支援人員的配置，未必能夠符合戰地的階段性需求狀態，故作戰指揮官必須根據戰場實需調整軍事人員的戰場角色。這種配合戰場任務的階段性角色調整，可能會促使未來的作戰部隊發展成爲「多能部隊」（具備多種作戰技能與專長，適用於多種作戰情境的部隊），以提昇作戰指揮官的作戰效能與調度彈性。

貳、軍事規劃與管理能力

整體的軍事規劃與管理能力培養，主要透過「理論發展／制度分工」及「專業與介面人才培育」兩方面的努力才能達成：

一、理論發展與制度分工

在知識經濟的資訊社會下，知識人才是組織成長及發展的關鍵要素。PPB制度的發展，必須透過理論研究、應用研究及軍事實務之間的配合，才能建立理論與實務發展的相互依存關係。因此，基礎軍事院校、研究所、兵科學校、軍事學院（指參、戰院）、高司單位與作戰部隊之間，形成理論建構與實務應用上的垂直分工；並在PPB制度研發與應用上，各自扮演不同的分工與角色。基礎的理論建構，通常是由教育體系主導；在應用研究的範疇，雖可分學校、研究機構及實務單位各自進行，但通常是以研究機構爲主力；至於在實務應用上，則應以實務使用單位爲核心。

有效的儲備高級的研究人力，建立足夠的研究能量，不僅可以協助國防體系建構理論架構，及更可發展出因應環境變動的有效策略。而理論研究與實務應用之間的配合，將可建立國防體系長期發展的競爭優勢，亦可協助解決實務上所面臨的重大難題。否則，不僅理論學術的研究，會因缺乏足夠的支持而效果不彰；同樣的，國防實務的發展，也將會因爲缺乏相關理論研究的支持，而無法塑造軍事領域的專業形象。

二、專業及介面人才培育

由於國防財務資源的管理，是建構在PPB制度的架構上，故須與軍事戰略產生緊密的連結。國軍目前因爲專業分工的結果，使得戰略發展、兵力結構與整體的財力規劃逐漸失聯，導致制度的功能無法發揮。因此，國軍在未來應培養軍事戰略與財力管理之間的介面人才，以跨功能的橫向整合方式，協助國軍進行有效的建軍規劃，並達成建軍備戰的目標。

人才培育的管道有許多，通常短期的訓練，重在培養、學習解決特定問題的技巧，而學院教育則重在培整體概念與長期發展的能力。所以離職教育（如研究所）、在職教育（如推廣教育的學分班）與在職訓練（內部訓練課程），均爲不可或缺、不可偏廢的有效途徑。然以實務單位的需求觀點來看，各校推廣教育的學分班（重在培養規劃與思考的長期發展能力）與內部訓練課程（培養立即的應用能力與作業技巧），較能兼顧人才培育與業務執行的雙重需要，亦其不失爲有效的培訓途徑。

參、組織學習與成長能力

一、經驗傳承與交流

持續的組織學習，使得組織成員得以保有持續發展的潛力與能量，提昇組織運作的績效。從組織學習的觀點來看，一個學習型的組織，必須在多個層面學習，以整體化的思考來建立組織的記憶，才能爲組織提供長遠發展與轉型的趨力。如1985年美國陸軍建立了「陸軍教訓學習中心」（Center for Army Lessons Learned, CALL），當時的成立目的，僅在將訓練中心的學習成果傳達到整個美國陸軍；但截至目前，它的學習已經超出訓練中心的成果，而達於實際的演習與任務執行。

學習程序是組織各階層，獲致工作知識與技巧的過程；一般而言，其系統化的建構程序有四，分別是：知識擷取、資訊散佈、資訊解釋及組織記憶。在「知識擷取」上，美國陸軍對每一次演習或任務發生之後，都採用結構化、公開程序以獲得及學習經驗，也就是「演習事後評估」（After Action Review, AAR）[23]。但這是不夠的，因爲重

[23] AAR主要在問三個問題：1.發生了甚麼事？2.爲什麼會發生？以及3.我們要如何改善現況？AAR時間分配：整個討論時間的分配採25%-25%-50%法則。而AAR參與的人員包括演習單位、演習單位的直屬上司、演習單位的下屬單位，以及一個「觀察者—控制者」（observer-controller）美軍的「觀察者—控制者」性質類似國軍的演習裁判官，但他們在整個演習過程中，扮演更爲積極重要的角色與功能。

要的經驗必須有系統的在陸軍傳播，才能讓全陸軍都獲益；因此，CALL便採取兩種策略同時並進，透過組織內的資訊傳播，以結合陸軍單位的經驗學習、實際演習與任務執行。兩種策略簡述如下：

（一）拉的策略（Pull Strategy）

也就是將所有的知識，都建構在一個易於存取的知識庫，讓所有有需求的單位或個人，能夠快速的存取，減少摸索的時間，加速經驗的傳遞。此舉就如同我們建構共享的國防財力資料庫主要目的：1.結合國防財力的研究，提昇國防財力研究的水準；2.相關趨勢與比較的數據，可作為國防主財同仁決策參考的依據；3.有助於實務決策的參考。

（二）推的策略（Push Strategy）

CALL的知識團隊也會主動的到各基地，協助領導者建立執行任務所須要的技能。

所以，CALL在美國陸軍中，也扮演著「組織記憶」與「資訊解釋」的重要角色。透過這樣的運作機制（組織結構、推動策略及制度運作），美國陸軍才能建立組織學習與持續發展的能力。

二、經驗傳承事例：索馬利亞到海地（From Somalia to Haiti）[24]

後冷戰時期，美國軍方參與了許多維持和平行動及人道救援行動，這些都與軍隊傳統接受的使命與任務不同。以下是美國陸軍第十高山師移防海地的事例，我們可以看出有系統的組織學習是如何進行的。

1992年12月美國陸軍第10高山師進駐索馬利亞，1994年12月移

[24] Sullivan & Harper (1996), pp.204-205.

駐海地時；移防到海地時，每位士兵都有一本手冊，手冊中包括了海地的現況、當地方言、熱帶地區的醫療藥品，以及他們在日常任務執行上可能面臨的各種情況。他們在派駐之前的訓練，也經過仔細的設計，包括如何控制群眾、和當地政府官員交涉、在市區執行任務，及與如何面對媒體等等各種必要的技能。這些全部須要透過CALL來協助完成。

在第十高山師執行任務之前，CALL的專家會派駐到該單位的基地（他們已經研究過索馬利亞的任務執行，以及相關、類似的任務）；他們會與指揮官及相關的指揮人員會商，並將他們的所有知識傳輸（transfer）給調防的部隊。因此，部隊指揮官得以根據各種想定，發展出相關的必要處理程序，並以此程序來訓練部隊的成員。

當第十高山師進駐海地時，CALL也會派駐一組人員在海地，收集及分析每天所得到的資訊。當第二十五步兵師接替第十高山師移駐海地時，CALL人員便可將海地真實的現況及相關的知識，再次的傳輸給第二十五步兵師。這種讓組織的經驗教訓，透過知識機構的運作，傳達給所有的組織成員，其實就是一種「基因傳承」的功能，也是組織學習的重要環節。

參考文獻

壹、英文部分（僅摘錄重要部分，排序依字母順序）

一、原始文件

AICPA, Operational Audit Engagements, Jan. 1982.

International Standards for the Professional Practice of Internal Auditing, IIA, Inc., October 18, 2001 Altamonte Spring, Florida.

The Inspector General Act of 1978, IGA.

The Federal Managers' Financial Integrity Act of 1982, FMFIA.

The Chief Financial Officers Act of 1990, CFOA.

The Government Performance Results Act of 1993, GPRA.

The Government Management Reform Act of 1994, GMRA.

The Federal Financial Management Improvement Act of 1996, FFMIA.

The Information Technology Management Reform Act of 1996, ITMRA.

GAO Report, Performance Budgeting: State Experience and Implications for the Federal Government, GAO/AFMD-93-41, Feb. 17, 1993.

GAO Report, Financial Management: Defense's System for Army Military Payroll Is Unreliable, GAO/AIMD-93-32, Sep. 30, 1993.

GAO Report, Financial Management: Control Weakness Increase Risk of Improper Navy Civilian Payroll Payment, GAO/AIMD-95-73, May 8,

1995.

GAO Report, Financial Management: Challenges Facing DOD in Meeting the Goals of the Chief Financial Officers Act, GAO/T-AIMD-96-1, Nov. 14, 1995.

GAO Report, Defense Business Operations Fund: DOD Is Experiencing Difficulty in Managing the Fund's Cash, AIMD-96-54, April 10, 1996.

GAO Report, Financial Management: An Overview of Finance and Accounting Activities in DOD, Letter Report, GAO/NSIAD/AIMD-97-61, Jan. 19, 1997.

GAO Report, Defense Budget: Analysis of Operation and Maintenance Accounts for 1985-2001, GAO/NSIAD-97-73, Feb. 28, 1997.

GAO Report, Budget Function Classifications: Origins, Trends and Implication for Current Uses, GAO/AIMD-98-67, Feb., 1998.

GAO Report, Financial Management: Analysis of DOD's First Biennial Financial Management Improvement Plan, (GAO/AIMD-99-44), Jan., 1999.

IG Report, (95-067; 95-264; 95-267; 95-294; 96-098; 96-021; 96-094; 97-008; 97-122; 97-123; 97-124; 98-072).

IIA, Standards for the Professional Practice of Internal Auditing, 3rd, Altamonte Spring, Florida, 1979.

IISS, The Military Balance 1999-2000, Oxford University Press, London, UK, 1999.

MOD Performance Report 1998/1999, Ministry of Defence, Dec. 1999.

Senate Committee on Government Affair GPRA Report, Part Ⅵ, GAO study of Agency Performance Measurement, June 16, 1993.

二、書籍

Anthony, R. N. & Govindarajan, V. (1998). *Management Control Systems*,

9th eds., Richard D. Irwin, Inc. U.S.A..

Bower, Joseph L. (1972). *Managing the Resource Allocation Process*, Richard D. Irwin, Inc., Homewood, Illinois.

Brink, V. Z. & Witt, H. (1982). *Modern Internal Auditing: Appraising Operations and Controls*, New York: A Ronold Press Publication.

Brealey, Richard A. & Myers, Steward C. (2000). *Principles of Corporate Finance*, 6th eds., McGraw-Hill.

Chambers, A. D. (1981). *Internal auditing: theory and practice*, Chicago: Commerce Clearing House.

Chew, Donald H. Jr. (2001). *The New Corporate Finance: Where Theory Meets Practice*, 3rd ed., McGraw-Hill, Irwin.

Davis, M. Thomas (1997). *Managing Defense after the Cold War*, Center for Strategic and Budgetary Assessments, Washington DC.

Drucker, P. E. (1990). *Management the Non-profit Organization: Principles and Practices*, New York: Harper Colins Publichers.

Dupuy, T. N. (1990). *Attrition: Forecasting Battle Casualties and Equipment Losses in Modern War*, Fairfax, Virginia, Hero Books.

Dye, Thomas R. (1978). *Understanding Public Policy*, 3rd ed., Englewood Cliffs, N.J.: Prentice-Hall.

Gansler, J. S. (1991). *Affording Defense*, The MIT Press.

Hofer, Charles W. et al. (1980). *Strategic management: A casebook in business policy and planning*, St. Paul, Minn.: West Pub.

Hay, Leon E. & Mikesell, R. M. (1984). *Governmental Accounting and Control*, Monterey, California: Brooks/Cole Publishing Co.

Huntington, Samuel P. (1957). *Soldier and the State: Theory and Politics of Civil-Military Relations*, Cambridge: Belknap Press of Harvard University Press.

Huntington, Samuel P. (1981). *The Soldier and the State*, Belknap Press of

Harvard University Press.

Janowitz, Morris (1960). *The Professional Soldier: A Social and Political Portrait*, Glencoe Ill, The Free Press.

Kaufmann, W. W. & Steinbruner, J. D. (1991). *Decisions for Defense: Prospects for a New Order*, The Brookings Institute.

Kaufmann, W. W. (1992). *Assessing the Base Force: How Much Is Too Much?* The Brookings Institute, Washington DC.

Lyden, Fremont J. & Miller, Ernest G. (1972). *Planning Programming Budgeting: A Systems Approach to Management*, Rand McNally College Publishing Co, Chicago.

Miller, S. E. & Lynn-Jones, S. M. (1989). *Conventional Forces and American Defense Policy*, The MIT Press.

Morrisey, G. L. (1976). *Management by Objectives and Results in the Public Sector,* Readings, Massachusetts: Addison-Wesley.

Murray, W. (1992). *Small Wars, Big Defense*, Oxford University Press.

Martin, James A. & Orthner, Dennis K. (1989). "The 'Company Town' in Transition: Rebuilding Military Communities," in Gary A. Bowen and Dennis K. Ortner, eds., *The Organization Family: Work and Family Linkage in the U.S. Military*, New York: Praeger.

Petrie, J. N. (1994). *Essays on Strategy (XII)*, The NDU Press.

Porter, M. E. (1985). *Competitive Advantage-Creating and Sustaining Superior Performance*, New York, The Free Press.

Robbins, Stephen P. & De Cenzo, David A. (1998). F*undamentals of Management*, 2nd ed., Prentice Hall International, Inc., A Simon & Schuster Company, Upper Saddle River, New Jersey.

Ross, Stephen A., Westerfield, Randolph W. & Jordan, Bradford D. (2003). *Fundamentals of Corporate Finance*, 6th eds., McGraw-Hill Companies.

Sullivan, Gordon R. & Harper, Michael V. (1996). *Hope is not a Method*, Broadway Books, New York.

Shapiro, Alan C. (2002). *Foundations of Multinational Financial Management*, 4th eds., John Wiley & Sons.

Taylor, James G. (1980). *Force-to-Force: Attrition Model*, Naval Postgraduate School, Monterey, California.

Trask, Roger R. & Goldberg, Alfred (1997). *The Department of Defense 1947-1997: Organization and Leaders*, Historical Office, Office of the Secretary of Defense, Washington DC.

Ullman, H. K. (1995). I*n Irons: U.S. Military Might in the New Century*, National Defense University.

Wheelen, T. L. & Hunger, J. D. (1992). *Strategic Management and Business Policy*, 4th eds., Addison-Wesley Publishing Company, New York.

Williamson, O. E. (1970). *Corporate Control and Business Behavioral: An Inquiry into the Effects of Organization Form on Enterprise Behavior*, Englewood Cliffs, N.J.: Prentice Hall.

三、期刊論文

Aliber, Robert A. & Stickney, Clyde P. (1975). "Accounting measures of foreign exchange exposure: the long and short of it," *The Accounting Review*, Jan., 44-57.

Bartlett, Henry C., Holman, G. Paul & Somes, Timothy E. (1995). "The Art of Strategy and Force Planning," *Naval War College Review*, 48(2): 114-126.

Bellamy, C. (1989). "Item Veto: Dangerous Constitution Thinkering," *Public Administration Review*, 1(1): 46-51.

Covaleski, M. A. & Dirsmith, M. W. (1983). "Budgeting as a Means for

Control and Loose Coupling," *Accounting, Organizations and Society*, Vol.8, No.4, 323-340.

Crockett, J. R. (1980). "Modelling the Operational Audit," *The Internal Auditor*, 67-72.

Dolde,Walter (1993). "The Trajectory of Corporate Financial Risk Management," *Journal of Applied Corporate Finance*, Fall, 6(4): 33-41.

Giddy, Ian H. & Dufey, Gunter (1975). "The Random behavior of flexible exchange rates," *Journal of International Business Studies,* Spring, 1-32.

Hayes, R. D. & Millar, J. A. (1990). "Measuring Production Efficiency in a Not-for-Profit Setting," *The Accounting Review*, 65: 505-519.

Kaplan, R. S. & Norton, D. P. (1996). "Using the Balanced Scorecard as a Strategic Management System," *Harvard Business Review*, Jan-Feb, 75-85.

LeLoup, Lance T. (1988). "From Microbudgeting to Macrobudgeting: Evolution in Theory and Practice," In Irene Rubin (ed.), *New Directions in Budget Theory*, Albany, N.Y.: Suny Press, 19-42.

Malan, Roland M. (1979). "Trends in Performance Auditing," *Governmental Finance*, 8(2): 23-27.

Ouchi, W. G. (1979). "A Conceptual Framework for the Design of Organizational Control Mechanisms," *Management Science*, 25(9): 833-848.

Schick, A. (1986). "Macro-Budgetary Adaptations to Fiscal Stress in Industrialized Democracies," *Public Administration Review*, 46(2): 124-134.

Wallensteen, Peter & Sollenberg, Margareta (2001). "Armed Conflict, 1989-2000," *Journal of Peace Research*, 38(5): 629-644.

貳、中文部分（僅摘錄重要部分，排序依姓氏筆劃）

一、法規條文

中央政府特種基金管理準則，民國85年9月18日行政院訂。

財團法人中華民國會計研究發展基金會審計準則委員會，審計準則公報第五號：內部會計控制之調查與評估，民國74年12月31日修訂。

預算法，民國91年12月18日總統令修正公佈。

會計法，民國91年5月21日總統令修正公佈。

審計法，民國87年11月11日總統令修正公佈。

二、書籍

Peter F. Drucker著，李田樹譯，**經理人的專業與挑戰**，民國88年6月。台北：天下出版股份有限公司。

Peter F. Drucker著，傅震焜譯，**後資本主義社會**，民國88年4月。台北：時報文化出版企業股份有限公司。

Zbigniew Brzezinski著，林添貴譯，**大棋盤**，民國87年。台北：立緒文化事業有限公司。

三軍大學譯印，**1994年美國國防報告書**，民國83年6月。

三軍大學譯印，**1995年美國國防報告書**，民國84年6月。

三軍大學譯印，**1996年美國國防報告書**，民國85年6月。

三軍大學譯印，**美國國防部計畫作爲、方案擬訂、預算編列**，民國61年11月。

中華民國國家建設叢刊編輯委員會，**國家建設叢刊（四）國防軍事建設**，民國60年10月。台北：正中書局。

日本防衛法學會編印，**世界的國防制度**，民國80年。

田墨忠等人，**如何引進企業化管理進行國防再造工程**，民國88年5

月。台北：國防部專題研究計畫。

行政院經建會編印，**我國財政現況、問題與對策**，民國88年5月。

財政部國庫署編印，**非營業循環基金及其他特種基金收支保管及運用辦法彙編**，民國80年。

汪泱若，**企業管理舞弊——偵測與預防**，民國71年6月。台北：華泰文化事業股份有限公司。

李建華、茅靜蘭，**企業內部控制與稽核實務**，民國82年2月。台北：中小企業聯合輔導中心。

李承訓，**憲政體制下國防組織與軍隊角色之研究**。台北：永然文化出版股份有限公司，民國82年7月。

李厚高，**財政學**，民國83年8月。台北：三民書局。

李增榮，**政府會計**，民國69年1月。自刊本。

沈明室，**改革開放後的解放軍**，民國84年10月。台北：慧眾文化出版有限公司。

林志忠、劉立倫，**我國防預算結構分析之研究**，民國85年3月。台北：國防部專題研究計畫。

林得樑，**企劃預算與資源管理**，民國61年11月。台北：三民書局。

周林根，**國防與參謀本部**，民國56年7月。台北：正中書局。

帥化民、劉立倫、陳勁甫，**國防管理及預算制度之研究**，民國87年5月。台北：國防管理學院研究報告。

姚秋旺，**會計審計法規研析**，民國88年5月。台北：華泰文化事業股份有限公司。

施教裕等人，**建立退休公務人員養老制度之研究**，民國83年6月。台北：行政院研究發展考核委員會。

施治，**中外軍制和指揮參謀體系的演進**，民國70年9月。台北：中央文物供應社。

柯承恩，**政府非營業循環基金暨單位預算特種基金之研究**，民國83年。台北：行政院研究發展考核委員會委託案。

徐仁輝，**公共財務管理**，民國87年8月。台北：智勝文化事業有限公司。

馬起華，**政治學精義（上）**，民國74年。台北：帕米爾書店。

馬君梅、葉金成，**我國國防預算額度估測模式**，民國84年4月。台北：國防部專題研究計畫。

高希均、林祖嘉，**經濟學的世界：下篇——總體經濟理論導引**，台北：天下文化出版股份有限公司，民國87年2月。

國防部史政編譯局譯印，**1996年泰國國防報告書**，民國85年12月。

國防部史政編譯局譯印，**1994年德國國防白皮書**，民國84年4月。

國防部史政編譯局譯印，**1996年英國國防報告書**，民國86年12 月。

國防部史政編譯局譯印，**1997-1998年韓國國防白皮書**，民國87年10月。

國防部史政編譯局譯印，**1998年日本防衛白皮書**，民國88年2月。

國防部史政編譯局譯印，**1997-1998年韓國國防白皮書**，民國87年10月。

國防部史政編譯局譯印，**美國四年期國防總檢**，民國86年。

國防部史政編譯局譯印，**美國的文武關係：危機或轉機？**，民國89年1月。

國防部史政編譯局譯印，**國防負擔**，民國83年9月。

國防部史政編譯局譯印，**中共擁有航空母艦的時日**，民國83年12月。

國防部編印，**國軍計畫預算制度施政計畫作爲手冊**，民國74年7月。

國防部編印，**國軍施政計畫結構**，民國82年7月。

國防部印頒，**國軍企劃預算制度專輯**，民國65年1月。

國防部印頒，**國防管理學**，民國75年6月。

國防部主編，**中華民國八十五年國防報告書**，台北：黎明文化事業股份有限公司，民國85年5月。

國防部譯印，**1991年聯合參謀軍官手冊**，民國83年5月。

國立台灣大學工學院、管理學院編，**國防科技政策與管理講座演講論**

文集，民國82年10月。

莊明憲，**國軍計畫預算制度**，民國92年。台北：國防大學國防管理學院。

莊義雄，**財務行政**，民國82年4月。台北：三民書局。

許崇源、陳錦烽，**公務機關會計採完全權責發生基礎之研究**，民國88年7月。台北：行政院主計處八十七年度研究計畫。

許慶復，**行政委員會組織與功能之研究**，民國83年。台北：行政院研究發展考核委員會。

陳隆麒，**當代財務管理**，民國88年1月。台北：華泰文化事業股份有限公司。

陳俊章，**國防經濟分析**，民國85年8月。自刊本。

張清溪等人，**經濟學——理論與實務（上冊）**，民國76年。台北：新陸書局。

張建邦策劃，**跨世紀國家安全戰略**，民國87年1月。台北：麥田出版社。

詹火生、楊瑩、張菁芬，**中國大陸社會安全制度**，民國82年9月。台北：五南圖書出版股份有限公司。

劉立倫，**國防財力管理——PPB制度基礎的財務資源管理**，民國89年12月。自刊本。

劉順仁，**加強政府會計資訊有用性之研究**，民國88年6月。台北：行政院主計處八十七年度研究計畫。

劉興岳、劉立倫、田墨忠，**國軍二代兵力後勤維持費與武器採購費之研究**，民國85年5月。台北：國防部專題研究計畫。

劉其昌，**財政學**，民國84年。台北：五南圖書出版股份有限公司。

鄧家駒，**風險管理**，民國87年4月。台北：華泰文化事業股份有限公司。

賴士葆，**生產作業管理——理論與實務**，民國84年8月。台北：華泰文化事業股份有限公司。

蘇彩足，**政府預算之研究**，民國85年4月。台北：華泰文化事業股份有限公司。

三、期刊論文

王佑五，「國軍軍事戰略與國防計畫鏈結問題之研究」，台北：國防大學國防決策科學研究所碩士論文，民國93年6月。

王經軍，「國防工業植基民間之研究——國防工業技術轉移與軍品委製民間之現況探討」，台北：國防管理學院國防財務資源管理研究所碩士論文，民國83年5月。

王維康、邊立文，「政府機構應用BSC之實例——英國國防部」，**會計研究月刊**，第224期，民國93年7月，頁142-149。

司徒達賢，「促進產官學研究發展分工合作之途徑」，政府與企業關係研討會論文，民國77年4月。

汪學太，「軍事研究發展預算動態模式之建構與管理政策分析」，台北：國防管理學院國防財務資源管理研究所碩士論文，民國80年5月。

汪承運，「內部審核與內部稽核」，**主計月報**，第69卷，第4期，民國79年，頁19-24。

李蕭傳，「不同戰略型態之國防預算分配政策」，台北：國防管理學院國防財務資源管理研究所碩士論文，民國82年5月。

李慶平，「審核類型、技術能力及溝通能力對國軍內部審核執行效果之研究」，台北：國防管理學院國防財務資源管理研究所碩士論文，民國84年5月。

李秋嬿、陳雅俐，「全球軍備統計分析」，**主計月報**，第543期，頁13-19。

宋國誠，「1993年中共對台政策與兩岸關係的評估」，**中國大陸研究**，第37卷，第2期，民國83年2月，頁46-56。

林博文，「我國國防預算案之研究（1987-1998）——政策制定面之分析」，台北：國立政治大學公共行政研究所博士論文，民國87年。

林源慶，「憲法增修後政府審計獨立及決算制度之探討」，**審計季刊**，第21卷，第1期，民國89年10月，頁17-30。

吳柏林、廖敏治，「台灣地區結婚率、出生率、人口成長率的時間數列模式探討」，**人口學刊**，第14期，民國80年，頁109-132。

吳政穎，「我國非營業循環基金會計改革之探討——以醫療基金爲例」，台北：國立政治大學會計學研究所碩士論文，民國82年5月。

侯玉祥，「台澎防衛作戰人力動員能量之研究」，台北：國防管理學院資源管理研究所碩士論文，民國87年5月。

施正鋒，「徵兵制與募兵制的比較」，朝向募兵制的可行性研討會論文，民國91年。

韋端，「主計故事」，**主計月報**，第83卷，第3期，民國86年3月，頁57-59。

韋端，「國家安全、國防政策與經濟發展」，**理論與政策**，第3卷，第2期，民國78年，頁116-126。

倪耿，「科技建軍，以創意開新猷——由流程探索我軍備失落的環節」，**國政研究報告**，民國92年。

耿晴，「追求內部稽核專業精神之歷程」，**企業內部稽核會訊**，第1期，民國78年，頁2-4

孫克難，「國民所得與政府支出間因果關係之測定」，**企銀季刊**，第9卷，第2期，民國74年，頁80-92。

唐啓曙，「中共裁軍現況」，**中國大陸研究**，第28卷，第6期，民國74年12月，頁59-67。

徐守德、李鎭旗，「企業銷售預測之方法與實證研究——以台電公司爲例」，**管理評論**，第13卷，第1期，民國83年，頁23-56。

梁蜀東，「國防預算規模之決定」，台北：國防管理學院國防財務資源管理研究所碩士論文，民國80年5月。

莊振輝，「我國政府預算分類制度之檢討」，**國防管理學院學報**，第15卷，第1期，民國83年，頁37-54。

黃英紳，「政府預算結構之研析」，**主計月報**，第73卷，第6期，民國79年，頁9-13。

黃英紳，「政府基金制度之研究」，**今日會計**，第53期，民國82年，頁25-38。

陳章仁，「威脅型態、軍事防禦能力、區域衝突與國防預算關係之研究」，台北：國防管理學院國防財務資源管理研究所碩士論文，民國91年6月。

陳駿銘，「動員後管業務概況介紹」，**役政特刊**，第5期，民國84年，頁168-177。

陳貴強，「國防財務規劃之研究——時間數列預測模式與財務決策支援系統的建立」，台北：國防管理學院國防財務資源管理研究所碩士論文，民國88年5月。

陳敦基，「台灣地區城際客運需求時間數列模式之研究」，**運輸計畫季刊**，第23卷，第2期，民國83年，頁155-184。

陳秋杏，「組織理論發展之研究——從傳統、均衡到非均衡觀點的分析」，台北：國立政治大學公共行政研究所碩士論文，民國82年6月。

陳國勝，「軍事研究發展成本結構及其管理指標之研究」，台北：國防管理學院國防財務資源管理研究所碩士論文，民國78年5月。

陳致文，「中央政府非營業循環基金財務績效預測及預測誤差之研究」，台北：國防管理學院國防財務資源管理研究所碩士論文，民國87年6月。

陳富強、汪進揚、陳墩振，「從政府審計的發展探討國防主計體系的發展策略」，**國防管理學院學術研究集刊：財力類**，第一輯，民國85年2月，頁143-158。

陳鄖福，「交談式國防財力規劃模式之探討」，**國防管理學院學術研究集刊：財力類**，第一輯，民國85年2月，頁19-29。

陳錦烽，「公司治理變革——對內部稽核之意涵」，**內部稽核季刊**，第47期，民國93年6月，頁10-15。

陳綾珊、賴森本，「風險管理與政府治理」，**內部稽核季刊**，第46期，頁14-22。

陳依蘋，「平衡計分卡運用與趨勢——創始人Robert Kaplan來台演講內容精要」，**會計研究月刊**，第224期，民國93年7月，頁68-82。

張清興，「國防支出與經濟成長關係之研究」，台北：國防管理學院國防財務資源管理研究所碩士論文，民國77年5月。

張寶光，「國防預算分配之研究——動態分配模式之建構」，台北：國防管理學院國防財務資源管理研究所碩士論文，民國77年5月。

張導民，「主計與審計監督」，**主計月報**，第51卷，第4期，民國70年4月，頁11-16。

張培臣，「時間數列的自迴歸與移動平均模式及應用」，**氣象預報與分析**，第144期，民國84年，頁34-39。

張鈿富、吳柏林，「我國中央教育經費規劃、預測與控制模式之研究」，**國立政治大學學報**，第64期，民國81年，頁87-104。

張哲琛，「我國政府預算結構與預算決策評析」，**主計月報**，第66期，民國77年，頁27-37。

張哲琛，「中美日預算法及預算制度之比較與檢討（上）」，**產業金融季刊**，第75期，民國81年6月，頁2-10。

張哲琛，「中美日預算法及預算制度之比較與檢討（下）」，**產業金融季刊**，第76期，民國81年9月，頁2-9。

張鴻春，「政府會計之基金本位說」，**主計月報**，第65卷，第4期，民國77年，頁61-62。

張鴻春，「政府基金之類別」，**主計月報**，第72卷，第1期，民國82

年，頁14-16。

黃廣山，「遠東地區各國海軍發展概況」，**國防譯粹**，第19卷，第2期，民國81年，頁53-59。

溫源興，「革新兵役制度的考量因素」，**國策期刊**（「軍隊與社會」研討會論文摘要），第133期，民國85年，頁10-11。

楊朝榮，「我國公營事業內部審核之研究」，台北：國立政治大學會計學研究所碩士論文，民國74年6月。

楊開銘，「中共國防費估測模式之研究」，台北：國防管理學院國防財務資源管理研究所碩士論文，民國89年5月。

楊志恆，「特種基金的運用與監督」，八十三年度中央政府總預算案評估研討會，民國82年4月。

葉金成、張清興，「我國國防支出與非國防支出換抵之研究」，**國防管理學院學報**，第11卷，第1期，民國79年，頁1-11。

葉恆菁，「國家經濟能力、軍事防衛能力與國防預算關係之研究」，台北：國防管理學院國防財務資源管理研究所碩士論文，民國91年6月。

廖訓詮，「我國中央政府預算執行原則之探討」，**今日會計**，第60期，民國84年6月，頁66-78。

廖國鋒，「我國國防支出與國民所得因果關係之研究」，**國防管理學院學術研究集刊：財力類**，第一輯，民國85年2月，頁30-40。

熊煥眞，「國軍外購案外匯風險管理之研究」，台北：國防管理學院國防財務資源管理研究所碩士論文，民國88年5月。

熊煥眞，「國軍特種基金簡介」，**主計通報**，第41卷，第2期，民國89年7月，頁89-98。

劉玉琴，「作業審計之研究——兼論我國會計師提供此項服務之可行性」，台北：國立政治大學會計學研究所碩士論文，民國74年6月。

劉立倫、司徒達賢，「控制傳輸效果——企業文化塑造觀點下的比較研究」，**國科會研究彙刊：人文及社會科學**，第3卷，第2期，民國82年7月，頁257-275。

劉立倫、潘大畏，「非營業循環基金之研究：基金的管理控制與績效指標建構」，**國防管理學院學報**，第18卷，第1期，民國86年4月，頁12-35。

劉立倫，「國防財力管理：觀念性架構與未來發展之探討」，**第六屆國防管理理論暨實務研討會論文集**，民國87年5月，頁589-608。

劉立倫、費吳琛、潘俊興，「國防預算估測：時間數列模型之運用」，**第六屆國防管理理論暨實務研討會論文集**，民國87年5月，頁523-542。

劉立倫、費吳琛、潘俊興、簡伸根，「民國一百年國防預算陸軍分配預判」，陸軍八十七年度第二次軍事學術研討會，民國87年6月。

劉立倫、費吳琛、潘俊興，「以時間數列移轉函數預測國防預算之研究」，**國防管理學院學報**，第20卷，第1期，民國88年4月，頁15-29。

劉立倫、汪進揚、葉恆菁，「軍事防禦能力、國家經濟能力與國防預算關係之研究」，**國防管理學報**，第24卷，第1期，民國92年5月，頁45-59。

劉立倫、潘俊興，「2014年我國國力分析——國防財務資源獲得預測」，國軍2003年軍事論壇，民國92年2月。

劉立倫、汪進揚、陳章仁，「地緣威脅、軍事防衛與國防預算關係之研究」，**國防管理學報**，第25卷，第1期，民國93年6月，頁101-114。

鄧坤誠，「從中美軍機相撞事件論空中情蒐（電戰）系統」，**陸軍學術月刊**，第434期，民國90年10月，頁56-68。

潘俊興，「我國國防預算估測可行性探討——時間數列模型之運用」，台北：國防管理學院國防財務資源管理研究所碩士論文，民國87年5月。

賴昭呈，「我國中央政府非營業循環基金：行政與政治面向之研究」，嘉義：中正大學政治學研究所碩士論文，民國84年6月。

賴森本，「風險導向稽核」，**內部稽核季刊**，第48期，民國93年9月，頁17-24。

鄭大誠，「軍備局之成立」，**國防政策評論**，第3卷，第3期，民國92年，頁24-47。

謝冠賢，「作業制成本制度應用於醫療成本管理之研究」，台北：國防管理學院國防財務資源管理研究所碩士論文，民國81年6月。

謝台喜，「陸軍兵科及官科規劃之研究」，**陸軍學術月刊**，第36卷，第418期，民國86年6月，頁59-69。

闞興韶，「國防預算需求預測模式之研究」，台北：國防管理學院國防財務資源管理研究所碩士論文，民國76年5月。

簡伸根，「國軍維持員額估測模式之研究」，台北：國防管理學院國防財務資源管理研究所碩士論文，民國87年5月。

顏幸福，「我國政府審計制度之研究」，台北：國立政治大學會計學研究所碩士論文，民國78年6月。

蘇彩足，「政府預算決策模式之探討：從中央政府總預算之編製談起」，**中山學術論叢**，第12期，民國83年6月，頁229-244。

蘇彩足，「漸增預算之迷思」，**行政管理論文選輯**，民國87年，頁393-414。

國防財務資源管理

作　　者／劉立倫
出 版 者／揚智文化事業股份有限公司
發 行 人／葉忠賢
總 編 輯／林新倫
執行編輯／詹弘達
登 記 證／局版北市業字第1117號
地　　址／台北市新生南路三段88號5樓之6
電　　話／（02）2366-0309
傳　　眞／（02）2366-0310
郵撥帳號／19735365　戶名／葉忠賢
網　　址／http://www.ycrc.com.tw
E-mail　／service@ ycrc.com.tw
印　　刷／上海印刷廠股份有限公司
法律顧問／北辰著作權事務所　蕭雄淋律師
初版一刷／2005年8月
定　　價／新台幣 650 元

國家圖書館出版品預行編目資料

國防財務資源管理 = Nation defense financial resources management / 劉立倫著. -- 初版. -- 臺北市 : 揚智文化, 2005[民94]

面； 公分

參考書目：面

ISBN 957-818-748-3(平裝)

1. 軍需行政 2. 財務管理

594.1 94011562